Alexander von Humboldt
Martin Hinrich Lichtenstein

Beiträge zur
Alexander-von-Humboldt-Forschung

Herausgegeben von
der Berlin-Brandenburgischen Akademie der Wissenschaften

44

Alexander von Humboldt
Martin Hinrich Lichtenstein

Briefwechsel

Herausgegeben von Thomas Schmuck
unter Mitarbeit von Ingo Schwarz

DE GRUYTER
AKADEMIE FORSCHUNG

Die Publikation dieses Bandes wurde im Rahmen der gemeinsamen Forschungsförderung von Bund und Ländern im Akademienprogramm mit Mitteln des Bundesministeriums für Bildung und Forschung und der Senatsverwaltung für Wissenschaft, Gesundheit und Pflege des Landes Berlin gefördert.

UNION
DER DEUTSCHEN AKADEMIEN
DER WISSENSCHAFTEN

berlin-brandenburgische
AKADEMIE DER WISSENSCHAFTEN

ISBN 978-3-11-042680-9
ISSN 0232-1556

Library of Congress Control Number: 2023940034

Bibliographische Information der Deutschen Nationalbibliothek
Die Deutsche Nationalbibliothek verzeichnet diese Publikation in der Deutschen Nationalbibliografie; detaillierte bibliografische Daten sind im Internet über http://dnb.dnb.de abrufbar.

Einbandgestaltung: deblik, Berlin
Satz: SatzBild, Sabine Taube, Kieve
Druck und Bindung: CPI books GmbH, Leck

www.degruyter.com

Inhaltsverzeichnis

Abb. 1: Alexander von Humboldt. Stahlstich von C. Cook nach einem Gemälde von Emma Gaggiotti Richards, 1854. Sammlung Frank Holl, München.

Abb. 2: Martin Hinrich Lichtenstein. Photographie von Schwarz & Zschille, Berlin.

Vorwort und Danksagung

Der nur sehr unvollständig und meist einseitig erhaltene Briefwechsel zwischen Alexander von Humboldt und dem Zoologen Martin Hinrich Carl Lichtenstein wirft ein Schlaglicht auf die Wissenschaftsgeschichte in Berlin in der ersten Hälfte des 19. Jahrhunderts. Zwar zählt er schon wegen seines Umfangs nicht zu den bedeutendsten Briefwechseln Humboldts, erlaubt aber wegen der Kürze der Wege und Briefe innerhalb einer Stadt zwischen den beiden eng zusammenarbeitenden Korrespondenten Einblicke in die Praxis von Wissenschaft, wie wir sie sonst selten bekommen. Wir erfahren im Briefwechsel, der von den 1820er bis in die 1850er Jahre währte, vom wissenschaftlichen Alltag, von der Förder- und Sammelpolitik, von wissenschaftlichen Fragestellungen, von tragischen Todesfällen in den Tropen und zugleich von Banalitäten und Rivalitäten; von den Herausforderungen beim Management gesamtdeutscher Tagungen und weltweiter Netzwerke und zugleich von den Eitelkeiten bei Ordensverleihungen, Rangstreitigkeiten oder von Diskussionen an der Tafel bei Hofe – und das alles zeitnah, fast als wären wir „mit dabeigewesen". Vieles davon bleibt ob der Kürze Andeutung, wie pointilistisch hingesetzt und nicht weiter aufgelöst; einiges verweist in nuce auf umfassende wissenschaftliche Fragestellungen – etwa auf ein in der gerade entstehenden wissenschaftlichen Ornithologie aufkommendes Grundproblem: was sind Arten und wie können sie korrekt benannt und geordnet werden?

Wir erfahren im Briefwechsel vor allem auch von einem heute wenig bekannten Wissenschaftler in einem komplexen sozialen Umfeld: von Dr. Lichtenstein, dem Hanseaten aus einer protestantischen Gelehrtenfamilie, dem Konservativen mit jüdischen Wurzeln, dem bescheidenen Gelehrten, dem begeisterten und talentierten Musiker – als solcher und als Naturwissenschaftler eine Doppelbegabung –, dem Familien- und Gesellschaftsmenschen, dessen Gespür und Fähigkeit, mit Menschen umzugehen ihn nicht nur zu tiefen Freundschaften etwa mit Carl Maria von Weber und Adelbert von Chamisso befähigte, sondern es ihm auch ermöglichte, ein globales Netzwerk an Sammlern und Forschern zu initialisieren und jahrzehntelang aufrechtzuerhalten. Wir erleben ihn als Zuarbeiter Humboldts, der sich immer in untergeordneter Stellung empfindet, als Forscher, der von der weiteren wissenschaftlichen Entwicklung überrollt wird. Wie nebenbei nehmen wir teil an der frühen Erforschung des südlichen Afrika, an den Anfängen der Ornithologie und Diversitätsforschung. Und wir blicken auf die frühe Geschichte eines der bedeutendsten Museen der Welt, des heutigen Naturkundemuseums zu Berlin. Hier bleibt es nur zu bedauern, dass der Briefwechsel zwischen Humboldt und Lichtenstein so fragmentarisch erhalten geblieben ist.

An der Entstehung dieser Briefausgabe waren viele Menschen beteiligt, denen ich gerne danken möchte. Allen voran ist Eberhard Knobloch zu nennen, der das Projekt gefördert und schwierige Textstellen – nach dem Motto „Alles ist lesbar!" – mit Begeisterung aufgeklärt hat. Mein Dank gilt weiters Peter Heyl und Katrin Hudey vom De Gruyter Verlag – auch für ihre Geduld in der Schlußphase der Drucklegung –, Ottmar Ette, Frank Holl, Tobias Kraft, Hans W. Lack, Ulrike Leitner, Anne MacKinney, Regina Mikosch, Katja Schicht,

Monika Schmuck-Gerlach, Christian Thomas und Petra Werner, die meisten von ihnen ehemalige Kolleginnen und Kollegen an der Alexander-von-Humboldt-Forschungsstelle der Berlin-Brandenburgischen Akademie der Wissenschaften, an der ich von 2011 bis 2014 arbeiten durfte. Gedankt sei auch allen Mitarbeiterinnen und Mitarbeitern von Bibliotheken, Archiven und Museen insbesondere in Berlin (Staatsbibliothek) und Weimar (Herzogin Anna Amalia Bibliothek), die mich mit Nachforschungen, Suchen, Handschriften und Bildern unterstützt haben.

Drei Personen, die zum Gelingen des Bandes durch Kritik und Recherche besonders beigetragen haben, möchte ich ausführlicher und ganz ausdrücklich danken: Ulrich Päßler für seine Recherchen und Ergänzungen zu schwierigen Briefstellen, Carsten Eckert für seine Anmerkungen und Ergänzungen gerade auch zu ausgefallenen Themen, und vor allem Ingo Schwarz für die gemeinsame Lektüre ganzer Briefe, für die wir uns an einem besonderen historischen Ort, dem Goethehaus in Weimar, tagelang Zeit nehmen konnten, für die Überprüfung fraglicher Transkriptionen aus Humboldts nicht immer einfacher Handschrift und für Anmerkungen zu Sachverhalten und Personen aus Ingo Schwarz' umfassenden und stupenden Humboldtkenntnissen. Ohne alle diese Unterstützung wäre dieses Buch nicht möglich gewesen.

Ich möchte den Band dem Andenken an meine Eltern, Maria (1933–2014) und Franz Schmuck (1926–2015) widmen, die nicht nur die Anfänge an der Arbeit noch miterlebt haben, und ohne deren Unterstützung weder meine Dissertation zu Humboldt, noch die Reisen zu seinen Orten in Lateinamerika, insbesondere zum Casiquiare, und nach Sibirien und die lange Beschäftigung mit diesem außergewöhnlichen und faszinierenden Naturwissenschaftler und Autor möglich gewesen wäre.

Weimar-Berlin, Mai 2023 Der Herausgeber

Lichtenstein – Ein Leben zwischen Wissenschaft und Musik

> Will man glücklich sein, so muß man das Leben mit Allem
> was drin ist wie Naturerscheinungen betrachten,
> die vorübergehen und an deren keiner man
> seinen Glauben, sein Glück, seine Existenz hängen darf.
>
> Martin Hinrich Lichtenstein[1]

> Entschleierung der Wahrheit
> ist ohne Divergenz der Meinungen nicht denkbar,
> weil die Wahrheit nicht in ihrem ganzen Umfang,
> auf einmal, und von allen zugleich, erkannt wird.
> Jeder Schritt, der den Naturforscher seinem Ziele zu nähern scheint,
> führt ihn an den Eingang neuer Labyrinthe.
>
> Alexander von Humboldt[2]

E.T.A. Hoffmann beginnt seine erste Erzählung, *Ritter Gluck*, mit einer Beschreibung der Prachtstraße Unter den Linden in Berlin:

> Der Spätherbst in Berlin hat gewöhnlich noch einige schöne Tage. Die Sonne tritt freundlich aus dem Gewölk hervor, und schnell verdampft die Nässe in der lauen Luft, welche durch die Straßen weht. Dann sieht man eine lange Reihe, buntgemischt – Elegants, Bürger mit der Hausfrau und den lieben Kleinen in Sonntagskleidern, Geistliche, Jüdinnen, Referendare, Freudenmädchen, Professoren, Putzmacherinnen, Tänzer, Offiziere u.s.w. durch die Linden, nach dem Tiergarten ziehen.[3]

Unter diesen Spaziergängern könnten wir uns auch Martin Hinrich Carl Lichtenstein denken: noch ist er – im Jahr 1808 oder 1809 – kein Professor der Zoologie, das wird er erst zwei Jahre später sein, nach Eröffnung der Universität;[4] heiraten wird er erst in sechs Jahren; und bis zu einem kurzen Briefwechsel mit E.T.A. Hoffmann sollte es gar noch zehn Jahre dauern.[5] Genau genommen ist er noch nicht mal in Berlin: er ist unterwegs – auf Reisen, wie so oft. In diesem Spätherbst steht Lichtenstein vor einer erstaunlichen Karriere: eben noch

1 Brief Lichtensteins an Carl Maria von Weber, 7.11.1812 (Weber/Lichtenstein 1900, 26).

2 Alexander von Humboldt am 18.9.1828 in seiner Eröffnungsrede zu der gemeinsam mit Lichtenstein organisierten 7. Versammlung deutscher Naturforscher und Ärzte in Berlin, in: Humboldt 1828, 7; auch: Humboldt 2009c, 160–161.

3 Hoffmann 2003, 500.

4 *Ritter Gluck* wurde wahrscheinlich 1808 geschrieben und jedenfalls 1809 veröffentlicht. Mit der Erzählung begann Hoffmanns schriftstellerische Karriere. Lichtenstein wurde 1811 Professor für Zoologie an der Berliner Universität.

5 1818. Dazu s. u.

unbekannt in der Haupt- und Residenzstadt und zurück aus dem von Kriegen bedrohten Südafrika, wird er das kommende halbe Jahrhundert das wissenschaftliche und gesellschaftliche Leben in Berlin mitbestimmen, in der höheren Gesellschaft verkehren und zugleich eine volkstümliche und allgemein bekannte Gestalt im Getriebe der Stadt werden. Heute dagegen ist Lichtenstein kaum noch bekannt und praktisch vergessen. Warum?

1. Wer war Lichtenstein?

Von Martin Hinrich Carl Lichtenstein – „Lichtenstein der Reisende", wie ihn Goethe genannt hat[6] – wissen wir nur Bruchstückhaftes. Auch der hier veröffentlichte Briefwechsel zwischen ihm und Alexander von Humboldt ist nur fragmentarisch überliefert. Humboldt selbst hat die Briefe seines „teuren Freundes und Collegen"[7], wie es seine Gewohnheit war und er es selbst mit Briefen Goethes und Schillers hielt, vernichtet oder zerschnitten, bearbeitet und für sich kommentiert.[8] Nur als solche, für die eigene wissenschaftliche Arbeit nützliche Fragmente sind sie erhalten geblieben.

Es scheint, als hätte Lichtenstein selbst damit gerechnet bald vergessen zu werden, als er schrieb: „Wer der Gegenwart lebt und vom Augenblick sich leiten läßt, muß die Zukunft aufgeben und sich bescheiden, statt ein Jahrhundert lang, vielleicht nur noch ein Jahrzehend nach seinem Tode genannt zu werden."[9] Bis heute gilt als Urteil über ihn: „Posterity did not pay him further tribute".[10] Es gibt bislang keine Biographie jenes Mannes, der im Vormärz im Zentrum der Naturwissenschaften und Musik in Berlin stand, der in der Gesellschaft bekannt war, der mit Carl Maria von Weber und Adelbert von Chamisso eng befreundet war, der dem (später so genannten) Museum für Naturkunde als Direktor zur ersten internationalen Geltung verhalf und nicht zuletzt den Zoologischen Garten in Berlin – einen der ersten in Europa – gründete. Und so ist es wohl kein zufälliger Lapsus, sondern bezeichnend, dass Lichtenstein in der großen Humboldt-Biographie von Hanno Beck nur zweimal erwähnt wird: einmal unter seinem richtigen Namen, das andere Mal irrtümlich als „Lichtenberg".[11]

Lichtenstein tritt uns als vielseitige, mit Arbeitspflichten überhäufte, „einflußreiche und bei den Berlinern volkstümliche Persönlichkeit", als „rastloser Tatmensch"[12] entgegen. Er war vieles in unterschiedlichen Funktionen:

[6] Tagebuch, Eintrag zum 23.4.1808, in: Steiger 1988, Bd. 5, 188.

[7] So eine häufig wiederkehrende Anrede in den Briefen an Lichtenstein. Das Du-Wort blieb nur ganz wenigen Freunden Humboldts wie Carl Ludwig Willdenow vorbehalten.

[8] Brief Humboldts an Gustav Schlesier, 12.10.1843: „Nicht bloß, daß ich keine Papiere, deren wichtige durch meine Hände gegangen, aufgehoben, ja mein Haß gegen eigenes Aufsammeln ist so kindisch, daß ich stets alle Briefe (Schiller, Göthe, Wilhelm, Frau von Stael, Canning, Jefferson, Hardenberg mit inbegriffen) lustig verbrannt habe, ja von mir selbst nicht aufzufinden weiß, in welchem Jahre ich irgendwo war." (zit. n. Biermann 1985, 22).

[9] Brief Lichtensteins an Humboldt, 10.6.1842 (Brief Nr. 69).

[10] Spohr in: Lichtenstein 1973, 3. Ähnlich Stresemann (1960, 73), der, Goethes *Faust* paraphrasierend, bemerkte: „Die Nachwelt hat ihm freilich keine Kränze geflochten", als wäre Lichtenstein ein Schauspieler, der Wissenschaft nur simulierte.

[11] Beck 1959/1961, Bd. 2, 83, 86.

[12] Stresemann 1960, 73 und 75.

- Forschungsreisender in Südafrika (1802/03–1806),
- Arzt beim „Bataillon hottentottischer leichter Infanterie" der Batavischen Republik (1804–1806),
- erster Professor für Zoologie an der Universität Berlin (1810/11–1857),
- 44 Jahre lang Direktor des Zoologischen Museums in Berlin, des Vorgängers des heutigen Museums für Naturkunde (1813–1857),
- Förderer zahlreicher Expeditionen, u.a. jener von Friedrich Wilhelm Hemprich und Christian Gottfried Ehrenberg 1820–1825,
- Organisator eines globalen Netzwerks von Naturaliensammlern wie Karl Heinrich Bergius, Ferdinand Deppe und Ludwig Krebs,
- sammelnder Ornithologe und Briefpartner bedeutender Ornithologen, u.a. von Johann Friedrich Naumann und Coenraad Jacob Temminck,
- Dekan (1815) und Rektor (1820/21, 1826/27 und 1840/41) an der Universität Berlin,
- stellvertretender Direktor des Berliner Botanischen Gartens in Kriegszeiten (1812–1815) sowie interimistisch 1850–1852,
- Gründungsmitglied (1828) und Direktor der Gesellschaft für Erdkunde,
- Curator (ab 1830) der Forstakademie in Eberswalde,
- Gründer und erster Direktor des Zoologischen Gartens in Berlin (1841/44–1857),
- Sänger in Carl Friedrich Zelters Liedertafel und Mitglied der Sing-Akademie, deren Geschichte er auch schrieb,
- Freund und Briefpartner Carl Maria von Webers, für dessen Söhne er 1826 auch die Vormundschaft mitübernahm,
- Freund und Unterstützer Adelbert von Chamissos, dem er die Teilnahme an der russischen Weltumseglung 1815–1818 unter Otto von Kotzebue ermöglichte,
- und schließlich Korrespondenzpartner Alexander von Humboldts (1820–1855), überwiegend nach dessen Rückkehr aus Paris nach Berlin 1827.

Viele seiner Leistungen waren Pionierleistungen: erfolgt aus bescheidenen Anfängen heraus, in einem besiegten und besetzten Staat und ohne große finanzielle Mittel unternommen. Dennoch waren sie meist dauerhaft, weil Lichtenstein sich zu helfen wusste. „Es ist schwer begreiflich", so Erwin Stresemann, „wie er ein solches Vielerlei der Pflichten miteinander vereinigen konnte."[13] Insbesondere der Aufbau eines nahezu weltweiten Netzwerks von Naturalien-Sammlern – in Afrika, Mittel- und Südamerika und Asien – mit dem Zentrum Berlin, das Lichtenstein über Jahrzehnte lang in Gang hielt, war eine große Herausforderung. Sein Organisationstalent, seine Netzwerke und Verbindungen waren die entscheidenden Faktoren für den Erfolg. Sein Charakter, die Fähigkeit bei aller Zielstrebigkeit im richtigen Augenblick zurücktreten zu können, war ein weiterer, ebenso wichtiger Faktor. Lichtenstein war ein Gesellschaftsmensch, der die Gesellschaft auch für seine wissenschaftlichen Interessen zu nutzen wusste: „Dieser Trieb zur geselligen Berührung mit Anderen bildete", so ein Nachruf, „in der That den hervorragendsten Zug in *Lichtenstein*'s Leben und Charakter."[14]

[13] Stresemann 1960, 86. Diese rastlose Tätigkeit ist der Generalbaß in der Charakterisierung Lichtensteins: Von einem „ungewöhnlich thätigen Leben" spricht der anonyme Nachruf, verfasst von einem „vieljährigen vertrauten Freund des Verstorbenen" (Anonym 1858, 87; ähnlich Ratzeburg 1872, 310).

[14] Anonym 1858, 89.

Abb. 3: „Hinrich Lichtenstein“ (Stahlstich, aus Spohr 1973).

Die Literatur zu Lichtenstein, „one of Germany's foremost natural scientists“,[15] ist überschaubar. Erst 1960, über hundert Jahre nach Lichtensteins Tod, hat Stresemann, einer der bedeutendsten Biologen des 20. Jahrhunderts, seinem Vorgänger am Naturkundemuseum in Berlin ein ambivalentes „Lebensbild“ gewidmet, in dem er auch aus dem nicht edierten Humboldt-Lichtenstein-Briefwechsel zitierte.[16] Stresemann hat durch zahlreiche Beiträge die Erinnerung an Lichtenstein wachgehalten.[17] Später beschäftigte sich Gottfried Mauersberger, ebenfalls Ornithologe, Mitarbeiter und schließlich Nachfolger Stresemanns am Naturkundemuseum, in einer „biographischen Skizze“, die in Mauersbergers Todesjahr erschien, mit Lichtenstein.[18] Hinzu kommen, von zeitgenössischen Nachrufen abgesehen,[19] noch einige Aufsätze und andere Beiträge, meist im Kontext der Entdeckungs-, Sammlungs-

[15] Becker 1987, 137.

[16] Stresemann 1960, 73.

[17] Vgl. Stresemann 1922, 1931, 1951, 1958 und 1966.

[18] Mauersberger 1994.

[19] Baldamus 1858, Buvry 1858, Anonym 1858. Buvrys Rede enthält trotz ihrer Kürze mehrere Ungenauigkeiten.

und Zoogeschichte.[20] Außerdem sind zwei Briefwechsel mit Lichtenstein erschienen, die überwiegend Briefe an ihn enthalten: der umfangreichere mit dem Komponisten Carl Maria von Weber, und der wissenschaftshistorisch interessante mit Johann Friedrich Naumann, einem der Gründerväter der Ornithologie in Deutschland.[21] An den Briefwechsel mit Weber, der mit dessen Tod in London 1826 endet, schließt der hier vorliegende Briefwechsel mit Humboldt zeitlich an.

Der Briefwechsel zwischen Humboldt und Lichtenstein – bis zwei Jahre vor dessen plötzlichem Tod auf See 1857 – ist nur zum Teil und einseitig erhalten. Von den hier veröffentlichten 113 Briefen stammen nur sechs von Lichtenstein. Es ist also überwiegend Humboldts Stimme, die spricht. Diese Ungleichheit verstärkt sich noch durch Tonfall und Ductus der Korrespondenz: Humboldt ist der Fordernde und Fragende, Lichtenstein gibt Auskunft, organisiert und unterstützt. Der Briefwechsel ist Zeugnis des jahrzehntelangen wissenschaftlichen Austausches zweier Männer, die in der Haupt- und Residenzstadt des Königreichs Preußen wohnen, die gleichen Institutionen besuchen, deren Forschungsinteressen sich überschneiden und die ihren wissenschaftlichen Alltag organisieren. Ein Gefälle des Ranges, nicht nur jenes zwischen Bürgerlichem und Adeligem, ist immer spürbar. Von einer „echten Freundschaft"[22] kann keine Rede sein. Die Briefe sind meist kurz und oft nicht datiert. Grundlegende wissenschaftliche Fragen werden selten tiefgehend diskutiert; es ist die wissenschaftliche Praxis und ihr Alltag, die hier zur Sprache kommen.

Ergänzt wird die vorliegende Korrespondenz durch Briefe und ein Empfehlungsschreiben Lichtensteins an bzw. für seinen Freund, den Dichter und Naturforscher Adelbert von Chamisso zwischen 1815 und 1834.[23] Eine weitere Ergänzung bilden Briefe und Dokumente aus dem Umfeld Lichtensteins: darunter zwei Briefe Wilhelm von Humboldts an ihn sowie Alexander von Humboldts bereits mehrfach gedruckte Rede anläßlich der Lichtenstein-Feier 1852 – hier erstmals nach dem Manuskript wiedergegeben – und zuletzt ein Bericht des Museumsmitarbeiters August Rammelsberg über Lichtensteins Tod.[24]

Diese Einleitung möchte erstmals seit Stresemann und Mauersberger einen umfassenden Überblick über Lichtensteins Leben, die ihn bestimmenden wissenschaftlichen Fragen und Interessen, seine Arbeiten und persönlichen Verbindungen geben. Dafür werden zahlreiche Quellen herangezogen und zitiert. Ziel ist es, aus den vielen nur fragmentarisch erhaltenen Scherben eine Art geistiges Spiegelbild zusammenzutragen. Ein solches muss naturgemäß Entwurf bleiben.

20 Oppermann 1968; Spohr in: Lichtenstein 1973, 3–14; Klös 1981; Henze 2011, Bd. 3, 235–238; Landsberg 2010; Schmuck 2020. Auswahl-Bibliographien der Werke Lichtensteins finden sich in Koner 1846, 212–214 und, zusammengestellt von O. H. Spohr, in Lichtenstein 1973, 96–100.

21 Weber Lichtenstein 1900 und Naumann/Lichtenstein 1954. Die Briefwechsel Weber-Lichtenstein (von 66 Briefen nur neun von Lichtenstein) ist von 1812 bis 1826 überliefert, der letzte Brief ist ein Brief Lichtensteins aus Berlin an Weber in London vom 6. April 1826. Der Briefwechsel mit Naumann (der zwölf Lichtenstein-Briefe von insgesamt 50 Briefen enthält) lief von 1818 bis 1856.

22 So Mauersberger 1994, 21.

23 Vgl. Anhang, Briefe 1–8, außerdem MacKinney 2017 und Mackinney/Glaubrecht 2017.

24 Vgl. Dokumente, Dokumente 1–11.

2. Jüdische Herkunft und protestantische Tradition

Familiengeschichte war für Lichtenstein von zentralem Interesse. Seine eigene konnte er bis ins frühe 17. Jahrhundert zurückverfolgen. In einer „Stammtafel“, angelegt für jüngere Verwandte, fasste er zusammen, was er über seine Vorfahren in Erfahrung bringen konnte.[25] Dafür setzte er einen Apparat von Helfern – in Hamburg, Aurich und Helmstedt – in Bewegung und trug gedrucktes und ungedrucktes Material – meist aus Kirchenarchiven – zusammen. Lichtenstein stammte aus einer Familie protestantischer Pastoren, Apotheker und Gelehrter, seine direkten Vorfahren aus Hamburg waren jüdischen Glaubens, die zwischen 1620 und 1640 konvertiert waren.[26] Die Familie Lichtenstein ging aus der oberrheinischen Familie Oppenheim(er) hervor. Mehrere Konversionen dieses größeren Familienverbands Anfangs des 17. Jahrhunderts zum Christentum sind belegt. So konvertierte ein Meir Oppenheim 1606 und nahm erstmals den Namen Johann Daniel Lichtenstein an.[27] Als „Stammvater“ setzte Lichtenstein in seiner Stammtafel den Buchdrucker und Verleger Arnold Lichtenstein an den Anfang, „Sohn eines getauften jüdischen Rabbi“, geboren in Hamburg um 1636 und gestorben 1690 (vgl. Abb. 4).[28]

Sein Sohn Esdras Marcus, Prediger zu Aurich und als Feldprediger bis Flandern und Irland weit herumgekommen, hatte ebenfalls einen Sohn: Lichtensteins Großvater. Dies war der Jurist Joachim Dietrich Lichtenstein,[29] geboren im ostfriesischen Aurich und viele Jahre lang bis zu seinem Tod Bürgermeister von Helmstedt, außerdem Abt des (aufgehobenen) Kosters Marienberg. In ihm erkannte Lichtenstein noch „lebhafte, etwas an die jüdische Abstammung erinnernde Züge“.[30] Wie später der Enkel, starb der Großvater, der zeitlebens an Hypochondrie und Angst vor sogenannten Zufällen gelitten hatte, während einer Reise unvermutet an Schlagfluss.

Joachim Dietrichs Sohn, der Zoologe, Orientalist und Bibliothekar Anton August Heinrich Lichtenstein,[31] wurde Martin Hinrichs Vater. Sein Wirkungskreis war Hamburg und ab 1798 Helmstedt, wo er Professor für Theologie und später Superintendent wurde, ab 1803 auch Abt des (aufgehobenen) Klosters Michaelstein bei Blankenburg im Harz. Der Vater war polyglott und vielseitig interessiert: er publizierte über Insekten, lehrte orientalische Sprachen und versuchte die Keilschrift zu entziffern. Humboldt hatte ihn während seines Studienaufenthalts 1790/91 in Hamburg kennengelernt. Er erinnerte sich noch Jahrzehnte später an ihn: der „classisch gebildete Vater[, der] auch mir, als Jüngling, aufmunterndes Wohlwollen bezeigte“, wird in der Eröffnungsrede 1828 zur Naturforscherversammlung

[25] Lichtenstein 1835. Zu Geschichte der Vorfahren vgl. auch die genealogischen Arbeiten Peter Lichtensteins (Lichtenstein 1978, 1982 und 1985).

[26] Lichtenstein 1835, 7.

[27] Meir Oppenheim (Johann Daniel Lichtenstein) könnte der Vater von Hieronimus Lichtenstein gewesen sein, der zuerst Rabbiner, dann Pastor in Altona war, 1626 getauft wurde und Vater des Esdras Marcus Lichtenstein (in Irland auch Esdras Marcus Lightenstone genannt) war, des Urgroßvaters von Hinrich Lichtenstein. Sicher ist jedenfalls, dass es in den Jahrzehnten nach 1600 zu mehreren Konversionen und Rekonversionen kam, aus denen schließlich auch die Linie zu Hinrich Lichtenstein führte; vgl. zur komplexen Genealogie: https://de.wikipedia.org/wiki/Lichtenstein_(Familie).

[28] Stammtafel der bürgerlichen Familie Lichtenstein (Lichtenstein 1835, o. p.).

[29] Auch Diederich, 1706–1773. Von Lichtenstein als „Hofrath, erster Bürgermeister und Probst“ geführt (s. Stammtafel).

[30] Lichtenstein 1835, 13.

[31] 1753–1816. Er war 1777–1799 Professor in Hamburg, von 1799–1816 Professor und Abt zu Helmstedt.

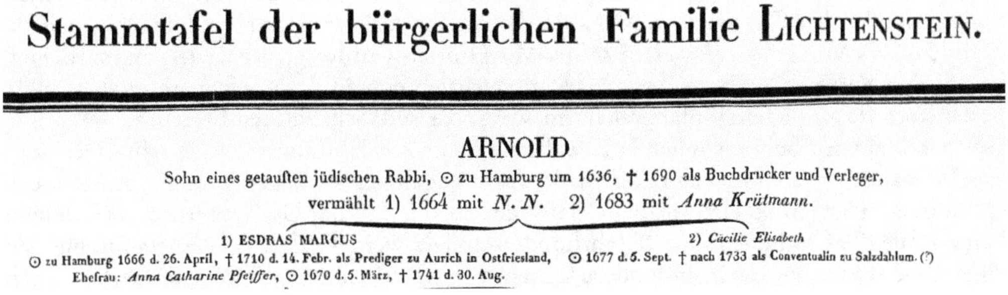

Stammtafel der bürgerlichen Familie LICHTENSTEIN.

ARNOLD

Sohn eines getauften jüdischen Rabbi, ⊙ zu Hamburg um 1636, † 1690 als Buchdrucker und Verleger, vermählt 1) 1664 mit *N. N.* 2) 1683 mit *Anna Krütmann.*

1) ESDRAS MARCUS
⊙ zu Hamburg 1666 d. 26. April, † 1710 d. 14. Febr. als Prediger zu Aurich in Ostfriesland,
Ehefrau: *Anna Catharine Pfeiffer*, ⊙ 1670 d. 5. März, † 1741 d. 30. Aug.

2) *Cäcilie Elisabeth*
⊙ 1677 d. 5. Sept. † nach 1733 als Conventualin zu Salzdahlum. (?)

Abb. 4: Die Anfänge der Familie Lichtenstein (Ausschnitt aus: Lichtenstein 1835, Stamm-Tafel; Exemplar des Museums für Naturkunde, Berlin).

in Berlin erwähnt.[32] Ähnlich dem Großvater, der mit nur 66 Jahren gestorben war, wurde auch der Vater nicht alt. Er starb mit 62 Jahren in Helmstedt. Mit seiner Frau Magdalene Henriette Louise, geb. Berkhan,[33] die er 1777 geheiratet hatte, hatte er sieben Kinder, neben Martin Hinrich auch Johann Nikolaus Heinrich, der ebenfalls Naturforscher und Arzt werden sollte.[34]

In seiner *Stamm-Tafel der bürgerlichen Familie Lichtenstein* fasste Lichtenstein alles, was er über seine Familiengeschichte finden konnte, für seine männlichen Verwandten – konkret sind „meine lieben Brüder, Söhne, Vettern und Neffen!“[35] angesprochen – zusammen. Das Motiv des Reisens, des Unsteten und Unbehausten ist bestimmend, und wird mit einer Sprache, die an die Peter Schlemihls oder des ewigen Juden erinnert, evoziert, womit auch die ostentative Bürgerlichkeit Lichtensteins in ein anderes Licht gerückt erscheint:

> Es ist nun aber sehr natürlich, dass ich schon im Voraus an Eure Wanderungen denke, da Eure christlichen Vorfahren Alle sehr unstät gewesen und, wie Ihr nachher lesen werdet, fast Alle an einem andern Orte gestorben sind, als wo sie geboren worden. In vielen Ländern Europens haben sich, wie Euch die folgenden Nachrichten zeigen werden, nicht erst neulich, sondern schon vor einem Jahrhundert Zweige unseres Stammes niedergelassen und Wurzeln zu fassen versucht, ja ein Wunder wäre es nicht, wenn er sogar in Asien, America und Africa Schösslinge getrieben. Es mag uns dieses Streben in die Weite von unsern vorchristlichen Stammvätern ankleben, sicher aber ist es kein Fluch geblieben, sondern mit der Taufe zu Segen gediehen, denn wohin Einer der unsern auch gekommen, da ist es ihm fast immer wohl ergangen und hat er sich seine Stätte bequem bereiten können. Nur ein eigentlicher Besitz ist von Keinem bis jetzt gegründet, der als namhaftes Erbe hätte gelten mögen. Darum sind denn auch die Kinder meistens weiter gezogen und haben sich anderweit ein Unterkommen gesucht.[36]

32 Vgl. Dokumente, Dokumente 7 und 8.
33 1755–1824.
34 Die sieben Kinder hießen Johann Carl Christian (*/† 1778), Lichtenstein selbst, Catharina Lucie Sophie verh. Hoffmeister (1781–1836), Johann George August Lichtenstein (1783–1858, später preußischer Konsul in Montpellier), Johann Nicolas Ludwig Lichtenstein (1785–1787) und die Zwillinge Johanna Marie Christiane verh. Bernewitz (1787–1812) und Johann Nikolaus („Claes“) Heinrich (1787–1848, später Arzt in Mitau im Kurland).
35 Lichtenstein 1835, 3.
36 Lichtenstein 1835, 4.

Lichtenstein war tief im protestantisch-aufklärerischen Milieu Norddeutschlands verwurzelt und verstand sich als Hanseat, worauf auch die von ihm bevorzugt verwendete Namensform „Hinrich“ als Vornamen verweisen sollte. Mit Hinrich wurde er von Weber angesprochen, von seinen Verwandten bezeichnet,[37] so unterschrieb er und so bezeichnete er sich selbst in der Vorrede zu seinem umfangreichsten Werk, der südafrikanischen Reisebeschreibung.[38] Gelegentlich wird bei persönlichen Erwähnungen im 19. Jahrhundert auch sein „Deutschtum“ erwähnt, etwa von seinem Neffen, der ihn als „ganzen deutschen Mann“[39] bezeichnete.

Jüdische Themen spielen in den Briefwechseln mit Humboldt, Weber oder Naumann keine Rolle. Das sollte erst im 20. Jahrhundert anders werden, als 1933 „Abstammung“ zu einer Lebensfrage wurde. Insbesondere kamen Zweifel auf, ob Lichtenstein, immerhin durch Straßennamen und Büsten in Berlin öffentlich geehrt, nicht als „Jude“ im Sinne nationalsozialistischer Gesetzgebung zu gelten habe. Auf Nachfrage des Berliner Naturkundemuseums brachte ein Schreiben der Gemeindeverwaltung der Hansestadt Hamburg vom 23. Juni 1939 Beruhigung in die Frage, ob der vor über 80 Jahren verstorbene Gründer des Zoologischen Gartens und erster Professor für Zoologie an der Universität Berlin auch „deutschblütig“ genug für solche Leistungen war. Darin hieß es:

> „Wie sich aus der von Martin Hinrich Carl Lichtenstein selbst herausgegebenen Stammtafel der bürgerlichen Familie Lichtenstein, Berlin 1835, ergibt, war sein Ururgroßvater, der 1634 in Hamburg zu St. Michaelis getaufte Hieronymus Lichtenstein, Jude. Wahrscheinlich war auch sein Sohn, der am 15. November 1642 zu St. Jakobi getaufte Arnold Lichtenstein, der Rasse nach noch Jude, wenngleich der Name seiner Mutter nicht bekannt ist. Jedenfalls ist der jüdische Bluteinschlag so gering, daß Lichtenstein nach den Nürnberger Gesetzen als deutschblütig zu gelten hat.“[40]

Damit musste der Name nicht verschwinden und Straßen nicht unbenannt werden. In vielen späteren Arbeiten über Lichtenstein bleibt sein jüdischer Hintergrund unerwähnt.

3. Lichtensteins Leben: Ein Überblick

Martin Hinrich Carl Lichtenstein wurde am 10. Januar 1780 in Hamburg als zweites Kind in eine weitverzweigte bürgerliche Familie von Gelehrten und Pastoren geboren.[41] Sein Vater war, wie erwähnt, hier Rektor an der Gelehrtenschule Johanneum.[42] Diese Schule besuchte auch der Sohn und immatrikulierte sich anschließend am 2. Mai 1797 als Medizinstudent am Akademischen Gymnasium in Hamburg (einer mit dem Johanneum assoziierten Einrichtung),

[37] Z.B. Weber/Lichtenstein 1900, 154; Als „Onkel Hinrich“ etwa vom Neffen Hans Bernewitz (Auszug aus den Erinnerungen des Hans Bernewitz, zit. n. Lichtenstein 1978, 63).

[38] Lichtenstein 1811–1812, Bd. 1, xxxvi.

[39] Auszug aus den Erinnerungen des Hans Bernewitz, zit. n. Lichtenstein 1978, 63.

[40] Schreiben der Gemeindeverwaltung der Hansestadt Hamburg (Archiv der Hansestadt Hamburg, Personenkundliche Abteilung Nr. 12441) an die Bibliothek des Zoologischen Museums der Universität Berlin vom 23.6.1939 (Fotokopie: Historische Arbeitsstelle des Naturkundemuseums zu Berlin, Schriftgut, Abt. I).

[41] Der erstgeborene ältere Bruder Johann Carl Christian verstarb noch im Jahr seiner Geburt 1778.

[42] Zu Lichtenstein am Johanneum vgl. Oppermann 1968.

und ging zwei Jahre später nach Jena, wo er am 1. Mai 1799 immatrikuliert wurde.[43] Schließlich wechselte er nach Helmstedt, wo bereits der Großvater als Bürgermeister gewirkt und der Vater gelehrt hatte, und wurde dort am 26. April 1802 zum Dr. med. promoviert.[44] Im Jahr 1852, zur Feier des fünfzigjährigen Doktor-Jubiläums, sollte Humboldt daran erinnernd eine ehrende Rede auf Lichtenstein halten.[45]

Bestimmend für Lichtensteins Leben wurde sein Aufenthalt in Südafrika in den Jahren 1802/03 bis 1806.[46] Seit seiner Kindheit war er an Südafrika interessiert gewesen. Lichtensteins Aufenthalt fiel in die Zeit zwischen die beiden britischen Besitznahmen 1795 und 1806 während der Napoleonischen Kriege. Als nach dem Frieden von Amiens im März 1802 die Kapkolonie von Großbritannien an die Niederlande zurückfiel, fand sich für Lichtenstein eine günstige Gelegenheit, die er schnell zu nutzen wußte: er wurde als deutscher Hauslehrer für den 13jährigen Sohn Henry des Gouverneurs der Kapkolonie, Jan Willem Janssens,[47] engagiert. Der etwa dreieinhalbjährige Aufenthalt – von Ende 1802 bis Sommer 1806 – führte ihn in ein wissenschaftlich wenig erforschtes Land.[48] Die Zeit, sich auf die große Reise vorzubereiten, war sehr kurz: Es blieben wenige Tage im Sommer 1802, die Lichtenstein in Braunschweig verbrachte, Unterstützung gaben dort der Entomologe Johann Christian Ludwig Hellwig, sein Assistent und Schüler, der Zoologe Karl Illiger und der Botaniker Graf Johann Centurius von Hoffmannsegg.[49]

Diese drei Männer hatten größten Einfluß auf Lichtenstein, ihre Förderung vor und nach der Südafrika-Reise wurde bestimmend für sein wissenschaftliches Leben. Der Botaniker Graf von Hoffmannsegg brachte seine Sammlungen ein und weitete den Blick an die Ränder Europas und über Europa hinaus (er hatte 1795/96 und 1797/1801 Portugal erforscht und seinen Diener Friedrich Wilhelm Sieber für mehrere Jahre nach Brasilien geschickt, um dort zu sammeln). Hellwig, Mathematiker, Naturwissenschaftler und der älteste der drei, war seit 1802 Lehrer am Collegium Carolinum. Illiger war dort sein Schüler. Dessen zoologische Arbeiten[50] und seine Überlegungen zur Benennung, wie er sie „zur Verbesserung der Kunstsprache"[51]

43 Oppermann 1968, 5. In Hamburg waren Lichtenstein und Karl August Varnhagen von Ense Schulkameraden: „Von meinen damaligen Mitschülern hab' ich einen berühmt gewordenen zu nennen, den Sohn des hamburgischen, nachher helmstädtischen Professors Lichtenstein, den Reisenden von Südafrika, jetzigen Geheimenrat." (Varnhagen 1987, 193). In Jena wohnte Lichtenstein in der Löbderstr. 12, die dort angebrachte Gedenktafel wurde im Krieg zerstört.

44 Die Dissertation trägt den Titel *De agendi modo irritantium externorum*. Vgl. die Erwähnung in Remak 1858, 152, Fußnote.

45 Vgl. Humboldt 1852 und Dokumente, Dokument 7 und 8.

46 Zur Südafrikareise vgl. Lichtenstein 1811–1812, Lichtenstein 1973 (mit einer Einführung von O. H. Spohr), Becker 1987, 124–137, Henze 2011, Bd. 3, 234–238 und Näf-Gloor 2019. Vgl. auch de Mist 1954.

47 Der niederländische Adelige und Offizier diente 1802–1806 in der Kapkolonie („Nederlandse" bzw. ab 1803 „Bataafse Kaapkolonie"), dann ab 1810 in Niederländisch Indien („Nederlands-Indië").

48 Heute ist der Name Lichtenstein aus den Überblicksdarstellungen zur Geschichte Südafrikas wieder verschwunden (z. B. Fisch 1991; Hagemann 2007), in älteren Werken dagegen wurde er gewürdigt (vgl. Hintrager 1952, 121, 126–128).

49 Lichtenstein schrieb später Würdigungen Illigers und Hoffmannseggs (Lichtenstein 1818c und 1856b). Vgl. auch Muggelberg 1975/76, Eckert 2010 und Nohr 2017.

50 Vor allem sein *Prodromus Systematis Mammalium et Avium* 1811.

51 Lichtenstein 1818c, 54.

in seinem *Versuch einer systematischen vollständigen Terminologie für das Thierreich und Pflanzenreich* noch als Student im Jahr 1800 entwickelt hatte, sollten für Lichtenstein wegweisend werden. Das Illiger gewidmete *Ehrendenkmal* „meines Freundes“[52] beschrieb dessen Biographie als ein Leben für naturwissenschaftliche Sammlungen – insbesondere der Hellwig-Hoffmannseggschen Insektensammlung, als Privatsammlung die „erste der Welt“[53] – und dessen Tod als einen aus Überarbeitung und Tuberkulose. In Illiger, dessen Nachfolger am Museum Lichtenstein später werden sollte, muß dieser auch ein Vorbild gesehen haben. Illiger war nicht nur von Hellwig bereits an der Schule gefördert worden, sondern lebte auch in dessen Haus in Braunschweig. 1803, im Jahr seiner Rückkehr aus Portugal, kam auch Hofmannsegg dazu. Hier widmeten sich die drei Männer der gemeinsamen Arbeit in den Sammlungen. An dieser Arbeit nahm schließlich auch Lichtenstein Teil – erst nur wenige Tage im Jahr 1802, kurz vor der Abreise nach Südafrika, und anschließend nach der Rückkehr 1806 mit neuem Sammelgut. Schließlich sollte er auch die Konzepte der drei für die Zukunft fruchtbar umsetzen.

*

> Ich darf mich aber wohl auf *Aristoteles* berufen, […]
> dass aus Africa uns immer etwas Neues zukomme
> und noch lange zukommen werde.[54]

Exkurs 1: Lichtenstein in Südafrika. Lichtenstein ging Anfang Juli 1802 auf der niederländischen Insel Texel an Bord, die Abfahrt erfolgte am 5. August.[55] Die Reise führte über Teneriffa, wo er sich im September und Oktober 1802 zehn Tage lang aufhielt, wie das teilweise veröffentliche wissenschaftliche Tagebuch zeigt,[56] schließlich an das Kap der guten Hoffnung. Zu Weihnachten ankerte das Schiff gemeinsam mit einer größeren Transportflotte vor dem Tafelberg.[57]

Lichtenstein kam in ein wenig erforschtes und wenig besiedeltes Land. Der fränkische Forschungsreisende Peter Kolb (ab 1705) und der französische Ornithologe François Levaillant (ab 1780) waren ihm vorausgegangen, auf beide nahm er wiederholt und kritisch Bezug.[58] Die

[52] Lichtenstein 1818c, 49.

[53] Lichtenstein 1818c, 56.

[54] Lichtenstein 1811–1812, Bd. 1, xxx.

[55] Über zwanzig Jahre zuvor, am 19.12.1780, war sein „Vorgänger“, der Ornithologe François Levaillant, ebenfalls von Texel aus nach Südafrika aufgebrochen, das er von April 1781 bis Juli 1784 – mit 39 Monaten ähnlich lange wie Lichtenstein, der etwa 38 Monate unterwegs war – bereiste und erforschte; wie später Lichtenstein landete er bei der Heimkehr nach Europa im November 1784 ebenfalls zuerst in Vlissingen. Levaillant brachte 2.000 Vogelbälge mit, seine mehrbändigen Reisebeschreibungen *Voyage de M. Le Vaillant dans l’Intérieur de l’Afrique* (1790) und *Second voyage* (1795) waren Bestseller und zugleich ständige Bezugspunkte von Lichtensteins *Reisen im südlichen Africa*. 1797 besuchte Hoffmannsegg Levaillant in Paris, der 1824 verarmt starb (vgl. Stresemann 1996).

[56] Vgl. Lichtenstein 1806. Drei Jahre zuvor, von 19. bis 25. Juni 1799, hatte Humboldt ebenfalls Teneriffa besucht.

[57] Einen Überblick über die Reiseverläufe geben Gunn/Codd 1981, 227–229 und Henze 2011, Bd. 3, 235–238.

[58] Spohr (in Lichtenstein 1973, 90–95) gibt eine Übersicht über die von Lichtenstein verwendete Literatur zu Südafrika, die dessen umfangreiches Literaturstudium belegt.

weißen Kolonisten (meist Niederländer, viele Deutsche, aber auch Hugenotten) waren – von den Buren abgesehen, die, für die Zentrale schwer erreichbar, Weidegebiete im Inneren bewirtschafteten – nicht weit über Kapstadt hinausgekommen. Die Niederländische Ostindien-Kompanie war nicht am Unterhalt einer großen, bevölkerungsreichen und deshalb teuren Kolonie interessiert, sondern an einem leicht zu unterhaltenden Stützpunkt auf dem Weg nach Indien, der sich zur Not selbst versorgen konnte. Khoisan-Völker lebten im südlichen Afrika, Khoikhoi (im Sprachgebrauch[59] der Zeit „Hottentotten" genannt) vielfach im Umfeld der Kolonisten, San („Buschleute") in hinterwärtigen Gebieten oft im Rückzug und im Widerstand. Bantuvölker, die den äußersten Süden des Kontinents noch nicht erreicht hatten, drangen mit ihren Viehherden von Norden her vor, was zu jahrzehntelangen Konflikten mit Khoisan und europäischen Siedlern führte. Mehrere Epidemien hatten zu großen Verlusten bei Menschen aller Hautfarben geführt. Der Mediziner Lichtenstein war ein aufmerksamer Beobachter dieser Vorgänge.

Lichtenstein unternahm fünf größere Reisen durch das südliche Afrika, auf denen er Aufzeichnungen machte, Naturalien und Daten sammelte und auch die Beschwerlichkeiten des Sammelns nicht verschwieg:

> Mir schien es, als könne man in diesem Lande nicht reisen, ohne fast unwillkührlich zum Naturaliensammler zu werden. Auch steckte mein Sammelgeist bald mehrere der Gesellschaft mit an, und was wir dann in einem etwas ergiebigen Tage zusammenbrachten, war immer schon des Nennens werth. Wieviel Mühe dann aber auch wieder mit dem Untersuchen, Einlegen und Bewahren verbunden war, wieviel durch Unvorsichtigkeit der Sclaven, durch Umwerfen der Wagen, durch Nässe beim Durchfahren tiefer Flüsse u.s.w. beschädigt und verderbt wurde, wie oft endlich der Mangel eines geräumigen Obdachs und die Nothwendigkeit das Umlegen der Pflanzen im heftigsten Wind, oder das Einstecken der Insecten im Regen, oder das Ausstopfen von Vögeln in der unerträglichen Hitze eines engen Zelts vorzunehmen, die Freude an den eingesammelten Seltenheiten verbitterte, lässt sich leicht begreifen.[60]

Die erste große Reise – mit einem Tross von fast 40 Teilnehmern, darunter drei Frauen,[61] angeführt vom Generalkommissar Jacob Abraham de Mist[62] – führte Lichtenstein 1803/04 in den nordwestlichen Teil Südafrikas bis zum Fischfluß (Fish River, Visrivier) im heutigen südlichen Namibia (von 9. Oktober 1803 bis 23. März 1804). Die Reise war zugleich eine Inspektionsreise, dieser Teil des Landes war keine terra incognita mehr. Am Piketberg traf Lichtenstein zum ersten Mal auf San („Buschleute"), die Hantamsberge bildeten den nördlichsten Punkt der Route. Nach der Umkehr kam er auch in die Große Karoo, für deren Schilderung er später

59 Für die z.T. historischen Bezeichnungen der Ethnien, die hier in historischem Kontext verwendet werden, vgl. die entsprechenden Bemerkungen in Marx 2022.

60 Lichtenstein 1811–1812, Bd. 1, 51–52.

61 In Lichtensteins Reisebeschreibung spielen Frauen – Kolonistinnen wie Indigene – eine wichtige Rolle, ihr Mut und ihre Selbständigkeit werden wiederholt hervorgehoben. Auch die drei Frauen der ersten großen Reise durch Südafrika – de Mists Tochter Auguste, ihre Freundin und ihre Kammerzofe – werden immer wieder lobend erwähnt; Augustes Porträt ist eine der längsten Personenbeschreibungen überhaupt (vgl. Lichtenstein 1811–1812, Bd. 1, 17–19, 133).

62 Der Jurist de Mist war Reformer, der mit der institutionellen Erneuerung der Kapkolonie am Widerstand der Buren scheiterte und schließlich das Land nach eineinhalb Jahren wieder verließ.

Abb. 5: Karte des südlichen Afrika (Ausschnitt, aus Lichtenstein 1811–1812, Bd. 2, Faltplan o.p.; Exemplar der Herzogin-Anna-Amalia-Bibliothek, Weimar).

berühmt werden sollte. Nach insgesamt 167 Tagen kam er – über Roodezand, Swellendam und Plettenberg-Bai – wieder an seinem Ausgangspunkt Kapstadt an.

Mit dem Apotheker Peter Heinrich Poleman sammelte Lichtenstein anschließend Pflanzen und bestieg insgesamt dreimal den Tafelberg. 1804 besuchte er gemeinsam mit Offizieren der Garnison den alten deutschen Botaniker Johann Auge.

Die längste seiner fünf Reisen führte ihn im Sommer 1805 über die Grenzen der Kapkolonie hinaus zu den Betschuanen (von Lichtenstein auch „Betjuanen“ geschrieben). Dieser „Vorstoß über die Grenzen der Kolonie“ gilt als seine „wissenschaftlich [d. h. geographisch] beachtlichste Leistung“.[63] Dabei wurde auch der Oranjefluß überquert. Seine Beschreibung gilt als die früheste Beschreibung der „Betschuanen“. Nach der Rückkehr von der 2. Reise arbeitete er als Militärarzt, eine weitere Expedition ermöglichte es ihm, dass er „weiter ins Innere des Landes vordrang, als ich je in meinen kühnsten Träumen, zu kommen gehofft hatte.“[64]

Die politischen Verhältnisse erzwangen schließlich das Ende seines Aufenthaltes. 1805/1806 rüstete sich und erschien eine große britische Kriegsflotte vor der südafrikanischen Küste.[65] Die Briten übernahmen wieder die Herrschaft von den Niederländern, die erst der Gewalt, nämlich der Flotte und Scharmützeln, die die Landung verhindern sollten und an denen auch Lichtenstein beteiligt war, wichen. Die Übergabe war schließlich ehrenvoll und am 6. März 1806 segelte Lichtenstein mit den Niederländern aus Kapstadt ab. Die Rückreise führte ihn über das einsame St. Helena, das er vier Tage lang (von 20. bis 23. März 1806) untersuchen durfte – „wir ritten im Nebel und feinen Regen“[66] –, eine Großzügigkeit der Briten gegenüber einem Wissenschaftler, der mit dem geschlagenen Gegner nach Europa segelte. Am 20. Mai legte das Schiff vor Plymouth an. Am 5. Juni ging Lichtenstein in Vlissingen von Bord und war im Oktober 1806 „nach fünftehalbjähriger Abwesenheit“[67] wieder in Berlin zurück, mitten im Europa der napoleonischen Kriege.

Nur in Südafrika und später nicht mehr hat Lichtenstein den erlernten Beruf des Arztes zumindest zeitweise ausgeübt. In der Reisebeschreibung wird wiederholt Augenmerk auf Krankheiten gelegt.[68] Er bekämpfte eine Pocken-Epidemie unter den Einheimischen durch Massenimpfungen und impfte dabei über 200 Personen selbst, Schwarze wie Weiße.[69] In seinem Aufsatz *Beobachtung einer Blattern-Epidemie unter den Wilden des südlichen Africa* beschrieb er die verheerenden Folgen der Pocken von 1753, die zum Verlust von fast zwei Dritteln der Einwohner Kapstadts geführt hatte. Er interessierte sich dabei besonders für Ursachen, Krankheitsverläufe, Verbreitungswege und Gegenmaßnahmen. Seinen anfänglichen Glauben, die Krankheit wäre von Europäern eingeschleppt worden, gab er auf, nachdem er

63 Henze 2011, 236.

64 Lichtenstein 1811–1812, Bd. 1, v. Einen weiteren Überblick über die fünf Reisen in Südafrika gibt Henze 2011.

65 „61 Schiffe mit starker Besatzung unter dem Befehl des General-Major Baird liefen aus und erschienen im Juli 1805 [nach anderen Angaben erst Januar 1806] an der Küste. 6700 Mann wurden an der Saldanhabucht ausgeschifft, denen nur 2000 Mann aus Garnison und Bürgermiliz gegenübergestellt werden konnten. Der Ausgang eines Kampfes konnte von vornherein nicht zweifelhaft sein.“ (Williams/Mauk 1939, Bd. 1, 34). Unter diesen 2.000 militärisch kaum erfahrenen Verteidigern darf man sich auch Lichtenstein vorstellen, denen eine britische Invasionsarmee unter dem Kommando General Sir David Bairds, der zuvor in Indien und Ägypten gekämpft hatte, gegenüberstand.

66 Lichtenstein 1811–1812, Bd. 2, 597.

67 Lichtenstein 1811–1812, Bd. 2, 601.

68 Lichtenstein berichtet von seinen medizinischen Behandlungen, von den Krankheiten der Kolonisten (1811–1812, Bd. 1, 140–142, 592, 629), von Pockenepidemien unter den Indigenen (Bd. 1, 376, 408; Bd. 2, 372, 383, 404, 560), einer Ruhrepidemie unter den niederländischen Soldaten (Bd. 2, 239) und von Krankheiten unter den „Betschuanen“ (Bd. 2, 537).

69 Vgl. Lichtenstein 1810b, 22 und Landsberg 2010, 118.

Abb. 6: „Ansicht von Pikenierskloof", Szene von Lichtensteins erster Reise durch das südliche Afrika 1803/04 (aus: Lichtenstein 1811/12, Falttafel, Exemplar der Herzogin-Anna-Amalia-Bibliothek).

zahlreiche Genesene mit länger zurückliegenden Vernarbungen im Landesinneren entdeckt hatte. Schließlich regte er Massenimpfungen als Vorbeugung vor zukünftigen Infektionswellen an.[70]

*

Nach der Heimkehr aus Afrika arbeitete Lichtenstein die Ergebnisse seiner Reise auf und verfaßte eine umfangreiche Reisebeschreibung, die ihn bekanntmachen sollte. Bereits im Sommer 1809 fertiggestellt, erschien das zweibändige Werk *Reisen im südlichen Africa* erst

70 Lichtenstein war ein konsequenter Impfbefürworter. Da die Skepsis gegenüber der Impfung unter den Kolonisten weit verbreitet war, ging er strategisch vor: „Ich impfte Anfangs nur Sclaven und Hottentotten, überzeugte durch den Augenschein von der Gefahrlosigkeit des Schutzmittels und hatte dann die Freude, binnen vier Wochen die Zahl der von mir geimpften Weissen und Schwarzen bis nahe an 200 heranwachsen zu sehn. [...] Die Schutzblattern-Impfung hat so gerechte Ansprüche auf die Segnungen der Mit- und Nachwelt, dass fast nicht zu zweifeln ist, die Geschichte ihrer wohlthätigen Verbreitung über den Erdboden werde unter den dankbaren Nachkommen einmal einen eigenen Forscher und Darsteller finden." (Lichtenstein 1810b, 21–23, 27). Die Zahl der Geimpften stieg bis 1806 (dem Zeitpunkt von Lichtensteins Abreise) auf 10.000 Personen an. Auf Durchsetzung einer allgemeinen Impfpflicht, wofür etwa Goethe plädierte, wenn er sie auch nicht für durchsetzbar hielt, bestand Lichtenstein nicht.

1811 und 1812 (Abb. 7).[71] Es war dem Förderer Graf Hoffmannsegg gewidmet. Angeblich bekam Lichtenstein ein ungewöhnlich hohes Honorar dafür, nämlich 5.000 Thaler.[72] Unter den zahlreichen Subskribenten stand an erster Stelle der König von Preußen selbst, gefolgt vom Kronprinzen und drei weiteren preußischen Prinzen, den Herzögen von Schwerin, Mecklenburg-Strelitz und Weimar-Eisenach. Beide Bände bringen abenteuerhaft erzählte Reiseschilderungen, vermischt mit naturwissenschaftlichen und ethnographischen Exkursen, ethologischen Anekdoten[73] und – eine Seltenheit bei Reisebeschreibungen – einem nützlichen Register. Die chronologische Wiedergabe des Reiseverlaufs wird von zahlreichen Einschüben unterbrochen: dazu gehören Beurteilungen von Charakteren und Persönlichkeiten, Angaben zum Naturaliensammeln,[74] zu wissenschaftlichen Instrumenten,[75] zu Pflanzen und Tieren – meist Säugetieren und Vögeln, aber auch Reptilien[76] –, zum Gebrauch von Pfeilgiften,[77] Berichte vom Sich-Verirren im Gelände[78] und ersten Begegnungen mit Indigenen[79] usw. ebenso wie die eher kuriose Auflistung der mitgenommenen Reiselektüre.[80] Besonders großen Raum

71 Eine ausführliche Rezension erschien in den *Allgemeinen Geographischen Ephemeriden* (Anonym 1811/12). Das Werk wurde ins Englische (*Travels in southern Africa*, Lichtenstein 1812/15 bzw. 1928/30) und Niederländische (*Reizen in het zuidelijk gedeelte van Afrika*, 1813/15) übersetzt. Übersetzerin ins Englische war die Schriftstellerin Anne Plumptre, die auch Dramen August von Kotzebues ins Englische übertrug. Auf deutsch wurde es 1967 mit einer Einführung von Wahrhold Drascher neu aufgelegt. Bereits 1917 hatte Wilhelm Bölsche in seiner Anthologie von Reiseberichten Auszüge aus dem 2. Band unter dem Titel „Jagden und Menschen im alten Südafrika“ gebracht (Bölsche 1917, 67–134, mit einer Einleitung von Bölsche, 71–77). Auszüge brachte auch Herbert Scurla 1973 u. ö. unter dem Titel „Ins Innere der Kapkolonie“ (Scurla 1973).

72 Stresemann 1960, 75, nach Ratzeburg.

73 Lichtensteins Interesse am tierischen Verhalten, das anekdotisch erzählt wird, ist auffällig. Eine Beschreibung des Jagdverhaltens einer Schlange kann dafür als Beispiel dienen: „Als ich, meiner Gewohnheit gemäss, Nachmittags eine kleine Excursion in das Feld anstellte, erblickte ich an dem Rande eines Grabens eine grosse Schlange, die auf eine Erdmaus Jagd machte. Das arme Thierchen ward dicht vor seinem Loche eingeholt und blieb nun plötzlich, ohne von der Schlange berührt worden zu sein, wie vom Schrecken gelähmt stehen. Die Schlange hatte den Hals gegen sie aufgebogen, den Rachen geöffnet und schien sie anzustarren. Beide rührten sich eine Zeitlang nicht, sowie aber die Maus eine Bewegung machte, wie zum Entfliehen, folgte der Kopf der Schlange schnell dieser Bewegung, als wollte sie den Ausweg abschneiden. Dies Spiel dauerte so, nahe an vier Minuten, bis meine Annäherung ein Ende machte; die Schlange schnappte rasch zu und entfloh mit der Beute in das nahe Gebüsch, wo ich vergeblich nachsetzte, sie zu tödten.“ (Lichtenstein 1811–1812, Bd. 1, 359–360). Lichtenstein diskutiert anschließend die alte Frage nach dem lähmenden Blick von Schlangen.

74 Vgl. Lichtenstein 1811–1812, Bd. 1, 154 (Sammeln von Vögeln), 263 (Pflanzen), 312; Bd. 2, 208 (Trocknen von Pflanzen).

75 Lichtenstein 1811–1812, Bd. 1, 27.

76 Vgl. Lichtenstein 1811–1812, Bd. 1, 55 (Puffotter), 153 (Speikobra), 257–258 (Boomslang), 535; Bd. 2, 74, 235 (Schlangenfang der San).

77 Vgl. Lichtenstein 1811–1812, Bd. 1, 153; Bd. 2, 308, 321, 582.

78 Vgl. die Schilderung einer „subtilen Jagd“ nach Prachtkäfern, die beinahe tödlich ausgegangen wäre (Lichtenstein 1811–1812, Bd. 1, 74).

79 Mit einer San-Frau (Lichtenstein 1811–1812, Bd. 1, 89), mit Xhosa (Lichtenstein 1811–1812, Bd. 1, 353–357).

80 Lichtenstein war u.a. mit Werken Lessings, Goethes, Schillers und mit Tassos *Aminta* unterwegs (vgl. Lichtenstein 1811–1812, Bd. 1, 27, Fußnote).

nehmen die Bevölkerungsgruppen Südafrikas ein, von denen Lichtenstein möglichst umfassende Informationen geben möchte: er schildert das Leben der Kolonisten in Kapstadt und den weiten, menschenarmen Landstrichen, der Khoisan, der von Norden her vordringenden Xhosa („Kaffern") und der „Betschuanen"[81] und gibt auch Wortverzeichnisse. Die beiden Bände beinhalten aber nur den „erzählenden Theil" des Reisewerks. Ein angekündigter dritter Band, der ein „beschreibender Theil" werden sollte, und der das gesammelte wissenschaftliche Material systematisch präsentieren sollte, ist nie erschienen,[82] sehr zum Bedauern der wissenschaftlich Interessierten.[83] In späteren Aufsätzen beschäftigte sich Lichtenstein mit den Ergebnissen seiner großen Reise,[84] sie sind Fragmente dieses unveröffentlichten dritten Bandes.

Lichtenstein wollte eine umfassende Beschreibung Südafrikas liefern, das Buch plante er bereits in Afrika, zog dafür auch die Werke aller Vorgänger, deren er habhaft werden konnte, heran[85] und verwendete auch die Tagebücher Jan Willem Janssens' und Jacob Abraham de Mists.[86] Die Beschreibung sollte umfassend sein und das „Topographische, Politische, das Naturhistorische, Ethnographische, besonders das so ganz vernachlässigte Historische"[87] beinhalten. Ziel war also eine genaue und verlässliche Schilderung von Land und Reiseverlauf ohne Beschönigung, Dramatisierung und Selbsterhöhung, da „mein Naturel es mir verbiete, als Held einer romantischen Reisebeschreibung aufzutreten."[88] Um die Absicht zu verwirklichen, „das südliche Afrika unbefangen zu schildern, wie es ist", eigneten sich Deutsche, so der anonyme Rezensent des Afrikabuches, ganz besonders: „Ausgeschlossen vom Welthandel und ohne Colonieen"[89] seien sie, da ohne eigene kolonialistische Ambitionen, eher zur Objektivität fähig als andere.[90] Die *Reisen im südlichen Africa* zielen nicht nur auf ein

[81] Die verschiedenen, sehr ausführlichen ethnologischen Berichte haben in der Reisebeschreibung den größten Umfang – größer als die botanischen und zoologischen Passagen – und bilden eigene kleine Abhandlungen im Erzählstrom.

[82] Zur Unterscheidung von erschienenem „erzählenden" und nicht erschienenem „beschreibenden", d. h. wissenschaftlichen Teil vgl. das Vorwort in Lichtenstein 1811–1812, Bd. 1, vi, viii. Eine Inhaltsangabe des beschreibenden Teils entwirft das Vorwort, ix–x.

[83] Vgl. Henze 2011, Bd. 3, 237 und Anonym 1811/12, 203.

[84] Lichtenstein 1807, 1808, 1810a und b.

[85] Dazu gehören vor allem François Levaillant und John Barrow. Letzter wird in der Reisebeschreibung durchgehend entweder kritisiert, korrigiert oder zustimmend erwähnt, ist also häufiger Bezugspunkt. Neben diesen beiden werden erwähnt la Caille (d.i. Nicolas-Louis de Lacaille, ab 1750 in Südafrika), Menzel (d.i. Otto Friedrich Mentzel, 1733–1741 Hauslehrer in Südafrika), Kolbe (d.i. Peter Kolb, 1705–1713 in Südafrika), Sparrman (d.i. Anders Sparrman) und Jacob van Reenen bzw. Edward Riou (*A journal of a journey from the cape of good hope* 1790/91).

[86] Vgl. Lichtenstein 1811–1812, Bd. 1, xxxii–xxxiii.

[87] Lichtenstein 1811–1812, Bd. 1, xxxi.

[88] Lichtenstein 1811–1812, Bd. 1, ii.

[89] Anonym 1811/12, 312.

[90] Die Reisebeschreibung ist ideologisch, nämlich kolonialistisch, antirassistisch, aber auch als bloße Abenteuererzählung gelesen worden. Als Beispiel einer solchen Vereinnahmung kann die Rezension eines Nachkommens dienen: der Ahnenforscher Peter Lichtenstein (1985, 96) referierte einen Artikel in der *Neuen Berliner Illustrierten* (Nr. 40, 1981, 42) von Alfred Babing und Hans-Dieter Bräuer – zwei Afrikaschriftstellern der DDR – über Lichtenstein, der „in seinen Reiseberichten aus der Kapkolonie zum Fürsprecher eines friedlichen Zusammenlebens von Schwarz und Weiß [wurde]. Wir in der DDR, zu deren erklärter Staatspolitik die uneingeschränkte Verurteilung von Apartheid und Rassismus und die Solidarität mit dem kämpfenden Volk Südafrikas gehört, wollen, und dürfen nicht

europäisches Publikum ab; sie waren ausdrücklich gerade auch für afrikanische Leser geschrieben:

> Ueberdies hatte ich nicht die deutsche oder europäische Lesewelt allein vor Augen, ich wünschte auch die africanischen Bürger, besonders aber meinen Nachfolgern, den spätern Reisenden im südlichen Africa nützlich zu werden und ihnen mehr zu sein, als meine Vorgänger waren [...].[91]

Er kritisierte die Kolonisten, nahm sie aber gegen John Barrows Vorwürfe in Schutz (die er als britisch-nationalistisch motiviert gegen die Buren gerichtet ansah), diskutierte Fragen von Moral, ethisch richtigem Verhalten und von Grausamkeit bei Weißen und Schwarzen,[92] interessierte sich auch für die verschiedenen Sprachen (wobei er auch Wortverzeichnisse lieferte[93]), versuchte also ein differenziertes Bild eines komplexen ethnischen Gefüges zu geben, das in raschem historischen Wandel begriffen war.

Die *Reisen im südlichen Africa* waren lange Zeit ein Lieblingsbuch des Publikums.[94] Für den Geographen Oscar Peschel gehört es unter „die Meisterstücke der Naturgemälde in unserer Sprache".[95] Der anonyme Rezensent in den *Allgemeinen Geographischen Ephemeriden* wünscht sich das Werk „hoffentlich bald in die Hände jedes Geographen, ja jedes gebildeten Teutschen", und beklagt nur eine gewisse „Prolixität", eine höfliche Umschreibung für Weitschweifigkeit, und hätte eine systematischere Darstellung, weniger „lyrische Unordnung" für gut befunden.[96] Lichtenstein versteht Ausführlichkeit dagegen als Kriterium des Glaubwürdigen und Authentischen; in der Vorrede schreibt er: „Das Einseitige aber hat schon immer den Schein des Falschen, als ob es durch die Kürze den inneren Widerspruch vermeiden wollte."[97] Humboldt greift gerne, wie der Briefwechsel zeigt, auf die Afrikakenntnisse Lichtensteins

vergessen, daß unsere Haltung Traditionen hat, die gepflegt und bewahrt werden müssen. HUMANISTISCHE TRADITIONEN. [...] Der aufgeschlossene, in vielerlei Naturwissenschaften bewanderte Hanseat interessiert sich nicht nur für die Natur des Landes, sondern in erster Linie für die dort lebenden Menschen, ob sie nun weiße oder schwarze Hautfarbe haben. Er macht keinen Hehl daraus, daß er die Frömmelei und die Bigotterie der dort lebenden Buren verabscheut, und tritt den Afrikanern ohne Vorurteile gegenüber. Er zeigt viel Verständnis für deren Abwehrkampf gegen die vordringenden weißen Siedler, deren zahlreiche Übergriffe er in seinen Aufzeichnungen nicht selten tadelt." Tatsächlich gibt Lichtenstein ein differenziertes Bild der Ethnien, soweit ihm das von seinem Wissensstand her möglich war, beschreibt, kritisiert und unterscheidet Khoi (in den Benennungen der Zeit „Hottentotten"), San („Buschleute", von ihm auch „Bosjemans" genannt), „Beetschuanen" (Batswana) und „Koossa" (Xhosa) bzw. „Kaffern" und Kolonisten, Buren wie Briten, gleichermaßen, liefert aber auch ein eindrucksvolles Bild von der Natur des Landes. Auch von der vorgeblichen Bigotterie, die er gelegentlich kritisiert, der Religiosität und der Mission liefert er ein differenziertes Bild (Lichtenstein 1811–1812, Bd. 1, 49–50, 230–232, 251–254, 382–389). Eine Untersuchung, wie sehr das Buch das deutsche Afrikabild beeinflußt hat, steht noch aus.

91 Lichtenstein 1811–1812, Bd. 1, xxix.

92 Dazu ein Beispiel: „Es ist wohl noch die Frage, welche Grausamkeit härtere Rüge verdient, die des rohen Africaners, der sein Vieh in Augenblicken der Angst und Gefahr mit Sporn und Peitschen antreibt, oder die des gebildeten Europäers, der ohne Nutzen ein Pferd stutzt und anglisirt, oder es zum muthwilligen Zeitvertreib im Wettrennen zu Tode jagt." (Lichtenstein 1811–1812, Bd. 1, 106).

93 Z.B. Lichtenstein 1808.

94 So z.B. Ratzeburg 1872, 310, ähnlich Mauersberger 1994, 7.

95 Peschel 1865, 514. Die Wertschätzung bezieht sich insbesondere auf die Beschreibung der Karoo.

96 Anonym 1811/12, 327, 200 und 202.

97 Lichtenstein 1811–1812, Bd. 1, xxix.

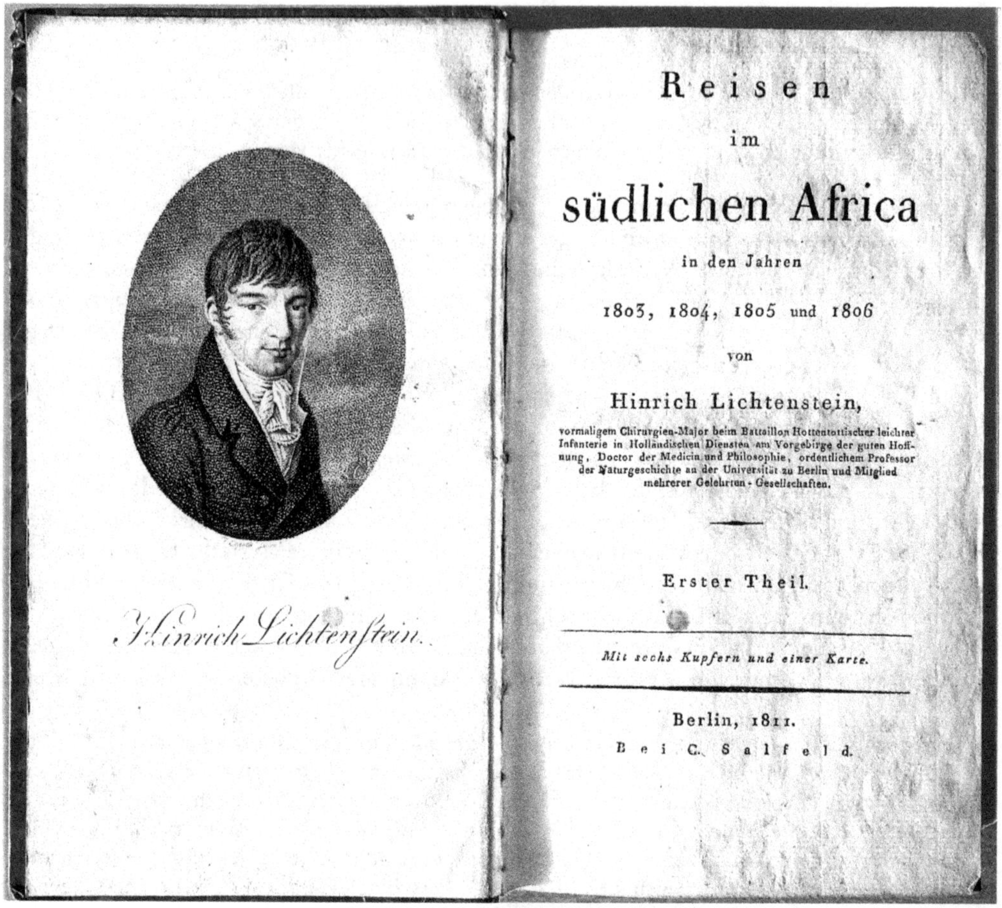
Reisen
im
südlichen Africa
in den Jahren
1803, 1804, 1805 und 1806
von
Hinrich Lichtenstein,
vormaligem Chirurgien-Major beim Battaillon Hottentottischer leichter Infanterie in Holländischen Diensten am Vorgebirge der guten Hoffnung, Doctor der Medicin und Philosophie, ordentlichem Professor der Naturgeschichte an der Universität zu Berlin und Mitglied mehrerer Gelehrten-Gesellschaften.

Erster Theil.

Mit sechs Kupfern und einer Karte.

Berlin, 1811.
Bei C. Salfeld.

Abb. 7: Lichtensteins *Reisen im südlichen Africa*, Band 1, 1811
(Ausgabe der Herzogin-Anna-Amalia-Bibliothek in Weimar).

zurück und spricht ihn als „Reisender vom Cap" an.[98] Bereits im ersten erhaltenen Brief des Briefwechsel wünscht sich Humboldt eine Pflanzenliste aus Südafrika.[99] Als Afrikareisender bleibt Lichtenstein lange im allgemeinen Bewußtsein,[100] sodaß Heinrich Heine über eine Theateraufführung in Berlin schreiben kann: „So soll der Othello von einem wirklichen Mohren gespielt werden, den Professor Lichtenstein schon zu diesem Behufe aus Afrika verschrieben hat."[101]

98 Brief Humboldts an Lichtenstein von vor dem 10.6.1842 (Brief Nr. 68).

99 Brief Humboldts an Lichtenstein, 18.3.1820 (Brief Nr. 1).

100 Noch Arno Schmidt spricht vom „alten Afrikareisenden Lichtenstein", ein wenig unpassend, denn der Verweis bezieht sich auf den etwa 30jährigen Lichtenstein und dessen Mitarbeit an Friedrich de la Motte Fouqués *Die Musen. Eine norddeutsche Zeitschrift* (Schmidt 1960, 213).

101 *Reisebilder*, 1. Teil, in: Heine 1961–1964, Bd. 3, 65.

Zu den bleibenden wissenschaftlichen Leistungen Lichtensteins in Bezug auf Afrika gehört eine erste Charakterisierung der Karoo, der Halbwüsten des südlichen Afrika, als eigenständiger Landschaftstyp.[102] Sein Blick auf die verschiedenen Volksgruppen war schärfer als der seiner Vorgänger: die Khoikhoi (im Sprachgebrauch der Zeit „Hottentotten" genannt, so wie sich Lichtenstein als „Hottentottenarzt" bezeichnete, ohne daß dem etwas Pejoratives anhaftete) verstand er erstmals als eine distinkte Gruppe, keine in die Wildnis ausgewichenen Zivilisationsflüchtlinge. Auch die San (von ihm „Buschmänner" genannt) verstand er als distinkte Gruppe mit eigener Sprache und Kultur, und ohne nähere Verwandtschaft zu den Khoikhoi; dass sie systematisch gejagt würden, verneinte er.[103] Er brachte eine kleine naturkundliche Sammlung mit, darunter Pflanzen,[104] Menschenschädel[105] und etwa 600–700 Insektenarten,[106] von denen etwa die Hälfte neu für die Wissenschaft war. Die Pflanzen gingen an Carl Ludwig Willdenow und Hoffmannsegg, ein Manuskript *Spicilegium florae capensis* blieb ungedruckt.[107]

*

Nach der Rückkehr aus Afrika lebte Lichtenstein in verschiedenen Städten Nord- und Mitteldeutschlands, bevor Berlin Lebensmittelpunkt wurde. Im Frühling 1808 war er in Weimar und Jena und lernte Goethe und die preußischen Generäle Karl von Müffling und Otto August Rühle von Lilienstern kennen, und nahm „die Verbindung mit den Jenaer Professoren, seinen früheren Lehrern" wieder auf, ein, so der Nachruf, „wahrer Glanzpunkt in seinem Leben".[108] Hauptsächlich war er aber in Braunschweig, wo er im gastfreundlichen Haus von Hellwig und gemeinsam mit Hoffmannsegg und Illiger seine Sammlungen aufarbeitete.

Lichtenstein, ohne umfassende zoologische Kenntnisse, war zufällig der richtige Mann vor Ort, als der Lehrstuhl für Zoologie an der neu gegründeten Berliner Universität besetzt werden sollte, und Illiger wohl aus gesundheitlichen Gründen ablehnte. Er, der sich um den Druck seines Afrikabuches in die Hauptstadt begeben hatte, nahm an und lehrte bald, nämlich seit dem 29. September 1810, als Privatdozent und wurde auf Vorschlag Johann Gottlieb Fichtes am 16. Februar 1811 Dr. phil. ehrenhalber, drei Wochen später Professor für Naturwissenschaften.[109] Im Juli 1812 übernahm er als Nachfolger des verstorbenen Willdenow die

102 Vgl. Lichtenstein 1811–1812, Bd. 1, 195–204. Die Beschreibung gilt als „kleines Seitenstück zu Alex. von Humboldts fast gleichzeitig entstandenem Naturgemälde der Steppen und Wüsten in dessen *Ansichten der Natur* (1807)." (Henze 2011, Bd. 3, 235).

103 Lichtenstein 1811–1812, Bd. 1, 185–192.

104 Botanische Sammeltouren unternahm Lichtenstein mit Peter Heinrich Poleman (Pohlmann), einem Apotheker aus Altona, der 1802 nach Südafrika kam und hier bis zu seinem Tod 1839 blieb. Er war nach Lichtensteins Rückkehr nach Europa sein Verbindungsmann in Südafrika und unterstützte die von ihm geschickten Sammler.

105 Lichtenstein 1811–1812, Bd. 2, 588. Zu seinem Interesse am Sammeln von Schädeln vgl. auch Bd. 2, 35–36, 348.

106 Vgl. Lichtenstein 1811–1812, Bd. 1, 51 (Fußnote).

107 Gunn/Codd 1981, 229.

108 Anonym 1858, 88.

109 Zur Besetzung vgl. Stresemann 1960, 75.

provisorische Leitung des Botanischen Gartens von Berlin, damals noch in Schöneberg.[110] Diese Interimszeit endete erst 1815, als der Breslauer Botaniker Heinrich Friedrich Link neuer Direktor wurde; in den drei Jahren lag die Hauptarbeit bei Gärtner Christoph Friedrich Otto, der 1814 auch „königlicher Inspektor" des Gartens wurde.[111]

Als Nachfolger Illigers (dieser war „1. Aufseher" des Museums und am 10. Mai 1813, erst 37 Jahre alt, verstorben, Lichtenstein sprach von einem „beschleunigten Tod"[112] durch Überarbeitung) wurde Lichtenstein auch Direktor des Zoologischen Museums der Universität Berlin. Hoffmannsegg hatte dem Museum seine berühmte brasilianische Vogelsammlung als Grundstock gestiftet,[113] Hellwig die Insektensammlung, Lichtensteins Ehrgeiz und seine Beziehungen machte in kurzer Zeit ein Museum von europaweiter Bedeutung daraus.

*

Es gehörte ganz das eigenthümliche Talent
und der rastlose Eifer von Lichtenstein dazu,
um mit den geringen Mitteln, die ihm zu Gebote standen,
das in der Reihe von Jahren zu schaffen,
worauf Berlin jetzt stolz sein kann.[114]

Exkurs 2: Lichtenstein und das Zoologische Museum. Begründet von Karl Illiger, der von Wilhelm von Humboldt berufen worden war,[115] übernahm Lichtenstein nach Illigers Tod 1813 – die Ernennung erfolgte im Vertrauen auf seine „Rechtschaffenheit, Tüchtigkeit und Eifer für alle Zweige der Naturwissenschaften", so das Ministerium[116] – die Führung des Zoologischen Museums. Es befand sich, gemeinsam mit dem Anatomisch-zootomischen Museum und dem Mineralienkabinett, im 1810 der Universität übergebenen ehemaligen Prinz-Heinrich-Palais Unter den Linden. Ab August 1815 hatte Lichtenstein die Stelle des „Aufsehers des der hiesigen Universität zugehörigen Zoologischen Museums" inne. Sein

[110] Zu Willdenow vgl. Wagenitz 2015 und Wagenitz/Lack 2012/2015. Willdenow, wissenschaftshistorisch gesehen ein „Mann des Übergangs" (Wagenitz/Lack 2012/2015, 6) und der botanische Mentor Humboldts, ähnelt in manchem Lichtenstein; ein Vergleich macht aber auch die Unterschiede deutlicher: innovativ und am Beginn einer traditionsbildenden Institutionalisierung stehend, deren Grundsteine er legte, war Willdenow zugleich an Linné orientiert und von „eher konservativer Grundeinstellung" (Wagenitz/Lack 2012/2015, 3) – ähnliches lässt sich auch über Lichtenstein sagen. Allerdings starb Willdenow mit noch nicht einmal 47 Jahren, ein Gesamtlebenszeitraum, der etwa dem Zeitraum der Museumstätigkeit Lichtensteins entspricht (ein kurzer Brief Willdenows an Lichtenstein, 30.7.1810, in: Wagenitz/Lack 2012/2015, 224).

[111] Timler/Zepernick 1978, 26–27.

[112] Lichtenstein 1818c, 49.

[113] Vgl. Stresemann 1950.

[114] Anonym 1858, 88.

[115] „*Illiger* genügte ohne Zweifel vollkommen allen Forderungen, die man in dieser Hinsicht machen durfte, und der Erfolg hat deutlich genug gezeigt, wie sehr man es dem so sehr um die Wissenschaften verdienten damaligen Chef der Section für den Cultus und öffentlichen Unterricht, Herrn *von Humboldt*, zu danken hat, dass er ihn zu jenem Posten berief." (Lichtenstein 1818c, 59).

[116] ZMB, SI, LICHTENSTEIN, H., I, zit. n. Landsberg 1994, 86.

Abb. 8: Nur die beiden Gründer fehlen: Fassade des Museums für Naturkunde, Berlin, mit den Statuen bzw. Büsten Christian Gottfried Ehrenbergs, Alexander von Humboldts, Christian Samuel Weiss', Leopold von Buchs und Johannes Müllers (Zustand 2022).

Jahresgehalt betrug 1.500 Thaler.[117] Er leitete das Museum fast 44 Jahre lang – bis zu seinem Tod 1857 – und galt schließlich allgemein, aber irrtümlich als der eigentliche Gründer des Museums.[118] Lichtenstein verwies gegen diese Falschannahme ausdrücklich auf seine wissenschaftliche Herkunft: „Was unser Museum jetzt ist und was es dereinst noch werden kann", verkündete er 1815 (gedruckt 1818), „wird es immer der Hauptsache nach, der Freundschaft

117 Landsberg 1994, 86.

118 Als solcher wurde er bereits von Zeitgenossen angesehen und bezeichnet ihn noch fälschlich Drascher in seiner Einleitung zur Neuausgabe der *Reisen im südlichen Africa*.

dieser beiden Männer [sc. Illiger und Hoffmannsegg] zu danken haben."[119] Heute erinnert eine Büste von Albert Wolff (vgl. Abb. 17) im zentralen Sauriersaal des Museums für Naturkunde an den langjährigen Direktor, der dort auf den erst 1906 ausgegrabenen *Brachiosaurus brancai* blickt. Am Bildprogramm der Außenfassade aber fehlt er ebenso wie der eigentliche Gründer Illiger (Abb. 8).

Von der Anfangszeit berichtete Lichtenstein in der Broschüre *Das zoologische Museum der Universität zu Berlin*:

> Eben als sich Berlin von dem Druck ausländischer Gewalt befreit sah und die Erhebung der Nation die neue glücklichere Zeit verkündete, raffte der Tod den Mann [Karl Illiger] hinweg, dem die Verwaltung des Museums anvertraut war und der bei längerem Leben in der nun allmählig vollendetern Gestaltung derselben, den Lohn seiner vielfachen Anstrengungen gefunden haben würde. Nur eine treue Befolgung seiner Anordnungen machte es möglich, die Aufstellung in allen Theilen so zu fördern, daß das Museum im Sommer des Jahres 1814 den Studirenden der Universität und dem Publikum geöffnet werden konnte.[120]

Lichtenstein organisierte den Auf- und Ausbau des Museums, eine, wie auch aus den Verwaltungsakten hervorgeht, große Aufgabe: denn das Zoologische Museum war zu Beginn noch kein Museum, „sondern eine Flucht renovierungsbedürftiger leerer Zimmer im Universitätsgebäude, Sammlungen und Präparate, die darauf warteten, aufgestellt und systematisch eingeordnet zu werden, Museumsmobiliar, das erst entworfen und gebaut werden musste, da die übernommenen Möbel aus der Kunstkammer sich als unpraktisch erwiesen hatten und in Auktionen verkauft wurden."[121] Diese extensive und jahrzehntelange Sammeltätigkeit kann heute noch als Lichtensteins bedeutendste Leistung angesehen werden. Auch der ihm kritisch gegenüberstehende Stresemann erkannte sie an: für den Ausbau des Zoologischen Museums verstände er „äußerst geschickt, sparsam und doch mit glänzendem Erfolg zu sorgen […]. In seinem weit ausgedehnten Briefwechsel zeigte er stets für alle Wünsche großes Entgegenkommen und liebenswürdige Gutmütigkeit."[122]

Präparator am Museum war August Karl Rammelsberg,[123] ab 1. April 1817 kam Friedrich Beyer als 2. Gehilfe hinzu.[124] Als 2. Direktor fungierte ab 1818 der Entomologe Friedrich Klug. Hellwig hatte dessen Einstellung zur Bedingung für die Spende seiner bedeutenden Insektensammlung gemacht. 1816 erschien ein erster, von Lichtenstein verfasster Museumsführer.[125] Bereits ab dem Sommer 1814 wurde die zoologische Sammlung für je zwei Stunden

[119] Lichtenstein 1818c, 60.

[120] Lichtenstein 1816, 8–9.

[121] Landsberg 2010, 120.

[122] Thomsen/Stresemann 1957, 100.

[123] Rammelsberg „war während der Direktionszeit Lichtensteins Präparator, Buchhalter und Verwalter in einem. Die ältesten Präparate [des Museums für Naturkunde] gehen zum großen Teil auf ihn zurück. Gleichzeitig kaufte er im Auftrage Lichtensteins von Privatleuten angebotene Tiere auf." (https://www.sammlungen.hu-berlin.de/objekte/zoologische-sammlungen-mfn/7953/, 4.3.2022). 1857 sollte Rammelsberg von Lichtensteins Tod berichten (vgl. Dokumente, Dokument 11).

[124] Beyer führte ab 1818 Tagebuch, in dem er die Eingänge verzeichnete (vgl. Landsberg 1994, 93).

[125] Lichtenstein 1816. Eine zweite, vollständig veränderte Ausgabe erschien zwei Jahre später, sie gibt einen Überblick über die Inhalte der einzelnen Sammlungsschränke (Lichtenstein 1818a). Der Museumsführer hatte weite Verbreitung: ein Exemplar findet sich auch in Goethes privater Bibliothek (vgl. Abb. 10; Rupprecht 1958, 614; Rupprecht-Nr. 4262).

zweimal wöchentlich auch für ein allgemeines Publikum geöffnet. Wann und wie man die Sammlung besuchen konnte, darüber gibt ein (aus späterer Zeit stammendes) Werk über Berlins Sehenswürdigkeiten Auskunft:

> *Zoologisches Museum* und das *Mineralien-Kabinet*, zwei Hülfsanstalten der Königl. Universität, im rechten Seiten- und Hauptflügel des 3. Stockwerks des Universitätsgebäudes, ist Dienstags und Freitags, Mittags 12–2 Uhr, dem Publikum geöffnet, gegen Einlaßkarten,[126] die man auf vorherige schriftliche Anmeldung, Tags zuvor von 4–5 Uhr, bei dem ersten Direktor des Museums, im Universitätsgebäude, in Empfang genommen hat; Fremde vom Fach und wissenschaftliche Reisende finden auch zu anderen Zeiten, wenn sie sich beim ersten Direktor deshalb verwenden, Einlaß. Dies Museum, eines der reichsten und wohlausgestattetsten, die es giebt, und bezüglich der Fische und Vögel vielleicht das vollständigste, ist durch Ankäufe der Sammlungen berühmter Naturforscher und durch Schenkungen der auf der Kunstkammer und an anderen Orten früher gewesenen Sammlungen, zu seiner jetzigen Vollkommenheit gewachsen, und fortwährend erhält es durch in allen Welttheilen zerstreute, auf Kosten des Staats reisende Naturforscher, den bedeutendsten Zuwachs, so daß die weitläufigen Räume bald nicht mehr alle die Schätze werden aufnehmen können; was bei den rastlosen Bemühungen des ersten Direktors, des durch seine Reise nach dem Cap rühmlichst bekannten Geh. Medizinal-Raths, Prof. Dr. Lichtenstein, so lange nicht mehr währen wird.[127]

Lichtenstein war ein erfolgreicher Sammler und Mehrer seines Reiches und sprach selbst von „einem jährlichen Zuwachs von mehr als tausend Arten rückgratiger Thiere."[128] Neben zahlreichen Sammelreisen, von denen noch die Rede sein wird, hielt er engen Kontakt zu Menagerien und Naturalienhändlern, da diese oft billiger waren als die auch aufwendig zu organisierenden Expeditionen.[129] Das Sammlungswachstum bei zugleich begrenzten Geldmitteln manifestierte sich im schnell steigenden Raumbedarf. Aus anfänglich drei Zimmern im Ostflügel wurden 1816 bereits neun, 1825 schließlich 22. Nach dem Umbau des Universitätsgebäudes kamen neue Zimmer im Westflügel hinzu.[130] Lichtenstein organisierte in finanziell knappen Zeiten Ankäufe und Verkäufe von Doubletten für das Museum, eine umstrittene Praxis, die ihm – bereits von Zeitgenossen – viel Kritik einbrachte.[131] Erstmals 1818 wurden Doubletten öffentlich

126 Die ersten gedruckten Eintrittskarten sind abgebildet in: Landsberg 2010, 118, eine von Lichtenstein unterschriebene Eintrittskarte 1832 für den Studenten und späteren Ornithologen Ferdinand Heine sen., in: Nicolai u. a. 2009, 19.

127 Zedlitz 1834, 829–830.

128 Lichtenstein 1823, v. Gemeint sind Wirbeltiere.

129 Landsberg 1994, 88.

130 Nach Mauersberger 1994, 8.

131 Vgl. „Ankäufe des Professor Lichtenstein auf seiner Reise 1819" (Museum für Naturkunde, historische Arbeitsstelle, und weitere Doublettenverzeichnisse, z. B. Lichtenstein 1818b, 1823, Lichtenstein/Klug 1823; vgl. dazu auch Deppe 1863). Zur Kritik, schon von Temminck geäußert (vgl. Faber 1982, 66, 174) und weniger auf die notwendige Geldbeschaffung abzielend, sondern darauf, dass ungenau bestimmte und daher möglicherweise wertvolle Objekte verkauft wurden und damit verlorengingen vgl. Stresemann 1931, 566 und Stresemann 1960, 80–81. Heute wird diese Praxis anders gewichtet: „Oft wurde ihm die damals an vielen Museen übliche Praxis des ‚Doublettentausches' vorgehalten, bei der neue oder seltene Arten unerkannt weggegeben wurden. Doch nie wäre mit den von staatlicher Seite zur Verfügung gestellten kargen Mitteln eine solche Riesenzahl von Forschungsreisen und damit verbunden eine solche Vielfalt an Sammlungen nach Berlin gekommen." (Landsberg 2010, 121). Dass Humboldt Doubletten-Erwerb und -verkauf auch positiv bewertete, zeigt sein Brief

versteigert.[132] Jedenfalls erbrachten die Auktionen Gewinne und ermöglichten so, vor allem in den Jahren zwischen 1818 und 1830, den schnellen Ausbau der Sammlungen.[133]

Lichtensteins Credo war die sich ständig erweiternde Sammlung: „Ueberhaupt ist es um eine solche Sammlung gethan, sobald sie für vollendet und abgeschlossen angesehn wird, sie ist todt, sobald sie nicht mehr wächst und in ihrem Wachsthum nicht mehr den Umfang der Wissenschaft erweitert, die Lehrlinge herbeizieht und für Untersuchung und Entdeckung begeistert."[134] Dieser Sammeleifer wurde von Heinrich Heine persifliert, wenn er Lichtenstein die Bereitschaft unterstellte, Menschen – hier den letzten noch existierenden Demagogen – für seine Sammlung zu erwerben, zu präparieren und auszustellen: „[...] wenn er krepiert ist, ihn ausstopfen [zu] lassen und als den letzten Demagogen mit Haut und Haar für die Nachwelt aufbewahren [zu] können. Ich bitte Sie jedoch, sagen Sie das nicht dem Professor Lichtenstein in Berlin, der ließe ihn sonst für das zoologische Museum reklamieren [...]."[135]

Lichtenstein lebte buchstäblich für und in seinen Sammlungen. Ab dem Sommer 1813 konnte er im Zoologischen Museum Quartier beziehen.[136] Zu diesem Umzug in das Universitätsgebäude hat sich vom Juli 1813 – in einer für den sich etablierenden Wissenschaftler inmitten der Befreiungskriege unsicheren Zeit – der Entwurf seiner Eingabe erhalten:

> [H]abe ich die Ehre zu berichten, daß ich dem, in dem geneigten Rescript vom [*Platz für Datum bleibt frei*] ertheilten Befehl zufolge zwei Zimmer in der Wohnung des verstorbenen bisherigen Directors Illiger bezogen habe und unausgesetzt mit der Ordnung, Bestimmung, Reinigung und Aufstellung der in dem Königl. zoologischen Museum enthaltenen Schätze beschäftigt bin. Da ich meine bisherige Wohnung noch bis Ostern dem mit meinem Wirthe abgeschlossenen Contract [zufolge] noch bis Ostern bezahlen muß, jetzt aber sich eine Gelegenheit findet, dieselbe für dasselbe Jahr von Michaelis [29.9.] bis Ostern [10.4.1814] zu wieder vermiethen, ich dieses auch um so mehr wünschen muß, weil sonst die doppelte Last der Einquartierung für die alte und die Reklamationszahlung für die neue Wohnung auf mir ruhen würde, so frage ich hiedurch gehorsamst an, ob ich mir Hoffnung machen dürfe, auf den Fall einer anderweitigen Besetzung der Directorstelle eine Wohnung im Universitätsgebäude zu behalten, in welchem falls ich den angebotenen Vertrag über die Vermiethung meiner bisherigen

an König Friedrich Wilhelm IV. vom 18.6.1842 (Humboldt 2013a, 232–233; vgl. auch Jahn 1981a). Trotzdem muss angemerkt werden, dass das Herauslösen aus Sammlungszusammenhängen oder das Beseitigen genauer Fundortangaben den Wert jeder Sammlung vermindern musste.

132 „Seit im Jahr 1818 die überzähligen Exemplare des zoologischen Museums zuerst auf dem Wege öffentlicher Versteigerung veräussert wurden, sind nachmals zwei Verzeichnisse verkäuflicher Doubletten erschienen, in welchen diesselben zu Mittelpreisen, die ein ausgebreiteter Verkehr kennen lehrte, den öffentlichen und Privatsammlungen angeboten und überlassen wurden. Der Erfolg hat das Unternehmen immer gerechtfertigt." (Lichtenstein 1823, iii).

133 Vgl. Anonym 1858, 89. Lichtenstein (1823, iii) erklärte, dass die Verkäufe eine „wesentliche Hülfe" seien, um „die fühlbarsten Lücken" der Sammlungen „nach und nach auszufüllen" und den „Verkehr mit fernen Erdgegenden" überhaupt erst führen zu können. Dass die preußischen Museen unter „Generous Financing" (so Faber 1982, 61) gelitten hätten, ist übertrieben.

134 Lichtenstein 1816, 105.

135 *Reisebilder*, 3. Teil, in: Heine 1961–1964, Bd. 3, 203.

136 Als „Director" bewohnte „er eine glänzende Amtswohnung im Universitätsgebäude, um zu jeder Zeit das Museum überwachen und die an seine Wohnung stossenden Zimmer für Ausstopfer etc. inspiciren zu können." (Rammelsberg 1872, 310). Einmal wird im Briefwechsel mit Humboldt auch die Berliner Adresse Französische Str. 33 als Aufenthaltsort Lichtensteins erwähnt (vgl. den Brief Humboldts an Lichtenstein vom März 1841, Brief Nr. 64).

> Wohnung eingehen, sonst aber dieselbe behalten würde, da ich in der Nähe des Universitätsgebäudes nicht leicht eine bequemere wohlfeilere und sonstige Vortheile darbietende finden möchte.[137]

Vogelpastor Christian Ludwig Brehm, der das Museum im Herbst 1832 mehrere Tage lang besuchte, war begeistert: „Der Reichtum ist zu groß, als daß man ihn in kurzer Zeit bewältigen könnte, und Herr Geheimrath Lichtenstein hat sehr recht, wenn er sagt ‚Hier giebt es für 20 Männer wie ich zu thun.'"[138] Manchmal führten Humboldt und Lichtenstein auch gemeinsam Gäste durch das Museum, etwa 1836 den US-Amerikaner George Ticknor mit Familie. Ticknor schildert in seinem Tagebuch folgende interessante Szene:

> From the Academy of Architecture, M. de Humboldt carried us to the University, a large and massive palace, built by Frederic II. for his brother Henry, 1757–64, and given by the present King for purposes of knowledge. His object was to show us collections in mineralogy, geology, and zoölogy ... In the collections of zoölogy we found Professor Lichtenstein, the well-known traveller, wo spent six [!] years at the Cape of good Hope ‚when it was little better', as Humboldt said, ‚than a *ménagerie*.' I saw him here twenty years ago, and he was then, as he is now, pleasant and obliging, with much the air and bearing of a man of the world. He carried us, I think, through sixteen halls, all of them respectable in their appearance, but the halls of birds really wonderful. Here Humboldt left us, to keep an appointment at the palace, reminding us that we should meet at dinner ...[139]

Das Zoologische Museum blieb allerdings eine Dauerbaustelle. Noch in den 1840er Jahren klagte Lichtenstein in einem Brief an Naumann:

> Unser Bau wird erst Oct. 43 ganz fertig. Eben ziehn wir mit den Quadrupeden wieder in die neuen Räume. Der ganze linke Flügel liegt jetzt im Bau und was drinn stand ist in guter Ordnung auf dem Boden untergebracht, wo ich mit Bibliothek, Registratur, (sowie Rammelsberg mit dem Laboratorium, Vorraths-Doubletten-Kammern) auch hause. Es war eine schwere Zeit.[140]

*

Kehren wir zur Lebensgeschichte zurück und betrachten kurz die privaten Verhältnisse: Am 11. Juni 1815 heiratete der nunmehr 35jährige Zoologieprofessor die 20jährige Victorie Hotho, eine Tochter des reichen Fabrikanten Thomas Henri Hotho, Mitinhaber der Firma Hotho und Welper, und der Madeleine Henriette, geb. Girard.[141] Der als glücklich beschriebenen Ehe entstammten eine Tochter und drei Söhne, deren jüngster früh verstarb.[142] Das Paar

137 Akte „Lichtenstein. Berichte an das Departement. 1812 1813. betr. Wohnung in Univ. Aufwärter f. Kgl. Zool. Mus." (Museum für Naturkunde, historische Arbeitsstelle; Akte: Lichtenstein.) (Streichungen von Lichtenstein).

138 Brehm in der Zeitschrift *Isis* 1834, Sp. 47–48, zit. n. Stresemann 1960, 77. Zu Brehm vgl. Hildebrandt 1929, Stresemann 1931, Muggelberg 1969, Jahn 1990, Möller 1993, 1994/1995 und Haffer 1996.

139 Vgl. den Tagebucheintrag Ticknors vom 27.5.1836 in: Humboldt 2004, 522; auch Ticknor 1876, Bd. 1, 500–501.

140 Naumann/Lichtenstein 1954, 51.

141 Victoire geb. Hotho (1795–1866). Ihr Bruder war der Kunsthistoriker Heinrich Gustav Hotho. Zu Hotho vgl. Ziemer 1994.

142 Johanna Marie Henriette (1817–1890), Anton Gustav Heinrich (1818–1895), Carl Moritz Leopold (1820–1881) und Ernst August Wilhelm (1825–1828). Den frühen Tod des jüngsten Kindes betrauerte

Abb. 9: Porträt Lichtensteins
(nach Ludwig Buchhorn, gestochen von Tardieu, aus Spohr 1973).

nahm am gesellschaftlichen Leben der Stadt regen Anteil.[143] Leider ist wenig über die Zirkel um Lichtenstein und die gesellschaftlichen Aktivitäten der prominenten Familie bekannt. Das Familienleben beschreibt der Neffe Hans Bernewitz, der 1830/31 bei den Lichtensteins im Museum wohnte, und dabei auch Lichtensteins „Deutschtum" betonte:

Lichtenstein im Briefwechsel mit Naumann (Naumann/Lichtenstein 1954, 32–33), im erhaltenen Briefwechsel mit Humboldt ist er nicht Thema.

143 So berichtet Lili Parthey in ihren Tagebüchern von einem Ball bei Schadow am 22.1.1820, an dem „viele Schönheiten, worunter die [Victorie] Lichtenstein", teilnahmen (Parthey 1929, 130–131).

> Onkel Hinrich war ein ganzer deutscher Mann, voll Herzensgüte, mit klarem Verstande, von bedeutender vielseitiger Gelehrsamkeit, der mit eisernem Fleiß und rastloser Tätigkeit seine Kräfte dem weiten Wirkungskreise weihte, in welchem er sich bewegte. Die Tante Victoire, lieb, gütig und schön, voll mütterlichen Wohlwollens gegen mich, – die 13jährige Cousine Marie mit allseitig reicher geistiger Begabung, mächtigem musikalischen Talent, dabei kindlich unbefangen und heiter, endlich die beiden Vettern Gustav und Moritz, munter prächtige Knaben. – das war die Lichtensteinsche Familie in der 2. Etage des Universitätsgebäudes, wo ich in einem kleinen entresol (Zwischen-Halb-Geschoß) meine Stätte fand. […] Wie bald fühlte ich mich da heimisch. Der Onkel Hinrich war nicht zu gelehrt und berühmt, zu beschäftigt, um sich nicht in liebenswürdigster Weise zu dem 18jährigen Neffen herabzulassen. Die Tante Victoire hatte immer ein freundliches Wort und Auge für mich und die anmutige Cousine, die so reizend Klavier spielte, war zu mir unbefangen freundlich, wie zu dem eigenen Bruder. Der Sinn für gute Musik, den ich wohl schon als Lichtensteinsches Erbteil mit auf die Welt gebracht hatte, wurde durch die reiche Gelegenheit, Bestes zu hören, gefördert.[144]

Max Maria von Weber, der Sohn des Komponisten, schilderte Lichtensteins Aussehen und Auftreten in der Biographie seines Vaters:

> Klein, breitschultrig, kräftig von Gestalt, mit geistvollen, etwas jüdisch geschnittenen Zügen, beweglich und enthusiastisch in seinen Lebensformen, besaß Lichtenstein ohne anziehendes Äußere eine unvergleichliche Anmut der Individualität und das nicht hoch genug zu schätzende Talent, abweichende Meinungen ohne Menschenfurcht und sogar oft derb, aber immer in solcher Form, mit einem solchen Tonfall der Stimme, dem Ausdrucke solcher Bonhommie in seinem ganzen Wesen zu äußern oder zu vergleichen, daß selbst der Gegner sich nie verletzt, oft aber die Parteien unwiderstehlich zur Einigung getrieben fühlten.[145]

Lichtenstein vermittelte, so Günter de Bruyn, als „verständnisvoller Professor"[146] Adelbert von Chamisso zu den Itzenplitz nach Schloß Kunersdorf nordöstlich von Berlin. Hier konnte Chamisso von Mai bis September 1813 als Gast und Liebhaber der Botanik[147] sowie als Hauslehrer leben und die für ihn politisch besonders prekäre Situation während der Befreiungskriege überstehen. Als französischer Emigré und zugleich als preußischer Soldat war er im Kampf Preußens gegen die französische Besatzungsmacht doppelt gefährdet. Chamisso botanisierte in Kunersdorf – im Herrenhaus gab es neben Herbarium und botanischer Bibliothek auch einen botanischen Garten – und schrieb die ersten vier Kapitel einer Erzählung, die ihn berühmt machen sollte: *Peter Schlemihls wunderbare Geschichte*.[148] Beide Freunde, Lichtenstein wie Chamisso, waren Mitglieder der *Gesellschaft Naturforschender Freunde zu Berlin* sowie der *Gesetzlosen*,[149] Lichtenstein seit 1811.

Im Mai 1814 wurde Lichtenstein Mitglied der Preußischen Akademie der Wissenschaften, und am 15. August 1815 „Aufseher" des Zoologischen Museums. Sein Gehalt betrug 1.500 Taler inkl. Dienstwohnung. Im ehemaligen Prinz-Heinrich-Palais (heute Humboldt-Universität) hatte er im östlichen Kopfbau, im 2. Obergeschoß, inmitten seiner Sammlungen

144 Auszug aus den Erinnerungen des Hans Bernewitz, zit. n. Lichtenstein 1978, 63–64.

145 Zit. n. Stresemann 1960, 75.

146 De Bruyn 2010, 286.

147 Vgl. Chamisso 1842, Bd. 5, 382–388.

148 Schmook 2008.

149 Rehfeld 2009.

Das

Zoologische Museum

der

Universität zu Berlin.

Von

Hinrich Lichtenstein Dr.

Professor der Naturgeschichte und Director des Museums.

Zweite Ausgabe.

Berlin, 1818.

[Preis: 8 Groschen Cour.]

Abb. 10: Lichtensteins *Das Zoologische Museum der Universität zu Berlin*, 1818 (Exemplar aus Goethes Privat-Bibliothek).

seine große Dienstwohnung.[150] Am 18. Mai 1817 wurde Carl Maria von Weber Taufpate der am 7. April geborenen Tochter Marie Lichtenstein. 1818 widmete Weber der Mutter Victoire seine Liedersammlung op. 54.[151] Im Juli dieses Jahres besuchte der niederländische Ornithologe Coenraad Jacob Temminck, ein wohlhabender Privatier und Direktor des Rijksmuseums van Natuurlijke Historie in Leiden, Lichtenstein in Berlin.[152] Er stellte in diesem Jahr auch die Verbindung mit Johann Friedrich Naumann her, dem (so Stresemann) „Altmeister der deutschen Vogelkunde"[153] – der Beginn einer langen Freundschaft.

Lichtenstein war für einen Universitätsangehörigen und Mann mit umfangreichen Dienstpflichten ungewöhnlich viel auf Reisen und nutzte dabei jede Gelegenheit, seine Sammlungen zu erweitern.[154] Humboldt nannte ihn ironisch den „Vielgewanderten Manne" und „Reisenden

[150] Vgl. Gandert 2004, 60, Pläne 57.

[151] *Sieben Volkslieder*, entstanden 1817. Vgl. Weber/Lichtenstein 1900, 93, Fußnote.

[152] Vgl. Stresemann 1951, 254.

[153] Thomsen/Stresemann 1957, 99; die Formulierung „Vater der deutschen Ornithologie" findet sich bereits 1818 in einem Brief von Heinrich Boie (Thomsen/Stresemann 1953, 9).

[154] Einen Überblick über Lichtensteins Reisen gibt Stresemann 1960, 84.

vom Cap".[155] Kaum ein Jahr verging, beginnend mit 1819, in dem Lichtenstein nicht durch Europa gereist wäre. Auf einer neunmonatigen Westeuropareise (England, Frankreich, die Niederlande und die Schweiz, u. a. Zürich und Lausanne) vermittelte Lichtenstein 1819 Zoologica und Ethnographica der Cook'schen Reisen nach Berlin.[156] In Paris kam es dabei zur wahrscheinlich ersten Begegnung mit Humboldt.[157]

Eine enge Freundschaft verband Lichtenstein mit dem Ornithologen Johann Friedrich Naumann im anhaltinischen Ziebigk bei Köthen.[158] Im November 1820 besuchte Naumann erstmals Lichtenstein in Berlin, ein zweiter (im Juli 1835) und dritter Besuch (im Juni 1851) sollten folgen. Der Briefwechsel aus den Jahren 1818 bis 1856 ist der einzige umfangreichere und edierte Briefwechsel Lichtensteins mit einem Naturforscher. Bevorzugt attackierter wissenschaftlicher Gegner ist der Vogelpastor und „Specifex" Christian Ludwig Brehm aus Renthendorf in Thüringen, der wegen seiner „Speziesmacherei" kritisiert wird.[159] Der in den Briefen erwähnte Personenkreis ist groß: Christian Gottfried Ehrenberg (ein Vetter Naumanns), der österreichische Zoologe Johann Natterer (der Lichtenstein nach seiner 18jährigen Brasilienreise im November 1838 besuchte), John Gould (dessen Besuch bei Naumann in Ziebigk 1843 dieser als einen auszeichnenden Höhepunkt erlebte[160]), die Sammler Albert Koch[161] und Louis Koch,[162] der schwedische Zoologe Sven Nilsson, Eduard Eversmann (zu dessen *Reise von Orenburg nach Buchara* 1823 Lichtenstein Vorwort und naturhistorischen Anhang schrieb[163]) sowie die Ornithologen Constantin Gloger, Jean Cabanis (seit 1842 Gehilfe am Museum, als ornithologischer Kustos Lichtensteins unmittelbarer Nachfolger) und Bernard Altum werden erwähnt – einige von ihnen finden sich auch in der Korrespondenz mit Humboldt wieder. Nach seinem ersten Besuch bei Lichtenstein bedankte sich Naumann am 23. Dezember 1820 aus Ziebigk:

> Ich kann unmöglich diesen Brief schliessen, ohne Ihnen nochmals meinen innigsten herzlichsten Dank für die liebevolle Aufnahme in Ihrem Hause und für die zuvorkommende Güte mit welcher Sie mir die Pforten des herrlichen Museums öffneten, hier darzubringen. Ich habe im Genusse geschwelgt und seelige Tage bei Ihnen verlebt, aber ich habe nicht Worte Ihnen so zu danken, wie ich es wünschte.[164]

155 Brief Humboldts an Lichtenstein, vor dem 10.6.1842 (Brief Nr. 68).

156 Zum Kauf einer Vogelsammlung auf der Englandreise vgl. Steinheimer 2008.

157 Möglicherweise hatte Humboldt bereits in Hamburg den jungen Lichtenstein kennengelernt (so Mauersberger 1994, 16).

158 Vgl. Naumann/Lichtenstein 1954 und Thomsen/Stresemann 1957.

159 Vgl. Naumann/Lichtenstein 1954, 11, 23, 25, 39, der Ausdruck „Specifex" findet sich: 34. Eine Untersuchung von Brehms Artkonzept unternimmt Haffer 1996, wo auch der Vorwurf des Specifex widerlegt wird.

160 Naumann/Lichtenstein 1954, 47, 52–53. Zu Gould vgl. auch die Briefe Humboldts vom 8.4.1844 (Brief Nr. 77), von 1848 oder später (Brief Nr. 87), von 1848 oder später (Brief Nr. 88) und von möglicherweise Dezember 1849 (Brief Nr. 90).

161 Naumann/Lichtenstein 1954, 36–37, 38–39, 61–64. Vgl. auch den Brief Humboldts von 7.1.1843/44 bzw. um/nach 1846 (Brief Nr. 75).

162 Naumann/Lichtenstein 1954, 61–64.

163 Eversmann 1823 (Vorrede und Anhang von Lichtenstein: iii–vi, 113–150). Vgl. Stresemann 1958.

164 Naumann/Lichtenstein 1954, 12. Ähnliches beim Besuch 1851: Naumann/Lichtenstein 1954, 60.

Naumann, im selben Jahr wie Lichtenstein geboren, starb am 15. August 1857, nur zwei Wochen vor diesem.

Eine weitere, vielleicht noch engere Freundschaft verband Lichtenstein mit Carl Maria von Weber. Mit der Familie Weber verbrachte er die Herbsttage 1821 in Hosterwitz bei Dresden, wo Weber ein Haus bezogen hatte. Hier waren Teile des *Freischütz* entstanden, der große Erfolg der Oper in Berlin wurde gemeinsam gefeiert.[165] Von dieser Freundschaft wird noch die Rede sein.

Lichtenstein organisierte und förderte den Ausbau der Sammlungen durch zahlreiche Reisen anderer Forscher, aber auch durch Schüler und Hörer seiner Vorlesungen: „Eine nicht geringe Zahl von Jüngern", freute er sich, habe er „für tiefere Forschung begeistert und für verständige Beobachtung der Natur ausgebildet [...]." Das habe eine Art Schneeball-Effekt erzeugt: „mehrere derselben sind schon den Instituten, denen sie diese Ausbildung verdanken, auf eine höchst erfreuliche und rühmliche Weise wiederum nützlich geworden, indem sie auf Reisen in fernen Ländern Naturmerkwürdigkeiten und Beobachtungen über dieselben gesammelt und eingesandt haben."[166] Lichtenstein schuf und unterhielt, bereits während der Südafrikareise beginnend, über Jahrzehnte hinweg ein globales Netzwerk von Reisenden, Sammlern und lokalen Helfern – letztere organisierten die Naturalien-Sendungen nach Berlin. Lichtenstein nutzte also zwei verschiedene Wege, um das Zoologische Museum zu bereichern: er unterstützte erstens Sammler vor Ort, die oft jahrelang in der Region tätig waren und kontinuierlich betreut wurden, und entsandte zweitens aktiv Forschungsreisende, die mit ihren Sammlungen wiederkehrten. Zur Orientierung verfaßte er dafür eine *Instruction* für die auswärtigen Reisenden und Sammler.[167] Schon in den *Reisen im südlichen Africa* hatte er seine Sammelausrüstung beschrieben[168] und wird Sammeln Thema.[169] Das Organisieren und Koordinieren fremder Sammelarbeit war zeitraubend, Lichtenstein beklagte wiederholt, dass ihm so nur wenig Zeit für eigene wissenschaftliche Arbeit bleiben würde. Bereits 1819 hieß es in einem Schreiben an das Kultusministerium, dass ihn die „Pflichten eines Geschäftsmannes" von den „Arbeiten des Gelehrten" abhalten würden. Jahrzehnte später hatte sich nichts geändert, so schrieb er 1842: „[I]ch habe, was mir auf dem Wege gelehrter Forschung

165 Lüder-Zschiesche 2001, 26–28. Weber beschrieb seine Freundschaft zu Lichtenstein so: „Er ist mir – zu Ihnen gesagt, weil es ungerecht wäre, der Liebe meiner übrigen Freunde durch diese Äußerung wehe zu tun – unbedingt der Teuerste von allen und der, der mich am meisten verstehen, fassen und zugleich mit kräftiger Freundeshand beraten und stützen kann. Zwischen ihm und mir steht nichts, an ihm ist nichts nachzusehen noch zu übersehen, und hat man einmal ein solches Herz gefunden und gefaßt, so reißt das *nichts* mehr los." (Brief an Friederike Koch, 30.4.1814, zit. n. Weber 1986, 516).

166 Lichtenstein 1823, iv.

167 Wiedergegeben in Moritz/Pufelska/Zischler 2010, 27–45. In der Instruktion finden sich Anleitungen zum Präparieren, Dokumentieren durch Listen mit Angaben zu Fundort, Alter, Geschlecht und anderen Informationen. An jedem Präparat sollte dazu ein numeriertes Blechplättchen angebracht werden (MacKinney 2017, 25). Einer der ersten von Lichtenstein für eine Sammelreise Unterstützten – in diesem Fall nach Grönland – war der Mediziner Martin Mandt, der ab 1819 bei ihm und Karl Asmund Rudolphi gehört hatte (vgl. Mandt 1822, 1–2: „[...] etiam musei zoologici Director liberalissimus Professor Lichtenstein iis me instituerunt rebus, quarum cognitione ad ingrediendum iter opus fuit.").

168 Lichtenstein 1811–1812, Bd. 1, 27–28.

169 Z.B. Lichtenstein 1811–1812, Bd. 1, 51–52.

und Erfindung […] zu leisten versagt war, durch Eifer, Ordnung und Pünctlichkeit in der Verwaltung zu ersetzen gesucht, Eigenschaften, die, verbunden mit dem […] practischen Talent, was man an mir zu rühmen pflegt, wohl jederzeit zur Kraftsplitterung führte, die aller […] gründlichen Arbeitsamkeit hinderlich wird."[170]

Ein lokaler wissenschaftlicher Sammler, der Lichtenstein auf seiner Südafrikareise sehr beeindruckt hatte, war der bereits erwähnte Botaniker Johann Andreas Auge.[171] Auge war gelernter Gärtner, stammte aus dem Harz und war über niederländische Kontakte bereits 1747 in die Kapregion gelangt, wo er über ein halbes Jahrhundert arbeitete. Hier sammelte er jahrelang mit Carl Peter Thunberg und Francis Masson, lernte auch Anders Sparrman kennen, legte ein Herbarium und einen botanischen Garten an und schickte u. a. Pflanzen aus dem abgelegenen Namaqualand nach Europa. Als Lichtenstein ihn 1803 traf, war der etwa 90jährige erblindet und von Xhosa von Haus und Hof vertrieben – und das unter Verlust seiner Pflanzensammlung und seiner Bücher, was er am meisten bedauerte. Lichtensteins Interesse nicht nur an Botanik und botanischem Sammeln, sondern auch sein historisches Interesse an einer Persönlichkeit, die fast ein Jahrhundert Wissenschaftsgeschichte verkörperte, ist spürbar, wenn er von Auge berichtet. Der Bericht der eindrucksvollen Begegnung trägt romanhafte Züge:

> Auf unseren Besuch vorher vorbereitet, hatte sich der Greis, (eine hohe noch ziemlich aufrechte Gestalt, mit schneeweißem lang herabhängendem Haar,) vor die Thür seiner Hütte gestellt und redete uns an, seine Schwäche und Blindheit entschuldigend. […] Er erzählte uns zusammenhängend und ruhig seine letzten harten Schicksale […]. Während ich ihm die oben kurz angegebenen Umstände aus seiner Lebensgeschichte abfragte, verrieth er mir die noch immer ihm beigebliebene Liebe zu seiner Wissenschaft und ich musste sein Gedächtniss bewundern, das ihn noch fast alle Namen der africanischen Gewächse ohne langes Besinnen wiederfinden liess. […] Mit besonderm Interesse erkundigte er sich nach dem capischen Garten und fragte nach einzelnen Bäumen, die er gepflanzt hatte, wie nach alten Jugendfreunden: ‚Lebt meine *Heliconia alba*, mein *Corallodendron* noch?' Als ich ihm dies von diesen und einigen andern Pflanzen bejahte, musste ich ihm beschreiben, wie gross und dick sie jetzt sein, und er meinte, er würde ruhiger sterben, wenn er sie nur noch einmal betasten könnte.[172]

Bisher hat Lichtensteins systematische und langjährige Organisation eines weltweiten Sammelns, die übrigens mehrere Todesopfer kosten sollte, wenig Aufmerksamkeit gefunden. Hier soll nun ein – durchaus unvollständiger – kurzer Überblick über die Sammler und Forschungsreisenden gegeben werden. Eine der wichtigsten solcher Reisen war – neben der bereits erwähnten Weltumseglung Chamissos 1815 bis 1818, wo sich Lichtenstein auch um den sicheren Heimtransport des Sammlungsguts kümmerte – die im Sommer 1820 beginnende Expedition des Mediziners und Zoologen Friedrich Wilhelm Hemprich und des Botanikers Christian Gottfried Ehrenberg in den Vorderen Orient und das nordöstliche Afrika.[173]

[170] Stresemann 1960, 95; vgl. MacKinney 2017, 25.

[171] Vgl. Lichtenstein 1811–1812, Bd. 2, 220–225.

[172] Lichtenstein 1811–1812, Bd. 2, 222–224.

[173] Vgl. Humboldt 1826, Hemprich/Ehrenberg 1828, Stresemann 1954 und MacKinney 2021. Die Reise im Rahmen der Minutoli-Expedition führte von Berlin über Triest und Alexandria (Sept. 1820 bis Jan. 1821), Siwa (Dez. 1820), Kairo (Febr. 1821), Fajum, Mareotis (April), nilaufwärts in die Thebais (Okt. 1821) nach Syene (Nov. 1821), auf den Sinai und ans Rote Meer (1823), nach Palästina, Syrien, den Libanon (1824) bis nach Abessinien und Eritrea (1825).

Der 30jährige Hemprich, der sich am Zoologischen Museum vor allem mit Reptilien und Amphibien beschäftigt hatte, starb nach einer fünfjährigen strapaziösen Reise 1825 in Massawa (Eritrea) am Roten Meer „an den Folgen des dort epidemischen bösartigen Wechselfiebers" (Malaria). Lichtenstein meldete seinen Tod in einer ausführlichen Nachricht in der geographischen Zeitschrift *Hertha*.[174] Die Briefe Ehrenbergs verlas Lichtenstein in der *Gesellschaft Naturforschender Freunde zu Berlin*, in regelmäßigen Berichten an Minister Altenstein pries Lichtenstein die „Sorgfalt" der beiden Forscher und betonte den hohen „Werth ihrer Sammlung".[175] Ehrenberg dagegen kehrte im Frühjahr 1826 nach Berlin zurück. Drei Jahre später sollte er mit Humboldt und Gustav Rose eine Rußlandreise bis an die chinesische Grenze durchführen.[176]

Lichtenstein im Zentrum Berlin schickte Sammler nach Afrika, Amerika und Asien, darunter

- den Botaniker Karl Heinrich Bergius 1815–1818 nach Südafrika,[177]
- den Apotheker Leopold Mund und mit ihm den Gärtner Louis Maire 1816 ebenfalls nach Südafrika,[178]
- Ferdinand Deppe (dessen Bruder Pierre Guillaume Deppe als Rendant, d.h. als Verrechner im Zoologischen Museum arbeitete) 1825 nach Mexiko,
- Gustav Haeberlin (er hatte bei Lichtenstein studiert) nach Kolumbien, wo Haeberlin allerdings 1826 jung starb.

[174] Lichtenstein 1825c: „Tod des Dr. Hemprich in Afrika." Lichtenstein gab in dieser Art Nachruf auch den Brief Ehrenbergs vom 26. September 1825 wieder, der Hemprichs Tod schilderte. Hemprich „kam im Herbst 1817, als er eben seinen Vater verloren, nach Berlin, um hier seine medizinischen Studien zu vollenden, neben welchen er die Naturwissenschaften mit ungewöhnlichem Erfolge studirte. Seine ausgezeichneten Kenntnisse wurden eifrig für das zoologische Museum der hiesigen Königl. Universität benutzt, dem er die ersprießlichsten Dienste leistete." (Lichtenstein 1825c, 130–131).

[175] Böhme 2021, 160 und MacKinney 2017, 25.

[176] Wie Lichtenstein 1830 bedauernd feststellte, brachte Ehrenberg für die Ornithologie und Zoologie nur wenig Material mit nach Hause (Naumann/Lichtenstein 1954, 35).

[177] Bergius gilt als „erster im Ausland tätiger Sammler" Lichtensteins (MacKinney 2017, 25), Lichtenstein erstellte für ihn 1814 eine „allgemeine Instruktion". Bergius war Medizinstudent in Berlin und kam im Mai 1815 nach Südafrika, wo er bis 1817 Anschluß an Pallas, Poleman und Hesse fand. „However his freedom to pursue collecting activities was short-lived due to increasing effects of tuberculosis; with health declining from repeated haemorrhage of the lungs, deserted by Mund, ignored by his former employers and his patron Lichtenstein, he died in poverty in Cape Town on 4 Jan. 1818." (Glen/Germishuizen 2010, 96). Chamisso, vier Monate danach in Südafrika, betrauerte den Tod seines ehemaligen Kommilitonen.

[178] Mund (bekannt mit Bergius aus Schulzeiten) und Maire waren als Pflanzensammler tätig, schickten erst zwei große Sammlungen, enttäuschten aber später die Erwartungen („the collectors of Prussia ... spent their time in sloth and gaiety in Town and are now sunk lower than any Colonist", schrieb Reverend G. Thom 1824 an William Jackson Hooker), wurden von Lichtenstein zur Rückkehr aufgefordert und, als sie das ignorierten, 1821 aus dem Dienst entlassen. Mund, der dann als Landvermesser arbeitete, starb 1831 in Kapstadt an den Blattern (vgl. den Brief Lichtensteins, 3.3.1820, in dem dieser beklagt, er hätte zwei Jahre lang nichts mehr von ihnen gehört, in Glen/Germishuizen 2010, 309; Gunn/Codd 1981, 284; Bauer 2003, 203).

In diesen Kontext gehörten auch

- die Sammelreisen des Apothekers Ludwig Krebs ab 1817 in Südafrika. Krebs hatte hier 1828 eine Farm gekauft, die er „Lichtenstein“ nannte und zum Mittelpunkt seiner Exkursionen machte,[179]
- die Reise des Zoologen Heinrich Boie in niederländischen Diensten 1824 nach Java, wo er 1827 an „Gallenfieber“ starb,[180]
- der Versuch, den Zoologen Franz Hermann Troschel (seit 1840 Kustos am Zoologischen Museum) bei der geplanten, aber nicht ausgeführten Reise des Kapitäns Heinrich Emil Krenchel 1842 unterzubringen,[181]
- die ausgedehnten Reisen Friedrich Sellows 1817–1831 in Brasilien,[182]
- die Förderung Hermann Burmeisters,[183]
- und die Unterstützung Richard und Robert Schomburgks 1840–1844 in British-Guayana.[184]

Einer der Sammelschwerpunkte war Südafrika; das war nicht nur Lichtensteins eigener Reise, sondern auch den dabei entstandenen Kontakten vor allem zu Peter Heinrich Poleman, Dietrich Pallas („Poleman & Pallas“) und Christian Heinrich Friedrich Hesse (der 1800 bis 1817 in Südafrika sammelte, wo er in Kapstadt auch einen großen und artenreichen Garten besaß) geschuldet. Bei diesen konnten seine Emissäre Unterstützung vor Ort finden. Mit Poleman hatte Lichtenstein selbst in Südafrika Pflanzen gesammelt. Besonders Krebs’ umfangreiche Sendungen lieferten wertvolles Material.[185] Krebs war 1844 sogar für den Roten-Adler-Orden vorgesehen, dem aber sein Tod im selben Jahr zuvorkam.[186]

179 Krebs ist einer der wenigen hier aufgezählten Sammler, der nicht direkt von Lichtenstein in Berlin angeworben wurde. Er kam Ende Mai 1817 nach Kapstadt und sammelte anfangs mit Bergius, Mund, Maire und Chamisso. Über seinen Bruder Georg Krebs, der Medizin studierte, wurde der Kontakt mit Lichtenstein hergestellt. Eine erste kleine Sammlung (Vögel und Insekten, Oktober 1820) und drei größere 1821 (Pflanzen) bildeten den Anfang einer umfangreichen Sammeltätigkeit. 1837 wurde bereits die 14. Sammlung zusammengestellt, die im Oktober 1839 in Berlin versteigert wurde, eine weitere im September 1839 abgesandt. Krebs starb 1844 auf seiner Farm „Lichtenstein“ (am Baviaans River nahe Bedford, Eastern Cape, Photographie in Baker 2007).

180 Ein Brief Boies an Lichtenstein ist wiedergegeben in: Stresemann 1996, Tafel xi.

181 Vgl. den Brief Humboldts vom Sommer 1842 (Brief Nr. 67).

182 Zischler/Hackethal/Eckert 2013.

183 Vgl. Landsberg 1993.

184 Zwischen 1841 und 1844 kamen insgesamt sieben Sendungen in Berlin an (vgl. Landsberg 1994, 94–101).

185 Diese Sammlungen wurden – so die häufig geäußerte Kritik – von Lichtenstein aus ihren Zusammenhängen gelöst und z. T. verkauft. So schrieb Lichtenstein im Vorwort des Auktionsverzeichnisses zur Versteigerung von Säugetieren, Vögeln und Käfern 1842: „Die Reise in so entlegene Landstriche nicht nur, sondern auch der Transport so vieler bedeutend grosser Thiere hat so schwere Kosten verursacht, dass wir alle Ursach haben, zu wünschen, der Verkauf möge sie wieder einbringen“, und erwähnte auch, dass die „werthvolle“ Sammlung versteigert werde, da sie „nicht im Ganzen angekauft werden“ konnte (Lichtenstein 1842, 3–4).

186 „Thus Krebs did not receive the recognition and credit which he deserved for what were among the most extensive natural history collections to have reached Europe from Africa at that time. There is also some indication that Lichtenstein’s method of disposing of the collections may have reduced their value; an unfortunate aspect was that the localities provided by Lichtenstein were usually

Nach der Rückkehr Humboldts aus Paris wurde auch dieser in das Förder-Netzwerk einbezogen. Gemeinsam mit ihm bemühte sich Lichtenstein um Balduin Möllhausen, den er für dessen zweite Nordamerikareise durch eine allgemeine Geldsammlung sogar finanziell unterstützte und dem Humboldt am 6. April 1853 dafür eine Audienz bei Friedrich Wilhelm IV. vermittelte.[187] Dazu gehört auch die gemeinsame Unterstützung für den Prager Asienforscher Johann Wilhelm Helfer, der 1840 auf den Andamanen durch einen Giftpfeil umkam, und seine Witwe Pauline (spätere Gräfin von Nostitz).[188] Schließlich verwendeten sich beide auch für Lichtensteins Neffen, den Naturforscher Werner Hoffmeister, der 1845 im Punjab im Kartätschenfeuer des ersten Sikh-Krieges starb.[189]

Exkurs 3: Lichtenstein und die Ornithologie. Abgesehen von der ähnlich intensiven Beschäftigung mit Säugetieren[190] war Lichtensteins wissenschaftliches Hauptbetätigungsfeld die Ornithologie.[191] Vögel sind im Briefwechsel mit Humboldt häufig Thema: hügelbauende Großfußhühner, Rosakakadus, Laubenvögel,[192] Papageien und madagassische Elephantenvögel[193] werden erwähnt, Verbreitungsfragen[194] oder Artenzahlen[195] von Vögeln diskutiert. In den *Reisen im südlichen Africa* wird von Flamingos, Gänsen, Geiern und Perlhühnern berichtet,[196] aber auch von Prachtfinken (Loxien), deren Nester als Siebe dienen.[197] Lichtensteins Interesse an der Vogelkunde zeigte sich auch im kontinuierlichen und zielstrebigen Ausbau der Sammlung: 1810, zu Beginn seiner Karriere in Berlin, bestand die Vogelsammlung am Zoologischen Museum aus 2.000 Objekten (900 Arten). 1854 war sie laut *Nomenclator Avium* auf 13.760 Objekte (4.070 Arten) angewachsen, hatte sich also fast versiebenfacht. Dieses Wachstum bei dauerhaft beschränkten finanziellen Mitteln war beeindruckend und wurde bereits von den Zeitgenossen bewundert; die heutige Ornithologiegeschichte urteilt

vague, such as ‚Kaffraria', whereas Krebs supplied specific localities with his specimens." (Glen/Germishuizen 2010, 249). Zu Krebs vgl. auch: Ffolliatt/Liversage 1971 und Baker 2007.

187 Vgl. die Briefe Humboldts von wohl nach März 1853 (Brief Nr. 101), vom 5.4.1853 (Brief Nr. 102), von wohl April 1853 (Brief Nr. 103), von wohl Ende Mai 1853 (Brief Nr. 104), vom 30.3.1855 (Brief Nr. 111) und Dokumente, Dokument 9 [Geldsammlung für Balduin Möllhausens zweite Amerikareise]. Vgl. auch den Brief Humboldts in: Humboldt 2004, 314; zu Humboldt und Möllhausen vgl. die Einleitung von Ingo Schwarz in: Humboldt 2004, 50–53.

188 Vgl. die Briefe Humboldts von wohl (Anfang?) 1838 (Brief Nr. 44) und von vor dem 10.6.1842 (Brief Nr. 68).

189 Vgl. die Briefe Humboldts von wohl 1844 (Brief Nr. 79), von 1844 (Brief Nr. 81), vom 23.8.1844 (Brief Nr. 84) und vom März 1846 (Brief Nr. 86).

190 „Nur wenige Forscher in Deutschland widmeten sich in der ersten Hälfte des 19. Jahrhunderts wie Lichtenstein in Berlin der Biologie der Säugetiere" (Rieke-Müller/Dittrich 1998, 30). Diese nehmen großen Raum unter seinen – hier nicht vollständig aufgezählten – Arbeiten ein: vgl. Lichtenstein 1814, 1825a und b, 1826, 1827–1834, 1836a, 1856a sowie Lichtenstein/Peters 1854.

191 Vgl. Lichtenstein 1820/1822, 1838 und Mauersberger 1988, allgemein Tembrock 2000.

192 Brief Lichtensteins an Humboldt von 1848 oder später (Brief Nr. 88).

193 Brief Humboldts an Lichtenstein, 13.3.1852 (Brief Nr. 98) und vom März 1852 (Brief Nr. 99).

194 Brief Humboldts an Lichtenstein, 1830er Jahre (Brief Nr. 37).

195 Brief Humboldts an Lichtenstein, wohl vom 4.11.1832 (Brief Nr. 29).

196 Lichtenstein 1811–1812, Bd. 1, 70 (Flamingos), 209 (Geier), Bd. 2, 346 (Geier), 462 (Perlhühner), 559 (Gänse).

197 Lichtenstein 1811–1812, Bd. 1, 449 und Mauersberger 1994, 7.

ähnlich: „Thanks to the efforts of Lichtenstein, the Berlin Museum would become one of the most prestigious institutions in Europe.“[198] Kaspar Maria Graf von Sternberg beschrieb die Aufstellungslogik der Vogelsammlung seinem Briefpartner Goethe:

> In der sehr reichen Sammlung der Vögel [sind] alle Abänderungen nach dem Alter vom Nestvogel bis zum höchsten Alter aufgestellt, und das Vaterland durch eine eigene Farbe der Zettel angegeben, so daß man bei dem Uiberblick einer Gattung sogleich sehen kann, wie viel Europäer zwischen Südamerikanern, Afrikanern etc. eingeschaltet sind.[199]

Die Vogelsäle wurden von Besuchern als Glanzpunkte des Museums gewürdigt, wie das erwähnte Beispiel von George Ticknor zeigt. Museumsbesucher waren des Lobes voll, wie etwa Brehm: ich habe „Ihr herrliches Museum [besucht], das in Hinsicht der Ornithologie das erste in Europa und also in der Welt ist.“[200] Brehm erwartete daher von Lichtenstein Außerordentliches in ornithologicis:

> Was werden Sie uns noch für wichtige Beobachtungen über die Verbreitung der Vögel mittheilen! Freue ich mich auf irgend ein Werk: so freue ich mich auf ein solches, und wer wäre geschickter dazu, als Sie, ausgerüstet mit so ausgebreiteten und tiefen Kenntnissen und umgeben von den Naturschätzen aller Welttheile! Ganz einverstanden bin ich mit Ihnen über die Wahrheit, daß man, um eine Naturgeschichte der europäischen Vögel zu schreiben, weit über Europa hinausgehen müsse.[201]

Zugleich wurde aber gerade von Ornithologen die deutlichste Kritik an Lichtenstein geäußert. Am ausführlichsten und wiederholt hat das Stresemann getan. Seine Kritik ist, manchmal auch ohne Nennung ihres Urhebers, in viele Überblicksdarstellungen und Lexikonartikel zu Lichtenstein eingegangen.[202] Expliziter und abfälliger als in seinen gedruckten Beiträgen äußerte sich Stresemann in seiner privaten Korrespondenz. Eine Einschätzung seiner Vorgänger am Museum gebend schrieb er am 16. November 1947 aus Berlin an Ernst Mayr:

> Cabanis war ein Mehrer der Sammlung von grossem Format, von Reichenows Qualifikationen halte ich, wie Du weisst, herzlich wenig, und gar Lichtenstein – das war ein ganz arger Stümper und Ignorant! Aber er hat immerhin blind zusammengerafft, so viel er vermochte. Diese Beurteilung klingt reichlich lieblos und müsste eigentlich näher begründet werden, aber dazu langt dies Papier so wenig wie heute meine Schreiblust.[203]

Mehr als zwanzig Jahre zuvor hatte Stresemann noch anders über seine Lichtenstein-Nachfolge in Berlin geurteilt. Damals hatte er in einem Brief an den Ornithologen Ernst Hartert geschrieben: „Nun habe ich also das Ziel erreicht, das mir schon als kleiner Bub leuchtend

198 So Valérie Chansigaud (2009, 141) in ihrer Geschichte der Ornithologie.

199 Undatierter Brief Sternbergs an Goethe, (1827?), in: Goethe/Sternberg 1866, 175.

200 Brief Brehms an Lichtenstein, 15.2.1824, in: Stresemann 1931, 571.

201 Brief Brehms an Lichtenstein, 26.10.1823, in: Stresemann 1931, 568.

202 Z.B. Gebhardt 2006 (Lemma ‚Lichtenstein‘).

203 Zit. n. Haffer 1997, 591. Gemeint sind Jean Cabanis und Anton Reichenow, Spezialist für afrikanische Vögel. Stresemann schrieb auch einen Nachruf auf Reichenow. An ihm kritisierte er u. a. den fahrlässigen Umgang mit Etiketten und Herkunftsangaben.

vorgeschwebt hatte. Ich sitze auf dem Stuhl der Lichtenstein, Cabanis, Reichenow, und meine Zukunft ist gemacht."[204]

Lichtenstein und seine Schüler verweigerten sich dem Stricklandian Code, der der Vereinheitlichung der zoologischen Nomenklatur dienen sollte, und hielten an den Grundsätzen Illigers fest, und das noch zu einem Zeitpunkt, als sich dieser Code in fast ganz Europa durchgesetzt hatte.[205] Hier hemmte, so der Vorwurf, „die willkürliche Nomenklatur des Berliners Diktators"[206] den Fortschritt in der Ornithologie. Lichtenstein allerdings sah in seiner wissenschaftlichen Arbeit – nicht nur beim Beschreiben, Anordnen und Präsentieren, sondern auch beim Doublettenverkauf – die „Ansprüche einer strengen Kritik der Nomenclatur [befriedigt]."[207] Streitpunkt war wieder das Artproblem. In dieser strittigen Frage – in heutiger Terminologie: der Abgrenzung der biologischen Art und ihrer Benennung – hatte Brehm den Finger auf den strittigen Punkt gelegt, als er an Lichtenstein schrieb:

> Ich halte es nämlich für ungemein schwer, richtig zu bestimmen, was eigentlich Art ist. Man bemerkt bei genauer Beobachtung leicht, daß der Schöpfer, um mich so auszudrücken, von ein und derselben Grundgestalt mehrere Ausgaben veranstaltet, und also diese Grundgestalt auf so mannichfaltige Weise verändert hat, daß sich die Thiere oft außerordentlich nahe stehen, ja daß *die verschiedenen Arten in einander übergehen*.[208]

Brehm versuchte das Problem zu lösen, indem er die Formen möglichst genau unterschied und benannte, was ihm nicht nur von Naumann und Lichtenstein Kritik einbrachte.[209] Für Brehm bestanden Arten aus einer Reihe von Unterarten (von ihm „Gattungen" genannt, da sie sich bevorzugt nur innerhalb der Subspezies „gatteten", i.e. fortpflanzten), die sich nur in geringen, aber beständigen Merkmalen voneinander unterschieden. Brehm trennte nicht zwischen geographischen oder ökologisch usw. bedingten Variationen bzw. Unterarten. Taxonomische Begründungen gab er keine, denn er hielt es für schwierig, manchmal auch willkürlich, zu entscheiden, was noch als Unterart, was schon als Art zu gelten hatte. Die Artgrenzen zog er sehr eng, schuf so viele Arten und Artnamen, entwarf dadurch aber auch ein differenziertes Artenpanorama.[210] Das war auch das Ziel: die möglichst genaue Erfassung des Arten- und Formenbestandes eines bestimmten Gebietes.

Lichtenstein dagegen kam aus der Gruppe um Karl Illiger, die auf terminologische Fragen und taxonomische Begründungen großes Augenmerk gelegt hatte; Illiger selbst hatte das Artproblem in *Einige Gedanken über die Begriffe: Art und Gattung in der Naturgeschichte*

[204] Brief an Ernst Hartert, 6.4.1921, in: Haffer 1997, 195. Hartert war ein Förderer von Stresemann und organisierte 1896/1897 die Übersiedlung der bedeutenden Brehm'schen Vogelsammlung aus Renthendorf an das Walter Rothschild Zoological Museum in Tring (Großbritannien). Auf dem Waldfriedhof in Berlin-Dahlem teilen sich Hartert und Stresemann ein Grab.

[205] Vgl. Stresemann 1996, 266–267: Stresemann sprach sogar von einer „Berliner Schule" und von „Lichtenstein und seinen Anhängern", die sich den moderneren Nomenklaturregeln verweigerten.

[206] Stresemann 1996, 164.

[207] Lichtenstein 1823, v.

[208] Brief Brehms an Lichtenstein, 15.2.1824, in: Stresemann 1931, 570.

[209] Vgl. Haffer 1996.

[210] Bekannte Beispiele für den scharfen Blick Brehms sind seine lange Zeit umstrittenen Unterscheidungen von Zwillingsarten wie den Goldhähnchen und Baumläufern, heute eine Selbstverständlichkeit für jeden Ornithologen.

behandelt.[211] Nicht nur Lichtensteins wissenschaftliche Herkunft, auch seine Aufgaben mußten, verglichen mit dem regional arbeitenden Brehm, folglich ganz andere sein: Kein Feldornithologe und im Zentrum eines weltweiten Netzwerkes stehend, hatte er für die Sicherung und Einordnung des reich strömenden Materials zu sorgen, dieses pragmatisch zu benennen und zu präsentieren und zugleich den Strom des Materials nicht abreißen zu lassen. Bisher nicht untersucht ist allerdings das Artkonzept, das diesen wissenschaftlichen Aufgaben Lichtensteins zugrunde lag: wie – und wie weit – wurden durch ihn die Artgrenzen gezogen? Was waren die Kriterien dafür? Wie wurden Variabilitäten und ihre Ursachen interpretiert? Wie verbanden sich die höheren Taxa? Und in welcher konzeptuellen Abhängigkeit oder Beziehung stand Lichtenstein zu Illiger bzw. wie entwickelte er dessen Konzepte weiter? Lichtensteins Kritik an Brehm (der mit seinen differenzierten Diagnosen und Benennungen ein typischer „splitter", ein Aufspalter ist), aber auch die erhalten gebliebene Übersichtssystematik der Säugetiere, die einen stark unifizierenden Charakter trägt,[212] legen es nahe, Lichtenstein als einen „lumper", einen Vereiniger anzusehen, d.h. als jemanden, der über Trennendes hinwegsieht und geringere Unterschiede nicht als wesentlich, sondern als zufällig und vor allem als unbeständig betrachtet.

*

Kehren wir zur Lebensgeschichte zurück: Die 1820er Jahre waren eine Zeit der regen Teilnahme am Gesellschaftsleben, das Museum etablierte sich, die Sammlungen konnten umfangreich erweitert werden. Auf Betreiben Lichtensteins wurden 1824/1825 an der Universität Öllampen eingeführt. Sie wurden von einem Illuminateur des königlichen Theaters unterhalten, der dafür 150 Taler Jahresgehalt bezog.[213] 1827/1828 kam Arend Friedrich August Wiegmann, Sohn eines Braunschweiger Apothekers, als Assistent ans Museum. Er beschäftigte sich hauptsächlich mit herpetologischen Themen, mit Reptilien aus Mexiko und den Sammlungen von Franz Julius Ferdinand Meyens Weltreise 1830–1832.[214] Am Ende des Jahrzehnts begann der intensivere Kontakt mit Humboldt, ausgehend von der gemeinsamen Organisation der 7. Naturforscherversammlung in Berlin. Damit setzte auch der – erhaltene – Briefwechsel ein.

Äußere Ehrungen und private Katastrophen wechselten sich in Lichtensteins Leben ab: Für seine Verdienste wurde ihm am 18. Januar 1826 der Rote-Adler-Orden 3. Klasse verliehen (s. Abb. 11). Am März 1828 starb Lichtensteins dreijähriger Sohn August. Dazu schrieb der Vater an Naumann: „[...] dass nemlich auch bei mir der Tod eingekehrt ist und mir einen allerliebsten dreijährigen Knaben geraubt hat, über dessen Verlust ich mich noch lange nicht wieder werde trösten können. Sie haben ja dergleichen auch erlebt und wissen, was es zu bedeuten hat."[215] Am 18. Mai 1828 überreicht ein Komitee, dem mit Leopold von Buch, Christian Daniel Rauch, Friedrich Tieck und Karl Friedrich Schinkel auch Lichtenstein

211 In Illiger 1800, xxv–xlvi.

212 Die *Tabula affinitatum mammalium* (wiedergegeben in Jahn 2000, 297) zeigt eine idealtypische, blütenförmige Anordnung der Säugetiergruppen mit dem Menschen im Zentrum, umringt von einem inneren Kreis von Affen, und entworfen für die Vorlesung 1834/35.

213 Tenorth 2020, 66.

214 Vgl. Bauer/Adler 2001.

215 Vgl. Naumann/Lichtenstein 1954, 32–33.

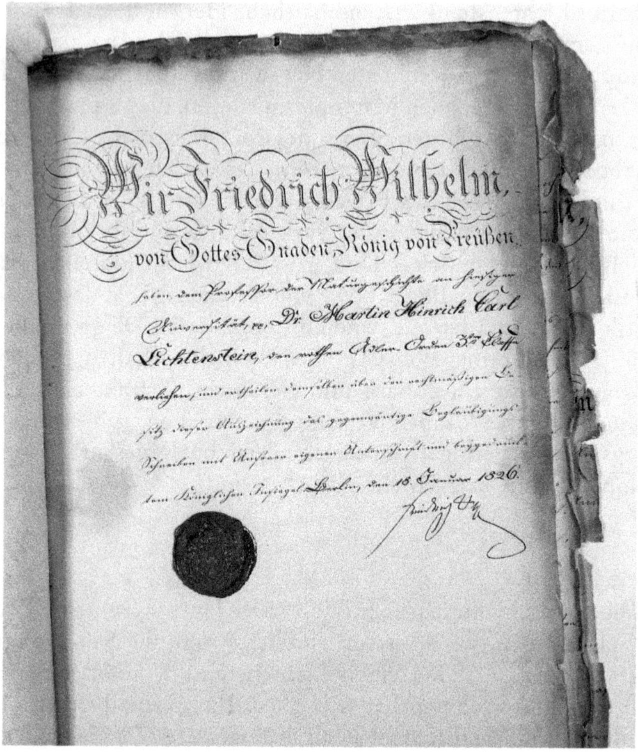
Wir Friedrich Wilhelm,
von Gottes Gnaden, König von Preußen,
... Dr. Martin Hinrich Carl
Lichtenstein ...
... 18. Januar 1826.

Abb. 11: Verleihungsurkunde des Rothen-Adler-Ordens an Lichtenstein, 18. Januar 1826, mit der Unterschrift König Friedrich Wilhelms III. von Preußen (Museum für Naturkunde, Berlin).

angehörte, Humboldt im Namen aller Zuhörer der Kosmos-Vorträge eine Denkmünze. Der Verkauf dieser Ehrenmedaille lief über Lichtenstein.[216]

Ein erster Höhepunkt der Zusammenarbeit von Humboldt und Lichtenstein war die Organisation der 7. Versammlung deutscher Naturforscher und Ärzte in Berlin im September 1828. Im *Berliner Conversations-Blatt für Poesie, Literatur und Kritik* erschien folgende Einladung:

> Einladung zur Versammlung deutscher Ärzte und Naturforscher in Berlin
>
> Die Unterzeichneten machen hierdurch bekannt, daß mit allergnädigster Genehmigung Sr. Majestät des Königs die *Versammlung deutscher Ärzte und Naturforscher* im bevorstehenden Herbst in Berlin Statt finden wird. Die erste öffentliche Versammlung wird den Statuten gemäß am 18. September sein.
>
> Nach §. 3 und 4. derselben ist jeder Schriftsteller im naturwissenschaftlichen und ärztlichen Fache zur Mitgliedschaft berechnet. Wer aber nur eine Inaugural-Dissertation verfaßt hat, kann nicht als Schriftsteller angesehen werden.

[216] Vgl. Werner 2013, 293.

> Jedem Mitgliede werden, gegen Vorzeigung der zu diesem Behuf in Empfang zu nehmenden Karte, die Königl. Sammlungen naturhistorischer Gegenstände während der Dauer der Versammlung zur Benutzung geöffnet werden. Die Unterzeichneten werden es sich angelegen sein lassen, den Fremden den Aufenthalt in Berlin so leicht und angenehm zu machen, wie möglich.
>
> Alexander v. Humboldt,
> H. Lichtenstein Dr.
> Als erwählte Geschäftsführer für dieses Jahr.[217]

Zum ersten Mal in der Wissenschaftsgeschichte, diese Neuerung hatte Humboldt durchgesetzt, wurde eine Tagung, geordnet nach Disziplinen, in entsprechende Sektionen aufgeteilt. Damit konnten die Hörer nicht mehr wie bisher alle Vorträge hören. Die Teilnehmer kamen zahlreich, eine Auflistung liest sich wie ein Who's Who der Medizin- und Wissenschaftsgeschichte: Jöns Jakob Berzelius aus Stockholm, Lorenz Oken aus München, Karl Friedrich Burdach aus Königsberg, Karl Sigismund Kunth aus Paris, Carl Friedrich Philipp von Martius aus München, aber auch Leopold von Buch, Johannes P. Müller, Martin Heinrich Rathke, Christian Gottfried Nees von Esenbeck, Constantin Gloger, Hans Christian Ørsted, Adelbert von Chamisso, Christian Gottfried Ehrenberg, Carl Friedrich Gauß, Peter Gustav Lejeune Dirichlet, Christian Keferstein, Julius Theodor Christian Ratzeburg und andere mehr. Viele dieser Namen finden sich im vorliegenden Briefwechsel wieder. Humboldt hielt die Eröffnungsrede,[218] das Fehlen der „Patriarchen" (soll heißen: sehr alten) Goethe, Heinrich Wilhelm Olbers, Samuel Thomas Soemmerring und Johann Friedrich Blumenbach wurde darin ausdrücklich vermerkt, die Abwesenden durch Erwähnung geehrt.[219] Entgegen der Kennzeichnung der Teilnehmer als „deutsch" war das Publikum europäisch, was Humboldt auch aussprach und mit einer Hoffnung auf künftige Ausweitung verknüpfte:

> Mögen die trefflichen Männer, welche durch keine Beschwerden von Land- und Seereisen abgehalten wurden, aus Schweden, Norwegen, Holland, England und Polen unserem Verein zueilen, andern Fremden, für kommende Jahre, die Bahn bezeichnen, damit wechselweiße jeder Theil des deutschen Vaterlandes den belebenden Einfluss wissenschaftlicher Mittheilung aus den verschiedensten Ländern von Europa geniesse.[220]

Die Versammlung war also ein europäisches Ereignis, die Wissenschaftssprache deutsch. Am 23. September stellte in einer Sitzung erstmals vor wissenschaftlichem Publikum der junge deutschbaltische Mediziner Karl Ernst von Baer seine große Entdeckung vor: das menschliche Ei (i. e. Eizelle).[221] Am gleichen Tag leitete er die Besichtigung der von Chamisso mitgebrachten

[217] *Berliner Conversations-Blatt für Poesie, Literatur und Kritik*, Nr. 138 (17. Juli 1828), 546, zit. n. Humboldt 2019, Bd. 4, 926.

[218] Humboldt 1828.

[219] Humboldt 1828, 5–6. In Goethes Privat-Bibliothek findet sich ein Sonderdruck der Rede (Ruppert 4255; Ruppert 1958, 614). Mit der Art, wie auf der Versammlung Wissenschaft betrieben würde, könne er allerdings nichts anfangen, gestand Goethe, der sich aber öffentlich, wie sein freundlich wohlwollender Brief an Lichtenstein vom 25.6.1829 (vgl. WA IV, 45, 298–300) zeigte, der bei der folgenden 8. Versammlung deutscher Naturforscher und Ärzte in Heidelberg auch öffentlich verlesen wurde.

[220] Humboldt 1828, 5.

[221] Der Bericht Humboldts und Lichtensteins (1829, 26) vermerkte lapidar: „Die fünfte Sitzung am 23sten Sept.31. [...] Herr Professor Dr. *v. Baer* aus Königsberg über die Formen-Änderungen in der Entwickelungsgeschichte des Individuums. (50 Minuten.)". Baer war über die geringe Resonanz

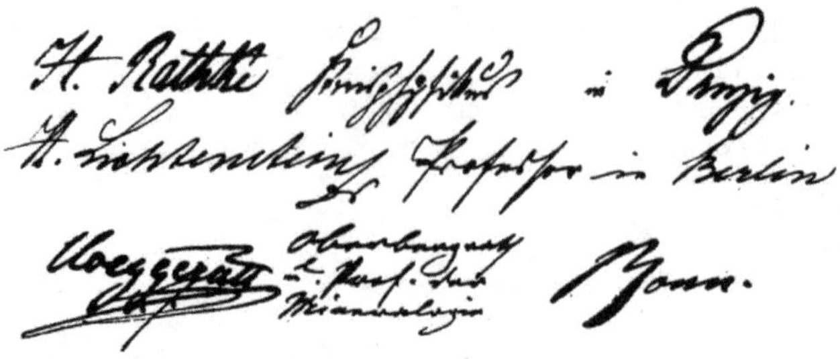

Abb. 12: „H. Lichtenstein Dr Professor in Berlin“.
Die Unterschrift Lichtensteins zwischen jenen des Embryologen
Heinrich Rathke aus Danzig und des Geologen Jacob Noeggerath aus Bonn
(aus Humboldt, Lichtenstein 1829, 2).

Mammutzähne im Mineralienkabinett, während Rathke eine hunderte Insekten-Inklusen umfassende Bernsteinsammlung präsentierte und zur Bestimmung an Entomologen verteilte.[222] Zu den eher ungewöhnlichen Vorträgen – Dauer: „¾ Stunden“ – gehörte jener eines „Hofrath Dr. *Nürnberger*“ über den „Unterschied der Lebens-Einrichtungen“ der „Bewohner“ der „*verschiednen Planeten* unseres Sonnen-Systems“.[223]

Bei dem Kongress kam die Musik nicht zu kurz: „Bei Gelegenheit der Versammlung der deutschen Naturforscher“[224] wurde am 17. September das *Alexanderfest* von Georg Friedrich Händel aufgeführt. Die Teilnehmer wurden am 18. September von einer vom jungen Felix Mendelssohn Bartholdy eigens komponierten *Natur-Kantate* für Männerchor begrüßt.[225] Und während der Mittagstafel des 23. Septembers wurden unter Carl Friedrich Zelters und Carl Friedrich Rungenhagens Leitung durch einen „in aus 72 geübten Männerstimmen bestehenden Chor“ Gesänge aufgeführt.[226] Martius bedankte sich in einer Schlussansprache bei den beiden Organisatoren:

> Ewig theuer und unvergesslich wird uns Allen die Erinnerung an den feierlichen Augenblick sein, da Deutschlands vereinte Naturforscher, den Hohenpriester ihrer Wissenschaft an ihrer Spitze, persönlich jenen belehrenden, mächtig erhebenden, hinreissend ergreifenden Einfluss üben sahen, wodurch er bisher vom Nachbarlande [sc. Frankreich] aus wie das Licht in die Ferne, auf jeden Einzelnen wohlthätig wirksam, Alle erleuchtet und erwärmt hat.
> Sie, sein und unser edler Freund, der Sie in den brennenden Wüsten Afrika’s die heiterste Fröhlichkeit eines von der Wissenschaft durchdrungenen Gemüthes bewahrten, haben in diesem Sinne mit rastloser Thätigkeit die schönste Blüthe geselliger Annäherung und freundschaftlicher Gefühle in dem zahlreichen Kreise geweckt, der Sie umgiebt; — nehmen Sie von uns Allen die Empfindungen der regsten Dankbarkeit an![227]

seiner Jahrhundertentdeckung – immerhin hatte er eine fast 250 Jahre lange Suche erfolgreich abgeschlossen – enttäuscht (vgl. Schmuck 2009, 156–178).

222 Humboldt/Lichtenstein 1829, 41.

223 Humboldt/Lichtenstein 1829, 29.

224 Lichtenstein 1843, xxi.

225 MWV D 2, „Begrüßung“ („Willkommen! rufen wir euch froh entgegen“) für Männerchor und Bläser auf einen Text von Ludwig Rellstab.

226 Humboldt/Lichtenstein 1829, 27.

227 Humboldt/Lichtenstein 1829, 30.

Humboldts und Lichtensteins gemeinsamer Bericht erschien 1829, Lichtenstein schickte ihn am 20. Mai 1829 auch an Goethe, der sich freundlich bedankte.[228] Am 6. November 1829 ernannte König Friedrich Wilhelm III. Lichtenstein zum Geheimen Medizinalrath.[229]

Seine Reisen setzte Lichtenstein während all der Jahre fort. Im Sommer 1829 reiste er nach Prag, Wien, Salzburg, München, Heidelberg und Frankfurt am Main. 1833 war er in England, 1835 in der Schweiz- und Südfrankreich.[230] 1836 kam er wieder nach Weimar.[231] Die 1830er Jahre waren aber vor allem die Zeit eines weiteren Lichtenstein'schen Großprojekts: der Schaffung eines Zoologischen Gartens für Berlin.

*

Schon seit 1832 hatte Lichtenstein den Gedanken gefasst, einen zoologischen Garten einzurichten.[232]

Exkurs 4: Lichtenstein als Gründer des Berliner Zoos. Im Humboldt-Lichtenstein-Briefwechsel sind der Zoologische Garten und seine langwierige Gründung kein Thema.[233] Das zeigt erneut die Lückenhaftigkeit des vorliegenden Briefmaterials. Lichtenstein, mitverantwortlich bereits für die königliche Menagerie auf der Pfaueninsel bei Potsdam, plante seit spätestens 1832 einen Tiergarten für Berlin. Vorbild waren die neu gegründeten westeuropäischen Tiergärten. Die Menagerie auf der Pfaueninsel – neben dem Schönbrunner Tiergarten in Wien der einzige öffentliche Ort im Deutschen Bund, an dem einheimische und fremdländische Tiere in größerem Umfang gesehen werden konnten – war im Jahre 1834 mit 850 Tieren recht umfangreich. Man hielt Vögel, Affen, Hirsche, Rinder, die damals selten gezeigten Grauen Riesenkänguruhs und Lamas, aber kaum Raubtiere.[234] Die Tiere stammten meist von Wandermenagerien, waren diplomatische Geschenke oder wurden von Reisenden mitgebracht. Gegründet nach 1800 (zuvor hatte es bereits eine Meierei und ein Hirschgehege gegeben) und 1818 von Peter Joseph Lenné grundlegend erneuert, war die Menagerie ein Lieblingsprojekt König Friedrich Wilhelms III., der sich hier einen Rückzugsort schaffen

228 Humboldt/Lichtenstein 1829, in Goethes Privat-Bibliothek ist das Exemplar nachweisbar (Ruppert-Nr. 4226; vgl. Ruppert 1958, 610).

229 Vgl. die Ernennungsurkunde in der historischen Arbeitsstelle des Museums für Naturkunde, Berlin.

230 Naumann/Lichtenstein 1954, 43. Vgl. auch Lichtenstein 1836b sowie die Aufzählung seiner Reisen nach Norwegen 1847, Algier 1848 und in die Schweiz 1849 in einem Brief an Baldamus vom 26.12.1850 (in Hildebrandt 2012, 277).

231 Das zeigt ein Anfang des 21. Jahrhunderts in den Handel gekommener Goethe-Brief-Entwurf von etwa Dezember 1830 an den großherzoglich sächsischen Landes-Directions-Präsidenten Karl Friedrich Anton von Conta, den Lichtenstein erwarb und mit dem Vermerk versah: „Beim Besuch des Goetheschen Hauses in Weimar 28 Sept. 36 ist mir dieses Blatt als ein Andenken an Goethes Weise zu correspondiren geschenkt worden. Die Correcturen sind von seiner Hand. Lichtenstein" (https://www.antiquariat.de/;jsessionid=BBD6743AB4F93C668C30EBB9D5E61EB3?i=5 abgerufen 5.3.2022. Der Link ist mittlerweile nicht mehr aktiv.).

232 Anonym 1858, 89.

233 Vgl. Heilborn 1929; Klös 1981; Landsberg 1994; Klös u.a. 1994; Rieke-Müller/Dittrich 1998; Schneider 1999; Buchner-Fuhs 2001; Dittrich u.a. 2001; Landsberg 2010, 121; Maier-Wolthausen 2019, 22–37. Vgl. auch den Naumann-Lichtenstein-Briefwechsel (1954, 55).

234 Rieke-Müller/Dittrich 1998, 13.

Abb. 13: „Die Känguru-Familien. Aus der Königlichen Menagerie auf der Pfauen-Insel." (Aus: Lichtenstein 1830, Exemplar des Naturkundemuseums, Berlin).

wollte. Vorbild der Lenné'schen Erneuerung war die Menagerie im Jardin de Plantes in Paris. An zwei oder drei Tagen pro Woche war die Menagerie auf der Pfaueninsel auch für das allgemeine Publikum geöffnet. Lenné arbeitete eng mit dem Hofgärtner Ferdinand Fintelmann und mit Lichtenstein zusammen. Dieser besaß das „Vertrauen des Königs bei gelegentlicher Vermehrung der Sammlung lebender Thiere auf der Pfaueninsel"[235] und war für die wissenschaftliche Betreuung der Tiere zuständig, auch für ihre Bestimmung und Benennung; ab 1826 wurden dazu Schilder an den Tiergehegen mit Angaben zu Namen und Herkunftsländern angebracht.[236] Einige Jahre später veröffentlichte Lichtenstein seine *Lithographirte Abbildungen merkwürdiger Thiere aus den berühmtesten in Berlin bekannten Menagerien*, wo er Tiere der Menagerien der Pfaueninsel und van Akens (einer Familie von Wandermenagerie-Betreibern) vorstellte und beschrieb.[237] Seine Bemerkungen zu den Tafeln, etwa des Riesenkänguruhs (Abb. 13), zeigen die enge Verbindung von historisierendem Blick, Tierhaltung und wissenschaftlichen Fragestellungen:

> Bei dem Anblick dieser Gruppen [sc. von Riesenkänguruhs] versinnlicht sich mindestens das Erstaunen, das die Entdecker der neuholländischen Küsten befiel, als sie diese wunderbaren Thiere zuerst gewahrten. Wir hatten gehofft, dass die fortdauernde Aufmerksamkeit des verständigen Wärters uns Auskunft über mehrere räthselhafte Punkte in der Naturgeschichte dieses bekanntlich zu den Beutelthieren gehörenden Wildes verschaffen würde. Es hat ihm aber nicht gelingen wollen, irgend

235 So die Formulierung im Geh. Staatsarchiv, Acta Lichtenstein – London, zit. n. Landsberg 1994, 89.

236 Rieke-Müller/Dittrich 1998, 13. Der Wunsch nach Beschriftung wurde vom König bereits 1822 geäußert, wurde aber nur schleppend erfüllt (vgl. Landsberg 1994, 90).

237 Lichtenstein 1830. Mit der Familie van Aken stand Lichtenstein seit 1821 in Kontakt, die Korrespondenz ist tw. erhalten. König Friedrich Wilhelm III. besuchte die Aken'sche Menagerie zwischen 1822 bis 1827 mehrmals (vgl. Rieke-Müller/Dietrich 1999, 40, 42).

Abb. 14: „Der Mandril. (Maimon). Der Klammer-Affe (Ateles paniscus). Aus der Königlichen Menagerie auf der Pfauen-Insel." (Aus: Lichtenstein 1830, Exemplar des Naturkundemuseums, Berlin).

genügendes über die Dauer der Trächtigkeit, viel weniger über die Art, wie die Jungen zuerst in den Beutel gelangen zu ermitteln. Die Natur zieht mit keuscher Hand den Schleier der Nacht über die geheimnissvollen Geschlechts-Verrichtungen aller vierfüssigen Thiere, die ihrem ursprünglichen Zustande noch nahe stehn; nie hat die Tageshelle bei unsern Kenguru's eine Handlung beleuchtet, an die sich auch nur eine Vermuthung über die obigen Punkte anknüpfen liesse.[238]

Ähnlich zeigen die Bemerkungen etwa über Affen (vgl. Abb. 14) die enge institutionelle Verbindung von Menageriewesen (bzw. Tiergarten) einerseits und Zoologischem Museum andererseits, sie sind aber auch geprägt von einer Vermischung einer moralisierenden Betrachtungsweise von Tieren mit einem „modernen", genuin zoologischen Interesse:

Ein ungewöhnlich altes und kräftiges Exemplar der Van Akenschen Menagerie hat der ersten Figur [sc. des Mandrills] zum Muster gedient. Wirklich furchtbar erschien es, wenn es den Rachen öffnen und die gewaltigen Eckzähne zeigen musste, dabei im widerstrebenden Zorne die ganze Muskelkraft an den Eisenstäben des Käfichts versuchend. So nahe dem Raubthier kommt kein anderes pflanzenfressendes Thier, als dieser Affe, auch darin das Zerrbild des Menschen in dessen sündhafter Entartung, die Fratze der von den Banden der Vernunft entfesselten rohen Gewaltthat. [...] Die an und unter dem Baum vorgestellte Gruppe des Klammer-Affen (*Quatto, Coaita, Ateles paniscus*) ist theils dem noch auf der Pfauen-Insel lebenden männlichen Exemplar der Van Akenschen Menagerie, theils den weiblichen des Museums nachgebildet, daher die unnatürlich menschenhaft aufrechte Stellung des letzten, und die zu künstliche Verschlingung der Greifschwänze. [...] Unser Klima lässt sie auch bei der aufmerksamsten Abwartung nicht zu kräftigem Gedeihen gelangen. Nur zu ihrer Last scheint ihnen das Leben gefristet. Unser lebendes Exemplar gewinnt mit seinen tiefen Gesichtsrunzeln und seiner ganz widerstandslosen Trägheit immer mehr das Ansehn eines mürrischen und frostigen Greises.[239]

238 Lichtenstein 1830, o.p. [Das Kenguru].

239 Lichtenstein 1830, o.p. [Der Mandril und der Klammer-Affe]. Vielleicht war auch das erste Zoo-Tier, das seinen Weg in das Zoologische Museum fand, ein Mandrill (vgl. Landsberg 1994, 101).

Lichtenstein erweist sich – an diesem historischen Ort des epistemischen Übergangs und der Institutionalisierung der Naturwissenschaften – als eine ebensolche transgrediente Figur: einen Blick in die wissenschaftliche Zukunft, die andere auf eine Jahrtausende alte Tradition der Naturbeschreibung gerichtet.

Lichtensteins Reise nach London 1833 diente dem Besuch des 1828 eröffneten (aber erst ab 1847 für die Öffentlichkeit zugänglichen) Londoner Zoos als einem möglichen Vorbild für Berlin. Eine Realisierung des neuen Zoo-Projekts wurde erst mit dem Tode Friedrich Wilhelms III. 1840 möglich. Ein heute nicht mehr erhaltenes Memorandum Lichtensteins („Gedanken über die Errichtung Zoologischer Gärten in Berlin", das er 27 Jahre nach Chamissos Aufenthalt ebenfalls auf Schloß Cunersdorf geschrieben hatte[240]) wurde von Humboldt dem neuen König Friedrich Wilhelm IV. übergeben. 1841 erging die königliche Erlaubnis, 1843 wurde Lichtenstein wissenschaftlicher Direktor des Berliner Zoologischen Gartens.[241] Die Eröffnung am 1. August 1844 fand allerdings ohne Öffentlichkeit statt, denn ein Attentatsversuch auf den König kurz davor ließ große Feierlichkeiten nicht opportun erscheinen.[242]

Ein weiteres, vielleicht noch wichtigeres Vorbild war die bereits 1794 gegründete Menagerie im Pariser Jardin des Plantes.[243] Hier nahm Étienne Geoffroy Saint-Hilaire eine ähnliche Stellung ein, wie sie später Lichtenstein in Berlin haben sollte: institutionell eingebunden an das Museum d'histoire naturelle konnten hier vor allem Säugetiere und Vögel beobachtet und untersucht werden. Damit hatte die Menagerie nicht nur Schau- und Jahrmarktscharakter wie so viele andere Wanderzoos: Zu den Wissenschaftlern, die dort arbeiteten, gehörten auch Georges und vor allem sein Bruder Frédéric Cuvier. Étienne Geoffroy und Frédéric Cuvier veröffentlichten zwischen 1826 und 1842 eine vierbändige, bebilderte *Histoire des Mammifères*, die diese institutionelle Zusammenarbeit dokumentiert. Der Sohn Isidore Geoffroy Saint-Hilaire wurde 1841 als Nachfolger seines Vaters Professor für Zoologie und war zugleich – ähnlich wie Lichtenstein – wissenschaftlicher Direktor der Menagerie bis zu seinem Tod 1861.[244]

*

Lichtenstein war nun ein renommierter Wissenschaftler, Wissenschaftsorganisator und eine Persönlichkeit des öffentlichen Lebens. Obwohl seine Arbeitskraft nicht nachließ, fühlte er sich allerdings immer mehr der Zeit hinterher. An den befreundeten Ornithologen Temminck schrieb er 1846 resigniert, seine innere Distanz zu neuen Auffassungen und Methodiken

[240] Vgl. Landsberg 1994, 95.

[241] Das königliche Einverständnis wurde am 31.1.1841 erteilt. Eine entsprechende „Cabinetts-Ordre" an Minister Altenstein, Humboldt, Lichtenstein und Peter Joseph Lenné, auf dem Gelände der alten königlichen Fasanerie in Charlottenburg einen Zoologischen Garten zu errichten, erging am 8.9.1841.

[242] Am 26. Juli 1844 schoß Heinrich Ludwig Tschech vor dem Berliner Schloß auf Friedrich Wilhelm IV. und seine Frau Elisabeth Ludovika, das Attentat gilt als das erste überhaupt auf einen preußischen König (vgl. Schneider 1999).

[243] Initiator war der Schriftsteller Jacques-Henri Bernardin de Saint-Pierre, dessen Roman *Paul et Virginie* eines der Lieblingsbücher Humboldts war, wissenschaftlicher Leiter Étienne Geoffroy Saint-Hilaire (vgl. Rieke-Müller/Dittrich 1998, 18–20).

[244] Rieke-Müller/Dittrich 1998, 20.

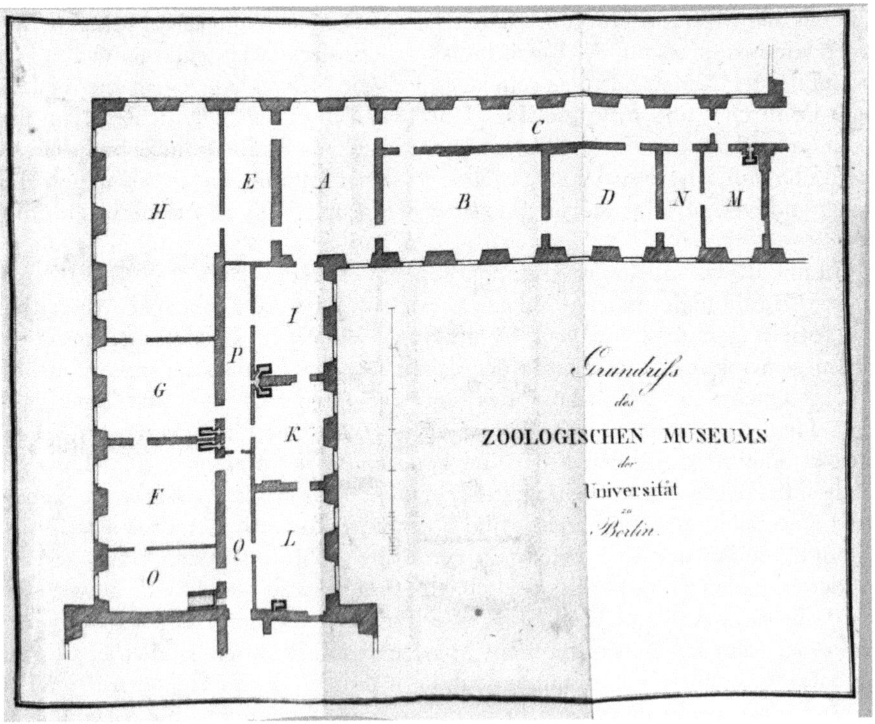

Abb. 15: „Grundriss des Zoologischen Museums der Universität zu Berlin."
Faltplan aus Lichtensteins *Das zoologische Museum der Universität zu Berlin*, Berlin 1816
(Exemplar der Herzogin-Anna-Amalia-Bibliothek, Weimar).

in der biologischen Systematik und – zwei Jahre vor der Revolution 1848/49 – auch zum revolutionär-politischen Leben betonend:

> Mein lieber alter Freund ... Obgleich ich persönlich nichts zu klagen habe, vielmehr mich körperlich noch ganz gesund und rüstig befinde, auch in meiner Familie viel Freude erfahre, so ist doch die rechte Lebensfreude und die Thatkraft mit der Jugend dahin. Mit dem Arbeiten geht es nicht mehr so flink wie sonst, und doch mehren sich die Geschäfte. Die Ansprüche, die man an sich selber macht, bleiben dieselben, aber man genügt sich selbst nicht mehr wie sonst. Viele Entwürfe zu schriftstellerischen Arbeiten liegen unvollendet da und werden ruhig schlafen gehen. Die neue Zeit wächst einem über den Kopf, und wie viel man auch liest, so fühlt man doch, daß man nicht mehr mit fortkommen kann und kommt sich oft in der neuen kauderwälschen Systematik und Nomenklatur recht dumm und unwissend vor, wenigstens zu schwach, um gegen den Strom zu schwimmen und durch eine Art Ekel selbst von dem Versuch abgeschreckt, irgendwie einen Widerstand zu unternehmen. Es ist in allem, was die neue Zeit bewegt, etwas revolutionaires; wir werden es nicht erleben, daß sich die Gährung abklärt, doch kann ich aber nicht sagen, daß ich von dem endlichen Resultat große Erwartungen hegte und freue mich also eine Zeit erlebt zu haben, wo es in der Wissenschaft noch Autoritäten gab und wo es geordneter herging.[245]

[245] Brief Lichtensteins an Temminck, 27.7.1846, zit. n. Stresemann 1996, 152–153.

Über die Zeit der Märzrevolution in Lichtensteins Leben ist kaum etwas bekannt. Während Varnhagen von Ense stark mit der Revolution sympathisierte, wie sein Tagebuch zeigt, dürfte das bei Lichtenstein anders gewesen sein; der anonyme Nekrolog hält sich aber bedeckt und vermischt Politisches und Privates: „Das Jahr 1848 hatte theils auf Lichtensteins amtliche Thätigkeit (ausserhalb der Universität) einen nachtheiligen Einfluss, theils knüpften sich daran eine Reihe von schweren Unglücksfällen in seiner Familie, die er mit ungewöhnlicher Kraft trug, und welche keine Störung in seiner Wirksamkeit als Lehrer herbeizuführen vermochten.“[246]

Für Humboldt war Lichtenstein ein kompetenter und verläßlicher Gewährsmann in Fragen der Ornithologie und zu Südafrika. Als solcher wird Lichtenstein bereits in den Kosmos-Vorlesungen erwähnt,[247] zur Ornithologie wird er im Briefwechsel immer wieder befragt. Im gemeinsamen Interesse an der Geschichte der Entdeckungsreisen, insbesondere der Vorgeschichte der Entdeckung des Kaps der guten Hoffnung und Amerikas trafen sich die beiden. Auf Lichtensteins Aufsatz „Geschichte der Entdeckung des Vorgebirges der guten Hofnung“[248], erschienen 1810 im *Vaterländischen Museum*, nahm Humboldt im Briefwechsel Bezug. In diesem Beitrag, der Fragment eines größeren Werkes geblieben ist,[249] arbeitete Lichtenstein die Reiseberichte und Forschungsliteratur zum Thema auf.

Humboldt wandte sich an Lichtenstein gerne auch in zoologischen Fragen, wenn diese strittig oder unglaubwürdig waren oder schnell geklärt – weil bei Hofe diskutiert – werden mussten: Gibt es in Rußland Kiebitze?[250] Was für ein seltsames Tier – ein Känguruh mit Geweih? – hat John James Audubon am Missouri entdeckt oder handelt es sich um eine Zeitungsente?[251] Welche Großfußhühner pflastern ihre Wege mit Steinchen?[252] Wie unterscheiden sich afrikanische und asiatische Großkatzen?[253] Wie groß ist die Anzahl der Vogelarten im Zoologischen Museum?[254]

1850 wurde in Leipzig-Gohlis die Deutsche Ornithologen-Gesellschaft gegründet, der abwesende Lichtenstein gemeinsam mit Brehm und Naumann in den Vorstand gewählt. Im Juni 1851 fand die folgende Sitzung der „Versammlung deutscher Ornithologen“ in Berlin im Zoologischen Museum unter Lichtensteins Leitung statt.

Das Jahr 1852 brachte mit dem 50jährigen Doktorjubiläum verbundene Ehrungen für den mittlerweile 72jährigen. Am 26. April wurde im Zoologischen Museum eine Lichtenstein-Büste von Albert Wolff, einem Schüler von Rauch, aufgestellt (Abb. 17). Initiatoren waren

246 Anonym 1848, 89.

247 Vgl. Humboldt 1993, 118, 124, 173; Humboldt/Kohlrausch 2019, 170, 175, 236.

248 Lichtenstein 1810a.

249 Vgl. Lichtenstein 1810a, 371–372.

250 Brief Humboldts an Lichtenstein, 1830er Jahre (Brief Nr. 37).

251 Brief Humboldts an Lichtenstein, 7.1.1843/44 bzw. um/nach 1846? (Brief Nr. 75).

252 Brief Humboldts an Lichtenstein, 1848 oder später (Brief Nr. 87).

253 Brief Humboldts an Lichtenstein, 15.7.1853 (Brief Nr. 105). Der Dank für die erfolgte Antwort Lichtensteins (in einem nicht erhaltenen Brief) findet sich im Brief Humboldts vom 25.7.1853 (Brief Nr. 106).

254 Hier ist die Anfrage Humboldts verlorengegangen, aber die Antworten Lichtensteins – Konzept und abgeschickter Brief – sind erhalten geblieben, da Humboldt den Brief aufbewahrt hat (12.2.1854, Brief Nr. 108), und sich das Briefkonzept Lichtensteins im Archiv des Museums für Naturkunde befindet (12.2.1854 oder kurz davor, Brief Nr. 107). Eine solche Überlieferungslage ist typisch für den vorliegenden Briefwechsel.

Abb. 16: Franz Krüger: „Porträt Lichtensteins" mit Unterschrift.

unter anderem Boguslaw Fürst von Radziwiłł, Leopold von Buch und Humboldt. „Das dabei beobachtete Verfahren war ein eben so ungewöhnliches als für Lichtenstein höchst ehrenvolles. Den verschiedenen Universitäten wurden Blätter zugesandt, auf welchen jeder Beitragende seine eigenhändige Namensunterschrift zu setzen hatte, so dass diese gesammelt ein Album bildeten. Der Beitrag war unbestimmt gelassen [...]."[255] Die Anzahl der Beiträger war über jede Erwartung groß: insgesamt 409 Wissenschaftler aus 17 deutschen Städten, wodurch der Anteil jedes Einzelnen mit 1 ½ Talern nur gering ausfiel.

Humboldt hielt die ehrende Rede. Die Leitlinien stammten von Wilhelm Peters, bei dem Humboldt sich zuvor um die wichtigsten Daten erkundigt hatte.[256] „Ich bin verdammt, einige Worte bei der Aufstellung der Büste des guten Lichtenstein am 26. Apr. im zool. Museum zu sagen", klagte Humboldt freimütig immerhin einem der engsten Mitarbeiter Lichtensteins und wußte nicht – oder tat so –, was für ein Jubiläum überhaupt gefeiert werden sollte:

[255] Anonym 1858, 89–90.

[256] Vgl. Jahn 1981b und Dokumente, Dokument 7 und 8.

„[O]b es die 25 jähr. Feier für den akademischen oder für den Thierdienst ist?“[257] Lichtenstein war währenddessen mit seiner Frau nach Triest ausgewichen, aus Bescheidenheit, wie es hieß. Vielleicht erinnerte er sich auch an den heftigen Widerstand, den Humboldt kurz zuvor gezeigt hatte, als eine Büste von ihm, gestaltet von Rauch, in der Akademie der Wissenschaften aufgestellt werden sollte. Humboldt hatte das schließlich erfolgreich verhindern können.[258] In der *Augsburger Allgemeinen Zeitung* hebt der Bericht über die Lichtenstein-Feier dagegen Humboldts emotionale Beteiligung hervor:

> *Berlin*, 26. April. Die hellen, von allen Seiten freien Räume unsers stattlichen Universitätsgebäudes waren heute Zeugen ehrender Anerkennung, die einem langjährigen und würdigen Vertreter der hiesigen Universität zu Theil wurde. Es war das 50jährige Doctorjubiläum des geh. Medicinalraths und Directors des zoologischen Museums, Heinrich [!] *Lichtenstein*, und der Tag wurde dazu ausersehen, die Büste des Gefeierten in dem Museum, das recht eigentlich sein Werk ist, feierlich aufzustellen. Der Jubilar, dem niemand ansieht, daß er schon 72 Jahre hinter sich hat, war durch eine Reise den ihn erwartenden Festlichkeiten aus dem Wege gegangen. Vor der Büste, die ein tüchtiges Werk des talentvollen Bildhauers Albert Wolf ist, hielt Humboldt, umgeben von einem kleinen, meist der Akademie angehörenden Kreise von Zuhörern die Festrede, worin in klarer runder Weise, wie man sie von dem Altmeister der Wissenschaft gewohnt ist, die Leistungen Lichtensteins hervorgehoben wurden. Es war tief ergreifend, als dem Redner, wie er auf die schweren Schläge des Schicksals zu sprechen kam, von denen Lichtenstein in der letzten Zeit betroffen wurde, die Stimme versagte und das Auge sich mit Thränen netzte, ein ehrender Beweis, wie warm und theilnehmend das Herz des edlen Greises für seine Freunde schlägt. Lichtenstein promovirte in dem denkwürdigen Jahr 1802, in welchem Humboldt die umfassenden Untersuchungen des schönen Hochthales von Quito und der Kette von gewaltigen Vulcanen, die dasselbe umgeben, anstellte und den Chimborasso bestieg. Gegen Ende desselben Jahres langte Lichtenstein auf dem Cap der guten Hoffnung an, wohin er den holländischen General Janssens, der zum Gouverneur der Capcolonie ernannt war, als Erzieher seines Sohnes und Hausarzt begleitete. Es ward ihm namentlich beim Ausbruch des Kriegs mit England reichliche Gelegenheit zu Theil, die inneren Gegenden der Colonie kennen zu lernen, und einmal wurde er sogar als Regierungscommissär zu dem wenig gekannten Völkerstamm der Beetjuanen gesandt. Nach der Eroberung der Colonie durch die Engländer kehrte er nach Deutschland zurück, wo er abwechselnd in Braunschweig, Helmstedt, Göttingen und Jena lebte und seine Sammlungen und handschriftlichen Materialen ordnete. Gleich nach Stiftung der Berliner Universität hielt er an derselben Vorlesungen, und wurde schon im folgenden Jahr 1811 zum ordentlichen Professor der Zoologie genannt. Unter seiner Leitung und durch seinen rastlosen Eifer ist das zoologische Museum Berlins eines der größten des Continents geworden, in wissenschaftlicher Hinsicht aber nimmt dasselbe, was Humboldt bezeugte, den ersten Rang ein. Auch den zoologischen Garten, in welchem gleichfalls seine Büste aufgestellt wurde, hat Lichtenstein mit verhältnismäßig geringen Mitteln vor etwa 10 Jahren gegründet und wirklich großartige Resultate erzielt. Der Secretär der Akademie, Professor Encke,[259] theilte die zahlreichen Gratulationsschreiben mit, die an den Jubilar eingegangen. Seine Vaterstadt Hamburg zeichnete sich dabei besonders aus. Die Universität Göttingen, welche die Erbschaft der Universität Helmstedt, wo Lichtenstein promovirte, antrat, schickte ein neues Doctordiplom.[260]

[257] Undatierter Brief Humboldts an Peters, zit. n. Jahn 1981, 40. Der „Thierdienst“ ist wohl eine Anspielung auf Lichtenstein als Zoo-Direktor.

[258] Vgl. Werner 2013, 293–296.

[259] Der Astronom Johann Franz Encke (vgl. den Briefwechsel mit Humboldt: Humboldt 2013b).

[260] *Allgemeine Zeitung* Nr. 120 (29.4.1852), 1908 (Zeichensetzung ergänzt). In einer der folgenden Ausgaben der Allgemeinen Zeitung wurde Humboldts Rede vollständig widergegeben (*Allgemeine Zeitung* Nr. 127, 6.5.1852, 2025. Vgl. Humboldt 2019, Bd. 7, 87–89 und Dokumente, Dokument 8.).

Abb. 17: Lichtenstein-Büste von Albert Wolff
(Museum für Naturkunde, Berlin).

Die Ehrungen zeigten es an: Lichtenstein war alt geworden. 1854 stürzte er auf einer Treppe und brach sich dabei das Bein, eine Verletzung, an der er lange laborieren sollte.[261] Seinem alten Förderer Hoffmannsegg (er war 1849 in Dresden gestorben) widmete er 1856 eine längere Würdigung.[262] Auch im Museum hörten die Schwierigkeiten nicht auf. Noch im Jahr 1857 erklärte er sich bereit, aus dem Museumsgebäude Unter den Linden, wo er mit seiner Familie wohnte, auszuziehen, um Platz für die ständig einlaufenden Neuerwerbungen zu machen. Wenige Monate vor seinem Tod, am 27. April 1857, schrieb er an den zuständigen Kultusminister Karl Otto von Raumer, daß es ihm ein schmerzhaft drückendes Gefühl sein müsse, wenn ein ihm noch länger beschiedenes Leben als Hindernis für das Gedeihen des Museums, dem er doch sein Leben gewidmet habe, angesehen werden könnte.[263] Dazu kam es nicht. Am 3. September 1857 starb Lichtenstein an einem Schlaganfall – bezeichnenderweise für den rastlos Reisenden an Bord eines Schiffes, von Schweden kommend, auf der

[261] Vgl. Humboldt 2004, 330.
[262] Lichtenstein 1856b.
[263] So in Stresemann 1960, 78.

Überfahrt vom dänischen Korsør nach Kiel.[264] Ein „plötzlicher, allen seinen Freunden und Bekannten ganz unerwarteter Schlagfluss raffte in der Nacht vom 2. auf den 3. Septbr. einen Mann hin, dessen Wirksamkeit in der wissenschaftlichen Welt eine höchst bedeutende war, noch mehr aber für Berlin und viele seiner Institute [...].“[265] Die *Augsburger Allgemeine Zeitung* berichtete:

> *Berlin*, 4. Sept. [...] Laut einer hier eingetroffenen telegraphischen Depesche verstarb gestern Morgens um 8 Uhr früh in Kiel am Schlagfluß der königl. geheime Medicinalrath Prof. Dr. Lichtenstein im nicht vollendeten 78. Lebensjahr und beinahe 50jähriger Thätigkeit als Director des königl. zoologischen Museums. Noch rüstig – an den Folgen eines bereits in hohem Alter erlittenen Beinbruchs hatte er sich merkwürdig schnell erholt – hatte er eine Reise nach Schweden unternommen; auf der Rückreise von Stockholm ereilte ihn unerwartet der Tod.[266]

Bereits am 3. September berichtete Heinrich Gustav Hotho, der Bruder Victoires, Humboldt in einem Brief vom plötzlichen Tod seines Schwagers. Lichtenstein wurde zwei Tage später in Kiel begraben. Am selben Tag schrieb Humboldt in leicht zittriger Altershandschrift aus Potsdam lapidar an Eduard Buschmann: „Lichtensteins Tod hat mich überrascht und betrübt.“ (Abb. 18).[267] Sein alter Korrespondenzpartner Brehm bemerkte wenige Monate später: „Die ganze alte Garde der Ornithologen, mich, den Unglücklichsten unter ihnen, ausgenommen, hat die Sichel des Todes gemäht.“[268] Humboldt starb eineinhalb Jahre nach Lichtenstein am 6. Mai 1859. Ein gedrucktes Verzeichnis von Lichtensteins Büchern (*Catalogue de sa Bibliothèque*) und vier Bücher, darunter der *Nomenclator Avium Musei Zoologici Berolinensis* von 1854, befanden sich zu diesem Zeitpunkt in seiner Bibliothek.[269]

264 Die *Bonplandia, Zeitschrift für die gesammte Botanik* (1858, 337), von 1853 bis 1859 „Officielles Organ der Kaiserl. Leopoldinisch-Carolinischen Akademie der Naturforscher“, zählte anläßlich seines Todes alle Titel, Verdienstorden und Mitgliedschaften Lichtensteins auf: „Dr. Martin Hinrich Carl Lichtenstein, Ritter des kgl. Rothen Adler-Ordens 2. Cl. mit Eichenlaub, Comthur des kgl. sächsisch Civ.-Verd.-Ordens, Ritter des k. russisch. St. Stanisl.-Ordens 2. Cl. und St. Wladim.-Ordens 4. Cl., der k. franz. Ehrenlegion und des kgl. niederländ. Löwen-Ordens, königl. preuss. Geh. Ober-Medicinalrath, ord. Prof. der Naturgeschichte und Zoologie an der Univ. zu Berlin, erster Director des zoolog. Museums und des kgl. zoolog. Gartens daselbst; ord. Mitglied der königl. Akademie der Wissensch. in Berlin, Mitglied der Akademie den 26. Aug. 1818; cogn. *Hanno*. Geb. zu Hamburg des 10. Januar 1780, gest. auf der Reise von Corsör nach Kiel den 3. Septbr. 1857.“

265 So der anonyme Autor im Nekrolog der *Naumannia. Archiv für die Ornithologie, vorzugsweise Europas*, der sich als „vieljähriger vertrauter Freund des Verstorbenen“ bezeichnete (Anonym 1858, 87). Dem Nachruf ging der auf Naumann unmittelbar voraus.

266 *Allgemeine Zeitung* Nr. 249 (6.9.1857), 3970. Gelegentlich wird als Todesdatum auch der 2.9. angegeben, was darauf zurückzuführen ist, dass der Tod in der Nacht auf den 3.9. erfolgte (vgl. Anonym 1858, 90).

267 Nachl. Alexander von Humboldt; Signatur: Nachlass Alexander von Humboldt Bd. 14/2 Bl. 563–564.

268 Brief Brehms an den Ornithologen Eugen Ferdinand von Homeyer, 10.2.1858, zit. n. Möller 1993, 50. Im selben Jahr waren auch Charles Lucien Bonaparte und Naumann gestorben. Brehm starb am 23.6.1864 in Renthendorf.

269 Vgl. Stevens 1863, Nr. 5955 und 5957. Lichtensteins „Privatbibliothek enthielt einen kostbaren Schatz von zoologischen Werken, die er als eine Ergänzung der Bibliothek des Museums betrachtete.“ (Anonym 1858, 90). Dazu im Gegensatz stand die vom armen Landpastor Brehm hinterlassene kleine ornithologische Büchersammlung, die einen Wert von nur 25 Talern hatte (vgl. Möller 1993, 49. Zu Naumanns „kleiner Handbibliothek“ vgl. Thomsen/Stresemann 1953, 25–26).

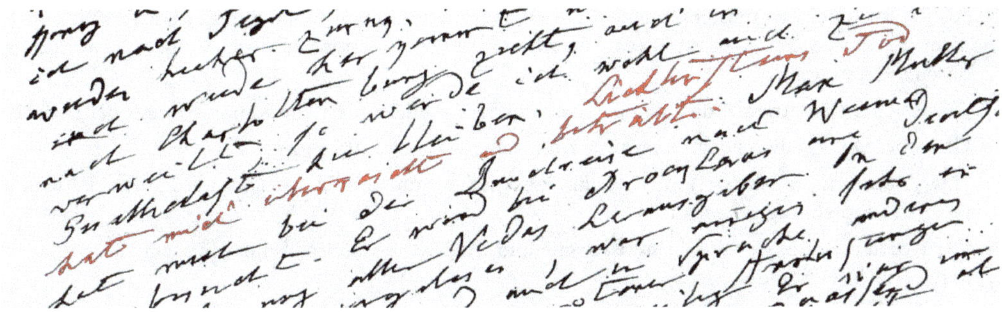

Abb. 18: Brief Humboldts an Eduard Buschmann, Potsdam, 5. September 1857: „Lichtensteins Tod hat mich überrascht und betrübt." (Ausschnitt, Biblioteka Jagiellońska Kraków).

Lichtensteins Witwe Victoire überlebte ihren Mann um neun Jahre und verstarb am 7. Oktober 1866 in Königsberg an Cholera.

Bereits 1812 hatte Lichtenstein in einem Briefentwurf an Carl Maria von Weber eine Art Lebensresümee gezogen und von der Art gesprochen, wie man im Leben verfahren müsse, mit einer inneren Distanz nämlich zu allen Begebenheiten und Erscheinungen des Lebens, als wären dies Ereignisse der Natur:

> Will man glücklich sein, so muß man das Leben mit Allem was drin ist wie Naturerscheinungen betrachten, die vorübergehen und an deren keiner man seinen Glauben, sein Glück, seine Existenz hängen darf, wenn man auf den Füßen bleiben will, wie nahe man sich auch mit ihnen verwandt fühle. Selbstständigkeit ist nicht Egoismus. Man kann lieben, glauben, vertrauen und Vertrauen und Liebe erwerben, und doch frei bleiben, vor Allem wenn man einen solchen innersten Rückhalt hat, wie die Kunst oder die Wissenschaft und *nota bene* wenn nicht das physische Bedürfniß oder Sorgen der Leibesnahrung und Nothdurft drängen, von denen wir Beiden ja gottlob frei sind, die wir wenig bedürfen.[270]

4. Lichtenstein als Lehrer

Als Professor für Zoologie, Dekan und Rektor war Lichtenstein ein wichtiger Lehrer und Vermittler, jemand, mit dem man, wenn man in Berlin studierte, in Beziehung kam. Wenig vorbereit hatte er 1811 zu lesen begonnen, pflichtbewußt hielt er noch als über 70jähriger Vorlesungen: „Bis zu seinem unerwarteten Ende hat *Lichtenstein* seine Collegia gewissenhaft gelesen, pünktlich angefangen und selten ausgesetzt."[271]

Als Karl Gutzkow, später ein berühmter Schriftsteller, an der Berliner Universität zu studieren begann, lernte er Lichtenstein als Vertreter eines rigiden Systems studentischer Überwachung kennen. Aus der späten Rückschau von 1869 schilderte er ihn in *Das Kastanienwäldchen in Berlin*:

270 Brief (Konzept) Lichtensteins, 7.11.1812, in: Weber/Lichtenstein 1900, 26.

271 Anonym 1858, 90.

Als ich mich bei Lichtenstein, meinem Decan, gemeldet hatte (er wohnte in der Universität selbst, nicht weit von seinen ausgestopften Löwen und Tigern), überraschte mich der berühmte Zoolog durch die Aeußerung:

„Sie sind der Immatriculandus, von welchem mir Se. Excellenz Herr von Kamptz[272] gesprochen hat?"

Unvorbereitet auf diesen Empfang antwortete ich etwas verblüfft:

„Herr von Kamptz *bat* (sic!) mich, es ihm zu sagen, wenn ich mich immatriculiren ließe. Er wollte mir eine Empfehlung geben."

Der Decan horchte hoch auf, hustete seltsam und wiederholte mehrmals mit scharfem Ton, als wenn er mich nicht verstanden hätte:

„Wie? Wie sagten Sie – ?"

„Herr von Kamptz *bat* (wiederum sic!) mich", hob ich mit Entschiedenheit, wenn auch noch mit derselben Verdutzheit hervor, „ich sollte es ihm sagen, wenn – Ja, er hat mit Ihnen sprechen wollen –"

„Wenn ein solcher Herr *bittet*, so thut man's denn doch", antwortete nach einer Pause mit schneidender Schärfe der Vertraute der Scorpionen und Krokodille, von welchem jede Woche einmal in der Spener'schen Zeitung eine Mittheilung über sibirische Mammuthsknochen, isländische Elennthiere oder eine im Plötzensee aufgefundene seltene Fischgattung zu lesen war. Damals wußte ich noch nicht, daß Lichtenstein die wilden Thiere auch durch die Musik wie Orpheus hätte bändigen können. Er selbst war ein Musiker und spezieller Freund Karl Maria von Weber's.

„Ich Esel, ich Rindvieh –!" rief ich aus, als ich gegangen war, und schlug mir die Stirn wund mit beiden Händen. Erst bei genauerer Ueberlegung der maliciösen Replik des Professors hatte ich die begangene Sottise begriffen. Ich hatte von „Bitten" bei einem Mann gesprochen, dessen sociale Stellung nur ein „Befehlen", höchstens ein „Ersuchen" oder „Wünschen" mit sich bringen konnte. „Bat mich –!" Hochmuth aus dem Opernhause –! Auf den Treppen der Berliner Universität lernte ich zum erstenmale „Treppenwitz" kennen. Das „Kastanienwäldchen", das sich eben belaubte (es war im April), hörte die Fortsetzung der zoologischen Studien, die ich mit mir selbst anstellte. Selbst die Merkmale eines Rhinoceros glaubt' ich an mir entdeckt zu haben.[273]

In den Anfangsjahren seiner Lehrzeit an der Universität hatte Lichtenstein meist etwa 40 Hörer, erst in den 1850er Jahren stiegen sie deutlich auf ungefähr 80 an.[274] Zu ihnen gehörten neben Zoologen vor allem Mediziner und Lehrer, es fanden sich aber auch allgemein Interessierte ein.

Über Lichtenstein als Vortragenden gibt es unterschiedliche Urteile. Humboldt lobte den „freien, lebendigen Vortrag".[275] Auch Leopold Buvry erwähnte im Nachruf „die Klarheit und Anschauung seiner Vorträge und sein hervorragendes Rednertalent".[276] Der Mediziner Otto Braus erinnerte sich 1901 in seiner Autobiographie: „Seine tiefe, klangvolle Stimme drang bis in die letzten Ecken des großen Auditoriums."[277] Julius Theodor Christian Ratzeburg

[272] Karl Albert von Kamptz, Direktor im preußischen Polizei- und Justizministerium. Gutzkow war ein Freund seines Sohnes, weswegen ihn Kamptz protegierte (Anm. d. Hg.).

[273] Gutzkow 1961, 136–137, auch Gutzkow 1971, 237–238, Gutzkow 2018, 91–92 (Hervorhebungen von Gutzkow). Eine vergleichbare Anekdote findet sich auch Briefwechsel Goethes mit Zelter (Brief von Zelter, 26.3.1829, in: Goethe/Zelter 1987, Bd. 3, 156–157).

[274] Anonym 1858, 90.

[275] Brief Humboldts an Lichtenstein, möglicherweise 4.11.1832 (Brief Nr. 29).

[276] Buvry 1858, 4.

[277] *Akademische Erinnerungen eines alten Arztes an Berlins klinische Größen*, zit. n. Stresemann 1960, 88.

sprach von der „Klarheit des stets anziehenden und reisemäßig gewürzten Vortrages“[278] und führte als Besonderheit von Lichtensteins pädagogischem Wirken Demonstrationen und Exkursionen an:

> Dabei muss man berücksichtigen, dass *Lichtenstein* auch fleissig las (allgemeine Zoologie und specielle Naturgeschichte einzelner Thierklassen) und durch Demonstration im Museum selbst ausserordentlich nützte, sowie dadurch, dass er die Zuhörer durch Vorlegen von Vogelbälgen aus den Doublettensammlungen tüchtig übte, auch mit ihnen Menagerien besuchte und Excursionen machte, u. s. f. Schreiber dieses kann wenigstens für die Zeit seiner Studien (20er Jahre) versichern, dass damals kein anderer Lehrer sich so viel Mühe gab, und auch der noch lebende [Johann Friedrich von] *Brandt*, der liebe commilito damaliger Zeit, wird dies gerne atttestiren.[279]

Karl August Varnhagen von Ense dagegen berichtete in seinen Tagebüchern über den alten Lichtenstein:

> Sonntag, den 9. Januar 1842. [...] **'s waren in dem ersten der wissenschaftlichen Vorträge gewesen; die ganze Stadt war dort, der Saal der Singakademie ganz gefüllt; Raumer trug eine Einleitung vor, dann sprach Lichtenstein über das Vorgebirge der guten Hoffnung, und über Thierverteilung in Afrika, Amerika und Südeuropa; der letztere mißfiel allgemein, schlechter Vortrag, unverständliche Sachen, geistlos, dürftig in jeder Hinsicht.[280]

Lichtensteins Vorlesungen wurden von zahlreichen Hörern und Interessierten besucht. Damit bildete er nicht nur eine Generation von Wissenschaftlern heran, sondern wirkte weit in die Gesellschaft. Im erhalten gebliebenen Hörerverzeichnis finden sich viele Namen, die später bekannt oder berühmt werden sollten. Zu ihnen gehören die Afrikaforscher Heinrich Barth[281] und Gustav Nachtigal, der Philologe August Boeckh, der Mediziner Otto Braus, die Ornithologen Eduard Baldamus (er schrieb später Nachrufe auf Lichtenstein und Naumann), Constantin Gloger (der 1824/25 bei Lichtenstein hörte) und Jean Cabanis (hörte 1837 bei ihm und versuchte sich von Lichtenstein empfohlen vergeblich 1839 in den USA zu etablieren[282]), der Forschungsreisende Werner Hoffmeister (der Neffe Lichtensteins hörte 1839/40 bei ihm und kam 1845 in Indien ums Leben[283]), der Pharmakologe Carl Mitscherlich, der Schweizer Botaniker Carl Nägeli, der Paläontologe Friedrich August Quenstedt, der Physiologe Robert Remak,[284] der Mineraloge Gustav Rose (hörte 1818/19) und der Embryologe Christian Heinrich Pander (hörte 1813/14). Weitere Namen sind als Hörer überliefert, etwa Arthur Schopenhauer (er hörte 1811/12 Zoologie bei Lichtenstein), der Forstentomologe Julius Theodor Christian Ratzeburg, weitere Entomologen wie der frühverstorbene

278 Ratzeburg 1872, 310.

279 Ratzeburg 1872, 310.

280 Varnhagen 1861–1870 Bd. 2, 7–8.

281 Barth hörte 1827 bei ihm. Mit Barth, ebenfalls aus Hamburg und ehemaliger Schüler am Johanneum, stand Lichtenstein auch in Briefwechsel (vgl. Schubert 1897, 49).

282 Vgl. Haffer 1997, 677. Cabanis sprach später explizit von einem „wir, [den] Schülern Lichtensteins“, dokumentierte damit also eine Art Gemeinschaftsbewusstsein (vgl. Stresemann 1996, 267).

283 Vgl. die Briefe Humboldts an Lichtenstein von vermutlich 1844 (Brief Nr. 79), vom 23.8.1844 (Brief Nr. 84) und vom März 1846 (Brief Nr. 86).

284 Humboldt unterstützte die Habilitation des jüdischen Forschers, der einen Glaubensübertritt aus Karrieregründen verweigerte, u. a. durch eine Eingabe bei Friedrich Wilhelm IV. (vgl. Humboldt/Remak 1916).

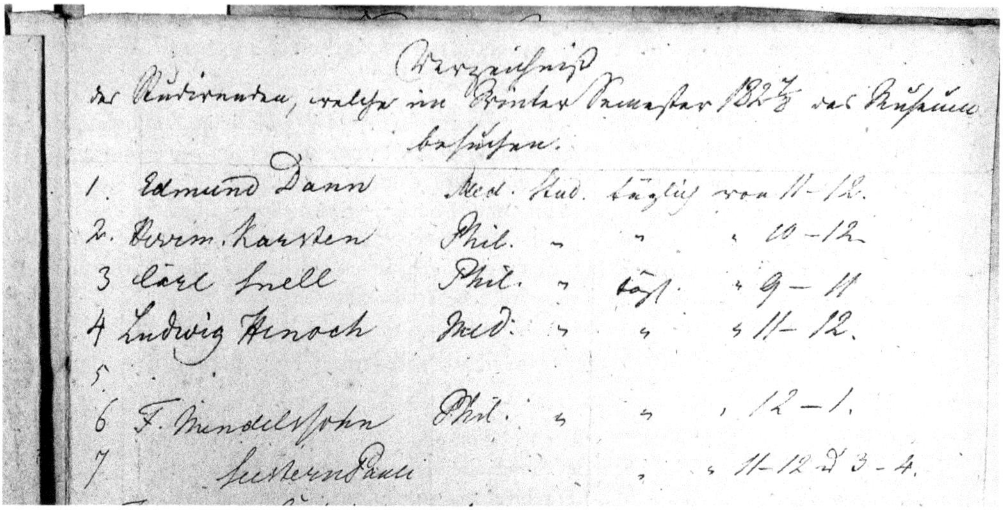
Verzeichniß
der Studirenden, welche im Winter Semester 1827/8 das Museum besuchen.
1. Edmund Dann Med. Stud. täglich von 11–12.
2. Herm. Karsten Phil. " " " 10–12
3 Carl Snell Phil. " tägl. " 9–11
4 Ludwig Henoch Med. " " " 11–12.
5.
6 F. Mendelssohn Phil. " " , 12–1.
7 " " 11–12 u. 3–4.

Abb. 19: „Verzeichniß der Studirenden, welche im Winter-Semester 1827/8 das Museum besuchen" mit den Vermerken Carl Snell und Felix Mendelssohn (Museum für Naturkunde, historische Arbeitsstelle, Akte Lichtenstein).

Wilhelm Ferdinand Erichson (er war ab 1834 Kurator der Käfersammlung des Museums) und Johann Friedrich Ruthe,[285] Jürgen Bona Meyer, der Mathematiker Karl Snell (der sich auch mit Evolutionstheorie beschäftigte), der Botaniker Johann Friedrich von Brandt, der Japanforscher Philipp Franz von Siebold, der niederländische Zoologe Antoni Brants, Jules Lichtenstein (ein Neffe aus Montpellier, der später als Entomologe ein Bekämpfer der Reblaus in Frankreich wurde), der Physiologe Emil du Bois-Reymond,[286] der Zoologe Eduard von Martens (er war ab 1856 Assistent am Museum und schrieb mit Lichtenstein einen *Nomenclator reptilium et amphibiorum Musei Zoologici Berolinensis*) und der Evolutionsbiologe Ernst Haeckel.[287] Haeckel beschrieb den „uralten" Lichtenstein, „einen ehrbaren Typus alten Schlages", als unerträglich „langweilig".[288] Auch Lichtensteins Nachfolger Wilhelm Peters[289]

[285] Ruthe, ein Spezialist für Dipteren und Hymenopteren, erst westfälischer Deserteur und später Lehrer in Frankfurt/Oder und Berlin, wo Theodor Fontane sein Schüler war, hat sein abenteuerliches und entbehrungsreiches Leben – er studierte unter ärmlich-harten Bedingungen – in seiner Autobiographie *Leben, Leiden und Widerwärtigkeiten eines Niedersachsen* (1840) beschrieben.

[286] Eduard Hallmann riet du Bois-Reymond am Beginn von dessen Medizinstudium: „Bereite Dich auf irgendeine Tierfamilie vor, denn Lichtenstein fragt, womit Du Dich vorzüglich beschäftigt hast ... Auf das Philosophicum kommt es übrigens sehr wenig an. Durchfallen ist unmöglich." (zit. n. Winau 1997, 150).

[287] Landsberg 2010, 118.

[288] Stresemann 1960, 89, mit Berufung auf Wilhelm Bölsche.

[289] Peters, der 1838 in Berlin promoviert hatte, war ebenfalls Afrikaforscher: zwischen 1842 und 1847 bereiste er, gefördert von Humboldt, Mosambik und das südliche und südöstliche Afrika. Bereits ab 1840 Gehilfe am Zoologischen Museum und ab 1856 Lichtensteins Assistent, wurde er nach dessen Tod Nachfolger sowohl am Museum als auch 1857–1869 am Zoologischen Garten, ab 1858 schließlich auch Professor für Zoologie an der Universität Berlin.

und Karl August Möbius[290] hörten bei ihm.[291] Im „Verzeichnis der Studirenden, welche im Winter-Semester 1827/8 das Museum besuchen“ findet sich auch der Name Felix Mendelssohn Bartholdy (vgl. Abb. 19).

5. Mein Lehrer, Freund und Alles: Lichtenstein und Chamisso

Als eine der wenigen historischen Personen wird Lichtenstein in der Märchenerzählung *Peter Schlemihls wundersame Geschichte* (1814) von Adelbert von Chamisso namentlich erwähnt. Allerdings strich Chamisso ausgerechnet jene Passage – die einzige längere Streichung im Manuskript –, in der von Lichtenstein die Rede war, und so fiel der Name in der Druckfassung fort. Im Manuskript wandert Schlemihl in Siebenmeilenstiefeln durch die Welt; im südlichen Afrika findet er den Namen Lichtenstein in den Fels geschrieben – eine auf Dauerhaftigkeit angelegte Hommage, wie sie sich ähnlich auch für Humboldt in Goethes *Höhen der Alten und Neuen Welt* (1807) findet.[292] In der Chamisso eigentümlichen Rechtschreibung heißt es im Manuskript (s. Abb. 20):

> [...] ich drang bis zum C[K]ap vor. ich nahm in den sudlichen hohen Ebenen einen Ei aus einem Straussen Nest und brit es an einem verlassenen Buschmannsfeuer, ich setzte mich um diese[s] Mahlzeit[gericht] zu geniessen auf den Abhang eines Felsen, und freute mich als ich den Nahmen Lichtenstein darinnen eingegraben fand.[293]

Lichtenstein nimmt in der Biographie Chamissos einen wichtigen Platz ein.[294] „Lichtenstein liebt mich und findet mich brauchbar [...].“, schrieb Chamisso 1814 nicht ohne Stolz an Louis de la Foye, und gab seinen Hoffnungen Ausdruck, für die Wissenschaften etwa durch Forschungs- und Sammelreisen nützlich werden zu können.[295] An zahlreichen Kreuzungspunkten seines Lebens unterstützte ihn Lichtenstein oder stellte entscheidende Weichen: er öffnete Chamisso den Weg zu den Itzenplitz und zur Teilnahme an der russischen Weltumseglung und kümmerte sich anschließend um die sichere Rückkehr Chamissos aus St. Petersburg und um den Heimtransport der erworbenen Sammlungen.

Lichtenstein war der Zoologie-Lehrer Chamissos, der ab Oktober 1812 an der Berliner Universität Medizin studierte. Als Chamisso im Kriegsjahr 1813 nicht gegen Frankreich mitkämpfen konnte, empfahl ihn Lichtenstein der Familie Itzenplitz. Hier auf Schloß Kunersdorf fernab des Kampfgeschehens botanisierte und unterrichtete er Heinrich Itzenplitz, den Sohn des Hauses. 1815 vermittelte Lichtenstein Chamisso vergeblich an den Prinzen Maximilian

290 Möbius war seit 1888 Direktor des Museums für Naturkunde und Professor für Zoologie in Berlin.

291 Landsberg 2010, 118.

292 Im Druck (1813 u.ö.) ist der Namen Humboldt auf den Fels im Vordergrund zwischen den europäischen und amerikanischen Bergketten geschrieben.

293 Chamisso 2013, 174. Streichungen von Chamisso.

294 Zu Lichtenstein und Chamisso vgl. MacKinney 2017 und MacKinney/Glaubrecht 2017.

295 Brieffragment an Louis de La Foye, wahrscheinlich Mai oder Juni 1814. Hrsg. v. Anna Busch, Sabine Seifert. Bearb. v. Julia Theus. Unter Mitwirk. v. Sabine Seifert. In: Briefe und Texte aus dem intellektuellen Berlin um 1800. Hrsg. v. Anne Baillot. Berlin: Humboldt-Universität zu Berlin. Stand: 27. April 2015 (https://www.berliner-intellektuelle.eu/manuscript?Brief053ChamissoandeLaFoye+de#4).

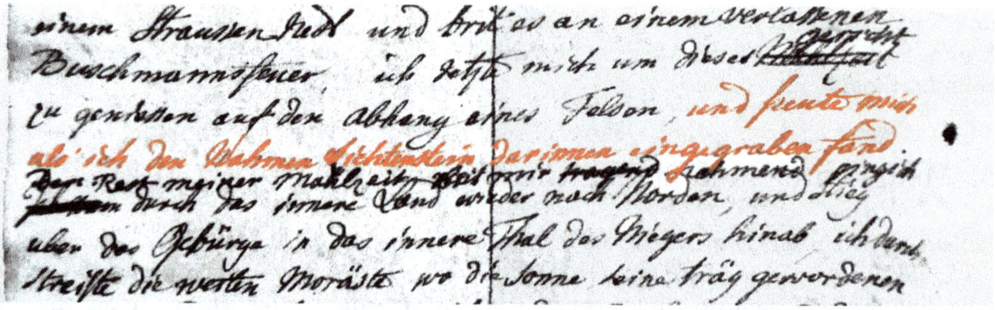

Abb. 20: „[...] und freute mich als ich den Nahmen Lichtenstein darinnen eingegraben fand." Manuskript von *Peter Schlemiel's Schicksale* von Adelbert von Chamisso mit der durchgestrichenen Nennung Lichtensteins (Ausschnitt, aus Chamisso 2013).

zu Wied-Neuwied, der eine Brasilienreise plante.[296] Als das an der Frage einer finanziellen Beteiligung gescheitert war, schrieb er eine Empfehlung an Otto von Kotzebue, den Sohn des Schriftstellers August von Kotzebue.[297] Dieser rüstete sich im russischen Auftrag zu einer Weltumseglung mit der „Rurik", an der Chamisso schließlich teilnehmen konnte. Wieder zurück, organisierte Lichtenstein den Rücktransport der Sammlungen. Anfang 1819 schrieb Chamisso an La Foye: „[...] Lichtenstein, mein Lehrer, Freund und Alles, mein Eduard in der Wissenschaft [...]."[298]

Aber auch mit anderen Schriftstellern stand Lichtenstein in Kontakt. Mit E.T.A. Hoffmann gab es einen kurzen brieflichen Austausch über eine botanische Frage. Der Kontakt scheint dabei über Weber vermittelt worden zu sein. Am 13. Januar 1818 schrieb Hoffmann an Lichtenstein:

> An Sie, Hochverehrter Freund! wende ich mich zutrauungsvoll mit einer recht dringenden Bitte. Chamisso hat mir als Vermächntnis die Idee einer Erzählung hinterlassen die ich auszuarbeiten eben im Begriffe stehe. – Ein Professor der Botanick stirbt und hinterläßt nicht allein eine sehr reiche Pflanzensammlung sondern er hat auch in einem kleinen besonders angelegten Treibhause ganz seltene fremde Pflanzen und Blumen gezogen. Unter diesen befindet sich ein Exemplar, von dem es ganz unerhört ist, daß es in diesem Himmelstrich selbst in einem Treibhause gedieh. Die Wittwe (eine ganz alte Frau) veräußert nichts davon, da sie selbst mit der Wartung der Pflanzen bekannt ist und daran Freude hat. Sie verwehrt selbst dem Ammanuensis des seeligen Herrn, einem blutjungen enthusiastischen Botaniker, dessen ganzes Herz an jener seltenen exotischen Pflanze im Treibhause hängt, den Zutritt, bis er sich entschließt die Alte zu heirathen u.s.w.
> Ich bin gar nicht Botaniker, muß allso irgend ein botanisches Werk tüchtig lesen und mich imprägniren. Könnte ich wohl durch Ihre Güte ein solches Werk auf einige Tage erhalten, könten Sie mir wohl eine fremde Pflanze nennen, die C[hamisso] etwa gemeint haben dürfte? Sie glauben nicht, wie viel Freundschaft Sie mir durch die gütige Erfüllung meiner Bitte erzeigen würden.
> Mit der innigsten Hochachtung
> Ihr ergebnster
> Hoffmann[299]

[296] MacKinney/Glaubrecht 2017, 331–333.
[297] MacKinney 2017 und Anhang, Dokument 2.
[298] Chamisso 1842, Bd. 6, 132. „Eduard" ist Chamissos Freund Eduard Hitzig.
[299] Hoffmann 1968, 154.

Abb. 21: Lichtenstein (Ausschnitt aus „Die Gründer der Gesellschaft für Erdkunde", in *Die Gartenlaube*, 1878).

Wohl auf Lichtensteins Vorschlag erhielt die Pflanze den Namen „Datura fastuosa" nach der Gattung *Datura* (Stechapfel) der Nachtschattengewächse, und das Artepitheton „fastuosa" (eine Nebenform von lat. „fastosa"), was „hochmütig, stolz", aber auch „spröde" bedeutet und gleichzeitig auf Gerichtstage anspielt. Die gleichnamige Erzählung Hoffmanns erschien 1822 aus dem Nachlass.

Auch mit Goethe stand Lichtenstein in – allerdings sehr losem – Kontakt. Zu persönlichen Begegnungen kam es in Jena am 23., 24. und 25. April 1808. Goethe vermerkte stichwortartig im Tagebuch: „*Lichtenstein der Reisende*. [...] Abends zu *Knebel. Professor Voigt. Meyer*. [...] Afrikanische Zustände. Politica."[300] Für den nächsten Tag, einem Sonntag, vermerkte er: „Um 10 Uhr *Lichtenstein*. Capisches."[301] Und am folgenden Montag: „Nach Tafel *Lichtenstein* mit den Capischen Karten."[302] Gesprächsthemen waren also Südafrika und das Kap der Guten Hoffnung. Der Kontakt blieb lose, aber doch recht kontinuierlich bestehen. 1818 bedankte sich Goethe für die Zusendung von Lichtenstein Museumsführer. Goethes Interesse an „Paula Gonzaga", einem Giorgione zugeschriebenen Gemälde, veranlaßte im April 1823 eine indirekte zoologische Anfrage an Lichtenstein; es ging dabei um die Frage, welche Katzenart auf dem Bild abgebildet war.[303] Auch zu der von Lichtenstein und

300 Eintrag zum 23.4.1808, Steiger 1988, Bd. 5, 188.
301 Eintrag zum 23.4.1808, Steiger 1988, Bd. 5, 188.
302 Eintrag zum 23.4.1808, Steiger 1988, Bd. 5, 188.
303 Brief Goethes an Christoph Ludwig Friedrich Schultz, 10.4.1823: „Die treffliche Dame [auf dem Porträt] ist mein Ergötzen und jedermannes; auch [Johann Heinrich] Meyer, nach genauer

Humboldt organisierten Versammlung der Naturforscher und Ärzte in Berlin 1828 sollte sich Goethe, wenn auch verhalten kritisch, äußern.[304]

6. Die Lichtensteins und die Musik

An mir ist es zu danken, mein vielgeliebter Bruder,
mit welcher Thätigkeit, Um- und Vorsicht
du stets für mein Bestes handelst.[305]

„Erbteil" der Familie Lichtenstein – so die Formulierung Bernewitzs – war die Musik.[306] Bereits der junge Lichtenstein soll Carl Philipp Emanuel Bach als Musiklehrer gehabt haben, der seinen Schüler auf dem Schoß sitzen ließ, damit dieser überhaupt das Klavier erreichen konnte.[307] Was und wieviel Lichtenstein von Bach gelernt hat, bleibt unklar; immerhin war er gerade acht Jahre alt, als sein Lehrer starb. Der erwachsene Lichtenstein jedenfalls führte einen musikalischen Haushalt und war am Musikleben Berlins aktiv – als Sänger und Instrumentalist – beteiligt. Bereits in den *Reisen im südlichen Africa* ist Musik ein häufig wiederkehrendes Thema: dort berichtete er vom Musikleben der Kolonisten, Sklaven und Khoisan ebenso wie von jenem der Xhosa.[308]

Der Komponist und Mitbegründer der Naturschutzbewegung Ernst Rudorff schildert in seiner Autobiographie die musikalische Atmosphäre im Hause Lichtenstein.[309] Ersten Klavierunterricht hatte Rudorff als Kind von der begabten Marie Lichtenstein erhalten, deren Taufpate 1817 Carl Maria von Weber gewesen und die, wie später Rudorff auch,

Untersuchung, rühmt den Restaurator. Wie viel Dank sind wir Ihnen deshalb schuldig, daß Sie uns die Augen über diesen Schatz eröffnen und zugleich dessen Genießbarkeit thätig bewirken wollen. Über das gefleckte Fellchen, das über der Schulter hängt, haben wir weitere Untersuchung angestellt; wir finden noch drey Beyspiele in Portraiten aus dem Anfange des sechzehnten Jahrhunderts; fragen Sie doch Herrn Professor Lichtenstein, mit meiner schönsten Empfehlung, ob ihm so kleine Panther bekannt seyen, ohngefähr in der Größe einer mittlern Katze. Ich hege den Gedanken, daß es junge Thiere sind, deren Felle durch venetianischen oder genuesischen Handel in jener Zeit nach Ober-Italien gekommen; man muß sie aber rar gehalten und kostbar geachtet haben, daß die höhern Stände sich damit schmücken mögen." Zum Bild vgl. Goethe MA Bd. 13.2, 158–159.

304 Vgl. Steiner 1895.

305 Weber an Lichtenstein, 12.4.1824, zit. n. Weber/Lichtenstein 1900, 136.

306 Musik bezeichnete Hans Bernewitz, der Neffe Lichtensteins, als „Erbteil" der ganzen Familie (Lichtenstein 1978, 63–64). Bislang gibt es keine Arbeit, die Lichtensteins Rolle im Musikleben Berlins untersucht.

307 „Schon in frühester Jugend erhielt er den Unterricht des berühmten C. P. E. Bach in der Musik, der den Knaben beim Clavier-Unterricht auf den Schooss nahm, weil dieser zu klein war, bequem die Tasten zu erreichen. Ueber diesen ersten Unterricht pflegte Lichtenstein in späteren Jahren gerne zu sprechen; auch war er wohl der letzte Schüler dieses berühmten Meisters, da dieser schon 1788 starb; sein späterer Lehrer war Schwenke." (Ledebur 1861, 324). Gemeint ist Christian Friedrich Gottlieb Schwen(c)ke, Hamburger Komponist und von 1789 bis 1822 Kantor am Johanneum.

308 Vgl. Lichtenstein 1811–1812, Bd. 1, 247–248, 270, 296, „Musicalische Sclaven" (Bd. 1, 44–45), Musik der Khoisan (Bd. 1, 150, Bd. 2, 380, 550), der Kolonisten (Bd. 2, 270, 296) und Xhosa (Bd. 1, 464).

309 Rudorffs Autobiographie erschien stark gekürzt unter dem Titel *Aus den Tagen der Romantik. Bildnis einer deutschen Familie* 1938 und vollständig in drei Bänden 2006.

mit Clara Schumann befreundet war. Rudorff, mit seinen Interessen an Musik und Natur Lichtenstein ähnlich, wuchs selbst in einem bürgerlichen, musikaffinen Elternhaus auf:

> Auch mein Großonkel Henrik Steffens gehörte zu meinen Paten, ebenso der Philologe Karl Lachmann und der Prediger Philipp Buttmann. Keines aber von allen angebahnten Patenverhältnissen wurde von größerer Bedeutung für mein ganzes Jugendleben bis in das reife Mannesalter hinein als das zu der Freundin meiner Eltern, Marie Lichtenstein.[310]

Marie Lichtenstein nahm die musikalische Erziehung des jungen Rudorff in die Hand. Dabei kam der Klavierschüler auch in die Wohnung der Familie Lichtenstein:

> Erst nach vielem Drängen gelang es meiner Patin, meine Eltern, als ich etwa fünf Jahre alt geworden war, zu überzeugen, daß es an der Zeit sei, meiner wild aufschießenden Klavierklimperei ein Ende zu machen und ein Talent, das sich durch Gehör, rasches Auffassen und leidenschaftliches Vergnügen an aller Musik deutlich kundgab, nicht länger ohne irgendwelche Zucht vegetieren zu lassen. Sie erbot sich, den Klavierunterricht selbst zu übernehmen, und so wanderte ich denn von nun an unter dem Schutze der alten Rose, eines braven schlesischen Dienstmädchens, das lange Jahre hindurch im Hause meiner Eltern die Stellung einer Oberhofmeisterin einnahm, zweimal in der Woche in die Klavierstunde von der Leipziger Straße zur Universität. Hier im obersten Stockwerk des Universitätsgebäudes bewohnte Lichtenstein damals als Direktor des ebendaselbst untergebrachten zoologischen Museums die Zimmerreihe, die dem Opernhause gerade gegenüber liegt und eine Aussicht bietet, wie sie in Berlin fast ohnegleichen ist. In dem östlichen Eckzimmer, das für die Tochter eingerichtet war, fand der Unterricht statt.[311]

Der Musikunterricht dauerte nur zwei Jahre und endete mit der Heirat Marie Lichtensteins mit dem Pastor August Hoffmeister und ihrem Wegzug aus Berlin. Diese kurze Zeit – ein Verlust auch für die Eltern Rudorffs, die den intensiven musikalischen Austausch mit der Familie Lichtenstein schätzten – reichte aber aus, um bei Rudorff eine musikalische Karriere anzustoßen.[312]

Das Musikleben im Hause Lichtenstein beschränkte sich nicht auf Musikerfreundschaften und klavierbegabte Töchter. Lichtenstein war begabter Sänger; seine Baßstimme war so bekannt, daß Humboldt schmeicheln konnte: „Ich freue mich Ihrer wieder auftönenden Stimme, die wir alle so gern hören."[313] Lichtensteins Frau Victoire sang Alt.[314] Lichtenstein war seit 1813 Mitglied der Zelterschen Liedertafel, des ersten deutschen Männerchors. In den Protokollen taucht er dabei 1815–1817 als „Meister" oder „Tafelmeister" auf. Gelegentlich, so etwa um 1814, spielte er Flöte bei Orchesteraufführungen.[315] 1815 wurde er zu einem „Vorsteher" der Singakademie gewählt, der er seit 1810 angehörte und deren Geschichte er schließlich verfasste.[316]

Lichtenstein war in Berlin ein Ansprechpartner für Musikinteressierte, die durch ihn in das Musikleben eingeführt wurden und Musiker-Bekanntschaften knüpfen konnten. Auch für den erst 18jährigen Frédéric Chopin war er, als dieser 1828 gemeinsam mit dem Zoologen

310 Rudorff 1938, 168–169.

311 Rudorff 1938, 169.

312 Vgl. Rudorff 1938, 171.

313 Brief Humboldts an Lichtenstein, 10.4.1829 (Brief Nr. 11). Vgl Ledebur 1861, 234.

314 Mauersberger 1994, 29 gibt Mezzosopran an, allerdings ohne Beleg.

315 Ledebur 1861, 234.

316 Lichtenstein 1843.

Feliks Paweł Jarocki, der an der Naturforscherversammlung teilnahm, Berlin besuchte, ein Vermittler: „Menschen (Leute), die Berlin gut kennen, sagten mir, wenn ich Lichtenstein kenne, dann kenne ich die bekanntesten Musiker Berlins, ausgenommen Spontini, es scheint, er ist nicht mit ihm zusammen."[317] Chopin lernte dabei auch Humboldt kennen: „Direkt am 1. Tag nach unserer Ankunft hat mich Jarochi mit zu Lichtenstein genommen – dort habe ich Humboldt gesehen."[318] Chopin hatte allerdings Pech: obwohl Lichtenstein versprochen hatte, ihn in die Berliner Gesellschaft einzuführen, war er durch die Tagung so in Anspruch genommen, dass für den jungen Komponisten keine Zeit blieb.[319]

Unter allen Freundschaften Lichtensteins ragt jene mit Carl Maria von Weber hervor. Weber war, so Ernst Rudorff„ sein „vertrautester Freund",[320] Weber bezeichnet ihn als „meinen vielgeliebten" oder „theuren Bruder", Lichtenstein umgekehrt als „geliebter Bruder".[321] Lichtenstein unterschrieb seine Briefe an Weber mit „DHL", ein Kürzel für „Dr. Hinrich Lichtenstein", das er später auch bei Praesentatum-Vermerken auf Humboldt-Briefen verwendete. Wiederholt war Weber Gast bei Lichtenstein in Berlin, manchmal gleich mehrere Monate. Am 23. Januar 1817 schrieb Weber aus Dresden:

> Vor allem lasse Dir und Deiner lieben Hausfrau, die ich *herzlich grüße*, den besten wärmsten Freundesdank für Eure liebevolle Aufnahme und Pflege darbringen, es gehören diese drei schönen in ruhiger Arbeit, umgeben von lieben theilnehmenden Wesen, verfloßenen Monate, zu denen wenigen Lichtpuncten meines Lebens, die für so manches herbe und bittre entschädigen und trösten müssen. Dank, innigen Dank dafür, und möge ich einst vergelten können.[322]

Für Weber legt Lichtenstein mitunter sogar die Naturwissenschaften beiseite: Briefe müssen manchmal, aber nur kurz unterbrochen werden, heißt es entschuldigend, wenn „ein paar neue Naturalien und andere *Intermezzi* hereinbrachen, die ich nicht abwehren konnte."[323] Andere Briefe werden eilig in Pausen geschrieben: „Ich schreibe Dir dies mitten in der Sitzung der Akademie der Wissenschaften, während über vielerlei andere Gegenstände debattirt wird, so daß ich halb bei ihnen, halb bei Dir bin."[324] Umgekehrt versucht auch der Komponist, zoologische Sammlungen an das Museum zu vermitteln: „Der Dichter und Theater Regisseur Treitschke in Wien hat eine sehr bedeutende Schmetterling Sammlung. Er wünscht mit Dir in Tausch, Kauf p. p. zu treten."[325] Im Gegensatz zum Briefwechsel mit Humboldt ist jener mit Weber herzlich und freundschaftlich, über die zentralen Themen Musik und Musikbetrieb

317 Chopin an Tytus Woyciechowski, 9.9.1828, zit. n. Lichtenstein 1978, 99 (vgl. Daszkiewicz 2013). Die angebliche Nichtbekanntschaft mit Gaspare Spontini, den Generalmusikdirektor und Dirigenten am Opernhaus, verweist auf dessen Gegnerschaft zu Weber. Im Briefwechsel mit Weber ist Spontini häufig kritisierter Widersacher.

318 Chopin an Tytus Woyciechowski, 16.9.1828, zit. n. Lichtenstein 1978, 99.

319 Vgl. Rebmann/Bartlitz 2012.

320 Vorwort zu: Weber/Lichtenstein 1900, vi.

321 Z. B. Weber/Lichtenstein 1900, 74, 76, 188 u. ö.

322 Weber/Lichtenstein 1900, 60.

323 Lichtenstein an Weber, 26.4.1824, in Weber/Lichtenstein 1900, 152.

324 Lichtenstein an Weber, 3.6.1824, in Weber/Lichtenstein 1900, 189.

325 Weber an Lichtenstein, 18.12.1822, in Weber/Lichtenstein 1900, 116–117. Gemeint ist Georg Friedrich Treitschke, der Librettist von Beethovens *Fidelio*, dessen bedeutende Schmetterlingssammlungen 1824 und 1843 nach Budapest kamen.

wird enthusiastisch gesprochen. Privates spielt eine große Rolle, über Familiäres wird sich ständig ausgetauscht.

Die Briefe Webers an Lichtenstein sind nicht vollständig erhalten; immerhin hat der überlieferte und veröffentlichte Teil etwa 250 Seiten Umfang, weit mehr als der Briefwechsel mit Humboldt oder Naumann. Dazu Lichtenstein selbst 1833: „Die Briefe, die er mir geschrieben hat, sind hier lange nicht vollständig vorhanden, manche sind zufällig verloren gegangen, einige nach seinem Tode an Verehrer verschenkt, die seine Handschrift zu besitzen wünschten, andere von Freunden, denen ich die Sammlung geliehen, behalten, noch andere absichtlich vernichtet."[326] Die Briefe Lichtensteins an Weber wurden nach Webers Tod verbrannt bzw. gingen verloren.[327] Der Briefwechsel berichtet von vielen Details aus Lichtensteins Leben, aber auch von der Zusammenarbeit des Zoologen und des Komponisten: so stammte der Adler, der in der Uraufführung des *Freischütz* am 18. Juni 1821 im Königlichen Schauspielhaus am Gendarmenmarkt vom Jäger Max mit einer Freikugel heruntergeschossen wurde, aber auch jener in Dresden aus der zoologischen Sammlung.[328]

Der Brief, den Caroline von Weber wenige Tage nach Webers Tod an Lichtenstein schrieb, wirft ein Schlaglicht auf das enge Verhältnis zwischen Komponisten und Zoologen:

> Acht schreckliche Tage habe ich nun schon verlebt seit der Trauerpost – ich lebe noch, ja ich gehe herum, aber wie im schweren Traume. Mein Gott! ich kann noch nicht zu der Überzeugung kommen, daß das schreckliche wirklich geschehen ist. Stunden lang versuche ich es mir, den Gedanken lebhaft zu denken, aber es liegt wie eine bleidecke über mir. – Und bei all dem soll ich Red' und Antwort geben, soll bei der genauen Untersuchung der Gerichte gegenwärtig sein, muß sehen wie fremde Menschen sein Schreibpult durch suchen, was ich stets gewohnt war, wie ein Heiligthum zu betrachten – Ach lieber Gott! alles das ist sehr hart! ja in diesen Seelen Leiden muß ich mit Menschen und in Dinge sprechen, die mich tief verwunden, da drängt alles in mich: der Kinder wegen das Alles zu thun. Ich weiß wohl es ist meine Pflicht und, nur für sie zu leben, aber – das Leben ist eine schwere Bürde für mich geworden. Gott wird mir tragen helfen, ja er schenkt meinem Körper wunderbare Kraft. – denn noch halte ich mich aufrecht. Ihr tröstlicher Brief hat dazu beigetragen, denn sich solch eines Freundes bewußt zu sein, ist ein Sonnenblick in dieser Trauer-Zeit. – Ich habe Ihnen schon geschrieben – aber ich weiß nicht mehr was; mein Kopf ist so angegriffen, daß ich alles vergesse, ich kann auch nicht mehr an Geschäftssachen denken – es schwimmt mir alles in einander. – die ersten Tage war es nicht so schlimm wie jetzt, da konnte ich noch thun und begreifen, was meine Freunde mir sagten, jetzt aber kann ich nur immer weinen und an ihn denken. Zürnen Sie mir daher nicht bester Freund, wenn ich Ihren Brief, Ihre so noblen Anerbietungen jetzt nicht klar beantworten kann,

326 Weber/Lichtenstein 1900, 13.

327 Vgl. Weber/Lichtenstein 1900, 13, Anmerkung.

328 Vgl. den Brief Webers an Lichtenstein, 31.1.1822: „Für den Adler danke ich bestens. Er hat schon zweimal schön gespielt. Schreibe mir nun aber ordentlich was er kostet." (Weber/Lichtenstein 1900, 108). Ähnlich in Webers *Einige Bemerkungen die Szenischen Anordnungen des Freyschützen betreffend*: „Der Adler im 1t Akt. wurde im Berliner Museum ausgestopft, und so bereitet daß man ihm die Flügel abnehmen und wieder ansezzen kann. er hängt an einer doppelten, zusammen gedrillten Schnur. nach dem Schuße läßt man das eine Theil derselben los, er dreht sich dann in der Luft und stürzt endlich wenn die Schnur zu Ende, herab." (Carl-Maria-von-Weber-Gesamtausgabe. Digitale Edition, http://weber-gesamtausgabe.de/A031689 (Version 4.6.1 vom 30. September 2022). Vgl. auch Mauersberger 1986 bzw. 1994, 24. Zuvor hatte Lichtenstein bereits die Rückkehr Webers nach Berlin unterstützt (so Karl von Holtei 1854; vgl. Holtei 1992, 368–369: „Vermittler [...] ist der gelehrte Reisende, der geist- und gemüthvolle Naturforscher Lichtenstein gewesen; Weber's vertrautester Freund.").

meine Gedanken sind verworren, ich weiß nicht, was geschehen kann. Winkler ist auch ein treuer Freund, er hat ihn auch geliebt, er wird Ihnen schreiben, er wird vereint mit Ihnen für Webers Kinder sorgen. Um des Vaters willen nimmt man Theil an den armen 2 Waisen. Sie zürnen mir gewiß nicht, daß ich so vor Ihnen meinen Schmerz ausweine. *Weber* sagte zu mir, *Lichtenstein* ist viel besser als ich – ach und er war ja so gut.[329]

7. Urteile über Lichtenstein

Die Urteile über Lichtenstein sind schwankend. War er für die einen ein rastloser Wissenschaftler, Sammler, Organisator, Forschungsreisender und Menschenfreund mit starken musikalischen Interessen und Talenten, so für die anderen jemand, der sträflich wertvolle Doubletten verkaufte, taxonomische Bestimmungen vernachlässigte und als Wissenschaftler wenig innovativ war. Die Kritik an der Sammlungspolitik und die oft heftigen Kontroversen resultieren wohl auch aus verschiedenen Auffassungen des biologischen Artkonzepts und ihren Konsequenzen für die wissenschaftliche Praxis: was sind Arten, Unterarten, Rassen, Varietäten usw., wie entstehen sie, wie konstant sind sie und wie benennt man sie am besten? Hier gab es zwischen den Differentisten (Aufspaltern, die, so der Vorwurf, die Nomenklatur verunklärten, indem sie für kleinste Abwandlungen willkürlich neue Namen schufen) und den Antidifferentisten (Vereinheitlichern, die den Vorwurf ertragen mussten, Variabilität als nebensächlich zu betrachten, den Formenreichtum zu negieren und so viele Arten einfach zu übersehen) nur wenig Raum für Kompromisse. Allgemein lässt sich sagen, daß hier verschiedene Wissenschaftsauffassungen aufeinandertrafen.

So steht neben hohem Lob großer Tadel: Paul Jakob Bruns, Theologe und Orientalist in Helmstedt, bezeichnete Lichtenstein als einen „der gelehrtesten Reisenden, die je in ferne Welttheile gekommen sind".[330] Für den Berliner Populärschriftsteller Wilhelm Bölsche war Lichtenstein noch hundert Jahre später „der feine und liebenswürdige Forscher", eine „ebenso fest eingewurzelte Berliner Persönlichkeit [...] wie der alternde Humboldt selbst".[331]

Erwin Stresemanns Urteil über Lichtenstein war dagegen – wie gezeigt – weitgehend negativ. Im Vergleich mit den bedeutenderen Ornithologen Naumann und Temminck musste jener den kürzeren ziehen. Zwar attestierte ihm Stresemann „freundliche Hilfsbereitschaft" und Sammelkompetenz, aber:

> An ornithologischem Wissen stand dieser hinter dem berühmten Holländer [sc. Temminck] weit zurück. Mochte er auch mit Tatkraft und kaufmännischem Geschick die weitaus grösste und vollständigste Vogelsammlung Deutschlands aufgebaut haben, so verstand er es doch nicht, sie wissenschaftlich auszunutzen, denn ihm fehlten dazu drei unabdingbare Eigenschaften: Der Hang zur Gründlichkeit, der Trieb zur Gestaltung seines Wissens und der durch Erfahrungen mit dem lebendigen Vogel geschärfte Blick für das Wesentliche.[332]

[329] Brief Caroline von Webers an Lichtenstein, Hosterwitz, 21.6.1826: https://weber-gesamtausgabe.de/de/A000213/Korrespondenz/A042837.html (Hervorhebungen von Caroline von Weber). Gemeint ist Karl Gottfried Theodor Winkler, Vormund der beiden Kinder Webers.

[330] „Vorbericht von dem Herrn Hofrath Bruns in Helmstädt", in: Lichtenstein 1806, 37.

[331] Bölsche 1917, 69.

[332] Stresemann im Vorwort zur Briefausgabe (Naumann/Lichtenstein 1954, 6). Eine ähnliche Einschätzung Lichtensteins gibt der Zoologe Heinrich Boie in Briefen an Naumann vom 10.10.1819:

Insgesamt urteilte Stresemann, Lichtenstein sei eine „Persönlichkeit von Format, die eine späte Würdigung verdient“, aber „keine helle Leuchte seines Faches“ gewesen.[333] Humboldt lobte im Briefwechsel, wie es seine Gewohnheit war, Lichtenstein häufig, seine wissenschaftliche Verdienste aber wollte er wohl nicht überschätzt wissen: In einem undatierten Brief an Justizminister Friedrich Carl von Savigny setzte er nach langen Querelen um die Verleihung des Pour le mérite Lichtenstein – gemeinsam immerhin mit Karl Sigismund Kunth, Christian Samuel Weiss u. a. – mit der Bemerkung „Lichtenstein weglassen!“ auf eine Liste der zu Streichenden und ersetzte ihn durch einen Schriftsteller, durch Victor Hugo. Das begründete er mit den Worten: „Für Lichtenstein dessen Arbeiten nicht den Arbeiten anderer gleich sind, steht auf der letzten Liste Hugo.“[334] In einem Brief an Alexander Mendelssohn schilderte Humboldt das Geschehen anders, nämlich dass er drei Wochen lang um Lichtenstein und andere Wissenschaftler auf der Liste gekämpft, der König aber schließlich entschieden habe.[335]

Lichtenstein hat sich selbst kritisch beurteilt und in die zweite Reihe gestellt. In seinem „Bescheidenheitsbrief“ – der Brief, eine Antwort auf Humboldts Streichung von der Ordensliste, gehört zu den längsten des Briefwechsels und ist einer der wenigen, in dem Persönliches zur Sprache kommt – schrieb er 1842 über sich:

> Ein günstiges Geschick hat mich von früher Jugend an geführt und gehoben über Verdienst. Ich war weder zu der Reise nach Africa genügsam vorbereitet, noch zu der Professur in Berlin, als ich zu derselben berufen ward, was ich beider nur günstigen Vorurtheilen freundlicher Menschen zu danken habe, die sich vielleicht von einzelnen persönlichen Eigenschaften bestechen ließen, ohne meine Fähigkeiten genau genug zu kennen. Man muß mehr als bescheiden sein, wenn man solchen Versuchungen entgegenstreben will. Ich habe diese und mehrere andre Güter, die mir das Glück darbot, dankbar angenommen und kann es nicht bereuen. Denn ich habe, was mir auf dem Wege gelehrter Forschung u. Erfindung vielleicht ebenso sehr aus Mangel an Stetigkeit, wie an hinreichend entwickeltem geistigen Vermögen, zu leisten versagt war, durch Eifer, Ordnung und Pünctlichkeit in der Verwaltung zu ersetzen gesucht, Eigenschaften, die verbunden mit dem sogenannten practischen Talent, was man an mir zu rühmen pflegt, wohl jederzeit zu der Kraft-Zersplitterung führte, die alle concentrierten, streng gründlichen Arbeitsamkeit hinderlich wird. Vielen Antheil hat auch meine vielleicht übertriebene Furcht vor dem Streit, die ich nicht Liebe zum Frieden nennen darf, da das Bewußtsein der Schwäche dabei mit in Anschlag zu bringen ist. Aber gleich einige der ersten, und ich darf wohl sagen, am wenigsten misslungenen Versuche zogen mir Widerwillen herbei und trieben mich von den Arbeiten für die Öffentlichkeit zurück. Wer der Gegenwart lebt und vom Augenblick sich leiten läßt, muß die Zukunft aufgeben und sich bescheiden, statt ein Jahrhundert lang, vielleicht nur noch ein Jahrzehend nach seinem Tode genannt zu werden. Darum sind die Arbeiten, mit welchen ich im Fach der beschreibenden Zoologie vielleicht noch einiges Glück gemacht hatte,

„Lichtensteins Urtheil möchte ich nicht unbedingt gelten lassen, da er in der europäischen Ornithologie nicht so ganz Meister vom Stuhl ist.“ und vom 24.6.1820: "Lichtenstein ist kein dux gregis!" (Thomsen/Stresemann 1953 , 20 und 23).

333 Stresemann 1960, 73. Ähnlich Eckert (2010, 115), der Lichtenstein als „talentierten Organisator“ bezeichnet.

334 Humboldt 2013a, 76 (Hervorhebung von Humboldt). Vgl. auch den Brief Humboldts an Lichtenstein von vor dem 10.6.1842 (Brief Nr. 68).

335 „Sie werden viel auf mich schimpfen hören als hätte ich die Liste allein gemacht. Sie ist gemacht vom König, Eichhorn, Savigny[,] Thile u[nd] mir. Der alte Link der eben erst den Rothen Adler 2t. Klasse bekommen, Kunth[,] Raumer, Ranke, Lichtenstein habe ich 3 Wochen lang auf der Liste beschüzt, der König hat sie durch andere verdrängt.“ (Brief Humboldts an Alexander Mendelssohn, 23.6.1842, in: Humboldt 2011, 122).

Abb. 22: Lichtensteins Zwergara (*Diopsittaca nobilis cumanensis*) mit der typischen blauen Stirnfärbung dieser Unterart (Museum für Naturkunde, Berlin).

> in den Papieren des Museums stecken geblieben, werden aber auch da noch ein nicht unrühmliches Zeugniß geben können, wenn es eines billigen Nachfolgers Wille ist. Ew. Excellenz sehn hieraus, daß es mir nicht an Selbstkenntniß fehlt [...].[336]

Eine besondere Form der Ehrung sind Taxa, die nach Personen benannt werden. Diese „Kunst der Benennung"[337] ist Lichtenstein schon wegen seines großen Netzwerks häufig zuteil geworden. Dazu einige wenige Beispiele: Die Pflanzengattung *Lichtensteinia*, ein südafrikanischer Doldenblütler, wurde von Chamisso und Diederich Franz Leonhard von Schlechtendal 1826 nach ihrem Förderer benannt.[338] Ratzeburg widmete seinem Lehrer anläßlich des Doktorjubiläums 1852 eine Schlupfwespenart – die interessanteste, wie Ratzeburg ausdrücklich anmerkte.[339] Die SO-afrikanische Lichtenstein-Antilope (*Alcelaphus lichtensteinii*, von Peters 1849 beschrieben), der Engelskalmar (*Ancistroteuthis lichtensteinii*), die afrikanische

[336] Brief Lichtensteins an Humboldt, Berlin, 10.6.1842 (Brief Nr. 69). Der Brief ist mehrfach unvollständig abgedruckt worden (Naumann/Lichtenstein 1954, 65–66; Stresemann 1960, 95–96; Mauersberger 1994, 31–32).

[337] Vgl. Ohl 2015.

[338] Vgl. Lichtenstein 1811–1812, Bd. 2, 272 (Fußnote), 361.

[339] „Zu seinem [50. Doktor-]Jubiläum habe ich mit Herausgabe meines 3. Bandes der ‚*Ichneumonen der Forstinsekten*' am 26. Apr. 1852 den interessantesten kleinen Schmarotzer *Dendrocerus Lichtensteinii* genannt." (Ratzeburg 1872, 312; sowie Ratzeburg 1844–1852, Bd. 3, wo Ratzeburg die Wespe am Titelblatt abgebildet hat). Vgl. Abb. 30.

Lichtensteins Nachtotter (*Causus lichtensteinii*) und die südafrikanische Pollenwespe (*Ceramius lichtensteinii*, vergeben von Friedrich Klug 1810), aber auch das Säulenglöckchen (*Epistylis lichtensteinii*), ein einzelliges seßhaftes Wimpertierchen sind weitere, heute noch gültige Namen. Bekanntestes Eponym ist wohl das Wellenflughuhn (*Pterocles lichtensteinii*), das Temminck 1825 beschrieben hat. Und 1854 kam sogar ein Gattungsname hinzu: die Specht-Gattung *Lichtensteinipicus* von den Philippinen und Celebes, vergeben von Charles Lucien Bonaparte.

Dazu kommen Lichtensteins eigene Benennungen: Eine Unterart des Zwergaras, *Diopsittaca nobilis cumanensis* aus den Tieflandregenwäldern in Amazonien, wurde 1823 von Lichtenstein beschrieben, der Vernakularname „Lichtensteins Zwergara" erinnert daran (Abb. 22). Der Schwerpunkt der Benennungen, eigener wie fremder, liegt auf Vögeln und geographisch in Afrika; andere stammen aus Südamerika. So spiegelt die Namensgebung nicht nur die Interessensschwerpunkte Lichtensteins, seine Kollegen und Schüler, sondern auch den Forschungsstand des frühen 19. Jahrhunderts wider.

8. Zum Briefwechsel: Umfang, Themen und Chronologie

Der Briefwechsel zwischen Humboldt und Lichtenstein ist nur fragmentarisch erhalten. Bislang sind 113 Briefe bekannt;[340] vermutlich werden noch weitere auftauchen. Der weitaus größere Anteil – 107 Briefe – stammt von Humboldt. Nur sechs Briefe bzw. Fragmente sind von Lichtenstein, was eine Beurteilung seines Anteils an der gemeinsamen Arbeit wie seiner Persönlichkeit überhaupt erschwert. Wie viele Briefe insgesamt und wie viele davon von Lichtenstein stammend verlorengegangen sind, lässt sich nicht abschätzen. Da der erste erhaltene Brief Lichtensteins erst aus dem Jahr 1833 überliefert ist, der Briefwechsel aber spätestens 1820 beginnt und ab 1828 intensiviert wird, ist die Größe des Verlorenen wohl als umfangreich anzunehmen. Einige Briefe Lichtensteins hat Humboldt, wie es seine Gewohnheit war, zerschnitten und die ihn interessierenden Passagen aufgehoben, geordnet und mit Anmerkungen versehen. Diese Bearbeitungen erlauben Rückschlüsse auf die Humboldt beschäftigenden Fragen.

Die meisten Briefe sind kurz; selten werden wissenschaftliche Themen ausführlich diskutiert. Privates spielt eine geringe Rolle: an einigen Stellen ist von einem „Sterbebrief" Humboldts die Rede, von dem wir allerdings nichts Genaueres wissen.[341] Und in einem längeren Brief wirft Lichtenstein – wie erwähnt – ein Schlaglicht auf seine Selbsteinschätzung.[342] Die meisten Briefe behandeln naturwissenschaftliche oder organisatorische Themen. Sie sind Kurzmitteilungen zweier befreundeter und zusammenarbeitender Wissenschaftler, die in derselben Stadt wohnen und ihre Arbeit organisieren; Humboldt bleibt dabei immer der fordernde und überlegene Part, Lichtenstein der Geber von Informationen, der sich unterordnet. Humboldt fragt nach Büchern und Informationen, gibt Auskünfte über das Geschehen im Umfeld des Hofes oder berichtet von Kollegen, Lichtenstein liefert das Gewünschte,

340 Genau genommen sind es 112 Briefe, denn der in die Edition aufgenommene Brief Humboldts von 1835 (Brief Nr. 35), als dessen Adressat mitunter Lichtenstein genannt wird, ist wahrscheinlich an Lichtensteins Schwager Heinrich Gustav Hotho gerichtet.

341 Vgl. den Brief Humboldts an Lichtenstein, 12.8.1838 (Brief Nr. 45).

342 Lichtensteins „Bescheidenheitsbrief" an Humboldt, 10.6.1842 (Brief Nr. 69).

bleibt aber meist passiv. Der umgekehrte Fall, daß er Fragen stellt, die Humboldt beantwortet, kommt nicht vor. Die Themen sind weit gestreut: Zoologie, insbesondere Ornithologie, Südafrika, Meeresströmungen und das Wetter am Kap, Wissenschaftler, die gefördert werden sollen, die Naturforscherversammlung 1828 in Berlin, die Edition der Werke Wilhelm von Humboldts, Unterstützungen für Balduin Möllhausen, Johann Wilhelm Helfer und dessen Witwe, aber auch Nachrichten aus Hof und Wissenschaftsgemeinde. Der Briefwechsel erlaubt Einblicke in eine wissenschaftliche Praxis des schnellen Informationsaustausches und Sammelns und in die Wissenschaftspolitik in Berlin etwa zwischen Wiener Kongreß und Jahrhundertmitte.

Der Ton ist meist unpersönlich, trotz gelegentlicher Anspielungen auf Lichtensteins Freundeskreis und des häufigen Gebrauches der Anrede „Theurer Freund und College" oder ähnlicher Formulierungen. Politisches kommt kaum zur Sprache, Humboldts liberale Anschauungen, sein gemäßigter Monarchismus bzw. Republikanismus und seine Sympathie für die Prinzipien der Französischen Revolution (bei gleichzeitiger Ablehnung gewaltsamer Umstürze) und Lichtensteins staatstreuer, konservativer Monarchismus schlossen das wohl aus.[343] Deshalb war eine gekürzte Auswahl-Publikation – knapp ein Drittel des hier vorliegenden Briefwechsels – bald nach dem Skandal, den 1860 die Veröffentlichung des Humboldt-Varnhagen-Briefwechsels hervorgerufen hatte, unter dem Titel „Ungedruckte Correspondenz Alexander von Humboldt's" ohne größere Probleme möglich.[344] Scharfe politische Bemerkungen, wie sie zwischen Humboldt und Karl August Varnhagen von Ense – dieser ein liberaler Demokrat und expliziter Befürworter der Revolution von 1848 – fallen, waren hier nicht zu befürchten.[345] Der Herausgeber in *Westermann's Jahrbuch der Illustrirten Deutschen Monatsheft* blieb dennoch anonym und rechtfertigte die Publikation, wobei er zugleich versicherte, er werde keine scharfen oder abfälligen Urteile Humboldts veröffentlichen.[346]

Ein kleinerer Teil der Briefe Humboldts an Lichtenstein ist also bereits veröffentlicht worden. Die Publikation von insgesamt 34 Briefen in *Westermann's Jahrbuch* 1863/64, die dem Publikationsorgan gemäß keinen philologisch getreuen, sondern einen normierten Text bietet, hat allerdings große Schwächen:

- sie bringt keinen einzigen Brief Lichtensteins;
- sie verzichtet auf eine chronologische Abfolge der Briefe;
- sie ist unvollständig, ohne die Auswahl zu begründen;
- sie kürzt auch innerhalb einzelner Briefe, ohne das zu kennzeichnen;[347]

[343] Lichtenstein war u.a. Mitglied des „königl. Ober-Censurgerichts [...] wohl wegen einer gewissen politischen Reife", wie Ratzeburg (1872, 310) vermerkt. Bereits in den *Reisen im südlichen Africa* beschrieb er die revolutionären Unruhen in der Kapkolonie Ende 1795/96 ablehnend als „Freiheitsfanatismus" (Lichtenstein 1811–1812, Bd. 1, 7–9, Zitat: 8).

[344] Anonym 1863 und 1864.

[345] Nur an einer Stelle ist – bezeichnenderweise von Humboldt stammend – despektierlich von der „Eier legenden Königin", der kinderreichen Queen Victoria die Rede (Humboldt an Lichtenstein, 13.3.1852, Brief Nr. 98). Der Brief ist nicht in die Druckauswahl 1863/64 aufgenommen worden.

[346] Vgl. Dokumente, Dokument 10.

[347] Dabei fehlen mitunter ganze Absätze, z.B. im Brief Humboldts an Lichtenstein, wohl um 1830 (Brief Nr. 23).

– sie macht Personennamen, deren Veröffentlichung Anstoß erregen könnte, unkenntlich;[348]
– und sie bringt zahlreiche falsche und sinnstörende Transkriptionen.

Das läßt sich nur z. T. mit der schwierig zu lesenden, schräg über das Briefblatt verlaufenden und sich nicht um den Adressaten kümmernden Handschrift Humboldts entschuldigen. Dazu einige Beispiele: Bringt der Druck fälschlich „huntings" („Jagden"), so steht in der Handschrift Humboldts tatsächlich „hustings" („Wahlkämpfe");[349] „Leben" ist etwas anderes als „Lesen";[350] im Druck heißt es „sehr verbreitet", was in der Handschrift „sicher vertheilt" ist;[351] die rätselhafte „Zellenliteratur" im Druck wird zur „Quellenliteratur" im Brief.[352] Auch Personennamen werden falsch wiedergegeben: man rätselt, wer der „köstliche Freund Curze" sein könnte, tatsächlich ist in der Handschrift von „unserm treflichen Freund Encke" die Rede.[353] Ein unbekannter „Audibert" im Druck entpuppt sich in der Handschrift, wo Humboldt durchgehend „Audebont" schreibt, als der bekannte Ornithologe John James Audubon.[354] Ähnliches gilt für Orts- oder Organismennamen: wo im Druck „Peru" erraten wurde, steht in der Handschrift „Paris"[355] und die Grünalgen-Gattung „Palmaglöa" heißt tatsächlich „Palmogloea".[356] Sogar die erläuternden Anmerkungen führen gelegentlich in die Irre: Humboldts Rußlandreise wird fälschlich auf 1830 (statt 1829) datiert[357] und dem gewiß unschuldigen ehemaligen Hauslehrer der Humboldts, Gottlob Johann Christian Kunth, wird ehrenrührig die Vaterschaft an Karl Sigismund Kunth, tatsächlich sein Neffe, zugeschrieben.[358] Diese genannten Gründe machen eine Veröffentlichung aller Briefe nach vorhergehender Autopsie notwendig.

Bei vielen Briefen, die oft nicht mehr als Kurzmitteilungen sind, fehlen genauere Datumsangaben. Zahlreiche Briefe Humboldts enthalten, wenn überhaupt, nur die Angabe des Wochentages. Das ist, wenn die Briefe in eine chronologische Abfolge gebracht werden sollen, um Arbeitsprozesse oder Argumentationslinien rekonstruieren zu können, ein Problem. Meist sind die Präsentationsvermerke Lichtensteins, die dieser am rechten oberen Rand setzte und mit „DHL" („Dr. Hinrich Lichtenstein") zeichnete, auch wenn sie nicht in allen Fällen korrekt sind, eine wichtige Hilfe bei der Datierung. Zwar ist es möglich, aus den Kontexten, d. h. aus den behandelten Fragen, Druckwerken, Ereignissen, erwähnten Personen, ihnen

348 Das betrifft vor allem Personen des preußischen Hochadels. So ist „Prinzessin R..." als Radziwiłł aufzulösen (Brief Humboldts an Lichtenstein, vor September 1834 oder 40er Jahre (Brief Nr. 33) oder „R..." als Fürst Anton Heinrich Radziwiłł (Brief Humboldts an Lichtenstein, Sommer 1832?, Brief Nr. 28).

349 Brief Humboldts an Lichtenstein, 18.3.1820 (Brief Nr. 1).

350 Brief Humboldts an Lichtenstein, 24.2.1851 (Brief Nr. 93).

351 Brief Humboldts an Lichtenstein, wohl 1830 (Brief Nr. 23). Weitere Beispiele in den Editionsprinzipien.

352 Brief Humboldts an Lichtenstein, 24.2.1851 (Brief Nr. 93).

353 Brief Humboldts an Lichtenstein, 21.7.1828 (Brief Nr. 5). Gemeint ist der Astronom Johann Franz Encke.

354 Brief Humboldts an Lichtenstein, 7.1.1843/44 bzw. um/nach 1846, (Brief Nr. 75).

355 Brief Humboldts an Lichtenstein, 7.1.1843/44 bzw. um/nach 1846, (Brief Nr. 75).

356 Brief Humboldts an Lichtenstein, 24.2.1851 (Brief Nr. 93).

357 Vgl. Anonym 1863, 547, Fußnote, und den Brief Humboldts an Lichtenstein, vor dem 12.4.1829, (Brief Nr. 12).

358 Anonym 1863, 544 und Brief Humboldts an Lichtenstein, Paris, 18.3.1820 (Brief Nr. 1).

zugeordneten Titeln, dem Vergleich mit anderen Briefwechseln, der Handschrift oder den Poststempeln Schlüsse auf den Abfassungszeitraum zu ziehen. Bei unklaren, nicht auflösbaren oder fehlenden Angaben kommen Einordnungsversuche aber an ihre Grenzen. Die zeitliche Abfolge des Briefwechsels, wie sie hier präsentiert wird, ist daher nur als ein Vorschlag zu verstehen, dessen einzelne Positionen einen sehr unterschiedlichen Grad von Sicherheit haben. Bei einer unsicheren Datierung wird daher im Fußnotenapparat immer eine Begründung für die Einordnung gegeben. Viele vorgeschlagene Datierungen bleiben aber ungewiß oder lassen sich nur größeren Zeiträumen zuordnen.

Editionsprinzipien

I. Allgemeines

Die Briefe werden nach der Handschrift bzw. nach dem Druck, wenn nur dieser vorhanden ist, wiedergegeben. Bei Unterschieden zwischen Handschrift und Druck ist die Handschrift maßgebend. Abweichungen oder Auslassungen im Druck gegenüber der Handschrift werden im Fußnotenapparat wiedergegeben. Alle Schreibereigenheiten – auch bei Eigennamen, in der Zeichensetzung und in der Groß- und Kleinschreibung – werden beibehalten. Wenn notwendig erfolgt der Verweis auf die korrekte bzw. übliche Schreibweise des Eigennamens in einer Fußnote. Kommata wurden nur ergänzt, wenn das Verständnis dadurch erleichtert wird und sind dann in eckige Klammern gesetzt.

Alle Streichungen und Ergänzungen der Briefschreiber wurden kenntlich gemacht. Unleserliche Wörter wurden kursiv in eckigen Klammern mit [*1 unleserliches Wort*] gekennzeichnet. Abkürzungen wurden nur in Ausnahmefällen – dann immer in eckigen Klammern – aufgelöst (s. auch Abkürzungsverzeichnis).

Alle Ergänzungen und Eingriffe des Herausgebers sind in eckige Klammern gesetzt, Kommentare des Herausgebers sind immer kursiv. Mit eckigen Klammern werden auch Adressen auf Briefumschlägen und Poststempel, Archivkürzel oder Numerierungen durch den Herausgeber ergänzt. Längere fremdsprachige Passagen wurden in Fußnoten übersetzt.

II. Anmerkungsapparat

Die Edition hat zwei Anmerkungsapparate, einen philologischen und einen sachkundlichen. Im philologischen Anmerkungsapparat werden durch hochgestellte Kleinbuchstaben alle späteren Eingriffe der Schreiber, Abschreiber und der Drucke (z. B. Streichungen, Änderungen, Ergänzungen, Kommentare) am Ende der jeweiligen Seite kenntlich gemacht.

Dazu einige Beispiele. Heißt es

(*im Text:*) Paris[a] (*im Fußnotenapparat:*) [a]Peru *D*

so bedeutet das: In einem bereits veröffentlichten Text, hier durch *D* = *Druck* bezeichnet, steht „Peru“, in der *Handschrift* aber „Paris“. Der Brief ging also nicht nach Peru, wie der Druck behauptet, sondern, wie aus der Handschrift ersichtlich, nach Paris.[1] Die Beispiele, in denen im Druck sinnentstellende Lesungen durch Autopsie der Handschrift korrigiert werden können, sind zahlreich: etwa „Isthmus“ (im Druck), tatsächlich aber „Irthum“ (in

[1] Brief Humboldts an Lichtenstein, 7.1.1843/44 bzw. um/nach 1846 (Brief Nr. 75).

der Handschrift);[2] „Audibert“ (im Druck), aber „Audebont“ (in der Handschrift), womit der Ornithologe John James Audubon gemeint ist;[3] „Zellenliteratur“ (im Druck), aber „Quellenlitteratur“ (in der Handschrift);[4] „Muth“ (im Druck), aber „Talent“ (in der Handschrift);[5] „Jahren“ (im Druck), aber „Wochen“ (in der Handschrift)[6] usw. Der anonyme Druck ist also unzuverlässig.

Steht in der Fußnote

(1) werd (2) übergeben *Humboldt*

so bedeutet das: Humboldt schreibt zuerst „werd“, korrigiert aber im Schreibverlauf und ersetzt durch „übergeben“. In der Fußnote werden beide Schreibstufen vollständig und in ihrer zeitlichen Abfolge wiedergegeben.

Steht in der Fußnote

Karten *erg. Humboldt*

so bedeutet das: Humboldt ergänzt (= *erg.*) im Textverlauf nachträglich am von ihm selbst mit einem hochgestellten Buchstaben, Asterisk o.ä. markierten Ort das Wort „Karten“, das in der Anmerkung Humboldts vollständig wiederholt wird.

Steht in der Fußnote

es | für eine späte Zukunft *gestrichen* | bleiben *Humboldt*

so bedeutet das: Humboldt schreibt zuerst „es für eine späte Zukunft bleiben“ und streicht danach „für eine späte Zukunft“.

Steht im Text

[Berlin,] Mittwoch, [8.4.1829]

so bedeutet das: Der Brief wurde in Berlin am Mittwoch, dem 8. April 1829, geschrieben. Im Brief selbst ist nur der Mittwoch angegeben, die übrigen Angaben sind rekonstruiert. Die Begründung für die Datierung erfolgt in einer Fußnote. Alle Angaben im Briefkopf ohne eckige Klammern sind dem Brief oder Briefumschlag selbst entnommen.

Der sachkundliche Anmerkungsapparat dagegen verwendet durchgehende Nummern am Ende des jeweiligen Briefes.

[2] Brief Humboldts an Lichtenstein, um 1835? (Brief Nr. 38).
[3] Brief Humboldts an Lichtenstein, 7.1.1843/44 bzw. um/nach 1846 (Brief Nr. 75).
[4] Brief Humboldts an Lichtenstein, 24.2.1851 (Brief Nr. 93).
[5] Brief Humboldts an Lichtenstein, 10.4.1829 (Brief Nr. 11).
[6] Brief Humboldts an Lichtenstein, wohl 1830 (Brief Nr. 23).

Chronologisches Briefverzeichnis

1 **Humboldt an Lichtenstein**
Paris, 18.3.1820

2 **Humboldt an Lichtenstein**
[Berlin,] Mittwoch,
[kurz vor September 1828?]

3 **Humboldt an Lichtenstein**
[Berlin,] Dienstag, [1827/1828?]

4 **Humboldt an Lichtenstein**
[Berlin], Freitag, [vor 1830]

5 **Humboldt an Lichtenstein**
Teplitz, 21.7.1828

6 **Humboldt an Lichtenstein**
Teplitz, 24.7.1828

7 **Humboldt an Lichtenstein**
[Berlin, vor September 1828]

8 **Humboldt an Lichtenstein**
[Berlin,] Mittwoch, [wohl Februar 1829]

9 **Humboldt an Lichtenstein**
[Berlin,] Mittwoch, [Anfang (März?) 1829]

10 **Humboldt an Lichtenstein**
[Berlin,] Mittwoch, [8.4.1829]

11 **Humboldt an Lichtenstein**
[Berlin,] Freitag, [10.4.1829]

12 **Humboldt an Lichtenstein**
[Berlin,] Sonntag, [vor dem 12.4.1829]

13 **Humboldt an Lichtenstein**
[Berlin,] Dienstag, [nach April 1828?]

14 **Humboldt an Lichtenstein**
[Berlin,], Dienstag, [vor 1830, ev. 1828/29]

15 **Humboldt an Lichtenstein**
[Berlin,] Sonnabend, [vor 1830]

16 **Humboldt an Lichtenstein**
[Berlin,] Freitag, [vor 1830]

17 **Humboldt an Lichtenstein**
[Berlin,] Dienstag, [wohl vor 1830]

18 **Humboldt an Lichtenstein**
[Berlin, vor 1830]

19 **Humboldt an Lichtenstein**
[Berlin,] Mittwoch, [7.4.1830?]

20 **Humboldt an Lichtenstein**
[Berlin,] Donnerstag, [8.4.1830]

21 **Humboldt an Lichtenstein**
[Berlin,] Sonnabend, [Anfang 1830?]

22 **Humboldt an Lichtenstein**
[Berlin, vor September 1830]

23 **Humboldt an Lichtenstein**
[Berlin,] Donnerstag, [wohl 1830]

24 **Humboldt an Lichtenstein**
[Berlin,] Freitag, [nach 1830]

25 **Humboldt an Lichtenstein**
[Berlin,] Sonnabend, [nach 1830]

26 **Humboldt an Lichtenstein**
[Berlin,] Sonntag, [nach 1831]

27 **Humboldt an Lichtenstein**
[Berlin,] Sonntag, [1832]

28 **Humboldt an Lichtenstein**
[Berlin,] Montag, [Sommer 1832?]

29 **Humboldt an Lichtenstein**
[Berlin,] Sonntag, [möglicherweise 4.11.1832]

30 **Humboldt an Lichtenstein**
[Berlin,] Sonnabend [1833]

31 **Lichtenstein an Humboldt**
[Berlin, Juni 1833]

32 **Humboldt an Lichtenstein**
[Berlin,] Sonntag, [wohl 1833]

33 **Humboldt an Lichtenstein**
[Berlin,], Montag, [vor September 1834 oder 40er Jahre?]

34 **Humboldt an Lichtenstein**
[Berlin,] Montag, [10.11.1834]

35 **Humboldt an Heinrich Gustav Hotho [oder an Lichtenstein?]**
[Berlin,] Sonnabend, [wohl 1835]

36 **Humboldt an Lichtenstein**
[Berlin,] Sonnabend, [um 1835?]

37 **Humboldt an Lichtenstein**
[Berlin,] Donnerstag, [1830er Jahre]

38 **Lichtenstein an Humboldt**
O.O., [um 1835?]

39 **Humboldt an Lichtenstein**
[Berlin,] Sonnabend, [um 1835?]

40 **Humboldt an Lichtenstein**
[Sanssouci, Freitag], 7.(?)6.1835

41 **Humboldt an Lichtenstein**
Paris, 18.9.1835

42 **Humboldt an Lichtenstein**
[Berlin,] Donnerstag, [19.1.1837]

43 **Humboldt an Lichtenstein**
Berlin, 7.9.1837

44 **Humboldt an Lichtenstein**
[Berlin,] Mittwoch, [wohl (Anfang?) 1838]

45 **Humboldt an Lichtenstein**
Berlin, 12.8.1838

46 **Humboldt an Lichtenstein**
Berlin, 29.6.1839

47 **Humboldt an Lichtenstein**
[Berlin,] Freitag, [1839?]

48 **Humboldt an Lichtenstein**
[Berlin,] Mittwoch, [10.7.1839?]

49 **Humboldt an Lichtenstein**
[Berlin,] Mittwoch, [1839?]

50 **Humboldt an Lichtenstein**
[Berlin,] Sonntag, [vor dem 14.12.1839]

51 **Humboldt an Lichtenstein**
[Berlin,] Sonnabend, [1839?]

52 **Humboldt an Lichtenstein**
[Berlin, 8.10.1839]

53 **Humboldt an Lichtenstein**
[Berlin,] Sonnabend, [wohl (Frühjahr?) 1839]

54 **Humboldt an Lichtenstein**
[Berlin,] Sonnabend, [Oktober 1839]

55 **Humboldt an Lichtenstein**
[Berlin,] Sonnabend, [14.12.1839]

56 **Humboldt an Lichtenstein**
[Berlin,] Dienstag, [vor 1840, ev.1838?]

57 **Humboldt an Lichtenstein**
[Berlin,] Sonntag, [wohl vor 1840]

58 **Humboldt an Lichtenstein**
[Berlin,] Freitag, [1840?]

59 **Humboldt an Lichtenstein**
[Berlin,] Mittwoch, [vor Sommer 1840]

60 **Humboldt an Lichtenstein**
[Berlin, 1840?]

61 **Humboldt an Lichtenstein**
[Berlin, wohl Ende (vielleicht Oktober) 1840]

62 **Humboldt an Lichtenstein**
[Berlin, wohl um 1840]

63 **Humboldt an Lichtenstein**
[Berlin], 1.1.1841

64 **Humboldt an Lichtenstein**
[Berlin,] Mittwoch, [März 1841]

65 **Humboldt an Lichtenstein**
[Berlin,] Montag, [wohl 10.5.1841]

66 **Humboldt an Lichtenstein**
[Berlin,] Sonnabend, [wohl 1841]

67 **Humboldt an Lichtenstein**
[Berlin,] Sonnabend, [Sommer 1842]

68 **Humboldt an Lichtenstein**
[Sanssouci, vor dem 10.6.1842]

69 **Lichtenstein an Humboldt**
Berlin, 10.6.1842

70 **Humboldt an Lichtenstein**
[Berlin,] Dienstag, [14.6.1842]

71 **Humboldt an Lichtenstein**
[Berlin,] Montag, [wohl vor 1843]

72 **Humboldt an Lichtenstein**
Berlin, Dienstag, [März 1843?]

73 **Humboldt an Lichtenstein**
[Potsdam oder Berlin,] Freitag, [21. bzw. 28.7.1843?]

74 **Humboldt an Lichtenstein**
Berlin, Freitag, [10.11.1843]

75 **Humboldt an Lichtenstein**
[Berlin,] Sonnabend, [7.1.(1843/44 bzw. um/nach 1846?)]

76 **Humboldt an Lichtenstein**
[Berlin, 7.4.1844?]

77 **Humboldt an Lichtenstein**
[Berlin,] Montag, [8.4.1844]

78 **Humboldt an Lichtenstein**
O.O., [nach dem 9.4.1844?]

79 **Humboldt an Lichtenstein**
[Berlin, 1844?]

80 **Humboldt an Lichtenstein**
[Berlin,] Sonnabend, [1844?]

81 **Humboldt an Lichtenstein**
[Berlin, 1844]

82 **Humboldt an Lichtenstein**
Potsdam, Freitag, [5.7.1844]

83 **Humboldt an Lichtenstein**
Potsdam, Montag, [8.7.1844]

84 **Humboldt an Lichtenstein**
Berlin, 23.8.1844

85 **Humboldt an Lichtenstein**
[Berlin, um 1845?]

86 **Humboldt an Lichtenstein**
[Berlin,] Montag, [März 1846]

87 **Humboldt an Lichtenstein**
Potsdam, Freitag, [1848 oder später]

88 **Lichtenstein an Humboldt**
[Berlin, 1848 oder später]

89 **Humboldt an Lichtenstein**
Potsdam, 29.10.1849

90 **Humboldt an Lichtenstein**
[Berlin,] Donnerstag, [möglicherweise Dezember 1849]

91 **Humboldt an Lichtenstein**
[Berlin,] Dienstag, [möglicherweise Dezember 1849]

92 **Humboldt an Lichtenstein**
[Berlin?] Montag, [1851 oder bereits 1840?]

93 **Humboldt an Lichtenstein**
[Berlin,] Montag, [24.2.1851]

94 **Humboldt an Lichtenstein**
[Berlin,] Dienstag, [8.4.1851]

95 **Humboldt an Lichtenstein**
[Berlin], Sonnabend, [3.5.1851]

96 **Humboldt an Lichtenstein**
[Berlin,] Sonnabend, [24.5.1851]

97 **Humboldt an Lichtenstein**
Berlin, 13.8.1851

98 **Humboldt an Lichtenstein**
[Berlin,] Sonnabend, [13.3.1852]

99 **Humboldt an Lichtenstein**
[Berlin, März 1852]

100 **Humboldt an Lichtenstein**
Berlin, 9.10.1852

101 **Humboldt an Lichtenstein**
[Berlin,] Freitag, [wohl nach März 1853]

102 **Humboldt an Lichtenstein**
[Berlin,] Dienstag, [5.4.1853]

103 **Humboldt an Lichtenstein**
[Berlin,] Freitag, [April 1853?]

104 **Humboldt an Lichtenstein**
[Berlin,] Sonntag, [wohl Ende Mai 1853]

105 **Humboldt an Lichtenstein**
Potsdam, Freitag, [15.7.1853]

106 **Humboldt an Lichtenstein**
Potsdam, Sonntag, [25.7.1853]

107 **Lichtenstein an Humboldt**
[Berlin, 12.2.1854 oder kurz davor]

108 **Lichtenstein an Humboldt**
[Berlin,] 12.2.1854

109 **Humboldt an Lichtenstein**
[Berlin,] Dienstag, [28.3.1854]

110 **Humboldt an Lichtenstein**
Berlin, 28.11.1854

111 **Humboldt an Lichtenstein**
[Berlin,] Freitag, [30.3.1855]

112 **Humboldt an Lichtenstein**
[Berlin,] Sonnabend, [31.3.1855]

113 **Humboldt an Lichtenstein**
[Berlin?, nach dem 16.10.1855]

Anhang

1 **Brief Lichtensteins an Adelbert von Chamisso**
[Berlin,] 4.3.1815

2 **Empfehlungsschreiben Lichtensteins an August von Kotzebue [in der Handschrift Adelbert von Chamissos]**
Berlin, 22.5.1815

3 **Brief Lichtensteins an Adelbert von Chamisso**
Berlin, 3.7.1818

4 **Brief Lichtensteins an Adelbert von Chamisso**
[Berlin,] 2.10.1822

5 **Brief Lichtensteins an Adelbert von Chamisso**
Berlin, 22.10.1822

6 **Brief Lichtensteins an Adelbert von Chamisso**
[Berlin,] 11.7.1834

7 **Brief Lichtensteins an Adelbert von Chamisso**
[Berlin,] 17.7.1834

8 **Brief Lichtensteins an Adelbert von Chamisso**
[Berlin,] 14.9.1834

Dokumente

Dokument 1
Brief Wilhelm von Humboldts an Lichtenstein
Berlin, 21.12.1823

Dokument 2
Brief Wilhelm von Humboldts an Lichtenstein (Abschrift)
Berlin, 8.2.1824

Dokument 3
Alexander von Humboldt an Herzog Carl zu Mecklenburg
Berlin, 23.5.1828

Dokument 4
Rede Alexander von Humboldts zur Eröffnung der Naturforscher-Tagung in Berlin 1828

Dokument 5
Brief Ignaz von Olfers' an Alexander von Humboldt
[Zürich, vor dem 10.11.1834]

Dokument 6
Brief Ignaz von Olfers' an Alexander von Humboldt
[Berlin], Sonnabend, 14.12.1839

Dokument 7
Alexander von Humboldt: Rede bei der Aufstellung der Büste des Geheimen Medizinalrates Professor Dr. Lichtenstein in dem Zoologischen Museum, am 26. April 1852 (Manuskript)
[Berlin, 26.4.1852]

Dokument 8
Rede bei der Aufstellung der Büste des Geh. Medicinalrathes Professor Dr. Lichtenstein in dem Zoologischen Museum am 26. April 1852 gehalten von Alexander von Humboldt (Druck).

Dokument 9
Martin Heinrich Lichtenstein: [Geldsammlung für Balduin Möllhausens zweite Amerikareise]
Berlin, 2.4.1853

Dokument 10
Anonyme Einleitung zu den gedruckten Briefen Humboldts an Lichtenstein 1863

Dokument 11
Nachricht August Karl Rammelsbergs über Lichtensteins Tod auf See 1857
Berlin, 7.9.1857

Briefwechsel zwischen Alexander von Humboldt und Martin Hinrich Lichtenstein

1 Humboldt an Lichtenstein
Paris, 18.3.1820

H: 2 S. Niedersächsisches Staatsarchiv, Wolfenbüttel, Nr. 12. Hs Abt VI. 12 nr. 62.
D: Anonym 1863, 544.

[*Wohl von Lichtensteins Hand:*] No.1

„Und als die Zeit heranrückte" wagte er es aufs neue ihn zu quälen. So stand es längst im Buche Ihres Verhängnisses geschrieben, mein theurer, Verehrungswerther Freund! Es rükt die Zeit heran der Akademischen Wahlen und da wage ich es denn auch Sie an Ihr liebevolles Versprechen in der letzten Nacht zu erinnern. Schenken Sie uns Ihren viel geltenden Einfluß, es ist die Zeit der hustings[a][1] und meines Freundes u[nd] Mitarbeiters, des Professors Kunth[2][3] Wahl zum Mitglied |2| unserer Akademie liegt mir sehr am Herzen. Mehr brauche ich Ihnen nicht zu sagen. Ich weiß wie sehr Sie geneigt sind mir eine Freude zu machen. Wir haben geschrieben, Herr Kunth und ich, an Tralles[4], Erman[5], Rudolphi[6], Link[7], Buch[8] ... Ein gefallener Minister, wie mein Bruder[9], hat vielleicht auch einigen dramatischen Einfluß, also, wenn Sie, mein lieber, für uns wirken wollen, so sinkt meine Hofnung nicht. Grüßen Sie Ihren ehemaligen jungen Reisebegleiter[10][11] und schicken Sie mir gelegentlich eine kleine Notiz über die Geographie der Pflanzen am Cap. Sie wissen welchen hohen Werth wir hier auf Ihre Arbeiten sezen. Mit inniger[b] Anhänglichkeit

Ihr
gehorsamster
AlHumboldt

Paris
den 18 Merz
1820

1 In lateinischen Buchstaben. Hustings: engl. Wahlkämpfe.
2 In lateinischen Buchstaben.
3 *Fußnote im Druck*: *) Der Professor der Botanik Kunth war der Sohn des ehemaligen Hauslehreres von Wilhelm und Alexander von Humboldt, des Staatsraths Kunth; daher das Interesse für seine Wahl zum Mitglied der Akademie. [*Der Botaniker Karl Sigismund Kunth war der Neffe des Pädagogen Gottlob Johann Christian Kunth. Anm. d. Hg.*]

a huntings *D*
b ewiger *D*

4 Der Physiker Johann Georg Tralles, seit 1804 Mitglied der Königlich-Preußischen Akademie der Wissenschaften und seit 1810 Professor der Mathematik an der Universität Berlin.

5 Der Physiker Paul Erman, seit 1806 Mitglied der Königlich-Preußischen Akademie der Wissenschaften.

6 Der Botaniker und Zoologe Karl Asmund Rudolphi.

7 Der Botaniker Heinrich Friedrich Link, seit 1815 Direktor des Botanischen Gartens Berlin.

8 Der Geologe Leopold von Buch.

9 Wilhelm von Humboldt, bis 31. Dezember 1819 Minister für ständische Angelegenheiten in Preußen.

10 *Fußnote im Druck*: **) Wer mit dem jungen Reisebegleiter gemeint ist, ist nicht sicher zu ermitteln; vermuthlich ist es der Graf Heinrich Itzenplitz, mit welchem der Professor Lichtenstein auch Paris besuchte. [*Heinrich von Itzenplitz, studierte Naturwissenschaften und Jura und bereiste mit Lichtenstein Europa. Anm. d. Hg.*]

11 Chamisso schrieb dazu Anfang 1819 an Louis de la Foye: „Merke Dir, daß im Sommer Lichtenstein, mein Lehrer, Freund und Alles, mein Eduard in der Wissenschaft, nach Frankreich kömmt und mit ihm der junge Graf Heinrich Itzenplitz aus Cunersdorf. Ich habe sie auf Dich gehetzt, eine wissenschaftliche Reise um einen Theil Europa, ich wünsche Dir die Berührung mit ihnen." (Chamisso 1842, Bd. 6, 132).

2 Humboldt an Lichtenstein
[Berlin,] Mittwoch, [kurz vor September 1828?][1]

H: 1 S. Niedersächsisches Staatsarchiv, Wolfenbüttel, Nr. 7 Hs Abt VI. 12 nr. 79.

Unaufhörlich Sie plagend, mein Verehrtester, bitte ich Sie ganz gehorsamst, bloß mündlich Herrn Knorre[2] zu sagen, ob ich die Karten für die neuen Bänke (nicht alle, sondern etwa 14) schon austheile. Diese Operation würde mir einige Erleichterung schaffen, da ich jeden morgen unaufhörlich mit Briefen geplagt werde.

Mit dankbarster Anhänglichkeit

Ihr
AHumboldt

Mittwochs früh

1 Dieser Brief bezieht sich auf die von Lichtenstein und Humboldt organisierte 7. Versammlung der Gesellschaft deutscher Naturforscher und Ärzte im September 1828 in Berlin.

2 Ernst Knorr, Physiker und zeitweiliger Gehilfe Humboldts, „Amansuensis bei dessen Vorlesungen" (Lobatschewski 1899, 438–439). Da Knorr 1822 aus Dresden nach Berlin kam und 1830 hier promovierte, Humboldt im Brief aber keinen Titel erwähnt, muss der Brief aus der Zeit vor 1830 stammen. – Knorr arbeitete von September 1827 bis Februar 1833 für Humboldt (pers. Mitt. Christian Thomas). – 1832 ging Knorr nach Kazan und befreundete sich mit dem Mathematiker Nikolaj I. Lobačevskij.

3 Humboldt an Lichtenstein
[Berlin,] Dienstag, [1827/1828?][1]

H: 1 S., 1 S. Anschrift Niedersächsisches Staatsarchiv, Wolfenbüttel. Hs Abt VI. 12 nr. 79. Nr. 23.

Ich esse heute bei Prinz Carl[2]. Soll ich den Prinzen einladen mein Theurer, um welche Uhr halb fünf Uhr? Haben Sie vielleicht Einladungs Karten[a] an den Hofmarschall[3] geschikt? Schikken Sie mir gütigst einige Karten aber lassen Sie, am Besten, ja die Stunde darauf schreiben.

Ihr

AHumboldt

Dienstags

[*Anschrift*:] Sr Wohlgeboren
Herrn Prof[essor] Lichtenstein

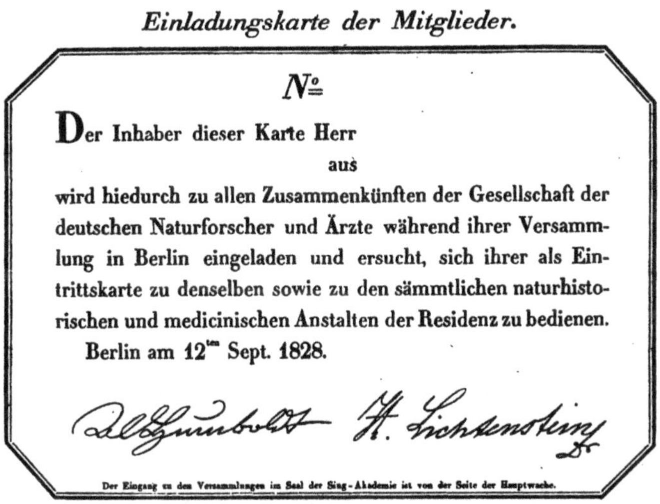

Einladungskarte der Mitglieder.

№

Der Inhaber dieser Karte Herr
aus
wird hiedurch zu allen Zusammenkünften der Gesellschaft der deutschen Naturforscher und Ärzte während ihrer Versammlung in Berlin eingeladen und ersucht, sich ihrer als Eintrittskarte zu denselben sowie zu den sämmtlichen naturhistorischen und medicinischen Anstalten der Residenz zu bedienen.
Berlin am 12ten Sept. 1828.

Der Eingang zu den Versammlungen im Saal der Sing-Akademie ist von der Seite der Hauptwache.

Abb. 23: „Einladungskarte der Mitglieder" für die 7. Versammlung der Naturforscher und Ärzte in Berlin, September 1828 (aus: Humboldt/Lichtenstein 1829).

1 Bezieht sich wahrscheinlich auf die Kosmos-Vorlesungen 1827/1828.
2 Prinz Carl von Preußen.
3 Unklar, wer gemeint ist. Zu einem Brief Humboldts an einen nicht namentlich genannten Hofmarschall – mit Bezug auf das Jahr 1828 – aber wohl aus späterer Zeit vgl. Andress 2012.

a Karten *erg. Humboldt*

4 Humboldt an Lichtenstein
[Berlin], Freitag, [vor 1830][1]

H: 2 S., 1 S. Anschrift. Niedersächsisches Staatsarchiv, Wolfenbüttel, Hs Abt VI. 12 nr. 79. Nr. 21.
D: Anonym 1863, 546.[2]

Ich bin tot von[a] Kälte, mein Theurer! Lassen Sie ja morgen recht einheizen: die Prinzen haben mir versprochen zu kommen. Darf ich Sie um einige billete noch bitten, wenn Sie können für meine Freunde. Sie haben doch geschickt an
die Minister
Gen[eral] Brause[3]
Clausewitz[4]
Tippelskirc[5]
den engl[ischen] } Gesandten
[den] franz[ösischen Gesandten,] }
die deutsch sprechen?
Major Radowitz[6]
General Müffling[7] darf ich doch einladen mit den |2| Mitgliedern zu siègiren[8]? Es ist einmal wie es scheint das Gegentheil vorgefallen und seine Feindschaft gegen uns ist ein politisches Uebel.

Ihr AlHumboldt

Freitags
–19°,4 Réaumur.[9]

[*Anschrift*:] Sr. Wohlgeboren
Herrn Prof[essor] Lichtenstein.

1 Vielleicht bezugnehmend auf die Kosmos-Vorlesungen 1827/1828. Die Winter 1828/29 (insbesondere der Februar) und 1829/30 (hier der Dezember und Februar) waren besonders kalt, was aber auch auf Anfang 1827 zutrifft. Deswegen ist als Abfassungszeit auch der Februar 1828 oder 1829 möglich, aber nicht belegbar.

2 *Der Druck hat die Anmerkung:* Aus den 30er Jahren. Ohne Datum. *Der Druck hat außerdem die Fußnote*: Der Brief bezieht sich auf die in der Akademie der Wissenschaften zu haltende Vorlesung.

3 Johann Georg Emil von Brause, seit 1825 Generalmajor. Nicht auszuschließen ist aber auch dessen Vetter Generalmajor Friedrich August Wilhelm von Brause.

4 Carl von Clausewitz, 1831 gestorben.

5 Ernst Ludwig von Tippelskirch?

6 Joseph Maria von Radowitz, seit 1827 Major.

7 Der preußische General Friedrich Ferdinand Karl Freiherr von Müffling (vgl. Müffling 2003). Varnhagen von Ense spricht ihm im Tagebuch 1842 „servile Hoffahrt" und allgemeine Unbeliebtheit zu (Varnhagen von Ense 1861–1870, Bd. 2, 28), Lichtenstein kannte Müffling seit spätestens 1808 aus Weimar (Baldamus 1858, 88), Müffling war auch Teilnehmer der 7. Versammlung deutscher Naturforscher und Ärzte 1828 in Berlin.

---

a vor *D*

[8] Von frz. siège: Sitz.

[9] D. h. –24, 25° C. „Sibirische Kälte" erwähnt Humboldt auch in einem Brief an Joseph Mendelssohn vom 22.1.1829 (Humboldt 2011, 66).

5 Humboldt an Lichtenstein Teplitz, 21.7.1828

H: 2 S. Niedersächsisches Staatsarchiv, Wolfenbüttel, Hs Abt VI. 12 nr. 79. Nr. 61.
D: Anonym 1863, 545

Ich komme nach 2 schlaflosen Nächten von Prag u[nd] Obrzistwy (der Herrschaft der Generalin v. Koller[1]) zurück, ich war dort[a] mit G[eneral] von Witzleben[2] wegen der Levezowschen[3] Unterhandlungen.[b] Ich habe bloß Zeit Ihnen, mein Verehrtester Freund, für Ihren theuren Brief vom 7 ten Jul[ius][4] zu danken. Ich habe alles wie mir aus dem Herzen geschrieben gefunden; u[nd] alle Briefe sind von mir unterzeichnet (zum Theil mit freundlichen Additionen) von hier abgegangen, bis auf die wenigen, die sicherer und kürzer über Berlin gehen.[5] Schreiben Sie gütigst an Rauch[6] und G[eheimen] R[ath] Schinkel[7] daß der ganze Ankauf der prächtigen Sammlungen von Gen[eral] Koller (mit Ausnahme einiger, weniger wichtigen Münzen und Ringe mit Glaspasten[8]) heute so[c] gut als entschieden ist. Herzliche |2| Grüße unserm treflichen Freund Encke[d] [9]. Ich habe mich hier viel mit barom[etrischen] Messungen, Breitenbestimmungen, magnet[ischer] Inclination u[nd] geognosticis beschäftigt; meine Gesundheit ist fortwährend vortreflich. Der König von England hat sich meinen Bruder von Lawrence[10] für Windsor mahlen lassen. Mit herzlicher Freundschaft

Ihr

AHumboldt

Teplitz
den 21 Jul[ius]
1828

[1] Humboldt verhandelte in Obrzistwy mit der Witwe Johanna Freifrau von Koller wegen des Ankaufs der Antikensammlung des 1826 verstorbenen Generals Franz Freiherr von Koller durch Preußen.

[2] *Fußnote im Druck*: *) General von Witzleben war Adjutant des Königs Friedrich Wilhelm IV. [*Job von Witzleben, seit 1818 Generaladjutant König Friedrich Wilhelms III. Eine Charakterisierung findet sich bei Varnhagen von Ense 1842 im Tagebuch* (Varnhagen 1861–1870, Bd. 2, 20). *Anm. d. Hg.*]

[3] Jacob Andreas Konrad von Levezow.

[4] Brief nicht erhalten.

[5] *Fußnote im Druck*: **) Die genannten Briefe bezogen sich auf die im Jahre 1828 in Berlin abgehaltene Versammlung der Naturforscher.

---

[a] (1) wo ich (2) ich war dort *Humboldt*

[b] Unterhandlungen. | [*1 unleserliches Wort*] *gestrichen* | Ich *Humboldt*

[c] heute | so *gestrichen* | so *Humboldt*

[d] köstlichen Freund Curze *D*

[6] Christian Daniel Rauch.
[7] Karl Friedrich Schinkel, seit 1815 Geheimer Oberrat.
[8] Auch Glasfluss; dient der Nachahmung von Edelsteinen bzw. der Herstellung von Email.
[9] Johann Franz Encke.
[10] Sir Thomas Lawrences Porträt Wilhelm von Humboldts wurde für König George IV. gemalt.

6 Humboldt an Lichtenstein
Teplitz, 24.7.1828

H: 1 S. Niedersächsisches Staatsarchiv, Wolfenbüttel. Hs. Abt VI. 12 nr. 79. Nr. 85.
D: Anonym 1863, 545.

Verzeihen Sie, mein Verehrtester, daß ich Ihnen noch die übrigen Briefe (außer dem Sächsischen, welchen Jordan[1] besorgt) ebenfalls zurüksende. Man fordert hier, auf der Post, 12 Thaler porto u[nd] giebt zu verstehen, sie müssten alle über Wien. Dann ist es kürzer, man sendet sie von Berlin aus;[2] Sternberg[3] ist hier. Ich war gestern in Altenberg u[nd] Zinnwald, wo ich angefahren.[4] Der König[5] reiset den 29sten. Die Koller'sche Sammlung[6] ist gekauft für 100,000 Reichsthaler.

Ihr

dankbarster
AlHumboldt

Teplitz
den 24 Jul[ius] 1828

[1] Johann Ludwig von Jordan, preußischer Diplomat.
[2] *Der Druck hat die Fußnote*: * Der Brief bezieht sich gleichfalls auf die Versammlung der Naturforscher zu Berlin. [*Gemeint ist die von Humboldt und Lichtenstein organisierte 7. Versammlung der Gesellschaft Deutscher Naturforscher und Ärzte 1828 in Berlin. Anm. d. Hg.*]
[3] *Der Druck hat die Fußnote*: ** Graf Casper Maria von Sternberg, als Botaniker bekannt. [*Der böhmische (Paläo-)botaniker und Mineraloge Kaspar Maria von Sternberg. Anm. d. Hg.*]
[4] Am 23. Juli 1828 fuhr Humboldt von Teplitz (tschech. Teplice) aus nach Altenberg im sächsischen Erzgebirge, bestieg für Höhenmessungen den Geisingberg und führte Temperaturmessungen in einem Schacht von Hinter-Zinnwald durch.
[5] Friedrich Wilhelm III. von Preußen.
[6] Die Antikensammlung des österreichischen Generals Franz von Koller, die der preußische Staat angekauft hatte; vgl. den Brief Humboldts an Lichtenstein vom 21.7.1828 (Brief Nr. 5) und Werner 2013, 240.

7 Humboldt an Lichtenstein
[Berlin, vor September 1828]

H: 1 S. Niedersächsisches Staatsarchiv, Wolfenbüttel. Hs Abt VI. 12 nr. 79. Nr. 31.
D: Anonym 1863, 545.[1]
D: Jahn 1972, 133.

Für Hamburg

Man ist hier[a] fortwährend mit Vorkehrungen[b] zum Empfang der Gesellschaft deutscher Naturforscher u[nd] Aerzte beschäftigt.[2] Die Versammlung wird sich der Anwesenheit[c] vieler berühmter Männer erfreuen, Berzelius[3], Retzius[d] [,][4] Oerstedt[5], Gauss[6], Hisinger[7], Jacquin[8] [,] Pohl[9], Babbage[10] u[nd] Sabine[11] (aus London) Graf Sternberg[12] [,] von Martius[13], Oken[14], Burdach[15] [,] Temminck[e] [16].

Das Fest welches Herr von Humboldt in dem Concertsale des königlichen Schauspielhauses geben wird, soll wie man versichert den 18 ten September (am Tage wo die Versammlung eröfnet wird) stadt finden.[17]
NB 18ten Sept[ember][f]

1 *Der Druck hat die Fußnote*: Eine von Humboldt's Hand geschriebene Ankündigung der Versammlung der Naturforscher.

2 Die 7. Versammlung der 1822 von Lorenz Oken gegründeten „Gesellschaft deutscher Naturforscher und Ärzte" fand von 12. bis 17.9. (Vorlauf) und 18.9.–24.9.1828 in Berlin statt (Humboldt/Lichtenstein 1829, 7, 13, Einladung zur Versammlung in: Humboldt 2019, Bd. 4, 926). Humboldt hielt am 18.9. die Eröffnungsrede (vgl. Humboldt 1828 bzw. Dokumente, Dokument 4; erneut abgedruckt in Humboldt/Lichtenstein 1829, 13–16 und Oken 1829, Sp. 253–257). Den amtlichen Bericht gaben Humboldt und Lichtenstein anschließend als verantwortliche Geschäftsführer gemeinsam heraus (Humboldt/Lichtenstein 1829). Wie Humboldt mit der Organisation belastet war, zeigt sein Brief an Friedrich von Müller vom 5.9.1828: „Ich bin grenzenlos geplagt mit den 400 Freunden, die nun schon schaarenweise einziehen. Ich werde ihnen im großen Concertsaal des Schauspielhauses ein Eröffnungsfest (18[ten] Sept[embe]r) geben; eine Cantate zu Ehren der Natur, welche die Grazien in der Mark vergebens suchen, (schöne Musik von Felix Mendelsohn) Illumination, ein transparent von Schinkel und Gropius, ein erleuchteter Sternhimmel an dem die großen Namen verflossener Zeiten, Kepler, Copernicus, Haller … leuchten u[nd] daneben die herrlichen Verse von Goethe ‚es soll sich regen überall …' mit dem glänzenden Namen Goethe." (Humboldt 2011, 62).

3 Jöns Jakob Berzelius.

4 Anders Adolf Retzius.

5 Hans Christian Ørsted.

6 Carl Friedrich Gauß.

a hier *erg. Humboldt*

b (1) Anst (2) Vorkehrungen *Humboldt*

c der Anwesenheit *erg. Humboldt*

d *Von fremder Hand erg.*: Retzius

e *Am Rand von fremder Hand erg.*: Graf Sternberg, von Martius, Oken, Burdach, Temminck

f *Von Humboldt an den Rand geschr. und eingerahmt*: 18ten Sept.

[7] Wilhelm von Hisinger.
[8] Joseph Franz von Jacquin.
[9] Johann Baptist Emanuel Pohl.
[10] Charles Babbage. Vgl. die Schilderungen des Zusammentreffens mit Humboldt 1828 in Babbage 1997, 136–138.
[11] Sir Edward Sabine.
[12] Graf Kaspar Maria von Sternberg. Er nahm schließlich einer Erkrankung wegen nicht an der 7. Versammlung in Berlin teil (vgl. Humboldt/Lichtenstein 1829, 17 und Goethe/Sternberg 1866, 202–204).
[13] Carl Friedrich Philipp von Martius.
[14] Lorenz Oken.
[15] Karl Friedrich Burdach.
[16] Coenraad Jacob Temminck.
[17] Geplant war u. a. die Aufführung der für den Anlass komponierten Kantate „Willkommen! rufen wir euch froh entgegen" von Felix Mendelssohn Bartholdy (Text von Ludwig Rellstab, abgedruckt in Humboldt/Lichtenstein 1829, 20–21). Das Fest fand unter der Anwesenheit König Friedrich Wilhelms III. von Preußen und des Kronprinzen, des späteren Friedrich Wilhelm IV., statt: „Se Majestät verherrlichten das Fest durch Ihre Gegenwart, und Ihre Königl. Hoheiten der *Kronprinz* und der Prinz *Albrecht* geruhten in längerem Verweilen Sich auf das huldvollste mit den Gelehrten zu unterhalten, die Sie bereits aus ihren Schriften kennen gelernt hatten." (Humboldt/Lichtenstein 1829, 18).

8 Humboldt an Lichtenstein
[Berlin,] Mittwoch, [wohl Februar 1829][1]

H: 4 S. Niedersächsisches Staatsarchiv, Wolfenbüttel. Hs Abt VI. 12 nr. 79. Nr. 39.
D: Anonym 1863, 547.
TD: Stresemann 1960, 88.

Ich danke Ihnen, mein Verehrtester Freund und Kollege, für die gütige Mittheilung des Okenschen MSS [Manuskripts] das ich gewiß recht bald durchgehen werde. Ich freue mich, daß die hiesige Arbeit[2] dann fast gleichzeitig erscheinen kann. Die zoologischen Bücher des Plinius[a] [3] 2 Bände von Cuvier[b] [4] haben Sie, denke ich, auch gesehen. Sie enthalten viele recht merkwürdige Beobachtungen, zeigen aber auch zugleich, wie schwer es ist den eigentlichen Plinius[c] zu commentiren. Cuvier beschäftigt sich fast allein mit den vorhandenen griechischen Schriftstellern. Die nur zu große Wichtigkeit, welche das Russische Gou- |2| vernement auf meine Reise nach dem Ural[5] legt, die Kosten welche auf die liberalste Weise dazu verwendet werden, hat mich seit dem lezten Briefe des Ministers v[on] Cancrin[6] auf die Idee gebracht, außer Prof[essor] Gustav Rose auch Ehrenberg mitzunehmen.[7] Ich habe deshalb in Rußland um Erlaubniß angesucht.[8] Ich mußte wünschen, diese Reise anderen Theilen des Museums als den geognostischen u[nd] mineralogischen nuzbar zu machen und diesem Wunsche od[er] vielmehr dieser Ansicht des Nuzens mußte jede andere Rük- |3| sicht nachstehen. Unter den Männern die in ihrer akademischen Lage völlig frei u[nd] durch vorige Reisen

[a] *Plinius* In lateinischer Schrift.
[b] *Cuvier* In lateinischer Schrift.
[c] *Plinius* In lateinischer Schrift.

Mannichfaltigkeit zoologischer u[nd] botanischer Kenntnisse zugleich bewiesen haben, schien mir Ehrenberg der vorzüglichere. Ich weiß wohl daß sein Reisewerk[9] nicht dabei gewinnen wird, aber er behauptet daß eine Sommerreise für seine Gesundheit u[nd] Laune unbedingt nöthig sei. Sie werden, mein Verehrtester, in wissenschaftlicher Hinsicht, diesen meinen Schritt nicht tadeln. Wenn ich nicht den Nuzen der hiesigen Sammlungen u[nd] die Möglichkeit die Naturkunde zu fördern, im Auge hätte, so würde ich für |4| einen regeren geselligen Genuß in so monoton, langweiligen Ländern anders gewählt haben. Ich denke diese persönlichen Schwierigkeiten zu überwinden und ein Mann, der sich durch vorige Reisen[10] schon Ruf erworben hat, war für die Russischen Verhältnisse nöthig. Ich beschwöre Sie nun, da Sie mit mir (wie ich mir schmeichle) in einem innigen, herzlichen Verhältnisse stehen daran zu denken wie und wo Sie besonders für die Bedürfnisse Ihres Museums gesammelt zu sehen wünschen, Flußfische, Gebirgsvögel, glires[11], kleine Amphibien, Süßwassermuscheln ... das meiste haben Sie freilich schon aus diesem so oft durchsuchten producten leeren Lande, aber vielleicht wäre doch noch eine specielle Liste von Dingen anzufertigen aus der Fauna Rossica[12] von der was abgeht.[13] Sie werden nicht wünschen, sondern über mich befehlen.

Ihr
dankbarster
AHumboldt

Mittwochs.

1 Da Humboldt Ehrenberg am 20.2.1829 brieflich das Angebot macht, mit ihm nach Rußland zu reisen (Humboldt 2009a, 96), ist der Brief wohl vor diesem Tag geschrieben. Vgl. auch die untenstehende Fußnote zur brieflichen Anfrage Humboldts an Cancrin.

2 Humboldt/Lichtenstein 1829.

3 Die Bücher 8–11 der *Historia naturalis* des Gaius Plinius Secundus.

4 Georges Cuvier. Bezieht sich wohl auf Plinius 1827 und die Anmerkungen Cuviers darin.

5 Humboldts Reise durch das Russische Reich, inkl. Westsibirien und den Altai, von April bis Dezember 1829.

6 Der russische Finanzminister und General Georg Ludwig Graf Cancrin; vgl. auch den Briefwechsel Humboldts mit Cancrin (Humboldt/Cancrin 1869 und Humboldt 2009a).

7 Der Mineraloge Gustav Rose und der Zoologe Christian Gottfried Ehrenberg waren Humboldts Begleiter auf der Russlandreise 1829.

8 Vgl. Humboldts Brief an Cancrin vom 25.2.1829 (in Humboldt/Cancrin 1869, 59 und Humboldt 2009a, 97–98) mit der Anfrage, ob er auch Ehrenberg mitnehmen könne, wird von Cancrin am 1./13.3.1829 positiv beantwortet (Humboldt 2009a, 99). Noch in Humboldts Brief an Cancrin vom 6.2.1829 ist nur von einem Begleiter, Gustav Rose, die Rede (Humboldt 2009a, 94).

9 Das Werk blieb unvollendet, allerdings nicht wegen Ehrenbergs Teilnahme an der Russlandreise, sondern wegen Querelen bezüglich seiner Sammlungen.

10 Ehrenbergs und Hemprichs Reisen in den Vorderen Orient 1822 bis 1825 (Hemprich/Ehrenberg 1828); vgl. auch Stresemann 1954.

11 Nager, frz. und lat. glires.

12 Ein Verweis auf Peter Simon Pallas' Werk *Fauna rossica* (bzw. *Zoographia Rosso-Asiatica*), das Cancrin Humboldt zu Verfügung stellte (vgl. Humboldt/Cancrin 1869, 61).

13 Abgehen: (alt für) vermissen bzw. vermisst werden. Heute noch im Österreichischen üblich.

9 Humboldt an Lichtenstein
[Berlin,] Mittwoch, [Anfang (März?) 1829]

H: 4 S. Niedersächsisches Landesarchiv, Standort Wolfenbüttel, 298 N Nr. 359, Nr. 56.
D: Anonym 1863, 546.

Hier, mein Theuerster, die im Ganzen sehr zu lobende Arbeit[1] von Oken[2] in der ich mir erlaubt (bei meinem Feste)[3] einige Worte einzuschreiben, da Oken noch immer zu errathen geben will „als habe der König gegeben, ich veranstaltet". Le style est l'homme[4], hat Buffon[5] sehr richtig gesagt, so ist auch der Styl dieses Aufsazes im Eingange edel in den Gedanken, dann geschmaklos, grob u[nd] nachlässig.

Vieles hat mich wirklich ergözt:

Die Unverschämtheit unserer Redner, u[nd] Aufforderung zur Unruhe (Scharren?) |2| daß wir die Statuten geändert, durch „gewaltsame die Gesellschaft nicht ehrende Entschlüsse", die Sectionsversammlungen in denen „wie im Zuchthause Sträflingen eine Predigt gehalten wird." (welche Unvernunft)

die neueren Berliner Kirchen „welche für Zwerge und geschmaklose Menschen erbaut sind und keine religiösen, sondern lächerliche Eindrükke machen."
Die Inschrift am Museum[6] welche die Berliner tadeln „ohne zu wissen warum" das beweist für Herrn Okens Latinität!
Das frugale, aber fröhliche Maal der geogr[aphischen] Gesellsch[aft] |3| Der rothe Sammet mit welchem die Säle des Museums ausgeschlagen sind!
Die Beschreibung der Sammlungen ist gut gemeint, aber herzlich oberflächlich ganz ohne Zahlen Angabe, die bei Pflanzen, Insecten[,] Vögeln, Fischen so leicht zu geben gewesen wäre. Lassen Sie aber ja dies alles (selbst die lächerlichen Kirchen u[nd] die Labungen des Mundes bei Rust[7] wo nur Gruppen von Aerzten singen) ungeändert stehen. Le style est tout l'homme.[8] Man muß dem Menschen seine Eigenthümlichkeiten (Eingeschnürtheit u[nd] rohe |4| Geschmaklosigkeit) bei vieler Redlichkeit u[nd] Talent, so weit lezteres neben engbrüstigem Formular-Schematismus bestehen kann, lassen.

Mit dankbarster Anhänglichkeit

Ihr

AHt

Mittwochs

1 *Der Druck hat die Fußnote:* *) Humboldt kritisirt hierin den Bericht Oken's über die Naturforscherversammlung zu Berlin. [*vgl.* Oken 1828. *Anm. d. Hg.*]

2 Lorenz Oken.

3 Bei dem von Humboldt gegebenem Empfang anlässlich der 7. Versammlung Deutscher Naturforscher und Ärzte in Berlin 1828.

4 Le style est l'homme même: Zitat aus der Antrittsrede Buffons 1753 bei seiner Aufnahme in die Académie française.

5 Georges-Louis Leclerc de Buffon, französischer Naturforscher.

6 Wohl die Inschrift am 1825 bis 1830 von Karl Friedrich Schinkel errichteten Museum am Lustgarten in Berlin: „FRIDERICVS GVILHELMVS III. STVDIO ANTIQVITATIS OMNIGENAE ET ARTIVM LIBERALIVM MVSEVM CONSTITVIT MDCCCXXVIII" (dt. Friedrich Wilhelm III. hat zum Studium der Altertümer jeder Art sowie der freien Künste 1828 dieses Museum gestiftet).

7 Johann Nepomuk Rust, preußischer Generalchirurg. Wenige Jahre später wird Rust den sterbenden Wilhelm von Humboldt betreuen.

8 Verändert nach Buffon: der Stil ist der ganze Mensch.

10 Humboldt an Lichtenstein
[Berlin,] Mittwoch, [8.4.1829][1]

H: 2 S. Niedersächsisches Staatsarchiv, Wolfenbüttel, Hs Abt VI. 12 nr. 79, Nr. 84.
D: Anonym 1863, 544.

Unglükliche Besuche von einer Unzahl von Engländern und Amerikanern (Dr Yates[2]! Dickson[3] Dr Port[4] von New York – [(] letzterer fragte ob er nicht in diesem militärischen Staate viel von seiner politischen Freiheit einzubüßen Gefahr laufe, wenn er sich als Student einschreiben ließe) haben mich gehindert, mein Versprechen zu halten. Der Brief ist ganz wie ich ihn wünschte und untadelhaft im Ausdruck. Ich habe Gedichte ausgestrichen, damit nicht der Leumund sage, „der |2| König werde die Mendelssohnsche Cantate[5] bezahlen.“ Ich bin noch diese Cantate u[nd] die Kosten alle der Akad[emie] Drukkerei schuldig. Könnte ich durch Ihre Güte noch für Kunth (heute zum Vicedirektor des botanischen Gartens ernannt,[6] eine Ernennung, bei der Link sich sehr freundlich benommen hat) ein 6 Exemplar meiner Rede[7] haben? Kunth geht morgen nach Paris u[nd] kommt hoffentlich im nächsten Sommer mit seinem ungeheuren Herbarium, vielleicht von 25000 Spec[ies] eine wahre Acquisition, denn er besizt fast alle Doubletten vom Jardin des Plantes[8], Delessert[9] [,] der Freycinetschen Reisen[10] und Lambert[11].

Mit dankbarster Anhänglichkeit

Ihr
AlHumboldt

Mittwochs.

1 Zur Datierung: Am 12. April 1829, einem Sonntag, brach Humboldt mit seinen Begleitern zu seiner Russlandreise auf; am Mittwoch davor, am 8.4.1829 wurde Kunth zum Vizedirektor der Botanischen Gartens in Berlin ernannt.

2 Vielleicht der britische unitarische Seelsorger, Archäologe und Botaniker – insbesondere Spezialist für Palmfarne – James Yates, der 1827 ein Semester in Berlin klassische Philologie studierte oder wahrscheinlicher der Teilnehmer der 7. Versammlung deutscher Naturforscher und Ärzte 1828 in Berlin, „Dr. Holt-Yates“ aus London (Oken 1829, 243), d. i. der britische Mediziner William Holt Yates.

3 Nicht ermittelt.

4 Nicht ermittelt. Die Namen Yates, Dickson oder Port finden sich nicht im handschriftlichen *Verzeichniss sämtlicher Zuhörer* [sc. Lichtensteins] *seit 1810* (Manuskript im Naturkundemuseum zu Berlin, Historische Arbeitsstelle).

5 Felix Mendelssohn Bartholdy komponierte zur Eröffnungsfeier der 7. Versammlung der Gesellschaft Deutscher Naturforscher und Ärzte am 18. September 1828 die Kantate (MWV D 2) „Begrüßung“ für Männerchor und Bläser auf einen Text von Ludwig Rellstab (vgl. den Brief Humboldts an Mendelssohn Bartholdy vom 5.9.1828 in: Humboldt 2011, 62; vgl. Korneffel 2020).

[6] *Fußnote im Druck*: *) Da Professor Kunth im Jahr 1820 zum Vicedirektor des botanischen Gartens ernannt ist, so muß der Brief aus dieser Zeit sein. [*Karl Sigismund Kunth war 1820 aus Paris nach Berlin zurückgekehrt und wurde am 8.4.1829 zum Vizedirektor des Botanischen Gartens ernannt. Link war Direktor. Anm. d. Hg.*]

[7] Humboldt 1828 (s. Dokumente, Dok. 4).

[8] Der Botanische Garten von Paris; im Muséum national d'histoire naturelle hatte Kunth seit 1813 gearbeitet.

[9] Jules Paul Benjamin Delessert, französischer Industrieller und Botaniker.

[10] Louis de Freycinet, französischer Forschungsreisender und Weltumsegler.

[11] Aylmer Bourke Lambert, britischer Botaniker.

11 Humboldt an Lichtenstein
[Berlin,] Freitag, [10.4.1829]

H: 1 S. Niedersächsisches Staatsarchiv, Wolfenbüttel. Hs Abt VI. 12 nr. 79. Nr. 49.
D: Anonym 1863, 546.

Ich danke Ihnen innigst für Ihre Theilnahme, mein Verehrter Freund und College. Sie allein haben das Talent[a] unzufrieden mit einer sehr gelungenen Arbeit[1] zu sein. Mein Name wird sich freuen überall neben dem Ihrigen zu stehen u[nd] wenn Sie die Arbeit gequält hat, so haben Sie dafür auch die Befriedigung, die Versammlung so geschildert zu haben, wie es Oken verfehlt hat.[2] Ich freue mich Ihrer wieder auftönenden Stimme, die wir alle so gern hören.[3] Ich komme noch Sie zu umarmen.[4]

Ihr

dankbarster
AHumboldt

Freitags
[*wohl von Lichtensteins Hand*:] 10 Apr[il 18]29.

[1] Der gemeinsame Bericht Humboldts und Lichtensteins zur 7. Versammlung der Gesellschaft deutscher Naturforscher und Ärzte in Berlin 1828 (Humboldt/Lichtenstein 1829).

[2] Lorenz Oken, Gründer der Gesellschaft deutscher Naturforscher und Ärzte, und sein Bericht in der Zeitschrift *Isis* (vgl. den vorigen Brief Humboldts vom 8.4.1829, Brief Nr. 10).

[3] Lichtenstein hatte eine eindrucksvolle Bassstimme. Seit 1812 war er Mitglied der Zelterschen Liedertafel (vgl. Fischer/Kornemann 2014, 260, wo es im „Circular" vom 12. Januar 1812 heißt: „Gleichfalls hat sich am 7t d. M. der Herr Professor und Doctor *Lichtenstein* schriftlich durch meine Hände an die Liefertafel zur Aufnahme gemeldet. Sein Schreiben lege ich sub D. bey. Er ist uns allen bekannt, und brauche ich zu seiner Empfehlung nichts hinzuzufügen.").

[4] *Der Druck hat die Fußnote*: S. Anmerkung des vorigen Briefes. [*Vgl. den Brief Humboldts an Lichtenstein, Anfang 1829, (= Brief Nr. 9) über Okens Kritik an der Naturforscherversammlung in Berlin; Anm. d. Hg.*]

---

[a] den Muth *D*

12 Humboldt an Lichtenstein
[Berlin,] Sonntag, [vor dem 12.4.1829][1]

H: 3 S., Niedersächsisches Staatsarchiv, Wolfenbüttel. Hs Abt VI. 12 nr. 79. Nr. 89.
D: Anonym 1863, 547–548.

Nach reiflicher Ueberlegung bitte ich Sie, Verehrungswerther Freund, was ich heute vom unmittelbar vom Könige[2] zu gebenden Zuschuß für D. [Doktor] Ehrenberg[3] geäußert, als zurükgenommen zu betrachten. Damit auch der Schein nicht sei, als sei von hiesiger Seite etwas für das Museum bei meiner Reise[4] ausgegeben worden, habe ich nicht bloß |2| die Idee, den König etwas zahlen zu lassen, ganz aufgegeben, sondern schreibe auch an Min[ister] Altenstein[5], daß ich gegen alles, was dem D. Ehrenberg oder mir in der Beziehung des Sammelns oder[a] Transportes angeboten werden könne, feierlichst protestire, da die Sache bloß mir zur Last falle und |3| mein Privat-Unternehmen bleibe. Ich werde darum mich nicht weniger zum Sammeln ausrüsten nicht weniger wünschen dem Museum nüzlich zu sein, aber bloß anbieten was ich in Petersburg anhäufe. Es bleibt dann die freie Wahl des Staats zu nehmen od[er] nicht zu nehmen u[nd] es werden weder Vorschüsse gegeben noch versprochen.[6]

Ihr
anhänglichster
AHumboldt

Sonntags

1 Zur Datierung: Humboldt brach mit seinen Reisebegleitern am 12. April 1829 zu seiner russisch-sibirischen Reise auf.
2 Friedrich Wilhelm III. von Preußen.
3 Christian Gottfried Ehrenberg, Begleiter Humboldts auf der Russlandreise.
4 Humboldts Reise im Russischen Reich 1829.
5 Karl vom Stein zum Altenstein.
6 *Der Druck hat die Fußnote*: *) Dieser und der vorhergehende Brief [*i.e. Humboldt an Lichtenstein, Berlin, wohl Februar 1829, Brief Nr. 8*] gehen auf die im Jahre 1830 [*recte: 1829*] unternommene Reise Humboldt's mit Gustav Rose und Dr. Ehrenberg nach Sibirien, welche auf russische Kosten ausgeführt wurde.

a und *D*

13 Humboldt an Lichtenstein
[Berlin,] Dienstag, [nach April 1828?][1]

H: 2 S., 1 S. Anschrift. Niedersächsisches Staatsarchiv, Wolfenbüttel. Hs Abt Vi. 12 nr. 79. Nr. 73.
D: Anonym 1864, 194.

[*von Lichtensteins Hand:*] No18

Ich war bei Ihnen, mein Theuerster, um mich mit Ihnen zu berathen, was ich jedem der Pedelle[2] schenken könnte, etwa 10 Reichstaler[a]. Es ist eine Schuld die mir noch obliegt. Ich gehe so eben bis Donnerstag mit dem König[3] nach Potsdam u[nd] lasse nun die Pedell-Sache bis zur Rükkunft.

Darf ich aber bis dahin Ihre Güte für eine andere Sache in Anspruch nehmen. Ich habe für das Schiller Fest 30 Parterre billete |2| genommen. Gr[af] Brühl[4] versichert mich die Studenten gehen ohne Anstand ins parterre, wie ich selbst oft in Frankreich thue. Wollen Sie gütigst ohne mich u[nd] meine Munificenz! zu nennen, diese 30 billete an Studirende austheilen lassen, die solche Freundlichkeit nicht unter Ihrer Würde halten, anzunehmen. Da ich nicht wieder lese so würden Sie es nicht für Captatio benevolentiae nehmen!

Ihr

dankbarster
AHumboldt

Dienstags.[b]

[*Anschrift:*] Sr Wohlgeboren
Herrn Prof[essor] Lichtenstein
mit 30 Parterrebillets.

1 Der Brief enthält vielleicht Anspielungen auf Humboldts Vorlesungen an der Universität (die letzte am 26.4.1829) und auf eine Schillerfeier in Berlin 1828.
2 Pedell: Universitätsdiener.
3 Friedrich Wilhelm III. von Preußen.
4 Karl Gerd von Brühl, Kammerherr, Generalintendant der Königlichen Schauspiele.

14 Humboldt an Lichtenstein
[Berlin,], Dienstag, [vor 1830, ev. 1828/29]

H: 2 S. Niedersächsisches Staatsarchiv, Wolfenbüttel. Hs Abt VI. 12 nr. 79. Nr. 24.

Hier, mein Verehrtester Freund, einige numerische Zahlen. Schikken Sie mir gütigst das Blatt mit Ihren Anmerkungen zurük. Geben Sie sich ja nicht die Mühe neue Untersuchungen zu

a Thaler *D*
b Donnerstags *D*

machen. Es kommt nur auf approximative Bestimmungen an. Sollte ich je drukken lassen, so frage [ich] dann wieder an. Geben Sie mir also nur das was Ihnen im Gedächtniß ist. Den Geist der Untersuchung erkennen Sie in dem Memoire[1] welches ich Sie zu behalten bitte. Die Zweifel welche aus der Wuth spec[ies] zu machen[2] entstehen gehen nur über 1/9 od[er] 1/10 und die Verhält- |2| nisse bleiben ungeändert da das Uebel bei allen Thierklassen sonst gleich ist.

Ihr

dankbarster
AlHumboldt

Dienstags

Sie lassen wohl gütigst ein Paar Anschläge wegen der Dintenfässer machen aber ohne meinen Namen ausdrüklich zu nennen. Es wird das Uebel doch vermeiden und zur Vorsicht anregen.[3]

1 Unklar, welches Memoire gemeint ist.
2 D.h. eine Art in viele neue Arten aufzuteilen, zu „splitten“.
3 Vielleicht eine Anspielung auf die Naturforscherversammlung 1828 in Berlin oder Humboldts Vorlesungen an der Universität.

15 Humboldt an Lichtenstein
[Berlin,] Sonnabend, [vor 1830][1]

H: 2 S. Niedersächsisches Staatsarchiv, Wolfenbüttel. Hs Abt VI. 12 nr. 79. Nr. 53.

Hier, mein Verehrter College, das officielle Schreiben mit der Liste welche Ihnen vielleicht einige Namen in das Gedächtniß zurükruft, Anzeige, an die Regierung wird uns nun zur Pflicht gemacht u[nd] da man Herrn v[on] Kamptz[2] doch wohl über die Sache befragen möchte, so werden Sie selbst entscheiden ob wir unmittelbar an den König gemeinschaftlich |2| schreiben od[er] die Sache durch die Ministerial Behörden gehen lassen. Ich folge Ihrem Rathe.

Ihr

AHt.

Sonnabend

1 In deutscher Schrift. Der Brief bezieht sich wahrscheinlich auf die 7. Naturforscherversammlung in Berlin.
2 Karl Albert von Kamptz.

16 Humboldt an Lichtenstein
[Berlin,] Freitag, [vor 1830]

H: 2 S. Niedersächsisches Staatsarchiv, Wolfenbüttel. Hs Abt VI. 12 nr. 79. Nr. 25

Ich bin heute Morgen von Potsdam heim gekommen und glaubte friedlich hier zu bleiben u[nd] Ihre gütige Einladung zu morgen Abend, theurester Freund und Kollege annehmen zu können aber eben dringt der Kronprinz[1] auf das unwiderstehlichste in mich noch morgen od[er] übermorgen mit ihm in Sanssouci zu bleiben. Ich kehre daher diesen Augenblik nach Potsdam zurük u[nd] kann Ihnen nur |2| sagen, wie sehr es mich schmerzt morgen nicht b[ei] den Ihrigen zu sein.

Hier die Karten die wohl nicht bei mir ausgetheilt werden sollen? Ich thue was und wie Sie wollen. Mit inniger Anhänglichkeit

Ihr

AHumboldt

Freitags

[*Anschrift*:] Sr Hochwohlgeboren
Herrn Rector und Professor
Lichtenstein
p
mit Karten

1 Der künftige Friedrich Wilhelm IV. von Preußen.

17 Humboldt an Lichtenstein
[Berlin,] Dienstag, [wohl vor 1830][1]

H: 1 S. Niedersächsisches Staatsarchiv, Wolfenbüttel. Hs Abt VI. 12 nr. 79. Nr. 41.

Ich hoffte die Anlage entziehen zu können weil es uns beiden Reisenden[2] oft falsch ausgelegt wird, wenn wir abschlagen aber der gute General Witzleben[3] dringt eben nur auf Antwort u[nd] (da mir die Sache eine Charlatanerie zu sein scheint) so möchte ich gern in meiner Meinung durch Sie, mein Verehrter bestärkt werden.

Sie würden mich sehr kränken wenn Sie meinen Antrag wegen der Pisces[a] ausschlügen.

AHt

Dienstags

1 Brief in deutscher Schrift.
2 Humboldt als Amerikareisender und Lichtenstein als Afrikareisender; Humboldt spielte im Briefwechsel gerne auf diese Parallelität an.
3 Job von Witzleben, gestorben 1837.

a Pisces *In lateinischen Buchstaben*

18 Humboldt an Lichtenstein
[Berlin, vor 1830][1]

H: 3 S. Niedersächsisches Staatsarchiv, Wolfenbüttel. HsAbt VI. 12 nr. 79. Nr. 54.

Ich hatte gerathen u[nd] bereits meinem Bruder[2] geschrieben, daß dies[a] gewiß Ihrer Freundschaft zu verdanken sei. Diesen Dank muß ich Ihnen hier aussprechen mein Verehrtester Freund und College. Die Anzeige ist sehr hüpsch geleitet |2| mit der Zahl der Studirenden, Savigny[3] beginnend. Ob für mich nicht das Maaß der Freundschaft etwas überstiegen sei, und die Nemesis neigen werde, darüber darf ich Ihnen nichts sagen. Ich rede |3| lieber von meiner Dankbarkeit u[nd] meiner innigen Anhänglichkeit und Freundschaft für Sie.

AHt

1 Zur Datierung: Humboldt schreibt diesen Brief in deutschen Buchstaben, ab September 1830 benutzte er auch für seine deutsch geschriebenen Briefe lateinische Buchstaben.
2 Wilhelm von Humboldt.
3 Hier ist nicht der Jurist Friedrich Carl von Savigny gemeint, vielleicht aber einer seiner drei studierenden Söhne.

19 Humboldt an Lichtenstein
[Berlin,] Mittwoch, [7.4.1830?][1]

H: 1 S. Niedersächsisches Staatsarchiv, Wolfenbüttel, Hs Abt VI. 12 nr. 79. Nr. 29.

[*von Lichtensteins Hand*:] Praes[entatum] d. 7: Apr[il] Abends
DHL

Sie sehen, mein Lieber, wie brav u[nd] ernsthaft F[ürst] Wittg[enstein][2] die Vertheidigung aufgenommen. Wäre es Ihnen möglich mir die Anlage noch heute Abend bis 8[h] wiederzuschikken, um sie meinem Bruder[3] zu zeigen. Ohne F[ürst] Wittg. zu nennen sollten Sie dem Prof. W.[4] den Rath des Drukkens od[er] Lithographierens geben. Nur durch große Öffentlichkeit kann man sich in solchen Dingen eine Stüze schaffen. Ich werde nun die Vertheidigung an W. u[nd] M. senden: ich hätte gewünscht, daß über den Scheintod (Scheintod)[b] Christi darin weniger deutlich geredet wäre.

AHt.

Mittwochs

1 Der 7.4.1830 war ein Mittwoch. Vgl. dazu den folgenden Brief Humboldts vom 8.4.1830 (Nr. 20).
2 Wilhelm Ludwig Georg Fürst zu Sayn-Wittgenstein-Hohenstein? Mit diesem stand Lichtenstein in Verbindung, Briefe über Honorarfragen zu Webers „Oberon“ vom November 1827 sind erhalten.
3 Wilhelm von Humboldt.
4 Nicht identifiziert.

---

a (1) F (2) dies *Humboldt*
b Humboldt wiederholt in lateinischen Buchstaben.

20 Humboldt an Lichtenstein
[Berlin,] Donnerstag, [8.4.1830]

H: 1 S., 1 S. Anschrift. Niedersächsisches Landesarchiv, Standort Wolfenbüttel, 298 N Nr. 359, Nr. 30.

[*von Lichtensteins Hand*:] Praes[entatum] d[en] 8t Apr[il] [18]30.
DHL

Wenn es ein Aktenstük ist und man anfragen muß, so bin ich gegen das heimlich-scheinende Lithographiren. Man wird ohnedies die Erlaubniß abschlagen: aber den öffentlich angegriffenen steht doch öffentliche Vertheidigung frei, und eine gedrukte abgesendete brochure[a] wäre wohl vorzuziehen. Daß Sie in Ihrem (gewiß aufgebrochenen) Briefe nomina propria[1] vermeiden, darf ich von selbst, mein Theurer, erwarten.

AHt

Donnerstags.

[*Anschrift*:] Sr. Wohlgeboren
Herrn Prof[essor] Lichtenstein
etc

1 Lat. Eigennamen.

21 Humboldt an Lichtenstein
[Berlin,] Sonnabend, [Anfang 1830?]

H: 1 S. Niedersächsisches Staatsarchiv, Wolfenbüttel. Hs Abt VI. 12 nr. 79. Nr. 26.
D: Anonym 1863, 548.

Gmelin[1] hat mir[b] für Sie, mein theurer Kollege, u[nd] für mich ein Exemplar der Verhandlungen[2] geschikt. Das Ganze ist sehr gut nach dem Muster Ihrer Schrift[3] abgefaßt u[nd] zeugt von großer Geistesthätigkeit in der Versammlung. In der Celographie[c] [4] haben unsere 400 Freunde[5] wenig Fortschritte seit einem Jahre gemacht. Am Schluß habe ich von Ihnen eine einfache, aber sehr gut geschriebene Rede[6], recht freundliche Worte des Abschieds gefunden.

Ganz Ihr

AlHumboldt

Sonnabend

a brochure *Humboldt in lateinischer Schrift*
b mir *fehlt in D*
c Cölographie *D*

Wenn ich daran arbeite den guten Ehrenberg[7], der sich schlecht vertheidigt u[nd] nicht schreiben kann [sich] gegen Rüppel[8] ruhig zu verhalten, so regt ihn Herr v. Alt[enstein][9] zum Schreiben an! Ein Elend.[10]

1 Der Chemiker Leopold Gmelin, zweiter Geschäftsführer der 8. Versammlung deutscher Naturforscher und Ärzte in Heidelberg im September 1829.
2 Tiedemann/Gmelin 1829. Lichtenstein nahm an der 8. Versammlung deutscher Naturforscher und Ärzte in Heidelberg teil, wo er am 21.9. u. a. über Giraffen und Hirsche referierte und als Sekretär der „zoologisch-anatomisch-physiologischen Section" fungierte, später auch einen Brief Goethes verlas. Humboldt nahm nicht teil.
3 Humboldt/Lichtenstein 1829.
4 *Der Druck hat die Fußnote*: **) Es ist weder für den prospectus de la bête de l'Apocalypse noch für die Cölographie der vierhundert Freunde eine genügende Deutung zu finden.
5 Humboldt spielt auf die insgesamt etwa 450 Teilnehmer der 7. Versammlung der Gesellschaft Deutscher Naturforscher und Ärzte 1828 in Berlin an: „Ich bin grenzenlos geplagt mit den 400 Freunden, die nun schon schaarenweise einziehen." (Brief an Friedrich von Müller, 5.9.1828, zit. in: Humboldt 2011, 62; das offizielle Teilnehmerverzeichnis nennt 464 Namen und 396 Unterschriften, vgl. Humboldt/Lichtenstein 1829, 17). Bei der 8. Versammlung in Heidelberg hatte Tiedemann außerdem vom Wiedersehen „alter Freunde" gesprochen; und Lichtenstein hatte betont, man sei nicht als „Fremde" in Heidelberg empfangen worden (vgl. Tiedemann/Gmelin 1829, 63 und 76).
6 Lichtensteins Rede in: Tiedemann/Gmelin 1829, 75–77.
7 Christian Gottfried Ehrenberg.
8 Der Afrikaforscher Eduard Rüppell.
9 Karl Freiherr vom Stein zum Altenstein.
10 Vgl. den Brief Humboldts an Lichtenstein, wohl 1830 (Brief Nr. 23).

22 Humboldt an Lichtenstein
[Berlin, vor September 1830]

H: 3 S., 1 S. Anschrift, Niedersächsisches Staatsarchiv, Wolfenbüttel. Hs Abt VI. 12 nr. 79. Nr. 72.

[*von Lichtenstein Hand:*] No17

Endlich und so verspätet ist die Bücher Kiste mit den Fischen angekommen. Valenciennes[1] klagt daß er bei seiner Armuth (er hat mit 2800 francs eine Mutter und 3 Schwestern zu ernähren) er Ihnen u[nd] Herrn Ehrenberg[2] dem er so viel Dank schuldig ist, nur schwarze Exemplare verehren kann.[3] Nun ist zur Bestimmung der Species die Farbe doch sehr wichtig. Erlauben Sie mir daher mein Verehrtester Freund, |2| eine gehorsamste Bitte. Mein colorirtes Exemplar der Prachtausgabe (Cuvier[4] sendet es mir wahrscheinlich weil ich ihm nach u[nd] nach ein vollständiges Exemplar meiner Reise pap[ier] vélin geschenkt) ist in Ihren Händen als Director und Bestimmer des Museums am nüzlichsten. Nehmen Sie mein Exemplar gütigst als Eigenthum an u[nd] schikken Sie mir gleich heute morgen das Ihrige schwarze als mein Eigenthum zurük. Sie machen |3| mir dadurch große Freude.

AlHumboldt

[*Anschrift*:] Sr Wohlgeboren
Herrn Prof[essor] Lichtenstein

1 Der Pariser Ichthyologe Achille Valenciennes.
2 Christian Gottfried Ehrenberg.
3 Vgl. den Brief Humboldts an Lichtenstein, 19.1.1837 (Brief Nr. 42)
4 Georges Cuvier.

23 Humboldt an Lichtenstein
[Berlin,] Donnerstag, [wohl 1830]

H: 3 S. Niedersächsisches Staatsarchiv, Wolfenbüttel. Hs Abt VI. 12 nr. 79. Nr. 90.
TD: Anonym 1863, 548.

Der Wille der[a] Menschen, selbst der tollen[b] muß immer erfüllt werden; also sollen auch seine Schriften, mein Verehrungswerthester an seine Adresse gelangen. Uebrigens ist dieser prospectus de la bête de l'Apocalypse[1] [2] schon seit Wochen[c] die Belustigung des Hofes, da ihn Ancillon[3] bekommen u[nd] sicher vertheilt[d] hat. Am Hofe hat |2| man die liberale Ansicht, Stift[4] habe den unglüklichen Siebert[5] durch Anlokkung von Dresden nach Teplitz u[nd] Einkerkerung in Prag wegen einer in Montpeiller[e] herausgegebenen Schrift[6] gegen Stift zum Unsinn gebracht.[7]

Wie sehr schmerzt mich Ihr Unfall in der Straße. Ich hoffe Sie bald zu umarmen. Der gute Ehrenberg[8] hat sich wieder leider! in albernen Zeitungsstreitigkeiten eingelassen zu denen ihn übrigens der Minister v[on] Altenstein[9] |3| in noch alberneren vier Seiten langen Briefen anreizt!![f]

Dankbarst

Ihr
AHumboldt

Donnerstags

1 *Der Druck hat die Fußnote*: **) Es ist weder für den prospectus de la bête de l'Apocalypse noch für die Cölographie der vierhundert Freunde eine genügende Deutung zu finden.
2 Lat.-frz. Anblick des Tieres der Apokalypse.
3 Johann Peter Friedrich Ancillon, Prediger und Professor für Geschichte, Erzieher des Kronprinzen, seit 1832 Minister des Auswärtigen.
4 Andreas Joseph von Stifft.

a des *TD*
b selbst des tollen *TD*
c Jahren *TD*
d sehr verbreitet *TD*
e (1) Prag (2) Montpeiller *Humboldt*
f Im Druck fehlt der ganze Absatz.

[5] Der exzentrische österreichische Forschungsreisende und Botaniker Franz Wilhelm Sieber, 1825 beim Grenzübertritt von Sachsen nach Böhmen festgenommen, 1830 vorübergehend in Frankreich, 1827 und von 1830 bis zu seinem Tod 1844 in einer Irrenanstalt in Prag (vgl. Glückselig 1847, 66–70, 80–82).

[6] Wohl Siebers französische Broschüre *Prospectus* (vgl. Glückselig 1847, 78–79).

[7] Zu diesen Vorwürfen und Gerüchten mit politischem Hintergrund vgl. Glückselig 1847, 88–89.

[8] Christian Gottfried Ehrenberg.

[9] Karl Freiherr vom Stein zum Altenstein. Vgl. den Brief Humboldts von wohl 1830 (Brief Nr. 23).

24 Humboldt an Lichtenstein
[Berlin,] Freitag, [nach 1830][1]

H: 1 Bl. gefaltet; Staatsbibliothek zu Berlin. Handschriftenabteilung; Autogr. I 1806.

Ich nehme mit innigstem Danke, mein theurer Freund u[nd] College, Ihre liebenswürdige Einladung zu Sontag (3 ½ Uhr) an. Möge die Rückkehr des einzigen Sohnes[2] Sie den geistig so viel Begabten, immer wissenschaftlich so wohlthätig werkfördernden, tief[f]ühlenden wie Ihre edle Gattin[3] etwas aufheitern können.

Ihr

Freitags.

anhänglichster
AlHumboldt

[*Anschrift*:] Sr Hochwohlgeboren
Herrn Geh[eim] Rath D[r] Lichtenstein

AlHumboldt

[1] Zur Datierung: Humboldt schreibt in lat. Buchstaben.

[2] Vermutlich Anton Gustav Heinrich Lichtenstein, geb. 1818, der älteste Sohn Lichtensteins.

[3] Henriette Victoire Lichtenstein.

25 Humboldt an Lichtenstein
[Berlin,] Sonnabend, [nach 1830][1]

H: 1 S. Niedersächsisches Staatsarchiv, Wolfsbüttel, Nr. 15, Hs Abt VI. 12 nr. 79.

Darf ich Sie bitten, theurester Freund und College während meiner Abwesenheit in Potsdam, sich nach dem unvorsichtigen jungen Mann der jemand erschossen hat, zu erkundigen. Es müssen wohl sehr böse Umstände bei dem Duell vorgefallen sein, weil die Strafe härter als gewöhnlich war. Ich muss antworten, glaube aber nicht dass das Wiederkommen zu rathen sei. Mit innigster Anhänglichkeit

Ihr

Al Humboldt

Sonnabend

1 Schrift in lateinischen Buchstaben. Eine genaue Datierung ist nicht möglich.

26 Humboldt an Lichtenstein
[Berlin,] Sonntag, [nach 1831]

H: 1 S. Niedersächsisches Staatsarchiv, Wolfenbüttel. Hs Abt VI. 12 nr. 79. Nr. 28.
D: Anonym 1864, 198.

Verzeihen Sie, mein theurer Freund, wenn ich Ihnen etwas spät erst die Sellowiana[a] [1] die ich mit einer Art Rührung gelesen zurüksende. Das Testament spricht einen sehr edeln aber mit den europ[äischen] Geschäften des Lebens etwas unbekannten Charakter aus. Ich erliege unter den Pflichten und Freuden der Hofgesellschaften die in Saturnalien ausarten, da Radziwills[b] [2] fête mardi gras auf 16 Stunden fast auf zwei Sonnen calculirt ist. Um mich etwas zu beruhigen werde ich 2 Tage in Tegel zubringen. Mit innigster Verehrung

Ihr

AHumboldt

Sonntags.

1 Der Potsdamer Botaniker und Brasilienforscher Friedrich Sellow war im Oktober 1831 in Brasilien im Rio Doce ertrunken. Lichtenstein versuchte, den Hinterbliebenen Geld zukommen zu lassen; dazu schrieb Humboldt am 2.11.1832 an Ignaz von Olfers: „Sello's, des Brasilianers kinderreiche Familie ist in drückenden Verhältnissen, aus denen sie gezogen werden kann, wenn man bestimmt weiß, daß der Verstorbene seinen hiesigen Angehörigen das Wenige ganz hinterläßt, was ihm übrig bleibt. Lichtenstein hat 900 Thaler baar und glaubt, daß man wohl noch 1200 Thaler aus dem Sello verbliebenen Sammlungen lösen kann. Es geht das Gerücht, bei Ihnen, mein Verehrtester läge ein Testament; Sie und Lichtenstein seien zu Exekutoren des Testaments ernannt. Ohne Nachricht von der Richtigkeit dieser Angabe zu haben, kann hier für die Familie nichts geschehen. Darf ich Sie gehorsamst bitten, recht bald, soviel es Ihre vielerlei Geschäfte erlauben an Lichtenstein wegen des Testaments zu schreiben. Bis dahin ist es mir nicht möglich bei dem Könige den Angehörigen des trefflichen Naturforschers nützlich zu werden." (Humboldt 1913, Brief Nr. 1, 1; vgl. den Brief Humboldts an Lichtenstein vom 10.11.1834, Brief Nr. 34, und den Brief Lichtensteins an Adelbert von Chamisso vom 11.7.1834, Anhang, Brief Nr. 6; zu Sellow vgl. Zischler/Hackethal/Eckert 2013).

2 Fürst Anton Heinrich Radziwiłł (vgl. auch Weber 1986, 525).

a Sillowiana *D*

b R... *D*

27 Humboldt an Lichtenstein
[Berlin,] Sonntag, [1832][1]

H: Aus dem Besitz von Marie Lichtenstein und Ernst Rudorff. Versteigerung bei Sotheby's (Herbst 2022).[2]

Da Sie gewiss alles interessirt, was Cuvier's Tod[3] lebendiger schildert, so schikke ich Ihnen einen neuen recht interessanten Brief von Valenciennes.[4] Da ich auf mehrere Tage mit dem König[5] nach Potsdam muss, so bitte ich Sie, theurer Freund, mich Montags in der Klassen-Sizung ja zu entschuldigen. Vielleicht theilen Sie den Brief an Rudolphi[6] … mit.

Ihr
AHumboldt

Sonntag.

1 Zur Datierung: Georges Cuvier war am 13. Mai 1832 in Paris gestorben. Humboldt war am 1. Mai aus Paris abgereist und am 16. Mai in Berlin eingetroffen. Mit dem König war er im Mai und im Oktober dieses Jahres in Potsdam, jeweils davor muss der Brief geschrieben worden sein (vgl. Schwarz, Ingo (Hg.): Alexander von Humboldt-Chronologie (1. Mai 1832; edition humboldt digital, hg. v. Ottmar Ette. Berlin-Brandenburgische Akademie der Wissenschaften, Berlin. Version 8 vom 11.05.2022. URL: https://edition-humboldt.de/v8/H0000618).

2 Angabe von Sotheby's: „Formerly in the collection of the Berlin pianist and teacher Ernst Rudorff (1840–1916)." (https://www.sothebys.com/en/buy/auction/2021/science-books-and-manuscripts/a-v-humboldt-autograph-letter-to-the-explorer-and).

3 Cuvier war am 13. Mai 1832 gestorben. Der Bericht von Valenciennes zu Cuviers Tod ist nicht mit Humboldts Brief überliefert. Die wenig bekannte Schilderung in den *Preußischen Jahrbüchern* 1858 (1, 306–308) beschreibt Cuviers Sterben als das eines wahren Weisen: „Am 8. Mai 1832 eröffnete er, zum dritten Male seit 30 Jahren, nach einer langen Unterbrechung, am Collège de France vor einem zahllosen Publicum seine Vorlesungen über Geschichte der Naturwissenschaften, und nach einem kurzen Rückblick auf die zurückgelegte Laufbahn sprach er den Wunsch aus, daß die Vorsehung ihm gestatten möge, das angefangene Werk zu vollenden. Aber am Schluß dieser ersten Vorlesung wurde er, wahrscheinlich in Folge übergroßer Anstrengungen in letzter Zeit, von einem Schlagfluß gerührt, der binnen acht Tagen seinem glorreichen Leben ein Ende machte. Der Anfall gehörte zu den seltensten, denn er lähmte blos jene Nerven in denen die Willenskraft liegt, und verschonte die Nerven der Wahrnehmungs- und Sinnesorgane. Er sah dem Tode mit heiterem Muth entgegen und war bis zum letzten Augenblick allen intimeren Freunden zugänglich. Vier Stunden vor seinem Erlöschen ließ er sich in sein Arbeitszimmer tragen. Da besuchte ihn noch der Kanzler Pasquier [Étienne-Denis Pasquier]. Zu diesem sagte er: Ich hatte noch so Viel zu thun! Drei wichtige Werke herauszugeben – die Materialien sind bereit. Alles habe ich im Kopf fertig, ich hätte nur aufzuschreiben brauchen. – Pasqier erwähnte, wie ganz Paris voll Theilnahme sich um ihn erkundige. – Ich glaub's gern, versetzte er; ich arbeite auch schon lange daran, mich dieser Theilnahme würdig zu machen. Er starb am Abend desselben Tages, den 13. Mai 1832. Bewunderwürdig war die Geistesgegenwart, mit der er sein eigenes Sterben, wißbegierig bis zum letzten Athemzuge, beobachtete. So bemerkte er eine Stunde vor seinem Ende mit Lächeln, seine Träume fingen schon an, bizarr und confus zu werden, und bald darauf wandte er sich zu seinem Bruder [Frédéric Cuvier] und sagte mit einem ausdrucksvollen Blick: ‚Jetzt kommt es ins Gehirn', und in der That war es ein Paar Minuten später überstanden. Es war der Tod eines Weisen. Cuvier hatte aber auch wie ein Weiser gelebt und um einer solchen Masse riesenhafter Arbeiten zu genügen, seine Zeit mit bewunderungswürdiger Oekonomie eingetheilt. Er verlor keine Minute, er las beim Frühstück und im Wagen; seine Arbeitszimmer,

seine Bücher und Instrumente waren geordnet, wie die Systeme in seinem Kopfe; und in Allem was er that, herrschte eine so minutiöse Regelmäßigkeit, daß er noch Zeit genug ersparte, um neben den großen Pflichten des Berufs und seiner politischen Aemter auch den kleinen Pflichten der gesellschaft nachzukommen, [...] und endlich, um einen Tag wie den andern seine *neun* Stunden zu schlafen. Darin war er ganz verschieden von Alexander v. Humboldt, der seit einem Menschenalter täglich nur vier Stunden schläft, also um eben so viel Stunden mehr lebt, als die andern Sterblichen und sich dabei recht wohl befindet [...]. Die Phrenologen wird es interessiren, zu erfahren, daß man bei der Section von dem Umfange seines Gehirns und der Tiefe seiner Furchen überrascht wurde."

4 Achille Valenciennes. Der Brief ist nicht mitüberliefert.

5 Friedrich Wilhelm III. von Preußen.

6 Karl Asmund Rudolphi.

28 Humboldt an Lichtenstein
[Berlin,] Montag, [Sommer 1832?]

H: 2 S. Niedersächsisches Staatsarchiv, Wolfenbüttel. Hs Abt VI. 12 nr. 79. Nr. 59.
D: Anonym 1864, 195.

Haben Sie meinen innigsten Dank mein theurester College für die aufgefundene Stelle. Ich hatte nicht den geringsten Zweifel an der Richtigkeit des Citats und Ihres Raisonnements in der Strom-Abhandlung, ich konnte nur das Cap[itel] nicht auffinden. Ich habe mich hier und in Paris viel mit Behaim[1] beschäftigt ja selbst in Nürnberg vor 2 Monathen neue Untersuchungen bei der Familie gemacht. Murr[2] giebt selbst falsch an die Todesjahre von Behaim und Columbus. Lezten lässt er (p. 128) sterben 1505 da er bekanntlich starb 20 Mai 1506.[3] |2| Die Frage ob Behaim mit Cam[4] war ist bei Barros['][5] gänzlichem Schweigen und dem kleinen Zettel den Murr eine Urkunde nennt, sehr delicat. Das Ich auf dem Globus p. 18 ist wohl gewiss Behaim da er in derselben Stelle von Jobst de Hurter[6] men liber Schwer[a] [7] spricht. Auch für Ihre magnet[ischen] Decl[inationen] danke ich sehr. Es ist recht schade dass Sie aus allzu grosser Bescheidenheit die schoene Abhandl[ung] über die Strömungen die von Rennells[b] [8] lezter Schrift mich noch 1832 viel neues und wahres würde gelehrt haben, nicht drukken liessen. Ich werde in meiner acad[emischen] Abhandl[ung] dieses Verdienst herausheben.

Mit inniger Freundschaft

Ihr

AlHumboldt

Montag.

1 Martin Behaim.

2 Murr 1801. Das Buch befand sich mit dem autographischen Vermerk „Al. Humboldt" in Humboldts Bibliothek (vgl. Stevens 1863, Nr. 7053).

3 Kolumbus starb am 20. Mai 1506, Behaim am 29. Juli 1507.

4 Der portugiesische Seefahrer Diogo Cão. Auch Lichtenstein verwendete die Schreibweise Cam.

a (Mein lieber Schwager) *D*

b Russell *D*

[5] João de Barros.
[6] Josse van Huerter. Seine Tochter Joana de Macedo war mit Martin Behaim verheiratet.
[7] Fläm. Mein lieber Schwiegervater.
[8] Rennell 1832. Das Buch befand sich in Humboldts Bibliothek (vgl. Stevens 1863, 606, Nr. 8466).

29 Humboldt an Lichtenstein
[Berlin,] Sonntag, [möglicherweise 4.11.1832][1]

H: 1 S.,1 S. Anschrift. Niedersächsisches Landesarchiv, Standort Wolfenbüttel, 298 N Nr. 359, Nr. 10.

Es ist mir eine Freude, Ihnen zu sagen, mein theurer Freund, wie überaus angenehm und geistreich Ihr freier, lebendiger Vortrag allen denen erschienen ist, die mich zunächst umgaben. Es war ein glänzender Anfang und ich erfülle eine süsse[a] Pflicht, indem ich Ihnen heute meinen herzlichen Dank darbringe. Bei Ihren Betrachtungen über die Verbreitung der Thierformen ist mir eine veraltete Speculation von mir über die fixen Proportionen zw[ischen] Säugthieren u[nd] Vögeln (in Europa 5 mal so viel Vögel als Säugthiere) eingefallen. Lesen Sie in einem zerrissenen Exemplar[2], das ich mir zurük erbitte, p 18. und sagen Sie mir einst: wie Sie die Cap Vögel zu den Säugth[ieren] finden.

Mit alter Anhänglichkeit

Ihr
AHt
Sonntag

Ich habe wieder jezt bei meinem Aufenthalte in Paris durch den belesenen Orientalisten Reinaud[3] Untersuchungen über den Affen mit dem ? machen lassen. Kein Arabischer Schriftsteller[,] die so viel von Gibraltar reden, erwähnt seiner. Sollte der Affe nicht nach der Arab[ischen] Litteratur spät verwildert sein?

Das wahre Nager Razen Land ist Süd Russland. Dort aber veranlasst ihre Menge die Häufigkeit der Schlangen um das Casp[ische] Meer. Das sind dort die Fleischfresser.

Geben Sie mir ja einige Exemplare Ihrer Kärtchen für Paris als Geogr[aphie] der Thiere ein Wort das Sie wohl hätten aussprechen sollen da die verglichenen Faunen diese Wissenschaft sind.

Schade dass die vorgerükte Zeit uns um Ihre Lebensbilder, die afrikanischen, gebracht hat.

[*Anschrift*:] Sr Hochwohlgeboren
Herrn Geh[eimen] Rath Lichtenstein
mit einem blauen Hefte

---

[a] (1) angenehme (2) süsse *Humboldt*

1 Zur Datierung: Falls der von Humboldt erwähnte Vortrag die Lichtenstein'sche Akademierede vom 1.11.1832 war, dann könnte der Brief am folgenden Sonntag, dem 4.11.1832, geschrieben worden sein.
2 Nicht ermittelt.
3 Der französische Orientalist Joseph Toussaint Reinaud.

30 Humboldt an Lichtenstein
[Berlin,] Sonnabend [1833]

D: Clemen 1917, 150[1]

Da ich eben in meiner Geographie des 15ten Jahrhunderts, die in Paris gedruckt wird,[2] mit Dankbarkeit Ihres schönen und gründlichen Aufsazes[3] über die erste Entdeckung und Umschiffung der afrikanischen Südspize erwähnt habe, so schöpfe ich Muth, theurer Freund, Sie um eine andere Belehrung zu bitten. In Fern. Colon's Leben des Vaters[4] c. 10 steht eine sonderbare Stelle: Die Portugiesen hatten noch nicht passado de Cabo de buena Esperança cino nombre subrogaron en lugar del suio proprio que era Agesingua ..., d.i. sie hatten den ursprünglichen Namen Agesingua mit dem des C. de buena esp. [Cabo da Boa Esperança] vertauscht. Ich wollte in meinem Buche sagen, dieser Name sei eine bloße Erudition aus Ptolemaeus,[5] der durch die Reisen des Septimius Flaccus[6] und Julius Maternus[7] belehrt, den südlichsten Theil von Afrika, der wol eher nach Maxinus[8] und Ptolemaeus mit der Halbinsel des östlichsten Asien (Cattigara[9]) zusammenhing, Agisymba[10] nennt. Dieses ptolemäische Wort ist wenig von F. Colon's Agesingua verschieden. Hat Barros doch aus Behaims Schwiegerpapa Jobst von Hurter[11] Jos Dutra und Fray Pedro Simon[12] aus Philipp von Hutten Felipe de Urre, ja auch Utre gemacht. Meine Frage ist daher an Sie, bei Ihrer großen Kenntnis jener Gegend, ob Sie meine Vermuthung billigen und ob das C. de b. Esp. [Cabo de buena Esperança] einen volksthümlichen, einheimischen wie Agesingua klingenden Namen je gehabt.

Dankbarst

Sonnabend

Ihr
Al. Humboldt.

Auf der Rückseite die Adresse:
Sr. Hochwohlgeb. Herrn Geh. Rath Lichtenstein.

1 [*Der Brief ist, soweit bislang bekannt, nur im Druck erhalten. Der Druck hat die vorausgehende Bemerkung von Otto Clemen:*] In das Jahr 1833 gehört wohl auch der folgende undatierte Brief.
2 Der 1. Band des *Examen critique* erschien 1836 in Paris, Humboldts „Préface" ist mit „Berlin, novembre 1833" datiert (Humboldt 1836–1839, Bd. 1, xxvii).
3 Lichtenstein 1810a.
4 Fernando Kolumbus und seine „Historia del Almirante".
5 Klaudios Ptolemaios (Claudius Ptolemäus).
6 Septimius Flaccus, römischer Feldherr in Nordafrika um 50 n. Chr.
7 Iulius Maternus, ein römischer Händler und Afrika-Reisender um 100 n. Chr.
8 Marinos von Tyros, griechischer Geograph um 100 n. Chr.

[9] Hafen am Magnus Sinus.
[10] Als Agisymba wird heute ein Landstrich des subsaharischen Afrika angesehen.
[11] Josse van Huerter.
[12] Der spanische Franziskanerpater und Historiker Fray Pedro Simón.

31 Lichtenstein an Humboldt[1] [Berlin, Juni 1833][2]

TH: Biblioteka Jagiellońska, Kraków; Nachl. Alexander von Humboldt; Signatur: Nachlass Alexander von Humboldt Bd. 9/1, Bl. 267–268.

[*von Humboldts Hand, eingerahmt*:] 127
[*von Lichtensteins Hand*:] aber keinen andern Gewährsmann dafür an als den Hartmann Schedel (S. 4) dessen Chronik[3] er[4] nachmals als so verdächtig darstellt. Am besten wird diese Meinung aus der S. 131 mitgetheilten Urkunde widerlegt, nach welcher B[ehaim] den 18ten Febr[uar] 1485[5] vom König[6] den Orden empfing. v[on] Murr fühlt dies selbst und nimmt deshalb S. 114[a] an, dieses Datum sei unrichtig. Der einzige Beweis beruht auf der Stelle des Globus, die S. 18 mitgetheilt ist.[b] Es wird aber noch an vielen andern Stellen des Globus in der ersten Person [gesprochen][c], ohne dass Behaim gemeint sein kann.[d]

Wegen der Rechtweisung der Nadel am Cap Aghulhas[e] habe ich meine alten Collectaneen nachgesehn und finde nur ein Excerpt aus der Historie aller Reisen zu Wasser und zu Lande Iten Theil S. 332. An dieser Stelle wird hinzugesetzt, westweisend sei die Magnet Nadel auch bei der azorischen Insel S. Miguel gewesen[f], zwischen beiden Puncten aber die Abweichung östlich.[g] Dort wird zu finden sein, woher die alten (engl[ischen] und französischen) Kompilatoren die Angabe entlehnt haben[h] [i] ferner habe ich mir (leider ohne Angabe der Quelle, wahrscheinlich aber aus Spilbergen[7] oder Middelton[8]) gemerkt, die Abweichung am Cap sei im Anfange des 17ten [Jahrhunderts][j] 6° N.O. gewesen, im Jahr 1663 nach Dapper[9] 5° N.W.

[*von Humboldt eingefügter, an den linken Rand geklebter Papierstreifen mit Lichtensteins Text*:] im Jahr 1685 nach Tachard 11 Minuten 30 Sec[unden] N.W., 1713 wieder ohne Angabe der Quelle 11 Minuten 55 Sec[unden] N.W. Im Jahr 1803 wurden von den Schiffern

[a] S. 114 *erg. Lichtenstein*
[b] *Humboldt am Rand*: nein! ich glaube dem Globus seinen Schwager, sagt er. Urkunde ist chiffren [?] vielleicht bloss Monath falsch, dazu arab[ische] Zahlen damals so ungewiss
[c] gestrachen *Lichtenstein ändert Hg.*
[d] *Humboldt am Rand links*: ?
[e] *Humboldt am Rand links*: 3) Décl[inaison] de l'aiguille [frz. Deklination der Nadel]
[f] gewesen *erg. Lichtenstein*
[g] An dieser Stelle wird hinzugesetzt, westweisend sei die Magnet Nadel auch bei der azorischen Insel S. Miguel gewesen, zwischen beiden Puncten aber die Abweichung östlich. *erg. Lichtenstein*
[h] *Lichtenstein am Rand links*: erst 1579. *Humboldt am Rand links, eingerahmt* er damals o am Cap Agulhas?
[i] *Humboldt am Rand rechts*: Behaim (Lichtenstein) Magnet. (banc[o das] Agulhas)
[j] Joos *Lichtenstein ändert Hg.*

22°30' N.W. = 2 Striche der Windrose[a] als das für die Nautik ausreichende Mittel angenommen.[b]

|2r|

[*von Humboldts Hand*:] 1) Behaim v[on] Barros[10] citirt als Verf[asser] des Astrolab u[nd] Schüler von Regiomont[anus][11]

[*von Lichtensteins Hand*:] Die Stelle, wo Barros des Behaim erwähnt ist Dec.[12] I. Lib. IV, Cap. II pag. 282 Ihrer (hiebei zurück gehende) Ausgabe. Daß er ihn Martin de Boemia nennt, ist ganz dem Gebrauch bei andern gleichzeitigen portug[iesischen] Schriftstellern gemäß. In meinem Aufsatz[13] habe ich mich wörtlich an diese Stelle gehalten und auch das se gloreava[14] nicht übersehn, um nicht zuviel zu sagen.

Murrs Behauptung, daß Behaims Name von keinem portug[iesischen] Schriftsteller genannt sei,[15] wird hiedurch gewiß widerlegt. v[on] Murr hat den Barros nie selbst in Hände[n] gehabt und kennt offenbar die ganze Stelle, wo die Reise von B. Diaz[16] beschrieben wird, gar nicht.

Er behauptet ferner, Behaim sei nicht Regiomontanus Schüler gewesen, beweist es aber nicht, obgleich er Herrera[17], Tellez de Sylva[18], Maffei[19], Dapper u[nd] A[ndere] anführt, die es ausdrücklich behaupten. Vielleicht wollten diese nur sagen, B. habe sich aus Regiomontanus Schriften unterrichtet?

Endlich erzählt er, B. habe den Diego Cam[20] (1484 und 1485) auf seiner Entdeckungsreise begleitet, führt[c] [*Fragmentende*]

1 Von Humboldt zerschnittenes Brieffragment. Lichtensteins Brief ist die Antwort auf den vorigen, nur als Druck überlieferten Brief Humboldts von 1833 (Brief Nr. 29, aus Clemen 1917, 150).
2 Nach dem Vermerk Humboldts „juin 1833“ auf dem eingeklebten Papierstreifen.
3 Schedels *Weltchronik* von 1493.
4 Gemeint ist Christoph Gottlieb von Murr
5 Behaim wurde am 18. Februar 1485 vom König João II. von Portugal zum Ritter des Ordem de Cristo geschlagen.
6 König Johann II. von Portugal.
7 Joris van Spilbergen.
8 Christopher Middelton.
9 Olfert Dapper.
10 João de Barros.
11 Zu Behaim, Regiomontanus und dem Astrolab vgl. Lichtenstein 1810a, 376–377.
12 Die *Décadas da Ásia*. Der erste Band erschien 1552.
13 Lichtenstein 1810a.
14 Lat. [Dass Martin Behaim] sich rühmte, [ein Schüler von Regiomontanus zu sein]. Vgl. auch Humboldt 1836/1837, Bd. 1, 234.
15 Z.B. Murr 1801, 87 und 94–95. Vgl. Lichtenstein 1810a, 376.

a = 2 Striche der Windrose *erg. Lichtenstein*
b Banco das Agulhas (sic) Lichtenstein juin 1833. 127 *erg. Humboldt*
c *Humboldt am Rand links*: 2) ob Behaim mit Diego Cam

16 Bartolomeu Diaz.
17 Antonio de Herrera y Tordesillas (vgl. Murr 1801, 100).
18 Manuel Teles da Silva de Alegrete (Emanuel Tellez de Sylva bzw. Emmanuel Tellesius Sylvius; vgl. Murr 1801, 97–98 bzw. 102).
19 Giovanni Pietro Maffei.
20 Diogo Cão. Lichtenstein schreibt ihn Diogo Cam.

32 Humboldt an Lichtenstein
[Berlin,] Sonntag, [wohl 1833][1]

H: 1 S., 1 S. Anschrift. Niedersächsisches Staatsarchiv, Wolfenbüttel, Nr. 13. Hs Abt VI. 12 nr. 79.

112	47 ½
169	88
281	227 ½
	211[2]

Darf ich, theurester Geh[eimer] Rath und College, Sie gehorsamst bitten Dienstags um halb zwölf Uhr zu mir zu kommen, damit ich Sie mit Fürst Clary[3] zu Corda[4] führe. Ich habe uns bei ihm angesagt und Sie werden mich und ihn sehr erfreuen.

AlHumboldt.

Sonntags

[*Anschrift*:] Sr Hochwohlgeboren
Herrn Geh[eimen] Rath
Lichtenstein

1 Der Brief hat sein Gegenstück in einem Brief Humboldts an Corda, wahrscheinlich von 1833: „Ich wünsche, mein Lieber, Ihrer herrlichen Arbeiten Dienstag vor zwölf Uhr einigen Freunden, dem jungen Fürst Clary, Geh[eim] R[at] Lichtenstein und Prof[essor] Mitscherlich zu zeigen. Erwarten Sie uns gütigst bei sich. Ich werde etwas vor 12 Uhr zu Ihnen kommen." (Schwarz 1996, 124).
2 Rechnungen, wohl von Lichtensteins Hand.
3 Edmund Moritz Fürst von Clary und Aldringen.
4 Der Botaniker und Pflanzenzeichner August Carl Joseph Corda, der sich 1832–1834 in Berlin aufhielt und von Humboldt maßgeblich gefördert wurde. 1835 erhielt er durch Vermittlung Sternbergs eine Stelle am Nationalmuseum in Prag. Corda ertrank 1849 bei der Überquerung des Atlantik (vgl. Schwarz 1996, 122–124).

33 Humboldt an Lichtenstein
[Berlin,], Montag, [vor September 1834 oder 40er Jahre?][1]

H: 2 S. Niedersächsisches Staatsarchiv, Wolfenbüttel, Nr. 17. Hs Abt VI. 12 nr. 79.
D: Anonym 1864, 195–196

Ein unauflösliches Problem und doch schade! dass man die Stelle nicht besezen kann da sie überaus gut besoldet wird. Diese Prinzessin Radziwill[a] [2] ist wie Sie, theurer Freund, aus dem Briefe sehen, eine exaltirte Person. Ich glaube sie ein einziges Mal in Teplitz erblikt zu haben. Auf jeden Fall muss ich neue Auskunft fordern. Schenken Sie mir aber vorher die Freude mit Ihnen darüber sprechen zu können. Mineralogen können jezt allerdings oft ziemlich viel Mathematik, aber dort kann Mineral[ogie] bei den Knaben nicht helfen, es muss Botanik sein, selbst Cryptog[amen][3] wegen des Winters und |2| Infusorien um sich bei der Prinzessin zu infondiren.

Freundschaftlichst

Ihr
AlHt[4]

Montag
Schaffen Sie also einen Jesus Christus oder einen Fénelon[5], das findet sich so leicht unter unserer Studenten-Jugend!

[1] Die Datierung ist fraglich (s.u. Anmerkung zu Prinzessin Radziwiłł).

[2] Welche Prinzession Radziwiłł hier erwähnt wird, muss offenbleiben. Da Humboldt ausrücklich von einer Prinzessin spricht, könnte die öfter in Teplitz weilende Elisa von Radziwiłł, gemeint sein, die – allerdings kinderlos – am 27. September 1834 gestorben ist. Die erwähnten Knaben, für die ein Lehrer gesucht wird, wären dann nicht ihre eigenen Kinder. Oder es handelt sich um Prinzessin Luise von Preußen, verh. Fürstin von Radziwiłł, die vier Söhne hatte, aber Humboldt wohl besser bekannt war als von einer flüchtigen Begegnung. Oder Humboldt bezieht sich auf Leontyna Gräfin von Clary und Aldringen, Ehefrau von Boguslaw Fürst von Radziwiłł (vgl. Dokumente, Dok. 8) und Mutter von Ferdinand (geb. 1834) und Edmund (geb. 1842), womit der Brief aus den späten 40er Jahren stammen würde. Je nach Zuordnung schwankt die Datierung des Briefes stark und ist als gänzlich unsicher anzusehen.

[3] Kryptogamen: die nach Linnés Systematik „sich verborgen fortpflanzenden" niederen Pflanzen, d.h. Algen, Pilze, Flechten, Moose, Schachtelhalme und Farne.

[4] *Der Druck hat die Fußnote*: Das Schreiben bezieht sich auf die Besetzung einer Hauslehrerstelle, zu welcher Humboldt ein passendes Individuum vorschlagen sollte.

[5] François de Salignac de La Mothe-Fénelon. Die Anspielung verweist auf Fénelons Erzieherrolle, wie er sie auch in seinem Roman *Télémaque* (1699) exemplarisch dargestellt hatte.

[a] R.... *D*

34 Humboldt an Lichtenstein
[Berlin,] Montag, [10.11.1834][1]

H: Berlin, Zoologisches Museum, Archiv, Akte: Olfers.

praes[entatum] 10. November 1834.

Es wird Ihnen angenehm sein, theurer Freund, zu erfahren, daß mir Ancillon[2] gestern Olfers[3] Herkommen sehr bestimmt zugesagt hat. Das wird der Selloschen Sache[4] nüzlich sein. Behalten Sie nur die Anlage.[5] Mit innigster Anhänglichkeit.
Ihr
Al. Humboldt.
Montags, 10. November 1834.

1 Dieser Brief Humboldts aus der Akte Olfers im heutigen Museum für Naturkunde (Historische Arbeitsstelle) ist mit dem zusammengehörigen Brief Olfers (s. Dokumente, Dok. 5) überliefert.
2 Johann Peter Friedrich von Ancillon, preußischer Staatsmann.
3 Ignaz von Olfers, deutscher Naturwissenschaftler und Diplomat, ab 1839 auch Generaldirektor der Königlichen Museen zu Berlin. Olfers war wie Sellow seit 1816 längere Zeit in Brasilien gewesen, wo er diesen getroffen und unterstützt hatte.
4 Der Brasilienreisende und Naturfoscher Friedrich Sellow, 1831 in Brasilien gestorben (vgl. den Brief Humboldts an Lichtenstein von nach 1831, Brief Nr. 26).
5 Vgl. den Brief Ignaz von Olfers', vor dem 10.11.1834 an Humboldt (s. Dokumente, Dok. 5).

35 Humboldt an Heinrich Gustav Hotho [oder an Lichtenstein?][1]
[Berlin,] Sonnabend, [wohl 1835]

H: Staatsbibliothek zu Berlin. Handschriftenabteilung; Nachl. Alexander von Humboldt; Signatur: Nachl. Alexander von Humboldt, kl. Kasten 1b, Nr. 30, Blatt 3–3a.

Sonnabend, Abend

Ich bin, in den unlitterarischen Zerstreuungen des Augenbliks, nur im Stande, Ihnen, verehrungswerther Herr Professor, für Ihre freundlichen zuvorkommenden Mittheilungen meinen innigsten Dank abzustatten. Hegels[2] Gesch[ichte] der Philosophie[3] hat meine ganze Aufmerksamkeit auf sich gezogen. Ich hielt es für ein geistiges Bedürfniss (so viel es meine unphilosophische Bildung erlaubt,) tiefer[a] mit seinen Kunstbestrebungen vertraut zu sein. So entfernt ich scheine von Ihnen und den Produkten Ihres schönen Talentes zu leben, so war es mir auch ein Vorwurf, Ihnen und Ihren Vorstudien des Lebens und der Kunst fremd zu bleiben. Ich gehöre noch dem mythischen Alter deutscher Litteratur an, in dem man über solchen Sünden Reue fühlt. Ein hochverehrter gemeinschaftlicher Freund hat mich Ihnen näher gebracht. Ich werde ihm und Ihnen meinen Dank mündlich darbringen.

AlHumboldt

a (1) nicht (2) tiefer *Humboldt*

[1] Im Verzeichnis der Staatsbibliothek zu Berlin ist dem Humboldt-Brief Lichtenstein als Adressat zugeordnet. Im Brief findet sich aber mit der Bemerkung „Ihren Vorstudien des Lebens und der Kunst“ eine direkte Anspielung auf Hothos *Vorstudien für Leben und Kunst* (Stuttgart, Tübingen 1835), weswegen der Brief wahrscheinlich den Kunsthistoiker Hotho zum Adressaten hat. Hotho war der Bruder von Lichtensteins Frau, Henriette Victoire Lichtenstein, geb. Hotho, was die Zuordnung in einen Lichtensteinkontext erklärt. Die Erwähnung Hegels, die Anspielungen auf Kunststudien und auf einen ungenannten Freund, der Humboldt und den Adressaten zusammengebracht hätten, schließen Lichtenstein als Adressat eigentlich aus. Für den freundlichen Hinweis auf Hotho danke ich Ulrich Päßler herzlich.

[2] Georg Wilhelm Friedrich Hegel.

[3] Humboldt besaß zwei Bände der von Karl Ludwig Michelet 1833 besorgten Ausgabe der Hegelschen Vorlesungen, die er auch mit Anmerkungen versah (Stevens 1863, Nr. 4114).

36 Humboldt an Lichtenstein
[Berlin,] Sonnabend, [um 1835?][1]

D: Anonym, 1864, 195.

Sie sagen, mein Theurer, was mich sehr interessirt hat, in Ihrem Aufsatze über den Atlantischen Ocean (gegen Murr[2]), daß im Barros[3] (Dec. I. lib. IV. c. 3, fol. 42) *Behaim*[4] genannt sei und (366) als Schüler von Regiomontanus[5]. Letzteres ist besonders wichtig. Ich habe nun eine *neue* Ausgabe von Barros und kann beide Stellen nicht finden, da lib. IV. von Gama[6] handelt und bei Cam[7], mit dem Behaim bekanntlich reiste, 1454, Dec. I. lib. III. c. 3. nichts steht. Vielleicht, theurer College, finden Sie leichter die Stellen auf.

Dankbarst

Sonnabend. Ihr A. Humboldt.

[1] Der Druck hat den Vermerk „Ohne Datum.“

[2] Christoph Gottlieb von Murr.

[3] João de Barros in seinen *Décadas da Ásia*.

[4] Martin Behaim.

[5] Johann(es) Müller gen. Regiomontanus. Vgl. Lichtenstein 1810a, 376–377, wo sich auch die von Humboldt im Brief zitierten Angaben finden. Die Frage des Verhältnisses von Behaim zu Regiomontanus diskutiert Humboldt (1836/1837, Bd. 1, 232–238) ausführlich, dort spricht er auch „von den gelehrten und scharfsinnigsten Untersuchungen von Lichtenstein über die ersten portugiesischen Entdeckungen in dem *Vaterländischen Museum*, 1810“ (234, Fußnote).

[6] Vasco da Gama.

[7] Diogo Cão.

37 Humboldt an Lichtenstein
[Berlin,] Donnerstag, [1830er Jahre]

H: 1 S., 1 S. Anschrift. Niedersächsisches Staatsarchiv, Wolfenbüttel. Hs Abt VI. 12 nr. 79. Nr. 68.
D: Anonym 1864, 194–195.

Der Genuss der Kiebitzeyer[a] wird morgen Mittag beim König[1] in Potsdam das ewige Gespräch erneuern, ob es in Russland Kiebitze gebe, da man (so sagen die vornehmen Russen) dort die Eyer nicht kenne. Darf ich Sie bitten, Verehrter Freund, mir bis morgen halb zehn Uhr (Sie sehen wie lästig ich mit den Russischen Vögeln bin) zu schreiben, was Sie von der nördl[ichen] Verbreitung dieser Sumpfbestien halten.

Mit dankbarer Anhänglichkeit

Ihr

Al Humboldt

Donnerstags

Eben lese ich in einer gelehrt sein sollenden Recension im Tems[2]

quand Marco Polo simple marchand d'epicier[b] visite le Japon, quand Colomb avec deux barques non[-]pontées traverse les mers …[3]

Mein Jäger[4] behauptet viele Kybitze in Sibirien bei Barnaul gesehen zu haben.

[*Anschrift:*] Sr Hochwohlgeboren
Herrn Geh[eimen] Rath
Lichtenstein

1 Wohl Friedrich Wilhelm III. von Preußen.
2 Le Temps: französische liberale Tageszeitung, erschienen zwischen 1829 und 1842. Humboldt bezeichnete sie gelegentlich als die einzige französische Zeitung, die er lesen würde (vgl. Humboldt 2015, 382).
3 Frz.: als Marco Polo, ein einfacher Gemischtwarenhändler, Japan besucht, als Kolumbus mit zwei Booten ohne Aufbauten die Meere überquert …
4 Johann Seifert.

a Kibitzeier *D*
b simple marchand d'epicier *erg. Humboldt*

38 Lichtenstein an Humboldt[1]
O. O., [um 1835?]

H: 3 S., Staatsbibliothek zu Berlin; Nachl. Alexander von Humboldt, gr. Kasten 12, Nr. 48, Bl. 1.

[*Von Humboldts Hand*:] Lichtenstein, Cap Wolke
[*Von Lichtensteins Hand*:] Die Wolke auf dem Tafelberg ist bei allen Bericht-Erstattern aus allen Zeiten, ein übles Zeichen für den Schiffer, der in die Tafelbai einlaufen will und mit Recht. Denn sie ist das Product einer besonderen Heftigkeit des SüdOst-Windes, die also daran weit aus der See (15 Seemeilen Abstand) erkannt, ja gleichsam ermessen werden kann.

Bei dieser Heftigkeit führt der Passat eine Menge Wasserkügelchen von der Oberfläche des Meers und von der brausenden Küste in die Luft durch die allmählich ansteigende Südseite des kleinen Gebirges, das gegen Nordwest mit dem vollkommen ebnen, senkrecht abstürzenden Tafelberg endigt. Auf der etwa 6000 Fuß langen Platte verdichten sich die Wassertheilchen zu einer Wolke, die nun wie ein Teppich über der Fläche ausgebreitet ist und sich über den nördlichen Rand noch oft 200[a] bis 300 Fuß an der oberen Höhe, hinabwälzt. Die Wolke erscheint Anfangs[b] in einer dünnen Schicht gelagert, lange ehe der Wind in der Kapstadt losbricht, d.h. 2 bis 3 Stunden früher. Die Stärke des Sturmes ist in der Stadt am heftigsten, gesteigert durch den jähen Abfall und das Zusammenpressen zwischen die benachbarten Höhen; an der Südseite des Berges, ja, wie man behauptet, selbst auf dem Gipfel ist sie nur gemäßigt zu derselbigen Zeit.

Wenn dieser Wind herrscht, (er dauert zwischen November und April manchmal 5 bis 6 Tage in gleicher Heftigkeit) ist das |2| Einlaufen in die Tafelbai, nur den besten Seglern und geschicktesten Piloten möglich. Es ist deshalb allgemeine Regel, der Nautik, daß die für diesen Hafen bestimmten Schiffe sich beim Anfahren des Kays von Westen her auf 2 bis 2½ Grad südlicher halten um beim Nahen nicht von der Gewalt des SüdOst-Stromes vorüber gerissen und nach Norden geschleudert zu werden. Die Hauptkunst besteht dann darin, von Süden mit dem Strom kommend, den Südostwind so zu benutzen, daß man gerade in der Nähe der Strandbatterie sei, wenn man mit halbem Winde einsegeln kann, an einer Stelle,[c] da wo der Strom nun nicht soviel Gewalt mehr hat. Ich habe Schiffe ankommen sehn, die schon durch das Sprachrohr verstanden werden konnten und doch von dem S. O. wieder hinaus geworfen wurden. Der weite Bogen den sie nun wieder machen müssen, verzögert die Ankunft oft um 2 bis 3 Wochen.

Da ist es nun für die Schiffer von Wichtigkeit, daß sie an dem Gipfel des Tafelberges abnehmen können, wie heftig der Wind in der bai hauset. Denn sie können es an der Dicke (der Höhe) der Wolkenschicht ermessen, die auf der Tafel lagert und die wohl natürlich der Schnelligkeit proportional ist, mit welcher der Luftstrom die Dünste des Meeres herbei bewegt. Sie werden also lieber das Einlaufen für eine Zeitlang aufgeben, sich solange mehr westlich, außer dem Strom halten und beidrehen oder kreuzen, bis sie den Tafelberg von S. W. her wieder ansichtig werden können, um zu sehn, ob er frei ist. [*Fragmentende*]

---

[a] oft | bis *gestrichen* | 200 *Lichtenstein*
[b] Anfangs *erg. Lichtenstein*
[c] (1) um nun mit halbem Winde einsegeln zu können (2) wenn man mit halbem Winde einsegeln kann, an einer Stelle, *Lichtenstein*

[1] Von Humboldt zerschnittenes Textfragment.

39 Humboldt an Lichtenstein
[Berlin,] Sonnabend, [um 1835?]

H: 1 S., 1 S. Anschrift. Niedersächsisches Staatsarchiv, Wolfenbüttel. Hs Abt VI. 12 nr. 79. Nr. 58.
D: Anonym 1864, 195.

Ich eile, theurester College, Ihnen meinen herzlichsten Dank für Ihre ganz befriedigenden Antworten zu sagen. Die Stelle über die magn[etische] Abweichung war mir sehr wichtig. Die Citation aus Barros[1] von Agisymba u[nd] Sofala habe ich so eben in meinem Ramusio[2] T. I p. 393 gefunden nachdem ich wie gewöhnlich eine Stunde vergebens in dem[a] bezauberten Schlosse das man Ritters Erdkunde[3] nennt, geraset.[4] Da Sie eben[b] Sich wieder an Ihr Afrika erinnert[c] [fühlen,] so will ich, aus Rache, dass Sie selbst Sich einmal wieder von der Oberflächlichkeit dieses Machwerks in Beziehung auf histor[ische] Ereignisse überzeugen p. 410 das aller Gemeinste![5] Beim Cap keine Silbe von Ihren schönen Bemerkungen über Diaz[6] Umsegelung des Vorgeb[irges][d] und Behaim's[7] Irthum[e] der marcos[8]! Dazu ein Register in dem weder Mina[9] noch Diaz, noch Gama[10] zu finden sind. Man muss es anbeten, aber es ist ein heillos confuses Buch. Die Stelle aus Barros von Agysimba ist angeführt p. 141.

Ihr

AHt

Sonnabends Nacht

[*Auf dem Briefumschlag, Anschrift*:] Sr Hochwohlgeboren
Herrn Geh[eimen] Rath Lichtenstein
mit einem Buche

[1] João de Barros, portugiesischer Geschichtsschreiber.
[2] Giovan Battista Ramusio: *Navigationi et viaggi*. Venedig, vor 1554–1559.
[3] Ritter 1817/1818 bzw. 1822–1859. Das 21bändige „anbetungswürdige, aber konfuse Machwerk" (so sinngemäß Humboldt) ist in der 2. Auflage mit mehr als 20.000 Seiten das umfangreichste Werk der Geographie, das von einem einzigen Autor geschrieben wurde und behandelt Afrika und Asien. Humboldt vergleicht sich hier ironisch mit dem rasenden Roland, der sich in Alcinas Zauberschloss verliert. Das Werk befand sich in Humboldts Bibliothek (Stevens 1863, Nr. 8588).
[4] Anspielung auf Ariosts *Orlando furioso*.
[5] [*Der Druck hat die Fußnote*:] * Hier fehlt ein Wort, wahrscheinlich „anführen".
[6] Der portugiesische Seefahrer Bartolomeu Diaz.

---

[a] (1) bezab (2) bezauberten *Humboldt*
[b] aber *D*
[c] erinnern *D*
[d] des Vorgeb *erg. Humboldt*
[e] Isthmus *D*

[7] Martin Behaim.
[8] Marcos: Marksteine der portugiesischen Seefahrer an der afrikanischen Küste. Vgl. dazu Humboldt 1836/1837, Bd. 1, 247, Fußnote: „Lichtenstein hat in einer Abhandlung [Lichtenstein 1810a], welche sich durch historische Kritik vorzüglich auszeichnet, nachgewiesen, dass sich auf der Nürnberger Erdkugel eine falsche Zeitangabe vorfindet, wenn Behaim neben das Vorgebirge der Guten Hoffnung, welches er *Terra Fragosa* nennt, folgende Bemerkung setzt: ‚Hier wurden die Säulen (Zeichen) des Königs von Portugal am 18. Januar 1485 aufgerichtet.'"
[9] Zentralort der portugiesischen Besitzungen an der Küste Westafrikas.
[10] Vasco da Gama.

40 Humboldt an Lichtenstein
[Sanssouci, Freitag], 7.(?)6.1835[1]

TD: Bruhns 1872, Bd.2, 223–225.

Ich komme nun, verehrter Freund, zu der öffentlichen Erwähnung des Hingeschiedenen[2] bei der akademischen Feier. Er verdient diese Erwähnung um so mehr, als er, wie Sie aus eigener langer Erfahrung wissen, unserer Akademie mit ganzer Seele ergeben war und die Pflichten des Akademikers emsig erfüllte, solange es seine physischen Kräfte erlaubten. Mir selbst würde es unmöglich sein, über den so innigst geliebten Bruder zu sprechen oder zu schreiben. Ich würde mich immer durch meine Lage als Bruder und die Pflichten der Mässigung, welche aus dieser Lage entstehen, dergestalt befangen fühlen, dass ich das betrübende Gefühl haben würde, auch mit dem besten Willen und von der Größe des Gegenstandes durchdrungen, eine solche Aufgabe schlecht zu lösen. Befangenheit nimmt die Freiheit, und ohne freie Zuversicht bringt man nichts Befriedigendes hervor. Ich brauche also nicht des Umstandes zu erwähnen, dass ich am 3. Juli, falls dieser Tag gewählt werden sollte, ohnedies nicht in Berlin sein werde, denn des Königs[3] Abreise ist auf den 1. Juli bestimmt und die meinige (wenn ich mich nicht früher in Hamburg einschiffe) auf die letzten Tage des jetzigen Monats.[4] Mein Bruder war ein warmer Freund hergebrachter akademischer Formen, wir müssen also nach den Grundsätzen der Oeffentlichkeit und Gleichheit, denen meine Familie anhängt, wünschen, dass die Erwähnung des Hingeschiedenen von dem Herrn Secretär der Klasse geschehe, zu der er gehörte. Sie wissen, wie lebhaft sich mein Bruder für die Ernennung unsers Freundes des Geh. Raths Boeckh[5] interessirt hat, wie hoch mein Bruder die philosophische Ansicht des gesammten Alterthums in diesem schätzte. Die Sache ist also in guter Hand, denn ich glaube, dass nichts mehr den Verewigten charakterisirte, als die Tiefe, mit der er in Geist, Anmuth der Sitten, Heiterkeit des Gemüths, Stärke und Würde des Charakters, Freiheit |224| des Sinnes, Unabhängigkeit von den einseitigen Bedrückungen der Gegenwart, von dem Geiste des Alterthums als Staatsmann, als Gelehrter, als Freund und Verwandter durchdrungen war. Er erschien mir immer als der Reflex von dem, was in der höchsten Blüte der Menschheit uns aus vergangenen Jahrhunderten entgegenstrahlt. Soll ich an Einzelnes erinnern, was er geleistet hat, so stelle ich obenan: Fundation der Berliner Universität und der damit zusammenhängenden Institute; Erbauung der Sternwarte in Königsberg, die so wichtig geworden ist; Errichtung des Museums, die ihm der König übertrug. Unter den literarischen Werken die poetischen: „Agamemnon", „Pindarische Oden", Chöre und sein Gedicht „Roma"; unter den prosaischen: „Ueber Hermann und Dorothea", eigentlich über das Epos im allgemeinen, die Untersuchungen über die Iberischen Völkerschaften, die Basken schildernd, als einen grossen Theil des Mittelmeeres umwohnend; viele ästhetische und Kunstaufsätze in den „Horen“, über Philosophie der Grammatik in den Schriften der Akademie der Wissenschaften, und den geistreichen „Lettre à Mr. Abel Rémusat“ über den Sprachbau des Chinesischen. Diese Arbeiten von so geringem Umfange tragen alle den gemeinsamen Charakter, dass sie von dem festen Grunde des einzeln Ergründeten zu höhern, allgemeinen philosophischen Ansichten übergehen. Diese Fähigkeit, der Masse des Durchforschten und Gesammelten nicht zu erliegen, das heterogen Scheinende zu concentriren und nach grossartigen Ansichten in Einklang zu bringen, bei steter Klarheit der Schreibart und Beibehaltung solcher Formen, welche langes Studium und lange Vorliebe metaphysischen Ideenganges verrathen, dem Stile nie den belebenden Hauch der Einbildungskraft zu entziehen, charakterisirt recht eigentlich die Arbeiten des Hingeschiedenen. Er hat neben sich entstehen sehen und mächtig gefördert eine neue allgemeine Sprachwissenschaft, ein Zurückführen des Mannichfaltigen im Sprachbau auf Typen, die in geistigen Anlagen der Menschheit gegründet sind. Den ganzen Erdkreis in dieser Mannichfaltigkeit umfassend, jede Sprache in ihrer Structur |225| ergründend, als wäre sie der einzige Gegenstand seiner Forschungen gewesen, als verdiene sie die Aufmerksamkeit, welche ehemals nur Idiomen gegönnt wurde, auf welche der Glanz einer vollendeten Literatur zurückstrahlt, war der Verewigte nicht blos unter seinen Zeitgenossen derjenige, welcher die meisten Sprachen grammatikalisch studirt hatte, er war auch der, welcher den Zusammenhang aller Sprachformen und ihren Einfluss auf die geistige Bildung der Menschheit am tiefsten und innigsten ergründete. Das Werk, welches wir jetzt drucken lassen, wird die Nachwelt lehren, wie, nach einem langen allein geistigen Bestrebungen gewidmeten Leben, eine mächtige Intelligenz die einzelnen Strahlen der Erkenntnis concentriren, das Mannichfaltigste beherrschen, den organischen Bau der Rede den ewigen Gesetzen dieser Intelligenz unterwerfen kann. Wie Sie, mein theuerer Freund, wünsche ich, dass in der nächsten Sitzung ein Fragment aus der Einleitung gelesen werde. Es wird gewiss von grossem Effect sein, wenn wir die Auswahl so treffen, dass die Sprache lebendig und der Inhalt allgemein interessant, also in Beziehung auf Geselligkeit und Civilisation ist. Mögen wir auch einen Leser finden, der nicht, wie in unserer Akademie leider so oft der Fall, in sich hinein spricht.

1 „Der Brief ist offenbar als Instruction für Böck [August Boeckh] geschrieben, der sich seiner Aufgabe mit gewohnter Würde entledigte.“ (Bruhns 1872, Bd. 2, 225). Bruhns und Stresemann datieren den Brief auf den 7.6.1835 (vgl. Bruhns 1872, Bd. 2, 223; Stresemann 1966, 88, Anm. 48). Wenn der Brief aber Freitags geschrieben wurde, muss das der 5.6. gewesen sein. Conrad Müller gibt ebenfalls 7.6.1835 an (vgl. Humboldt 1928, 29).

2 Wilhelm von Humboldt.

3 Friedrich Wilhelm III. von Preußen.

4 Friedrich Wilhelm III. reiste am 30.6.1835 nach Teplitz ab, Humboldt folgte ihm am 1.7. nach. Am 6.8. brach er von Berlin nach Cuxhaven auf, wo er sich nach Le Havre und Paris einschiffte, wo er dann bis Ende Dezember blieb.

5 Der Philologe August Boeckh hielt in der Preußischen Akademie der Wissenschaften zu Berlin die Gedenkrede auf Wilhelm von Humboldt am 9.7.1835 (vgl. Boeckh 1859).

41 Humboldt an Lichtenstein
Paris, 18.9.1835

H: Archiv der Berlin-Brandenburgischen Akademie der Wissenschaften (ABBAW), NL A. v. Humboldt, Nr. 85.

Paris, Hôt[el] de Londres,
Rue des Petits Augustins
den 18 Sept[ember] 1835
[*Von Lichtensteins Hand:*] Pr[aesentatum] Montpellier 24/8 35
MHL

Wie soll ich Ihnen genugsam danken, mein theurer edler Freund, für Ihren theuren Brief vom 12ten September.[1] So innigst es mich freut zu erfahren wie angenehm und immerfort wissenschaftlich thätig Sie Ihre Zeit in Genf, Montpeiller[2] und Cette[3] verlebt haben, so sehr schmerzt es mich dass ich Sie hier in der großen faulen Babel nicht umarmen soll.[4] Es hätten sich recht viele gefreut Ihnen den hiesigen Aufenthalt anmuthig zu machen besonders Valenciennes[5] und die braven Delesserts[6] u[nd] Fréd[éric] Cuvier.[7] In der Ungewissheit ob dieser Brief Sie noch in Montp[ellier] findet, schreibe ich nur wenige Zeilen. Valenciennes ist endlich im Einpakken. Ich habe ihm das Unschikliche seines Benehmens und die Verlegenheit in die er Sie durch Misbrauch so grosser Liberalität gesezt, lebhaft geschildert und ihn dadurch getröstet, dass Sie die Milde so weit treiben, unmittelbar nur die Fische zu begehren die er schon bearbeitet. Val[enciennes] ist ein sehr braver, wohlunterrichteter, der Wissenschaft fortdauernd sehr ergebener Mensch, aber etwas fahrlässig, nie endigend. Meine Strafrede hat gewirkt. Er kann jezt die Hälfte, er glaubt fast ²/₃ wiedergeben und ich werde sehen ob der Rest nicht noch vor Januar nachkomme. Das soll ganz von Ihnen, mein Theurer abhängen. Er versichert keine Spec[ies] beschädigt zu haben, wird aber doch neue wichtige Spec[ies] aus Dankbarkeit als 10jährigen! Zins zulegen. Jezt wird er ein Fässchen u[nd] eine Kiste senden. Wollten Sie mir nicht grösserer Sicherheit wegen, theurer Freund, durch Ihren Herrn Bruder[8] ein Commissionshaus in Paris bestimmen lassen, das die Uebersendung nach Berlin versteht sich zu Lande u[nd] ganz auf Kosten des Jard[in] des Plantes übernehme. Schreiben Sie mir auch gewogentlichst die Adresse etwa: an das kön[igliche] naturh[istorische] Museum zu Berlin od[er] an eine Person. Ich werde genau Ihre Befehle befolgen. Für das Fischwerk[9] sorge ich auch, ich weiss Sie haben nur 2 B[ände] der grossen Ausgabe. Schreiben Sie mir auch welchem Buchhändler ich hier für Sie am sichersten die fehlenden 8 Bände der großen Ausgabe geben kann. Von der kleinen Ausgabe die Sie freundlichst an Ratzeb[urg][10] geben, fehlen nur 2 B[ände] (nur 10 sind erschienen) Val[enciennes] behauptet beide unter ihrer Adresse an Werther[11] längst gegeben zu haben. Finden Sie diese nicht endlich auf (was ich Sie dringend bitte mir recht frei von Berlin aus hieher zu schreiben) so ist es mir leicht sie für Ratz[eburg] auch zu besorgen. Meine Gesundheit ist sehr gestärkt. Um mich vor den Feinden die hier zahlreich sind zu retten, habe ich ein Zimmer auf der Bibl[iothek] des Instituts wo ich mich einschliesse. Die Wissenschaften insofern der Mensch sie fordert sind hier in der Ebbezeit, Alterthümer (Letronne[12]) Asiatica (Bournouf[13], Julien[14]) Mathem[atik] (Poisson[15]) abgerechnet, aber die materiellen wissensch[aftlichen] Institute sind sehr vergrössert. Meine innige Verehrung Ihrer liebenswürdigen Gattin.[16] Ich freue mich Ihrer Freuden und dass Sie auch so gütigst des Kawi[17] gedenken.

Ihr
AHumboldt

[*Quer an den Rand geschrieben*:] Buschmann[18] ist nun auf 500 Reichsthaler fixum gesezt schreibt mir der G[eheime] K[abinetts] Rath Müller.[19] Der König[20] ist heiter u[nd] wohl. Ich habe aus Conradswalde eine sehr freundliche Cabinetsorder von ihm mich auffordernd ihm unmittelbar u[nd] oft während Werther's Abwesenheit zu schreiben.[21]

1 Über den Verbleib ist bisher nichts bekannt geworden.
2 Montpellier.
3 Wohl Sète.
4 Lichtenstein reiste 1835 über Nürnberg und Zürich nach Mailand, Genf, Montpellier, Lyon und Straßburg. Nach Babel-Paris kam er nicht.
5 Achille Valenciennes. Humboldt war mit ihm auf seiner Frankreichreise im Sommer 1835 bereits in Le Havre und Rouen zusammengetroffen.
6 Wohl die Brüder Benjamin und Gabriel Delessert.
7 Der Zoologe Frédéric Cuvier, der Bruder Georges Cuviers.
8 August Lichtenstein, preußischer Konsul in Montpellier.
9 Valenciennes/Cuvier 1828–1848. 1835 war der 10. Band der *L'histoire naturelle des poissons* erschienen, u.a. mit der Beschreibung der Art *Atherina lichtensteinii*, einem Sandstint: „Nous regardons comme un devoir de notre reconnaissance de dédier au célèbre professeur Lichtenstein, qui nous a ouvert avec tant de générosité les trésors renfermés dans le beau musée de l'université de Berlin [...].“ (Valenciennes/Cuvier 1828–1848, Bd. 10 [1835], 476).
10 Der Berliner Entomologe Julius Theodor Christian Ratzeburg.
11 Wilhelm von Werther, 1824–1837 preußischer Gesandter in Paris.
12 Der Althistoriker Antoine Jean Letronne.
13 Der Indologe Eugène Burnouf, 1832 Nachfolger Antoine-Léonard de Chézys am Collège de France.
14 Der Sinologe Stanislas Julien, 1832 Nachfolger Jean-Pierre Abel-Rémusats am Collège de France.
15 Der Mathematiker Siméon Denis Poisson.
16 Victoire Lichtenstein geb. Hotho.
17 Anspielung auf Eduard Buschmann und dessen Arbeit an der Herausgabe von Wilhelm von Humboldts Werk über die Kawi-Sprache.
18 Eduard Buschmann.
19 Carl Christian Müller, Geheimer Kabinettsrat des Königs.
20 Friedrich Wilhelm III. von Preußen.
21 Die Humboldt-Chronologie führt zum 6.8.1835 aus: „H. erhält in Paris den Auftrag des Königs Friedrich Wilhelm III., während der Abwesenheit des preußischen Gesandten unmittelbar über die Zustände und Ereignisse in Paris zu berichten.“ (Vgl. Alexander von Humboldt-Chronologie. Hg. von Ingo Schwarz. In: edition humboldt digital, hg. v. Ottmar Ette. Berlin-Brandenburgische Akademie der Wissenschaften, Berlin. URL: http://edition-humboldt.de/X0000001).

42 Humboldt an Lichtenstein
[Berlin,] Donnerstag, [19.1.1837]

H: 2 S., 1 S. Anschrift. Niedersächsisches Staatsarchiv, Wolfenbüttel. Hs Abt VI. 12 nr. 79. Nr. 88.

Mein theurer College!

Wie ein Aerolith und zwar mit der Post ein eiliger Brief von Valenciennes[1] vom 12ten Januar[2], um mir zu melden dass Tages vorher der älteste meiner Freunde der Mahler Gérard am Nervenfieber nach kaum 5 tägigem Leiden gestorben ist[3] – was mich innigst schmerzt. Dann handelt der vier Seiten lange Brief von Herr v[on] Crassow[4], Philippi's Conchylien[5], Valencienne's ewigen Bräunen[6] pour lesquels il a fallu des coups de bistouri[7][,] der gefährlichen Névrose de Mad[ame] Valenciennes,[8], du XII Vo[lume] der Poissons[9] der für Mr. Lichtenstein eingepakt, der XIII te an dem gedrukt wird; endlich am Ende entdekke ich in lapidarischem Style die Worte, Vous recevrez sous peu par l'Ambassade les livres (Hist[oire] des Poissons) et je joindrai à Mr. Lichtenstein la lettre et le Catalogue des Poissons, qui à l'livre qu'il est sur la route de franc fort ou dedans. Croyez qu'avec Mr. Weinkiickt (ist |2| das eine monströse varietät des Legations Secret[ärs] Weisskirch[10] od[er] der Mann für den Sie den Brief zur Besorgung von Montpellier aus zu geben die Gewogenheit hatten?) j'ai pris toutes les precautions imaginables.

Nichts gleicht doch dieser französischen naiven Harmlosigkeit, die ein unsittliches Betragen vor 10 Jahren mit solcher Heiterkeit zu rechtfertigen glaubt.[11] Ich werde erst wüthen u[nd] rächen wenn das Fischgericht hier ist. Und doch bin ich an alle dem Unheil Schuld.

Mit inniger Liebe u[nd] vielen Dank für den Kaufpfennig (die hebraïzirende Geognosie[12]).

Ihr

A Humboldt

Donnerstags

[*Anschrift*:] Sr. Hochwohlgeboren
Herrn Geh[eimen] Rath Lichtenstein.

1 Achille Valenciennes.
2 Der Brief findet sich nicht im veröffentlichten Briefwechsel Humboldts mit Valenciennes, sehr wohl aber Humboldts Antwortbrief (vgl. Théodoridès 1965, LXXXVI–LXXXVII).
3 François Gérard starb am 11. Januar 1837 in Paris.
4 Wohl Carl Reinhold Graf von Krassow.
5 Rudolph Amandus Philippi.
6 Bräunen: eine inhomogene Gruppe von Krankheiten, z. B. Mandelbräune, bösartige Bräune, Luftröhrenbräune usw. (vgl. z. B. Dreyßig 1801, 122, 146).
7 Bistouri: Lanzettmesser oder Skalpell.
8 Alphonsine Valenciennes, geb. Gottis, verheiratet seit 1831. Nevrosen bezeichneten ab dem späten 18. Jahrhundert Nervenerkrankungen.
9 Cuvier/Valenciennes 1828–1849. Der Band 12 erschien 1837, der Band 13 1839.
10 Johann Nicolaus Weiskirch, Legationssekretär an der preußischen Gesandtschaft in Paris.

11 Vgl. Humboldts Brief von vor September 1830 (Brief Nr. 22) und vom 18.9.1835 (Brief Nr. 41).

12 Wohl eine Anspielung auf William Buckland und seine *Bridgewater Treatises*, 1836/1837 in zwei Bänden erschienen (Buckland 1836/1837; in deutscher Übersetzung 1837). Die Originalausgabe befand sich in Humboldts Bibliothek (vgl. Stevens 1863, Nr. 1477). Für den Hinweis sei Carsten Eckert herzlich gedankt.

43 Humboldt an Lichtenstein
Berlin, 7.9.1837

D: Anonym 1864, 199.

Berlin, den 7. September 1837

Sollte ich nicht so glücklich sein, theurer Freund, vor meiner Göttinger Irrfahrt Sie zu umarmen, so nehmen sie mit diesen Zeilen meine Entschuldigung an. Vielleicht legen sie gern zu Ihren Fischmaterialien die Cabinetsordre, die ich dem Geheimen Cabinetsrath Müller[1] verdanke.

Ihr A. Humboldt

Als der Dr. Bloch[2] in Berlin sein großes Fischwerk[3] herauszugeben anfing, sandte er dem König[4] die ersten fertigen Bogen davon, um ihn dafür zu interessiren. Er schrieb ihm, daß ein solches bisher nicht vorhandenes Werk hier unternommen, von einem hiesigen Gelehrten und Künstler ausgeführt und hier gedruckt werden sollte und fügte eine Menge Bitten hinzu, um Unterstützung und Pränumeration, um Postfreiheit für das Papier aus Frankreich oder der Schweiz und endlich um einen Befehl an die Kammern, daß diese ihm eine Specification aller in ihren Districten befindlichen Fische, allenfalls auch ein Exemplar von den seltenen Sorten zusenden möchten.

Darauf erfolgte die umstehende Resolution vom 27. März 1781.

Se. Königl. Majestät von Preußen läßt dem Dr. Bloch auf seine allerunterthänigste Anzeige vom 15. d. und in Ansehung des darin gethanen Antrages hierdurch zu erkennen geben, daß es nicht nöthig ist von den Kammern eine Liste von den Fischen zu erfordern; denn das wissen sie schon allerweges, was es hier im Lande für Fische gibt. Das sind auch durchgehends dieselbe Art von Fischen, ausgenommen im Glazischen, da ist eine Art, die man Kaulen nennt oder wie sie sonst heißen, die hat man weiter nicht, sonst aber sind sie durchgehends einerlei Fische, die man alle weiß und kennt. Und darum ein Buch davon zu machen würde unnöthig sein, denn kein Mensch wird solches kaufen. Die zugleich mit eingesandten Kupferabdrücke von einigen Fischen erfolgen hierbei zurück.

Potsdam, den 27. März 1781.

Friedrich.

1 Wahrscheinlich Carl Christian Müller, 1834–1846 Geheimer Kabinettsrat im Zivilkabinett.

2 Marcus Elieser Bloch.

3 Bloch 1782–1795.

4 König Friedrich II. von Preußen.

44 Humboldt an Lichtenstein
[Berlin,] Mittwoch, [wohl (Anfang?) 1838]

H: 1 S. Niedersächsisches Landesarchiv, Standort Wolfenbüttel, 298 N Nr. 359, Nr. 6.

Ich erhalte so eben, hochverehrter Freund, ein neues sehr wichtiges Stük der Geogr[aphical] Soc[iety,][1] das ich Ihnen übermache, weil Sie vielleicht einiges für Ihre hiesige geogr[aphische] Gesellschaft[2] daraus schöpfen werden über eine Weltgegend die Ihnen mehr verdankt, als Sie Selbst glauben wollen.

Ich lege dazu den Brief von dem Secret. Washington[3] wegen meiner Notizen über Schomburgk[4] der sich besser erwiesen hat, als ich von ihm vermuthete. Ganz vor kurzem habe ich entdekt, dass dieser Reisende einen Bruder[5] (Gärtner?) in Potsdam und einen anderen[6] auf einer Festung (Demagogen nach Schoppe[7]) hier im Lande hat!

Auch aus dem an Gr. Sternb.[8] gerichteten Brief über Indien jenseits des Ganges werden Sie schöpfen. Es ist denke ich derselbe Mann für den, auf Ihren Wunsch, Bülow[9] schon Schritte gethan.

Mit alter Anhänglichkeit

Ihr
AlHumboldt

Mittwoch früh

Helfer's Brief[10] ist in politischer Hinsicht sehr wichtig. Besiz von Malaca[11] (unsere Zinnpreise!!) und Grenze mit Alt China. Da die Directoren vom Gen[eral-]Gouverneur unabhängig sind, so werde ich doch bei diesem einen Schritt thun müssen. Da ich Berghaus[12] schöne Karten nicht zur Hand habe so finde ich Maulmain nicht.

1 Das *Journal of the Royal Geographical Society of London* von 1838 enthält einen „Report of an Expedition of Discovery, Through the Countries of the Great Namáquas, Boschmans, and the Hill Dámaras, in South Africa" des schottischen Offiziers James Edward Alexander, worin auch Lichtenstein erwähnt wird (Alexander 1838, 1, Fußnote).

2 Gesellschaft für Erdkunde zu Berlin, gegründet 1828. Lichtenstein war Gründungsmitglied und „Director".

3 John Washington, 1836–1841 Secretary der Royal Geographical Society.

4 Robert Hermann Schomburgk. In einem Brief Humboldts an Ignaz von Olfers 1838 (ohne genaueres Datum) findet sich eine ähnliche Anfrage: „Bedeutet die Anforderung von Lichtenstein an mich etwas? Ich finde unter meinen Schomburgk'schen Papieren nichts das einer botanischen Beschreibung ähnlich sieht. Verzeihung der heutigen Unterbrechung. Sonnabend. Ihr A. v. Humboldt." (Humboldt 1913, Brief Nr. 37, 22).

5 Moritz Richard Schomburgk war 1834–1840 Gärtner in Sanssouci.

6 Otto Schomburgk, 1840 begnadigt.

7 Gustav Adolf von Tzschoppe. Als Jurist und Mitglied der Kommission gegen demagogische Umtriebe verfolgte er insbesondere Burschenschafter, Turner, liberale Schriftsteller und Katholiken. Von Karl August Varnhagen von Ense wurde er in den Tagebüchern als „Erzschuft Tzschoppe" (I, 276) bezeichnet, von Karl Gutzkow als „Chef des gesamten allgemein literarischen Verdächtigungswesens", „allmächtiger Polizeiwart der Literatur" und „Bücher-Alba" (Gutzkow 1960, 440, 442). Ernst Dronke nannte ihn „Demagogenriecher" (Köhler/Richter 1954, 275) und porträtierte ihn 1846 in einer Novelle seiner *Polizei-Geschichten* kaum verschleiert als „W.", wofür er zu zwei Jahren

Gefängnis verurteilt wurde. „1837 wurde [Tzschoppe] Wirkl. Geh. Oberregierungsrath und Director der 1. Abtheilung des Ministeriums des königlichen Hauses. Alexander v. Humboldt scherzte damals wegen der vielen Auszeichnungen, die T. widerfuhren, er sei der thätigste Mann, er mache täglich etwas Neues, klüglicherweise an sich selber, indem er sich hinaufschöbe.“ (ADB, Bd. 39, 68; vgl. auch Holtz 2015).

8 Graf Kaspar Maria von Sternberg.

9 Heinrich von Bülow.

10 Johann Wilhelm Helfer, Arzt in Prag, plante 1837 eine Forschungsreise nach Südostasien (vgl. dazu Berlin, Zoologisches Museum, Archiv, Acta betr. die Reise-Unternehmung des Dr. med. Helfer in britt. Ostinidien 1837). Helfer wurde 1840 auf den Andamanen ermordet. Helfers Ehefrau Pauline berichtete von seinem Tod auf der Flucht vor den Andamanesen auf das rettende Schiff: „Alle entkamen den tödlichen Geschossen. Nur Helfer, obwol er als tüchtiger Schwimmer den andern voraus war, wurde getroffen. Ein vergifteter Pfeil durchbohrte ihm den Kopf, er sank unter und kam nicht wieder an die Oberfläche. Auch alle Bemühungen der Leute, seine Leiche aufzusuchen, blieben erfolglos.“ (Nostitz 1873, Bd. 2, 261). Helfers tragischer Tod musste Lichtenstein an die Ermordung eines Weißen durch einen Buschmann-Giftpfeil erinnern, die er in Südafrika hautnah miterlebt hatte (Lichtenstein 1811–1812, Bd. 2, 582–584).

11 Malakka (engl. Malacca) in British Malaya (heute zu Malaysia), seit 1824 britisch.

12 Heinrich Berghaus.

45 Humboldt an Lichtenstein
Berlin, 12.8.1838

H: 1 S. Niedersächsisches Staatsarchiv, Wolfenbüttel. Hs Abt VI. 12 nr. 79. Nr. 71.

Empfangen Sie freundlichst theurer Freund, dies Zeichen meines Vertrauens auf Ihre Zuneigung und schreiben Sie mir bis Montag Mittag eine Zeile, um zu wissen dass mein Sterbebrief[1] in Ihrer Hand ist. Das ist ein Trost. Ich hatte das opus heute Morgen nicht vergessen, aber noch nicht componirt.

Ihr

dankbarer
AlHumboldt.

B[erlin,] den 12 Aug[ust]
1838.

1 Auf welchen Brief hier Humboldt anspielt bleibt unklar, ein Brief Humboldts, der einen solchen Namen verdient, hat sich nicht erhalten (vgl. den Brief Humboldts vom Sommer 1842, Brief Nr. 67).

46 Humboldt an Lichtenstein
Berlin, 29.6.1839

H: 1 S. Niedersächsisches Staatsarchiv, Wolfenbüttel. Hs Abt VI. 12 nr. 79. Nr. 65.

Hiebei erfolgen, theurester College, die unglüklichen Hof- und Leib-[a] Schmetterlinge der Fürstin von Liegnitz[1], die ich aus Paretz auf Bitte des Hofmarschalls v. Massow,[2] mitgebracht. Ich soll Ihre mit Recht überall gerühmte Güte und Freundlichkeit in Anspruch nehmen, damit auf dem Museum der Kasten gereinigt und mit einigen neuen (wenn auch nicht brasilianischen) Bestien[b] geziert werde. Der Hofmarschall, an den Sie wohl einst den Schatz zurükschikken, wird natürlich jede Kosten für das hergestellte Gefieder und die etwa anzuwendende officielle Vergiftung erstatten. Mit alter Freundschaft und Liebe

Ew Hochwohlgeboren

gehorsamster
AlHumboldt

Berlin
den 29 Iunius
1839

[1] Auguste Gräfin von Harrach, Fürstin Liegnitz, zweite Ehefrau von Friedrich Wilhelm III. von Preußen.

[2] Ludwig von Massow, seit 1835 Hofmarschall.

47 Humboldt an Lichtenstein
[Berlin,] Freitag, [1839?]

H: 1 S. Niedersächsisches Staatsarchiv, Wolfenbüttel. Hs Abt VI. 12 nr. 79. Nr. 45.

Ich möchte, mein theurer Freund, den Gen[eral] Hed[emann][1] nicht auffordern, selbst an Herrn Reimer[2] zu schreiben.[3] Bei einer gewissen Befangenheit, die ihm eigen ist, fürchte ich Aufschub und neue Weitläuftigkeit. Auf der anderen Seite ersehe ich, aus einem gestrigen Briefe des Generals, dass er sehr wegen Beendigung in mich dringt. Mein Vorschlag ist also: wegen der fraglichen Einwendungen die wie Sie sehr richtig sagen nur Nebenpuncte betreffen, keine Schwierigkeit zu machen und Herrn Reimer durch Mittheilung eines Briefes von meiner Hand zu einer Erklärung wegen der älteren Schriften zu bewegen. Fällt diese günstig od[er] wenigstens halbgünstig aus, so könnten wir mit Herrn R[eimer] abschliessen und es wird mir leicht sein den Gen[eral] Hed[emann] zu bewegen jene kleinen Abänderungen in den Contract einzuschalten. Ich besize keine Abschrift, nicht einmal das Register über die zu sammelnden Schriften. Für jezt werde ich also bloss nach Posen schreiben, „dass alles im

[a] Hof- und Leib- *erg. Humboldt*

[b] Bestien *erg. Humboldt*

Werke sei die Beendigung herbeizuführen und dass ich den General bitte mir baldigst die Abschrift des Contracts-Entwurfes mitzutheilen. Mit dankbarster Freundschaft,

Ihr

AlHumboldt

Freitags

1 August von Hedemann, General der Kavallerie, Schwiegersohn Wilhelms.

2 Georg Reimer.

3 Humboldt hatte Lichtenstein bei den Verhandlungen mit Reimer um die Drucklegung der Wilhelm-von-Ausgabe eingeschaltet. An August von Hedemann schrieb Humboldt dazu am 5.2.1839 aus Berlin: „Die Herausgabe der Werke habe ich seit den ersten Tagen meines Hierseins bei Licht[enstein] aufgeregt. Er ist dem Abschliessen mit Reimer nahe und behauptet nur auf mich gewartet zu haben. Es hängt an kleinen finanziellen Clauseln die mir sehr unwichtig scheinen und um endlich zu beginnen, muß man Reimern die Sache nicht zu schwierig machen. Licht[enstein] wollte Du solltest noch einmal an Reimer schreiben, da ich aber vermuthen konnte, daß Dir dies nicht angenehm sein würde, so habe ich es übernommen und an Licht[enstein] einen ostensiblen Brief geschrieben, mit sehr achtbaren (achtungsvollen) Ausdrükken für Reimer. Es war um ihn zu zwingen sich deutlicher über die Gewissheit zu erklären, das früher Erschienene drukken zu dürfen‘. Er hat noch nicht geantwortet. Ich möchte aber alles so einrichten, daß Du von der Sache nur reden hörtest, um Deine Einwilligung zu geben.“ (H.: DLA/Schiller-Nationalmuseum, Marbach (V).)

48 Humboldt an Lichtenstein
[Berlin,] Mittwoch, [10.7.1839?][1]

H: 2 S. Niedersächsisches Landesarchiv, Standort Wolfenbüttel, 298 N Nr. 359, Nr. 46.

Ich schikke Ihnen, theurer Freund diese überaus schönen Gedichte weil ich Dr Brandes[2] sichere Adresse nicht weiss. Ich wünschte ehe ich Berlin verlasse (Montag) Herrn Brandes bei mir zu sehen, etwa

Sonnabend früh 8½ Uhr

damit er mir diese 14 Sonnette und die ganze Masse der Gedichte die ich ihm schon gegeben zurükbringe. Ich hätte dann noch Zeit mit meinem Nachbar G[eheimen] R[at] Stegemann[3] zu reden und ihn zu bitten dieselben Gedichte während meiner Abwesenheit zu prüfen. Ich glaube Sie werd[en] diesen Weg billigen. Bei |2| meiner Rükkunft liegen dann definitiv ausgewählt was das Ende des 1sten und 2ten Theils ausmachen soll. Ich bin für alles verloren bis Montag wegen des Erzherzogs[4], wegen ewiger Feten und einer Reise die der König[5] noch bis Dienstag (Tag seiner Abreise) nach Parez nominirt![6] Eheu! General Hedemann will gern unterschreiben. Er ist bis 16ten [Juli] fest in Tegel dann in Burgörner[7] bei Halle, 1–6t. Aug[ust] wieder in Tegel.

Dankbarst

Ihr

Humboldt

Mittwochs

1 Am Sonntag, dem 7.7.1839 traf Erzherzog Albrecht von Österreich in Potsdam ein (GStA PK, BHP, Re. 49, F Nr. 25, Bl. 491). Für den freundlichen Hinweis darauf und die Hilfe bei der Datierung des Briefes danke ich herzlich Bärbel Holtz und Ulrich Päßler.

2 Carl Heinrich Brandes, Herausgeber von Wilhelm von Humboldts Werken.

3 Friedrich August von Staegemann, seit 1806 Geheimer Finanzrat.

4 Wohl Erzherzog Albrecht von Österreich-Teschen.

5 Friedrich Wilhelm III. von Preußen.

6 Am 18.6.1839 war Humboldt in Paretz, wo König Friedrich Wilhelm III. bereits seit 14.6. weilte. Am 16.7. reisten Friedrich Wilhelm III. und Humboldt nach Teplitz, für Humboldt die letzte Teplitzreise (vgl. Alexander von Humboldt-Chronologie – 1839, hg. von Ingo Schwarz: https://edition-humboldt.de/chronologie/index.xql?jahr=1839).

7 Das sog. Humboldt-Schloss Burgörner (heute zu Hettstett, Sachsen-Anhalt) im Wippertal aus dem Besitz der Dacheröden und damit Caroline von Humboldts, der Frau Wilhelm von Humboldts.

49 Humboldt an Lichtenstein
[Berlin,] Mittwoch, [1839?]

H: 1 S. Niedersächsisches Staatsarchiv, Wolfenbüttel. Hs Abt VI. 12 nr. 79. Nr.22.

Herr Reimer[1] versichert dass er sich jetzt mit Gewissheit über die früheren Werke disponiren könne. Ein eigentliches Abkommen schien er mir zwar nicht in Händen zu haben, aber deshalb glaube ich muss man ihn nicht länger quälen. Ich übersende Ihnen hochverehrter Freund, die Probedrukke von denen der grössere mir der angenehmere scheint. Es wäre ja nun wohl soweit dass Gen[neral] Hedemann zum einfachen Unterschreiben angetrieben werden könnte. Ich gehe morgen mit dem Könige nach Paretz. Ich glaube bis Montag. Gleich nach meiner Rükkunft werde ich mich bei Ihnen melden. Ist unterschrieben so scheinen mir die nächsten Operationen die

1) dass Herr Reimer noch Maals die gewählten Drukke untersuchen lässt wie viel solcher Bogen das bereits gedrukte ausmacht. Ohne diese Kenntniss ist der Umfang in Bänden nicht zu schäzen

|2| 2) eine Conferenz bei Herrn Reimer um über diese Wahl der Materien und Ordnung des Ganzen und der ersten 2 – 3 Bände in Specie sich zu einigen.

Ohne Ihren stets[a] so gütigst leitenden Rath soll nichts geschehen.

Dankbarst

Ihr

AlHumboldt

Mittwoch.

1 Georg Andreas Reimer.

a (1) uns (2) stets *Humboldt*

50 Humboldt an Lichtenstein
[Berlin,] Sonntag, [vor dem 14.12.1839]

H: 1 S. Niedersächsisches Staatsarchiv, Wolfenbüttel. Hs Abt VI. 12 nr. 79. Nr. 42.

[*von Lichtensteins Hand*:] Briefe in Sache der Herausgabe der Werke Wilh[elm] v[on] Humboldt

Da ich weiss dass Sie auf eine so liebenswürdige Weise Sich der Herausgabe der Werke meines verewigten Bruder[s][1] annehmen wollen und Hedemann[2] dem überrasch[t]en Herrn Reimer[3] die Liste wohl noch nicht abgedrukt hat, so schikke ich Ihnen, theurer Freund meine Abschrift die vielleicht vollständiger ist.

Dankbarst

Ihr

AlHumboldt

Sonntags

Die schwierigen Werk[e] in anderen Händen sind:

Die Iberischen Völker Hispaniens

Agamemnon

Ueber Hermann u[nd] Dorothea

an den Briefwechsel zw[ischen] Schiller u[nd] meinem Bruder ist wohl wegen des beleidigten Cotta's[4] nicht zu denken.

Von dem Kawi[5] ist gewiss auf die Einl[eitung] zu rechnen, vielleicht auch am Ende der Sprachtheil selbst.

1 Wilhelm von Humboldt war am 8. April 1835 gestorben.
2 August von Hedemann, preußischer General der Kavallerie, Ehemann von Adelheid von Humboldt, der Tochter Wilhelm von Humboldts.
3 Georg Reimer.
4 Johann Georg von Cotta.
5 Humboldt, W. v. 1836–1839.

51 Humboldt an Lichtenstein
[Berlin,] Sonnabend, [1839?]

H: 2 S. Niedersächsisches Staatsarchiv, Wolfenbüttel, Hs Abt VI. 12 nr. 79. Nr. 44.

Für eine so wichtige Sache ist die Antwort des Herrn Reimer[1] von einer sonderbaren lakonischen Oberflächlichkeit. Wie kann Herr Reimer beweisen, dass er no 1 erfülle. An diesem Punkte ist ja Cotta[2] gescheitert. Er hat gutwillig die Sache aufgegeben, weil er mir nicht die Zusicherung des Abtretens älterer Verlagsrechte, die ich forderte als conditio sine qua non, geben konnte.

Wie ist es wahrscheinlich, dass der leichtsinnige[a] Reimer dies Geschäft mit[b] den älteren Verlegern vollendet habe. Wo giebt er den Beweiss? Sollte nicht darin ein Motiv zum Bruche und ein Anknüpfen mit Dümmler[3] liegen, der schon die Kawi Sprache und die Iberischen Völker besizt. Dümmler konnte sich allenfalls mit Duncker[4] verbinden, aber auch allein wäre er bequemer, um so mehr da mein Bruder ihm sehr gewogen war. Da ich fest überzeugt bin Reimer könne in 5 – 6 Monathen Ihnen keinen Beweis schriftlich schaffen, dass er den älteren Verleger im Sack hat, so wäre ein ein- |2| facher Brief von Hedemann[5]

> „Herr Dümmler der schon gewissermassen das Kawi-Werk und ganz Eigenthum die Iberischen Völker besizt, hat nun an meinen Schwager Bülow[6] Vorschläge gemacht die ich einzugehen für rathsam halte. Ich bedaure"

Hedemann abwesend, handelt dann gegen Reimer so unartig als ich es gegen den abwesenden Cotta gethan. Così va il mondo.[7] Leichtsinn, Langsamkeit und völlige Gleichgültigkeit für eigene Verlags-Artikel sind die Sünden da man Reimer Schuld giebt. Cependant je suis loin de me perdre s'il faut absolument du Reimer, da General Hed[emann] leider! die Sache verfahren hat.

Anhänglichst

Ihr
AlHumboldt

Sonnabend.

1 Georg Reimer.
2 Johann Georg von Cotta. Vgl. den Brief Humboldts an Cotta, 25.12.1836 und die Einleitung (Humboldt 2009b, 36–38, 192–194).
3 Ferdinand Dümmler.
4 Alexander Duncker.
5 August von Hedemann.
6 Heinrich von Bülow, der mit Gabriele von Humboldt, der Tochter Wilhelm von Humboldts, verheiratet war.
7 Ital. So geht die Welt.

52 Humboldt an Lichtenstein
[Berlin, 8.10.1839][1]

H: 1 S. Niedersächsisches Landesarchiv, Standort Wolfenbüttel, 298 N Nr. 359, Nr. 43.

Ich muss leider! um 9ᵁ ½ mit Major Sabine[2] nach Tegel. Verzeihung, mein Theurer. Hier

1) die Papiere durch welche man mir beweiset dass ich in 2 Contracten unterschreiben soll, ohne sonst was abzuändern als von Möglichkeit eines Ueberschusses wegen Kawi[3] zu sprechen
2) ein J[ournal] des Débats mit interessanten Musicis[4]

a (1) leichtf (2) leichtsinnige *Humboldt*
b (1) den (2) mit *Humboldt*

3) meine kleine Abhandlung über Gold[5] die ich mir zurükerbitte. Ich weiss dass solche Fragen Sie interessiren.

Ich komme morgen zu Ihnen, theurer Freund.

AHt

1 Am Dienstag, dem 8.10.1839, erwähnt Humboldt in einem Brief an Ignaz von Olfers den Besuch mit Sabine in Tegel (vgl. Humboldt 1913, 40).

2 Sir Edward Sabine, der Humboldt zwischen 8. und 14. Oktober 1839 besuchte.

3 Wilhelm von Humboldts dreibändiges Werk *Über die Kawi-Sprache auf der Insel Java*, dessen Veröffentlichung Alexander von Humboldt unterstützte (Humboldt, W. v. 1836–1839).

4 Gemeint wohl Hector Berlioz' *Cours d'instrumentation considérée sous les rapports poétiques et philosophiques de l'art, par Georges Kastner* im *Journal de débats* vom 2.10.1839, [1–2].

5 Humboldt 1838.

53 Humboldt an Lichtenstein
[Berlin,] Sonnabend, [wohl (Frühjahr?) 1839]

H: 2 S., 1 S. Anschrift. Niedersächsisches Landesarchiv, Standort Wolfenbüttel, 298 N Nr. 359, Nr. 40.

Hier 2 sehr warme Empfehlungen für Baron des Granges[1] der unserer Empfehlung ganz würdig ist. Reimer[2] hat mir noch immer nichts geschikt. Endlich ist es mir geglükt den grossen etwas radicalen Physiker Melloni[3] in Neapel zu placiren. Vielleicht interessirt es Sie, mein edler Freund, zu lesen wie human der dortige Altenstein[4] ist. Der junge, gewiss recht unterrichtete aber zu bizarrerie und Impertinenz geneigte Erman[5] hat Baer's[6] Abfertigung verdient um so mehr da er die Newa von Westen nach Osten fliessen lässt und doch nur 90° Fehler statt 180° eingesteht. Er hat jezt unangenehme Zänkereien mit dem einäugigen Schulrath Schulz[7] aus denen ich ihn zu ziehen suche, aber sein kalt hochmüthiges Wesen, durch Bessels[8] etwas übertriebene Schmeicheleien bekräftigt erschweren überall seine Lage. Baers meteor[ologische] Arbeiten[9] |2| sind vortreflich. Er hat in neueren Zeiten eine bewundernswürdige Varietät der Kentnisse gezeigt. Schreiben Sie ihm ja wie sehr ich davon bezaubert bin. Leop[old] v[on] Buch[10] ist es weniger. Der reisende Block auf dem Eise macht ihn unglüklich.[11] Er hat gewisse Zauberkreise um sich gezogen in die man nicht dringen darf und er findet es bequemer die facta zu läugnen.

Mit alter Dankbarkeit u[nd] Liebe

Ihr

AlHumboldt

Sonnabend.

[*Anschrift*:] Sr. Hochwohlgeboren
Herrn Geh[eimen] Rath Lichtenstein
mit Anlagen

[1] Otto des Granges, preußischer Offizier.
[2] Georg Andreas Reimer, Verlagsbuchhändler in Berlin; möglicherweise geht es um die Herausgabe der Werke Wilhelm von Humboldts.
[3] Macedonio Melloni wurde 1839 Direktor des Konservatoriums der Künste und Gewerbe in Neapel.
[4] Karl Freiherr von Stein zum Altenstein war von 1817 bis 1840 preußischer Kulturminister. Neapel gehörte von 1816 bis 1860 zum Königreich beider Sizilien, Humboldt bezieht sich also auf den Kultusminister unter König Fedinand II.
[5] Georg Adolf Erman.
[6] Der deutschbaltische Mediziner und Naturforscher Karl Ernst von Baer. Zu Baer, den Humboldt 1828 bei der Naturforschertagung in Berlin kennengelernt hatte, wo dieser seine Entdeckung des menschlichen Eis demonstrierte, hatte Humboldt ein ambivalentes Verhältnis. In der Auseinandersetzung Baers mit Erman stand er aber auf der Seite Baers (vgl. Jahn 2012 und Schmuck 2012).
[7] Möglicherweise der Provinzial-Schulrat Otto Schulz, Lehrer am Grauen Kloster (vgl. Parthey 1955, 90). Humboldts Adressbuch verzeichnet auch einen „Schulz I Hauptlehrer Potsd[am] Commun. Sch." (Humboldt 2017, 194).
[8] Der Astronom Friedrich Wilhelm Bessel. Erman war seit 1834 mit Bessels Tochter verheiratet.
[9] Baers meteorologische Arbeiten erwähnte Humboldt lobend im *Kosmos* (vgl. Humboldt 1845, 486).
[10] Leopold von Buch.
[11] Vielleicht eine Anspielung auf die Kritik, die Leopold von Buch an der Gletschertheorie von Louis Agassiz übte. Buch erklärte – erstmals 1811 in einer später gedruckten Akademierede (vgl. Buch 1870) – das Vorkommen von Findlingen, erratischen Blöcken fern ihres Ausgangsgesteins, durch Wassertransport und nicht durch Eis (vgl. Buch 1827 und spätere Arbeiten dazu).

54 Humboldt an Lichtenstein
[Berlin,] Sonnabend, [Oktober 1839]

H: 3 S. Niedersächsisches Staatsarchiv, Wolfenbüttel. Hs Abt VI. 12 nr. 79. Nr. 50.
D: Anonym 1864, 193.

Ich lege Ihnen hier, mein theurer College alles zusammen was sich auf die Reise des gelehrten Cap[itän] Ross[1] (nicht mit seinem muthigen, eiteln und unwissenden Oheim, Sir John Ross[2], dem jezigen General Consul in Stockholm zu verwechseln) bezieht, Sie sehen daraus, wie alles seit meinem Briefe an den Herzog von Sussex[3] sich allmälig entwikkelt, Beweis der jezigen Macht jedes Einzelnen durch Benuzung der Oeffentlichkeit,[a] wie Herschels[4] Rükkunft glüklich die Sache belebt; wie man an die Magnet[ischen] Stationen eine grosse Seeexpedition geknüpft, welche nicht bloss die Existenz des Polarlandes (Enderby Land, Sabrina, Terre de Louis Philippe) bestätigen und den Magnetischen Süd Pol (Hansteen[5] und Erman[6], nicht Gauss[7] und ich, wünschen zwei Süd Pole) aufsuchen, sondern auch, wie in den französischen Reisen alle Theile der Naturkunde umfassen soll. Ich habe auf die Polarprojectionen des Admiralitäts Hydrographen Capt[ain] Beaufort[8], wie auf Gauss |2| Mercator Projection die Puncte bemerkt, wo man den Süd Pol des Magnet. vermuthet. (Lesen Sie über die Zweifel Gauss p 44[9]). Die Mercator-Projection wird Ihnen durch Vergleich mit Beaufort

[a] Beweis der jezigen Macht jedes Einzelnen durch Benuzung der Oeffentlichkeit, *erg. Humboldt*

die Orientirung erleichtern. Bis dahin[a] hatten die Russen (Cap[itän] Bellingshausen[10]) die dem Südpol nächsten Länder, die Inseln der Kaiser Peter u[nd] Alexander entdekt, sonderbar genug für ein so nordisches Volk! Krusenstern[11] hat später aber[b] mit Unrecht geglaubt, dass diese Inseln Caps von Cap[itän] Biscoe's[12] Enderby[13] Land seien. Kempen[14] war, wie Biscoe, von Herrn Enderby einem Wallfischhändler in London, ausgesandt. Die grosse Bucht von Eisfreiem Meere die Weddell[15] gefunden und Durville[16] verfehlt, ist merkwürdig genug fast im Meridian des grossen Atlantischen Meeres-Arms und entspricht (nach mir) |3| dem so hoch-eisfreien Meere zwischen Island und Spizbergen, wo man bis 81° vordringen kann. Es bilden sich Buchten da wo im Sommer, an beiden Polen, das Eis Raum findet küstenfrei gegen die niederen Breiten hinabtreiben[c] zu können. Mögen Ihnen diese Erläuterungen nüzlich sein. Sabrina ist der südlichste Vulkan.

Ihr

AHt

Sonnabend.

Ich bitte jezt in einem Briefe an Lord Minto:[17] indem Ross am Südpol ist einige gleichzeitige Untersuchungen über den magnetischen Aequator und die Linien ohne Abweichung in der nördl[ichen] Hemisphäre machen zu lassen. Auch habe ich in einem Supplement zu den Instructionen darauf gedrungen dass an allen Küsten mit kupfernen Bolzen = Signale eingeschlagen[d] werden um zu wissen nach 100 Jahren ob das Land sich hebt oder senkt. Man wird dort zugleich den mittleren Wasserstand bestimmen. Die noch unvollendeten Instructionen werden an Ross nach Van Diemens Land [18] nachgeschikt.

1 James Clark Ross.
2 Sir John Ross.
3 Prince Augustus Frederick, seit 1801 Duke of Sussex. Humboldt spielt auf seinen Brief an den Herzog von Sussex vom 23.4.1836, in welchem er ihm in dessen Funktion als Präsident der Royal Society die weltweite Vernetzung erdmagnetischer Messungen und Messstationen vorschlug (vgl. Reich/Knobloch/Roussanova 2016).
4 John Herschel.
5 Christopher Hansteen.
6 Georg Adolf Erman.
7 Carl Friedrich Gauß.
8 Sir Francis Beaufort.
9 Gauß 1839.
10 Fabian Gottlieb Thaddeus Bellingshausen.
11 Adam Johann Baron von Krusenstern.
12 John Biscoe.
13 Walhändlerfamilie („Samuel Enderby & Sons“), insbesondere Samuel Enderby. Enderbyland, ein Teil der antarktischen Küste, wurde 1831 von John Biscoe entdeckt.
14 Peter Kemp, 1834 im Südatlantik ertrunken.

a (1) zum (2) dahin *Humboldt*
b aber *erg. Humboldt*
c (1) abtreiben (2) hinabtreiben *Humboldt*
d (1) gemacht (2) eingeschlagen *Humboldt*

15 James Weddell.
16 Jules Dumont d'Urville.
17 Lord Gilbert Elliot-Murray-Kynynmound, 2nd Earl of Minto. Ein Brief Humboldts an Minto vom 12.10.1839 ist bekannt (vgl. den Teildruck in: Humboldt 1845–1862, Bd. 4, 200–201, Fußnote 186).
18 Tasmanien.

55 Humboldt an Lichtenstein
[Berlin,] Sonnabend, [14.12.1839][1]

H: 2 S. Niedersächsisches Landesarchiv, Standort Wolfenbüttel, 298 N Nr. 359, Nr. 51.

Ich weiss nicht, theurer hochverehrter Freund und College, wie ich Ihnen lebhaft und ausdruksvoll genug meinen Dank in meinem Namen und dem der ganzen Familie darbringen soll. So ist denn das Geschäft glüklich vollendet. Ich habe den Contract B noch heute Nachmittag an Herrn Reimer[2] von mir unterschrieben zurükgesandt und ihm dazu einen sehr freundlichen, aber pathetischen Brief geschrieben. Er ist ein liberaler Patriot – il faut tâcher de le piquer d'honneur par les grands moyens[3]. Die kleine Schuld, ich meine die pecuniäre, werde ich Ihnen persönlich abtragen, ich begreiffe aber nicht, wie bei dem vielen Abschreiben seit 2 Jahren nicht etwas mehr Blut und zwar Ihres Blutes sollte geflossen sein. Von Schomburgk[4] habe ich bloss Briefe, die Pflanzenzeichnung u[nd] eine Art Beschreibung hatte er an Otto[5] direct gesandt. Jezt ist wie Sie auf der anderen Seite sehen alles bei Herrn Kl.[6] Ich werde aber fortfahren |2| nach zu spüren. Galle[7] ist mit seinem Cometen sehr glüklich beschäftigt. Er wird es gewiss noch einige Wochen sein. Da ich bisweilen in den Magneticas etwas nachsehen muss wegen meiner engl[ischen] Correspondenz so wollte ich Sie gehorsamst bitten, theurer Freund, mir vorläufig die Carte u[nd] Papiere wiederzugeben wenn [sie][a] nicht schon in Galle's Händen sind. Ich kann immer mit Galle übereinkommen, wie er den Artikel abfassen soll, um Gausssche Buchsche Susceptibilität nicht zu beleidigen. Mit inniger Dankbarkeit

Ihr

AlHumboldt

Sonnabend.

Voyez la 3me page.[8]

1 Zur Datierung vgl. Anm. unten.
2 Georg Andreas Reimer. Es geht um die Herausgabe der Werke Wilhelms von Humboldt (Humboldt, W. v. 1841–1852).
3 Frz. Man muss sich bemühen, ihn durch große Mittel bei der Ehre zu packen.
4 Wohl Robert Hermann Schomburgk.
5 Otto Schomburgk, der jüngere Bruder von Robert Hermann und Moritz Richard Schomburgk.
6 Johann Friedrich Klotzsch.

a Sie *Humboldt, ändert Hg.*

[7] Der Astronom Johann Gottfried Galle arbeitete seit 1836 als Auskunftsgeber am *Kosmos* mit und beschrieb 1840 drei Kometen. Galle stellte später ausführliche Kometenverzeichnisse zusammen.

[8] Frz. Sehen Sie die dritte Seite. – Dem Brief ist ein Brief von Ignaz von Olfers an Humboldt, 14.12.1839, beigefügt (vgl. den Brief in Dokumente, Dok. 6).

56 Humboldt an Lichtenstein
[Berlin,] Dienstag, [vor 1840, ev.1838?]

H: 1 S.,1 S. Abschrift. Niedersächsisches Staatsarchiv, Wolfenbüttel, Nr. 12. Hs Abt VI. 12 nr. 79.

Ich melde Ihnen, theurer Freund u[nd] College, dass auf Befehl des Kronprinzen[1] der Brillen-Voss[2] Sonnabend bei Min[ister] Altenstein[3] war und süsse Versprechungen der Bewegung und des Fortschreitens zurükgebracht hat. Da der F[ürst] Clary[4] erst um 12 Uhr heute frei ist, erneuere ich meine Bitte dass Sie mich gegen Drei viertheil auf zwölf mit Ihrem Besuche beehren.

Dankbarst

Ihr
AlHumboldt

Dienstags

[*Anschrift*:] Sr Hochwohlgeboren
Herrn Geh[eimen] Rath
Lichtenstein

[1] Der spätere König Friedrich Wilhelm IV.

[2] Nicht ermittelt.

[3] Karl Freiherr vom Stein zum Altenstein, seit 1817 Minister.

[4] Edmund Moritz Fürst von Clary und Aldringen.

57 Humboldt an Lichtenstein
[Berlin,] Sonntag, [wohl vor 1840][1]

H: 1 S., 1 S. Anschrift. Niedersächsisches Landesarchiv, Standort Wolfenbüttel, 298 N Nr. 359, Nr. 11.

Ich bin ganz beschämt, mein theurer Freund, Sie in diesen schwierigen Tagen, mit einer Bitte belästigen zu müssen. Es giebt aber leider! Reisende die alles bis auf den lezten Augenblik verschieben. Le Cte de Chelaincourt[2] der die Mutter[a] des Grafen Schliefen[3], eine Schuwaloff[4] geheirathet, drang gestern Abend beim Kronprinzen[5] in mich ihm eine kleine Empfehlung

[a] (1) Tochter (2) Mutter *Humboldt*

für Sie wegen des Museums zu geben. Könnten Sie, theurer College, ihm morgen Montag früh etwa um 11,12, 1 Uhr eine halbe Stunde schenken (denn er reist Donnerstag u[nd] Mittwoch würde Ihnen noch unbequemer sein) so schreiben Sie mir gütigst eine Zeile und wählen Sie die Stunde.

Dankbarst

Ihr
Al Humboldt

Sonntags

[*Anschrift*:] Sr Hochwohlgeboren
dem Herrn Geh[eimen] Rath
Lichtenstein

1 Nach dem Schriftbild (lateinische Buchstaben finden sich bei Humboldt ab 1830), der spätere Friedrich Wilhelm IV. wird noch als „Kronprinz" bezeichnet. Die Datierung ist sehr unsicher.

2 Wohl Antoine Louis Georges Comte de Chelaincourt.

3 Karl Graf von Schlieffen.

4 Sofie de Chelaincourt, geb. Sofia Grigorievna Ščerbatova, in erster Ehe 1797 bis1808 verheiratet mit Pëtr A. Šuvalov; seit 1827 mit Antoine Louis Georges de Chelaincourt verheiratet.

5 Der spätere Friedrich Wilhelm IV. von Preußen.

58 Humboldt an Lichtenstein
[Berlin,] Freitag, [1840?][1]

H: 2 S. Niedersächsisches Landesarchiv, Standort Wolfenbüttel, 298 N Nr. 359, Nr. 47.
D: Anonym 1863, 546-547.

Endlich, mein theurer Freund, hat General Hedemann[2] die erwünschte[a] Abschrift des Contractes eingesandt und ich wiederhole nun meine Bitte, da wir uns in dieser Sache nun schon so oft Ihrer unbegrenzten Güte und Freundlichkeit zu erfreuen haben, die Kawi Sprache[3] und dazugehörige Einleitung ganz aus dem ersten von mir zu vollziehenden Contracte auszuschliessen. Einleitung u[nd] Kawi Sprache müssen Gegenstände eines eigenen Contracts werden in dem eines möglichen Ueberschusses für die Erben zu erwähnen ist wie aus dem Briefe des Justizrath Buchholz[4] erhellet. In Posen sind Kirchen wirklich Schwarz behangen, und ohne Orgelklang, auf den Strassen |2| oft Schlägerei und Neckerei der evangelisch-Deutschen, der Adel sehr bewegt und eine Deputation hieher brütend ...[5] Ich gehe das Saecular Fest mit Bülow[6] idyllenartig ländlich in der Tegelschen Dorfkirche zu feiern.[7] Mit dankbarster Freundschaft

Ihr

AlHumboldt

Freitags

a erwartete *D*

1 Das im Brief erwähnte „Saecular Fest" könnte die Feier anlässlich des hundersten Jahrestages der Thronbesteigung Friedrichs II. gewesen sein, die am 31.5.1740 stattgefunden hatte (vgl. Päßler 2020).
2 August von Hedemann, General der Kavallerie, Schwiegersohn Wilhelm von Humboldts.
3 Humboldt, W. v. 1836–1839. Alexander von Humboldt schrieb ein mit März 1836 datiertes Vorwort (Humboldt, W. v. 1836–1839, Bd. 1, VII–XIV).
4 Wohl Justizrat Joachim Dietrich (seit 1835: von) Buchholz. Er wohnte gleichsam um die Ecke, in der Krausenstr. 39 in Berlin.
5 Hier könnten Unruhen in Posen in Zusammenhang mit dem sog. Mischehenstreit in den 1830er Jahren gemeint sein.
6 Heinrich von Bülow.
7 *Der Druck hat die Fußnote*: *) Der Schluß des Briefs geht auf die polnische Revolution im Jahr 1830 und auf die Feier der Augsburgischen Confession in demselben Jahre. [*D. h. die 300-Jahrfeier – Saekularfeier – der Augsburgischen Konfession 1830. Wie aber aus dem Brief hervorgeht, kann dieser erst nach dem Tod Wilhelms von Humboldt 1835 geschrieben worden sein. Anm. d. Hg.*]

59 Humboldt an Lichtenstein
[Berlin,] Mittwoch, [vor Sommer 1840]

H: 1 S. Niedersächsisches Landesarchiv, Standort Wolfenbüttel, 298 N Nr. 359, Nr. 19.

Ich eile zu Ihnen, theurer Freund, um mich wegen meines Versehens und meiner scheinbaren unbegreiflichen Grobheit! zu rechtfertigen. Ich war gestern Abend beim Kronprinz[1], der mir einen Auftrag für Bülow[2] gab. Ich ging aus Furcht, dieser möchte ausgehen, früh zu ihm und sagte der Frau[3] des Jägers[4] „Sie solle Sie bitten einen Augenblik zu warten". Diese vergass es, dem Manne zu sagen u[nd] so geschah das Unheil. Soll ich morgen zu Ihnen kommen 8 h ½ Herrn von Kr.[5] dort zu sehen od[er] Sie bei mir erwarten? Ich bin ganz betrübt.

AHumboldt

Mittwoch.

1 Der spätere Friedrich Wilhelm IV. von Preußen.
2 Heinrich von Bülow.
3 Emilie Caroline Seifert, Ehefrau von Johann Seifert.
4 Johann Seifert.
5 Möglicherweise der preußische Verwaltungsbeamte und Zoologe Carl Reinhold von Krassow.

60 Humboldt an Lichtenstein
[Berlin, 1840?][1]

H: 1 S. H: Niedersächsisches Landesarchiv, Standort Wolfenbüttel, 298 N Nr. 359, Nr. 20.

Ich stehe mein hochverehrter Freund sobald Sie es fordern zu Befehl Ihnen die Empfehlungen für Herrn Des Granges[2] zu geben, wiederhole aber die Bitte um officielle Titulatur des Lord (Comte?) Auckland[3] wie des Presid[ent] od[er] Mitglieds der Soc[ietät][a] in Calcutta. Aus der Anlage sehen Sie dass der Mann des besten Rufs geniesst. Meine aristocratische, den Engländern wichtige Frage, hatte Herr von Lindheim[4] misverstanden. Ich wünschte zu wissen, ob H[err] von Des Granges sich Baron nennen lasse. Ich werde ihn gern so in meinem Briefe bezeichnen u[nd] glaube er habe sich anfangs so bei mir melden lassen. Wollen Sie darüber gütigst seine od[er] seiner Verwandten Wünsche ergründen, aber zeigen Sie ja nicht L[indheim]'s Brief[5] wegen des Zweifels den ich nicht erregt habe. Schikken Sie mir gütigst die Anlage zurük.

Mit alter Verehrung
Ihr

AlHumboldt

[*Am Rand*:] Montag Ab[end] von Potsdam heimkehrend

1 Wohl um oder kurz vor 1840, ev. bereits Frühjahr 1836?
2 Otto des Granges, preußischer Offizier, Bruder von Pauline Gräfin Nostitz (vgl. Nostitz 1873, Humboldt 2004, 2–10 und Humboldt 2007, 160).
3 George Eden, 1. Earl of Auckland.
4 Karl Friedrich David von Lindheim, General-Adjutant König Friedrich Wilhelms IV.
5 Ein Brief Lindheims an Humboldt ist bisher nicht bekannt geworden.

61 Humboldt an Lichtenstein
[Berlin, wohl Ende (vielleicht Oktober) 1840][1]

H: 1 S., 1 S. Anschrift. Niedersächsisches Staatsarchiv, Wolfenbüttel, Nr. 14. Hs Abt VI. 12 nr. 79.
D: Anonym 1864, 194.

Werden Sie die Universität mein theurer Freund, nicht bestimmen, den neuen Minister Eichhorn[2] einzuladen? Es wäre eine freundliche Demonstration, um zu zeigen, dass man die Wahl des edeln Mannes billige. Die Praecedents-Catonen[3] und wilden Naturmenschen werden freilich dagegen sein da diese sich das Schmeicheln nur heimlich erlauben.

Ihr

AlHumboldt

[*Anschrift*:] Sr Hochwohlgeboren
Herrn Geheimen Rath
Dr Lichtenstein,
[*In Lichtensteins Handschrift, mit Bleistift*:] Einladungskarten –

a (1) Ro (2) Soc[ietät] *Humboldt*

1 Der Druck hat die Jahresangabe 1840. Sie findet sich nicht in der Handschrift.

2 Friedrich Eichhorn, seit Oktober 1840 Kultusminister (Ministerium der geistlichen, Unterrichts- und Medizinalangelegenheiten). Vgl. dazu die Charakterisierung Eichhorns durch Karl August Varnhagen von Ense im Tagebuch Anfang 1842 (Varnhagen 1861–1870, Bd. 2, 15, 16–17, 43–44).

3 Moralisierende Kritiker nach dem Beispiel Catos d. Ä.

62 Humboldt an Lichtenstein
[Berlin, wohl um 1840][1]

H: 1 S. Niedersächsisches Landesarchiv, Standort Wolfenbüttel, 298 N Nr. 359, Nr. 52.
D: Anonym 1864, 193–194.

Nachts 1 Uhr

Ich will noch vor dem Schlafengehen unter vielen herzlichen Danksagungen für den angenehmen Abend, Ihnen, theurer College und Freund, den vergessenen Brief des ehemaligen Unter-Staats-Secretars William Hamilton[2] zur Berathung Ihnen zusenden. Die Vorschläge scheinen mir zu ärmlich 100 Pf[und] St[erling] von denen man 60–80 ausgeben soll, um die Ehre zu haben mit den Officieren zu speisen, völlige Entsagung der Tobakspfeiffe und Rükkehr auf eigene Kosten, wenn nach 3 Jahren sich kein Schiff findet. Dazu ein blosses Schiffleben, Besuchen von Küsten unter dem unbestimmten Namen des Naturalisten (Botanikers, Entomologen, Ornithologen …?)

An Reiselustigen wird es nicht fehlen, bei der jezigen Stimmung der Jugend, aber uns beiden geziemt es, die Reiselustigen nicht irre zu führen. Capt[ain] Beaufort[3] der Hydrographer der Admiralität spricht zwar schon von 150 Pf[und] St[erling] aber immer „sans la Pipe."[4] Wir müssen vor Ende des Monats antworten, wohl negativ doch kann ich auch sollten Sie jemand[en] finden, um neue Erläuterung über einzelne Punkte fordern. Paradies-Vögel und Pracht Conchylien wären freilich zu erhalten.

AHt

[*An den Rand geschrieben*:] William Hamilton war unter Lord Castelreagh[5] Under Secretary of State, lange in Egypten, auch Gesandter in Neapel. Seine Söhne[6] sind als Kaufleute in Danzig erzogen, einer hat viel Geologie u[nd] Hypsometrie in Klein Asien getrieben.

1 Der Druck hat den Vermerk „Ohne Datum".

2 William Richard Hamilton, 1809–1822 Permanent Under-Secretary for Foreign Affairs. Ein Brief Hamiltons an Humboldt ist nicht bekannt, nur ein Brief Humboldts an Hamilton vom 2.11.1840.

3 Sir Francis Beaufort.

4 Frz. Ohne die Pfeife.

5 Lord (eigentlich Viscount) Castlereagh. Robert Stewart, 2. Marquess of Londonderry.

6 Der Geologe William John Hamilton und der General Sir Frederick William Hamilton.

63 Humboldt an Lichtenstein
[Berlin], 1.1.1841

H: Staatsbibliothek zu Berlin. Handschriftenabteilung; Nachl. Alexander von Humboldt; Signatur: Nachl. Alexander von Humboldt, kl. Kasten 1b, Nr. 30, Blatt 4–5.

Der Hofmarschall Massow[1], mit dem Sie, seit so langer Zeit, die freundschaftlichsten, auch musikalischen Verhältnisse gehabt, ist gemüthlich unruhig darüber, mein Theurer, dass er nicht[a] zu einer neuen Unterredung mit Ihnen über die Anstellung[2] von Fel. M.[3] gelangt ist. Ich glaube, er wird deshalb zu Ihnen kommen. Es liegt ihm viel an Ihren Urtheilen, was ich sehr natürlich finde.[4]

Meine innigsten Glükwünsche für Sie und Ihre liebenswürdige Familie

AlHumboldt
d. 1 Jan[uar]
1841

[*Anschrift*:] Sr Hochwohlgeboren
Herrn Geh[eimen] Rath Lichtenstein
Französische Str
n 33

1 Ludwig von Massow.
2 (1) [*1 unleserliches Wort*] (2) Anstellung *Humboldt*
3 Felix Mendelssohn Bartholdy.
4 Bezieht sich auf die Bestellung Mendelssohn Bartholdys zum Hofkapellmeister.

64 Humboldt an Lichtenstein
[Berlin,] Mittwoch, [März 1841][1]

H: 2 S., 1 S. Anschrift. Niedersächsisches Staatsarchiv, Wolfenbüttel. Hs Abt VI. 12 nr. 79. Nr. 81.

Ich muß Sie, in meinem Namen und dem unseres Fürsten Wittgenstein[2], mit einer Bitte belästigen mein theurer College! Ein sehr junger Darmstädtischer Offizier der kaum 17jährige Fürst Emil von Sayn-Wittgenstein[3], Vetter unseres Fürsten, Sohn dessen der Hessischer Gesandter in Petersburg ist, geht mit dem Prinz Emil[4] von Darmstadt zur Vermählung des Großfürsten[5] hier durch nach Petersburg. Der junge sehr liebenswürdige Mensch ist Schüler von Kaup-Dinot[h]erium[6] und leidenschaftlich für Naturgeschichte. Er will morgen, Donnerstag früh, halb eilf[b] Uhr auf das zoologische Cabinett kommen und unsere Bitte geht dahin, ob |2| es Ihnen möglich sein wird um diese Stunde den jungen Fürst Wittgenstein zu empfangen od[er], im entgegengesezten Falle, jemand zu beauftragen ihn freundlich herum-

a er | so lange | nicht *str. Humboldt*
b 10[u] ½ *von Humboldt am Rand wiederholt*

zuführen. Er ist bescheiden und sehr erpicht auf Sie und Ihre Cap-Reise[7]; er ist Vetter des Pr[inzen] Maximilian von Neu Wied[8].

Mit inniger Liebe

Ihr

AlHumboldt.

Mittwoch Ab[end]

Nichts hält in dieser vergänglichen Welt, der Niagara Fall ist eingefallen, fast ganz zerstöhrt.[9] Così va il mondo![10]

[*Anschrift*:] Sr Hochwohlgeboren
dem Herrn Geh[eimen] Rath
Dr Lichtenstein
Französische Str. 33 [11]

AlHumboldt

1 Zur Datierung vgl. die untenstehende Anmerkung zu den angeblich einstürzenden Niagarafällen und die Anspielung der bevorstehenden Heirat von Großfürst Aleksandr und Marie von Hessen im April 1841.

2 Wilhelm Ludwig Georg Fürst von Sayn-Wittgenstein-Hohenstein, Minister des Königlichen Hauses, tritt später hinter Graf Anton zu Stolberg zurück.

3 Emil Prinz zu Sayn-Wittgenstein-Berleburg, geboren 1824.

4 Prinz Emil von Hessen-Darmstadt.

5 Am 4./16. April 1841 heirateten der russische Großfürst Aleksandr Nikolaevič, der nachmalige Zar Aleksandr II., und die Prinzessin Marie von Hessen und bei Rhein, die als russische Kaiserin den Namen Marija Aleksandrovna trug.

6 Der Darmstädter Paläontologe Johann Jakob Kaup beschrieb 1829 das Deinotherium (Dinotherium), ein spättertiäres, elefantenähnliches, im Pleistozän ausgestorbenes Rüsseltier.

7 Lichtensteins Aufenthalt in Südafrika 1802–1806.

8 Prinz Maximilian zu Wied-Neuwied, deutscher Naturforscher und Forschungsreisender in Brasilien 1815–1817 und Nordamerika 1832–1834.

9 Nachdem bereits am 28. Dezember 1828 Teile der Niagarafälle auf kanadischer Seite eingestürzt waren, kursierten 1841 Meldungen eines neuerlichen Einsturzes, die sich aber als falsch erwiesen (vgl. *Allgemeine Zeitung* Nr. 83 vom 24.3.1841, 658 oder *Oberpfälzisches Zeitungsblatt* Nr. 25, 27.3.1841, 193).

10 Ital. Das ist der Lauf der Welt!

11 Der Fußweg von der Französischen Str. 33, Lichtensteins Wohnung, bis zur Oranienburgerstr. 67, Humboldts Wohnung, beträgt knapp 20 Minuten.

65 Humboldt an Lichtenstein
[Berlin,] Montag, [wohl 10.5.1841][1]

H: 1 S. Niedersächsisches Landesarchiv, Standort Wolfenbüttel, 298 N Nr. 359, Nr. 16.

Meine Abreise nach Paris[2] ist so nahe, mein theurer Freund, dass ich Sie um die Erlaubniss bitten muss, Sie recht bald ein mal auf eine Stunde in das zool[ogische] Cabinett, das der Königin[3] so viel Freude gemacht begleiten zu können. Würde Ihnen Mittwoch zwischen 8–2 Uhr Morgens bequem sein, so bestimmen Sie mir freundschaftlichst die Zeit.

Ich werde Sie auch an demselben Tage noch bitten mir ein document wiederzugeben, das ich im August 1838 bei Ihnen niedergelegt. Ich werde es mit einem andern vertauschen.[4]

Mit dankbarer Freundschaft

Ihr

AlHumboldt

Montag

[1] Zur Datierung: Der Tag der erwähnten Abreise nach Paris war Dienstag, der 18.5.1841; zwischen dem Tag, an dem Humboldt diesen Brief schrieb und dem Abreisetag muss mindestens eine Woche gelegen haben.

[2] Die erste Parisreise Humboldts nach der Thronbesteigung Friedrich Wilhelms IV. fand vom 18.5. bis 8.11.1841 statt.

[3] Elisabeth Ludovika von Bayern, seit 1840 Königin von Preußen.

[4] Eine Anspielung auf den von Humboldt so genannten Sterbebrief, den er am 12.8.1838 bei Lichtenstein hinterlegt hatte; vgl. dazu den Brief von Humboldt an Lichtenstein vom 12.8.1838 (Brief Nr. 45). Über den Verbleib des „Sterbebriefes" ist bisher nichts bekanntgeworden.

66 Humboldt an Lichtenstein
[Berlin,] Sonnabend, [wohl 1841]

H: 1 S. Niedersächsisches Landesarchiv, Wolfenbüttel, Nr.9. Hs Abt VI. 12 nr.79.
D: Anonym 1863, 192–193.

Hier mein theurer Freund und College der spassig tolle Brief von Geoffroy St Hilaire[1]. Dürfte ich Sie gehorsamst bitten da mir der trefliche Grimm[2] more Berolinensi[3] seine Adresse nicht angezeigt ihm die Anlage zukommen zu lassen.

Ihr

AlHumboldt

Sonnabend.

[1] Étienne oder sein Sohn Isidore Geoffroy Saint-Hilaire.

[2] Jacob oder Wilhelm Grimm, beide seit 1840 in Berlin.

[3] Lat.: nach Berliner Brauch.

67 Humboldt an Lichtenstein[1]
[Berlin,] Sonnabend, [Sommer 1842]

H: 3 S. Niedersächsisches Landesarchiv, Standort Wolfenbüttel, 298 N Nr. 359, Nr. 55.

Ich glaube allerdings mein theurer College, dass Sie dem Herrn Minister[2] den Brief des Cap[itäns] Krenchel[3] mittheilen müssen doch vielleicht mit der Aussicht od[er] Andeutung des Wunsches, dass des Königs[4] Maj[estät] die Summe oder einen Theil derselben zu einer Reise um die Welt der Seehandlung[5] oder zu der Krenchelschen Reise[6] falls sie im nächsten Jahre zu Stande käme aufhöbe. Wie Sie glaube ich auch nicht mehr an die Krenchelsche Reise im Jahr 1843 |2| doch ist es sonderbar dass gestern erst Herr v. Bülow[7] bei mir war um mir anzuzeigen dass, nach der neuesten Depesche aus Kopp. [Kopenhagen] der König von Dänemark[8] aus Rüksicht für den unseren[a] König und für Metternich[9] viel Hofnung für 1843 gebe. Ich wünschte, da es nicht leicht war jene 5000 Reichstaler zu erringen und dieselben mir manchen Aerger bei dem Gen[eral] Thile[10] erregt haben, dass |3| die Summe nicht ganz für die Museen verloren sei. Der Brief des Cap[itän] Krenchel[11] „über den Regenmangel der seine Reise gehindert und über den Vortheil des Speisens bei königl[ichen] Tafeln die ihm seine Charlatanerie verschaft" ist sehr albern.

Mit alter Freundschaft
Ihr

AlHumboldt

Sonnabend

1 Vgl. Humboldt 2013a, 232–234.
2 Karl vom Stein zum Altenstein.
3 Der dänische Kapitän Heinrich Emil Krenchel hatte Lichtenstein – wohl auf Veranlassung Humboldts – einen Brief geschrieben, in dem er das Nichtzustandekommen seiner geplanten Weltreise für 1842 zu begründen suchte. Diesem Brief Krenchels war ein kurzer Briefwechsel zwischen Humboldt und Friedrich Wilhelm IV. vorausgegangen: in einem Brief an den König, Sanssouci, 18.6.1842, schrieb Humboldt, er habe sich mit Lichtenstein und Johannes Müller (als den für die naturkundlichen Museen Verantwortlichen) über Krenchels Unternehmen zu besprechen (vgl. Humboldt 2013a, 232). Nur ein Brief Humboldts an Krenchel – von Anfang Juli 1842 – ist bekannt. Lichtenstein hatte versucht, seinen Kustos am Museum, Franz Hermann Troschel, als Sammler mit auf die Reise zu schicken.
4 Friedrich Wilhelm IV. von Preußen.
5 Preußische Seehandlung, gegründet von Friedrich II., war für den Überseehandel und die überseeischen ökonomischen Beziehungen Preußens zuständig.
6 Vgl. den Brief Humboldts an Friedrich Wilhelm IV. vom 18.6.1842, worin Humboldt einen Überlick über die Kosten der Reise des dänischen Kapitäns Krenchel, eben 5.000 Thaler, gibt. Die Reise selbst fand nie statt.
7 Heinrich von Bülow
8 Christian VIII. von Dänemark.
9 Klemens Wenzel Lothar Fürst von Metternich.
10 General Adolf Eduard von Thile, Bruder von Ludwig Gustav von Thile, preußischer Kabinettsminister und Vortragender der allgemeinen Landesangelegenheiten, Leiter der Staats-Buchhaltung, Geheimer Staatsminister.
11 Brief Krenchels an Lichtenstein, s. die Fußnote oben.

a (1) K (2) unseren *Humboldt*

68 Humboldt an Lichtenstein
[Sanssouci, vor dem 10.6.1842]

H: 2 S. Berlin, Zoologisches Museum, Archiv, Akte: Lichtenstein.
TD: Naumann/Lichtenstein 1954, 65

[*Mit Bleistift, von unbekannter Hand:*] 1842

Ich habe, theurer College und Freund, Ihnen zuerst herzlich zu danken für den Brief den Sie der liebenswürdigen Doctorin Helfer[1] nach Potsdam mitgegeben. Sie verdient in jeder Hinsicht Ihre Empfehlung. Die kön[igliche] Familie hat die muthige, talentvolle Frau mehrmals empfangen und immer mit Freuden angehört. Heute habe ich Ihnen einen Brief des Grafen Demidoff[2] (er ist vom Toscanischen Hofe, trotz des Einspruchs des Russ[ischen] Kaisers, erst zum Grafen u. bei seiner Vermählung mit der anmuthigen Tochter[3] von Jerôme zum Principe ernannt, lässt aber den Principe quiesciren) mitzutheilen. Der Brief hat als Beilagen Catalogen der Naturalien (und Pflanzen).[4] Es ist ein nicht ganz unwichtiges Geschenk. Aus dem Briefe an mich sehen Sie dass der eitle Mann „ante portas" ist. Er hat allerdings durch Herausgabe des zoologischen und geognostischen Theils seiner Reise nach der Krimm[5], sich um die Wissenschaften verdient gemacht; er lässt auch in Nischnei Tagilsk[6] im Ural an 2 Punkten meteorologische Beobachtungen anstellen. Der Zweck aller dieser Bestrebungen ist (was er endlich in Petersburg erhalten) Correspondent[a] grosser Academien (Paris, Berlin) zu werden, ja hier im Rothen Adler-Orden „mit Hindernissen durchreitend oder vielmehr die Hindernisse überwältigend |1v| sternfähig zu werden. Einst verlangte er von Arago[7] und mir, wir sollten ihn an des Astronomen Olbers[8] Stelle zu einem der 8 Associés étrangers ernennen lassen! Dem Ueberreichen scheint alles möglich und er hadert mit mir, wenn ich nicht seine Wünsche erfülle. Von[b] Ihnen, dem Vielgewanderten Manne,[9] der den Werth und Unwerth irdischer Dinge kennt, darf ich keinen Hader fürchten. Der Reisende vom Orinoco konnte den Reisenden vom Cap, seinen Freund, nicht vergessen.[10] Viele Wochen lang habe ich Sie, Link[11], Kunth[12], Raumer[13] und Rancke[14] Ranke auf der Liste festgehalten. Irruptionen selbst noch nach dem 26 sten Mai[15], Verminderung der Tischgenossen am Bankett, ewige Umänderungen in Conferenzen (König, Eichhorn[16], Savigny[17], General Thile[18] und ich) haben die Gäste vertrieben. Ich mag nicht der responsable Minister heissen: ich hatte ernsthaft von der Stiftung eines solchen Ordens, gleich nach der englischen Reise abgerathen. Man wohnt nicht auf dem „historischen Hügel", ohne Kummer zu haben. Mit alter Anhänglichkeit

Ihr
Al. Humboldt.

Sanssouci,
Montag Nacht. 1842.

---

[a] (1) Correspondenz (2) Correspondent *Humboldt*
[b] (1) Zu (2) Von *Humboldt*

1 Pauline Helfer, geb. Freiin Des Granges, spätere Gräfin Nostitz, die Witwe des 1840 auf den Andamanen ermordeten Arztes und Forschungsreisenden Johann Wilhelm Helfer (vgl. den Brief Humboldts von wohl 1838, Brief Nr. 44). Sie als „Doctorin" zu bezeichnen ist Humboldtsche Ironie. Ferdinand Hochstetter charakterisierte sie als eine „muthige thatkräftige Frau, die Dr. Helfer, als dessen Gattin, auf allen seinen Reisen begleitete" (Vorwort zu: Nostitz 1873, Bd. 1, vii). Ihre dreibändigen Reise- und Lebenserinnerungen erschienen auch auf Anregung Humboldts und Carl Ritters, mit dem preußischen Hof war sie von Jugend an vertraut (so Nostitz 1873, Bd. 1, viii und 12–13).

2 Der russische Großindustrielle Anatolij Nikolaevič Demidov, seit 1840 Principe di San Donato. Der Fürstentitel wurde von Zar Nikolaj I. nicht anerkannt.

3 Mathilde Bonaparte, Tochter von Jérôme Bonaparte.

4 Vgl. Humboldts Brief an Friedrich Wilhelm IV., Frühjahr 1842: „Der Brief vom Crypto-Principe Anatole Demidoff ist mit drei langen Katalogen begleitet gewesen, die er [... an] Lichtenstein gesandt." (Humboldt 1928, 134; vgl. Humboldt 2013a, 229–230).

5 Demidoff 1840–1842.

6 Nižnij Tagil, wo sich auch Humboldt vom 15./27.6. bis 18./30.6.1829 aufgehalten hatte: „[I]n dem schönen Nishne-Tagilskoj ist die Centralverwaltung aller Demidowschen Besitzungen im Ural, wo alles den Anschein des civilisirten luxusvollen Europäischen Lebens verräth, und nichts daran erinnert, dass man an der Gränze der Sibirischen Steppenregion steht." (Stuckenberg 1844, Bd. 2, 435).

7 François Arago.

8 Heinrich Wilhelm Olbers, 1840 verstorben.

9 Als Vielgewanderter (πολύτροπος) oder als Reisender bezeichnete Humboldt – nicht ohne Ironie in der Anspielung an Odysseus – mitunter Lichtenstein oder auch sich selbst.

10 Diese Briefstelle wird auch in Karl August Varnhagen von Enses Tagebüchern, 22.6.1842, zitiert: „Humboldt hat an Lichtenstein geschrieben, sich zu entschuldigen, daß dieser keinen Orden bekommen hat. ‚Sie können sich wohl denken, daß der Reisende vom Orinoko den Reisenden vom Kap nicht vergessen haben würde, wenn jener hier hätte bestimmen dürfen." (Varnhagen 1861–1870, Bd. 2, 81–82). Was Humboldt wirklich von Orden hielt, schrieb er in einem Brief vom 24.6.1842 an Varnhagen: „Wie Glasknöpfe, Pfauenfedern und Bänder die Menschen aufregen..." (Humboldt 1860, 121). In einem undatierten Brief an Justizminister Savigny setzte Humboldt nach langen Querelen Lichtenstein – gemeinsam mit Karl Sigismund Kunth, Christian Samuel Weiss u. a. – mit der Bemerkung „Lichtenstein weglassen!" auf die Liste der zu Streichenden und ersetzte ihn durch Victor Hugo: „Für Lichtenstein dessen Arbeiten nicht den Arbeiten anderer gleich sind, steht auf der letzten Liste Hugo." (Humboldt 2013a, 76, Hervorhebung von Humboldt).

11 Heinrich Friedrich Link.

12 Karl Sigismund Kunth.

13 Friedrich von Raumer.

14 Leopold von Ranke.

15 Am 25. Mai 1842 nahm Humboldt an der Sitzung des preußischen Staatsrates teil. Themen der Beratung waren der Entwurf des neuen Strafgesetzbuches sowie die „Regulierung des Kriegsschuldenwesens in Königsberg i. Pr.".

16 Friedrich Eichhorn.

17 Friedrich Carl von Savigny.

18 Wohl Ludwig Gustav von Thile oder sein Bruder Adolf Eduard von Thile.

69 Lichtenstein an Humboldt
Berlin, 10.6.1842

H: Berlin, Zoologisches Museum, Archiv, Akte: Lichtenstein.
TD1: Naumann/Lichtenstein 1954, 65–66.
TD2: Stresemann 1960, 95–96.
TD3: Mauersberger 1994, 31–32

Konzept.

An
Herrn v. Humboldt
Excellenz
Indem Ew. Excellenz ich hierneben das Schreiben des Herrn Grafen Demidoff[1] zurückstelle, habe ich Ihnen meinen aufrichtigen Dank für die Rathschläge, welche unsern Sammlungen ein so werthvolles Geschenk[2] zuwendeten, abzustatten und zu bemerken, daß es wohl zu spät sein wird, ein Schreiben an den freundlichen Geber abgehen zu lassen, da er uns seine schon zu Anfang dieses Monats erfolgende Abreise von Paris und seine nahe Ankunft in Berlin ankündigt, nach welcher ihm dann der Dank sogleich persönlich dargebracht werden soll.

Die gütigen Aeusserungen, mit welchen Sie Ihren Brief schliessen, veranlassen mich, Ihnen in gleichem Vertrauen mit einigen Geständnissen zu nahen, die, wenn sie meiner Eigenliebe auch einige Ueberwindung kosten, doch nöthig sind, um Ihnen zu zeigen, daß ich den Werth Ihres Wohlwollens mit voller Dankbarkeit zu erkennen weiß. Ein günstiges Geschick hat mich von früher Jugend an geführt und gehoben über Verdienst. Ich war weder zu der Reise nach Africa[3] genügsam vorbereitet, noch zu der Professur in Berlin[4], als ich zu derselben berufen ward, was ich beider nur günstigen Vorurtheilen freundlicher Menschen zu danken habe, die sich vielleicht von einzelnen persönlichen Eigenschaften bestechen ließen, ohne meine Fähigkeiten genau genug zu kennen. Man muß mehr als bescheiden sein, wenn man solchen Versuchungen entgegenstreben will. Ich habe diese und mehrere andre Güter, die mir das Glück darbot, dankbar angenommen und kann es nicht bereuen. Denn ich habe, was mir auf dem Wege gelehrter Forschung u. Erfindung vielleicht ebenso sehr aus Mangel an Stetigkeit, wie an hinreichend entwickeltem geistigen Vermögen, zu leisten versagt war, durch Eifer, Ordnung und Pünctlichkeit in der Verwaltung zu ersetzen gesucht, Eigenschaften, die verbunden mit dem sogenannten practischen Talent, was man an mir zu rühmen pflegt, wohl jederzeit zu der Kraft-Zersplitterung führte, die alle concentrierten, streng gründlichen Arbeitsamkeit hinderlich wird. Vielen Antheil hat auch meine vielleicht übertriebene Furcht vor dem Streit, die ich nicht Liebe zum Frieden nennen darf, da das Bewußtsein der Schwäche dabei mit in Anschlag zu bringen ist. Aber gleich einige der ersten, und ich darf wohl sagen, am wenigsten misslungenen Versuche zogen mir Widerwillen herbei und trieben mich von den Arbeiten für die Öffentlichkeit zurück. Wer der Gegenwart lebt und vom Augenblick sich leiten läßt, muß die Zukunft aufgeben und sich bescheiden, statt ein Jahrhundert lang, vielleicht nur noch ein Jahrzehend nach seinem Tode genannt zu werden. Darum sind die Arbeiten, mit welchen ich im Fach der beschreibenden Zoologie vielleicht noch einiges Glück gemacht hatte, in den Papieren des Museums stecken geblieben, werden aber auch da noch ein nicht unrühmliches Zeugniß geben können, wenn es eines billigen Nachfolgers Wille ist.

Ew. Excellenz sehn hieraus, daß es mir nicht an Selbstkenntniß fehlt und daß ich mit dieser weit entfernt sein muß, auch nur den mindesten Anspruch auf die Verdienste zu machen, die nach den Statuten des neu gestifteten Ordens die Aufnahme in denselben bedingen. Möglich, daß die Wahl hin und wieder Gelehrte getroffen die diese Bedingungen auch nicht ganz erfüllen, aber diese würden nie ein Gegenstand des Neides für mich sein, auch wenn ich dieser Empfindung fähig wäre, da ich mir ja sagen muß, daß die Welt mich neben diese und nicht auf Ihre Seite stellen, also meine Mängel zur Sprache bringen würde, indessen so vielleicht noch Einer oder der Andere ununterrichtet genug ist, meinen Namen neben den viel ausgezeichneteren zu nennen, die in der Folgezeit durch Wahl eine Hinzuziehung ohne Zweifel noch erfahren werden.

Ihrer unendlich gütigen und nachsichtsvollen Gesinnung gegen mich weiß ich nicht besser entgegenzukommen, als durch die Erklärung, daß ich in meinen Arbeiten mit derselben freudigkeit und mit demselben Kraft-Aufwand fortfahren werde, zu welchem mich ein Gnaden-Beweis unsers theuren Königs nur immer hätte verpflichten können. Gewährt mir Seine Huld, wie bisher, das Mittel, Seine zoologische Sammlung in guter Ordnung allen Studien-Genossen und der Jugend lehrreich zu machen und vielleicht, noch ehe die rüstige Kraft entweicht, auch die Sammlung lebender Thiere auf den Punct zu bringen, |96| daß sie durch sich selbst bestehn kann, so werde ich darin alle Belohnung erkennen, auf die ich nur irgend Anspruch machen kann. Denn diese Institute werden mir, wenn auch nicht in dem weiten Kreise der Gelehrten-Welt, dabei den Nachkommen in meinem Fach und bei meinen Mitbürgern ein Andenken sichern, das ich der Wirksamkeit meines Lebens nur allein für angemessen achten darf.

Mit einiger Abänderung u. einem passenden Schluß abgesandt, d. 10[t]. Jun. 1842.
DHL.

1 Anatolij Nikolaevič Demidov. Vgl. den Brief Humboldts vor dem 10.6.1842 (Brief Nr. 68).
2 Demidovs Kisten mit Naturalien.
3 1802 bis 1806 in Südafrika.
4 Seit 1810 für Zoologie an der neu gegründeten Universität.

70 Humboldt an Lichtenstein
[Berlin,] Dienstag, [14.6.1842][1]

H: 3 S. H: Niedersächsisches Landesarchiv, Standort Wolfenbüttel, 298 N Nr. 359, Nr. 8.

Die gehäuften Geschäfte bei der nahen Abreise des Königs[2] und die Gräuel meines Quartier-Wechsels in Berlin[3] haben mich gehindert, theurer College, Ihnen zu sagen wie sehr ich durch Ihren schönen Brief[4] gerührt worden bin. Sie allein wollen verkennen was Ihre Freunde in der strengesten Anforderung der Wissenschaft, an Ihnen und Ihrem Wirken preisen.

Die Kisten von Anatol Demidoff[5] sind nun in der hiesigen Douane angekommen. Graf Bresson[6] der mir die anliegenden Papiere eben schikt, hat Order von dem Geber alles zu bezahlen, was die Sendung bis nach der Douane an Fracht, Spesen |2| u[nd][a] Zoll kostet. Er

a u. *erg. Humboldt*

hofft da es ein Geschenk für die kön[igliche] Sammlung ist dass man vielleicht die Besteurung nachgiebt. Darf ich Sie, theurer Freund, nun bitten, das kleine Geschäft reguliren zu lassen und wenn[a] alles in Ihrem Besiz ist, in einer Summe dem Graf Bresson die Vergütung abzufordern. Er wird sich das Geld von Demidoff erstatten lassen. Sie befehlen über mich, wenn ich noch zum Vermittler dienen sollte. Ich wünsche, dass die Sachen der Plage werth sein mögen, die ich Ihnen mache. Auf dem einen Frachtbriefe steht, dass mit |3| den Kästen ein versiegeltes Papier (wohl doublette der Catalogen) abzuliefern ist[b]. Wir danken dann dem Geber, der mit seiner schönen Frau[7] nach Petersburg abgegangen ist.

Mit alter Anhänglichkeit,

Ihr

Dienstags

AlHumboldt

1 Vgl. Humboldts Brief an Friedrich Wilhelm IV. (vermutlich) vom 9.6.1842. Hier berichtet Humboldt auch von „3 langen Catalogen“, die Demidov an Lichtenstein gesandt hatte (vgl. Humboldt 2013a, 229–230).

2 Friedrich Wilhelm IV. von Preußen.

3 Humboldt zog im Juni/Juli 1842 in die neue Wohnung in der Oranienburger Str. 67, Berlin, in der er bis zu seinem Tod wohnen bleiben sollte. Wenige Tage später bezeichnete er in einem Brief an Karl August Varnhagen von Ense die neue Wohnung als „ein abgeschmacktes Quartier des sibirischen Stadtviertels [i. e. der Spandauer Vorstadt in Berlin], der Oranienburger Straße!!“, wo er „kaum ein Dintenfaß auf dem Tisch habe“ und sprach erneut von „allen Gräueln des Umziehens“ (Brief vom 24.6.1842, Humboldt 1860, 120).

4 S. das Konzept des Lichtenstein-Briefes vom 10.6.1842 (Brief Nr. 69).

5 Anatolij Nikolaevič Demidov.

6 Comte Charles-Joseph de Bresson, französischer Diplomat, 1833 bis 1841 Gesandter in Berlin.

7 Mathilde Bonaparte, Tochter von Jérôme Bonaparte, 1840–1847 verheiratet mit Anatolij N. Demidov.

71 Humboldt an Lichtenstein
[Berlin,] Montag, [wohl vor 1843][1]

H: 2 S. Niedersächsisches Staatsarchiv, Wolfenbüttel. Hs Abt VI. 12 nr. 79. Nr. 91.

Montag Nacht

Das autographon an Prof[essor] Planchon[2] in Montpellier abgegeben.

Praes[entatum] 13 Apr[il] 1830

Verzeihen Sie, theurer College, daß ich Sie bitten muß, mir einige Namen von Generibus[3], die ich falsch schreiben könnte, zu berichtigen. Ich muß in meinem Werke Asie centrale, dessen 2ter Band[4] jetzt bald vollendet ist, von dem Gemisch oceanischer und süßer Typen des Caspischen Meeres reden:

Einige wahre Fucus-Arten[5]: Das von Eichwald[6] beschriebene Dragonne-artige Thier, 4–4½ Fuß lang, wie ein kleines Crocodil, Psammosaurus caspicus: Squillen[7]; Fische wie

a wenn | Sie *gestrichen* | alles *Humboldt*

b (1) sind (2) ist *Humboldt*

Gobius[8] und Syngnathus[9] und dabei Astacus[10], Schildkröten und schon von Strabo[11] erwähnte Schlangen.

Meine Fragen sind nun:

1.) ist Psammosaurus[12] nicht ein Genus von Fitzinger[13]? Darf ich sagen: semblable à une Dragonne[14]?

2.) Eichwald führt als Schildkröten an: Clemmys caspia Wagl[er][15]. Ist das eine Emyde[16], ist das ein Genus von Wagler, der mit Spix[17] arbeitete?

3.) Die Schlangen sollen sein: nach Eichwalds Fauna caspici[18]: Tropidonotus |2| Hydrus[19] Pall[as][20] (Soll der Name bleiben) und Natrix scutata[21] Pall[as] p. 428. Giebt es eine? Sic?

Verehrungsvoll Ihr

A. v. Humboldt

1 Die Datierung „Montag, 12.4.1830" nach der Angabe des Empfangsdatums kann nicht zutreffen. Die Literaturangaben im Brief beziehen sich auf das 1843 zuerst erschienene dreibändige Werk *Asie centrale*.

2 Jules Planchon?

3 Gattungen.

4 Humboldt 1843.

5 *Fucus*: eine Gattung von Tangen (marinen Braunalgen).

6 Karl Eduard von Eichwald.

7 *Squilla*: eine Gattung der Fangschrecken- oder Heuschreckenkrebse.

8 Eine Gattung der Meeresfisch-Familie der Grundeln.

9 Seenadel, ein Fisch.

10 Edelkrebs, ein Süßwasserkrebs.

11 Der griechische Geograph Strabon.

12 Die Waran-Gattung *Psammosaurus* wurde erstmals in Fitzinger 1826 beschrieben. Über dieses Werk heißt es: „Die Aufmerksamkeit der Zoologen des Auslandes richtete sich aber erst auf ihn [sc. Fitzinger], als er das Werk: ‚Neue Classification der Reptilien nach ihren natürlichen Verwandtschaften' (Wien 1826, 4°.) herausgab, welches eine gänzliche Umgestaltung in dem bisherigen amphibiologischen Systeme hervorrief." (Wurzbach 1856–1891, Bd. 4, 259). Vgl. Humboldt 1844, Bd. 1, 2. Teil, 377 und 460.

13 Der Wiener Zoologe Leopold Fitzinger.

14 Frz. einem Drachen ähnelnd.

15 Johann Georg Wagler, bayrischer Herpetologe und Zoologe, Assistent von Spix.

16 Emydidae: Sumpfschildkröten.

17 Johann Baptist von Spix, bayrischer Zoologe und Forschungsreisender in Basilien 1817–1820.

18 Die *Fauna caspico-caucasica* des deutschbaltischen Naturforschers Karl Eduard von Eichwald (Eichwald 1838 und 1841). Eichwald hatte das Werk, wie sein Brief aus St. Petersburg vom 26.02.1842 (Staatsbibliothek zu Berlin. Handschriftenabteilung; Nachl. 480, Sammlung Runge; Signatur: Nachl. 480, 4: Eichwald, Karl Eduard, Blatt 7) belegt, Lichtenstein zugesandt.

19 Tropidonotus hydrus: nicht valider Name für Würfelnatter. Vgl. Humboldt 1844, Bd. 1, 2. Teil, 460.

20 Peter Simon Pallas.

21 Heute *Natrix natrix scutata*, die Russische oder Sibirische Ringelnatter.

72 Humboldt an Lichtenstein
Berlin, Dienstag, [März 1843?]

H: Berlin, Zoologisches Museum, Archiv, Akte: Kaup.

Sie erlauben theurer Freund, dass ich in Ihre Hände ein Mss. [Manuskript] des jungen recht verdienstvollen Kaup[1] lege, das er mir ganz ohne alle Bestimmung geschikt. Ich fürchte dass es in der Sylva Sylvarum[2] meiner Papiere verloren gehe.

Ihr

AlHumboldt
Berlin, Dienstag

1 Der 1803 geborene Paläontologe und Zoologe Johann Jakob Kaup.
2 Lat. Blätterwald; zugleich eine Anspielung auf das gleichnamige Werk von Francis Bacon. Humboldt verwendete den Ausdruck öfters, im gleichen Jahr etwa in einem Brief an Karl August Varnhagen von Ense vom 27.8.1843 (Humboldt 1860, 130).

73 Humboldt an Lichtenstein
[Potsdam oder Berlin,] Freitag, [21. bzw. 28.7.1843?][1]

H: 1 S. Anschrift. Niedersächsisches Staatsarchiv, Wolfenbüttel. Hs Abt VI. 12 nr. 79. Nr. 27.
D: Anonym 1864, 194.

Ich nehme Ihre freundliche Einladung zum Gastmale[2] Montags 2½ Uhr unter der ausdrüklichen Bedingung an dass ich keine Toasts[a] auszubringen und keine Art der Rede zu halten habe. Ich habe den Kopf so wüst, von tausend Elendigkeiten gequält, dass ich diese Bedingung, so lächerlich sie erscheinen kann, gegen Sie auszusprechen wage und von Ihrer Freundschaft erwarte, dass Sie mir diese Freiheit verschaffen, damit ich als ein stummes und dann nur frohes Mitglied erscheinen darf. Sie können gegen andere meine geforderte Stummheit als Folge des Uebelbefindens erklären. Mit alter Liebe

Ihr

AlHumboldt

Freitags

Beruhigen Sie mich durch einige Zeilen.

[*Anschrift:*] Sr Hochwohlgeboren
Herrn Geh[eimen] Rath Lichtenstein

a Toaste *D*

1 Zur Datierung vgl. den Brief Humboldts an C. G. Jacob Jacobi vom 17. bzw. 24.7.1843: „Ich habe an Lichtenstein geschrieben: ich komme, unter der Bedingung, nicht zu reden." (Humboldt 1987, 70).
2 Ein „magnetisch-electrisches Festmahl" in Berlin.

74 Humboldt an Lichtenstein
Berlin, Freitag, [10.11.1843]

H: 1 S. Niedersächsisches Staatsarchiv, Wolfenbüttel. Hs Abt VI. 12 nr. 79. Nr. 74.

[*von Lichtensteins Hand*:] N° 19

Berlin, Freitags
[*von Lichtensteins Hand*:] Beantw[ortet] Sonnabend
11/11 [18]43
L

Ich eile Ihnen zu sagen, mein theurer Freund und College, dass nur ein lästiges Augenübel des armen Gr[afen] Stolberg[1] daran schuld ist, dass ich Ihnen wegen des braven Hauptm[ann] von Kittliz[2] noch keine officielle Antwort geben kann. Ich habe in einem langen Berichte auf ein augenblikliches Geschenk von dreihundert Thalern und ausserdem im Namen des Königs und der Königin[3] auf sechs Exemplare Subscr[iption] angetragen. So wollte es Gr[af] Stolberg, der mich auch bat ihm meinen Brief an den König zu geben, weil er einst der Vormund des Herrn von Kittlitz war und ihm besonders gewogen ist. Gr[af] Stolberg zweifelt nicht, dass wir das Ganze erlangen, aber da
an zweihundert Thalern
gar kein Zweifel sein kann,
so bitte ich Sie, theurer Freund um keine Zeit zur Herausgabe zu verlieren, ja Herrn v. K[ittlitz] zu evertiren und ihm Muth zu machen. Sie forderten ja eigentlich nur 150 Reichsthaler.

Mit alter Anhänglichkeit
Ihr
Humboldt

[*An der Seite*:] Wenn der König 300 Reichsthaler giebt so versteht sich von selbst dass man ihn erst das 2te, 3te ... Heft (nicht das 1ste) für 6 Ex[emplare] bezahlen lässt.

1 Anton Graf Stolberg-Wernigerode, 1842–1848 preußischer Staatsminister, ab 1851 Minister des Königlichen Hauses.
2 Heinrich von Kittlitz.
3 Friedrich Wilhelm IV. von Preußen und Elisabeth Ludowika von Bayern.

75 Humboldt an Lichtenstein
[Berlin,] Sonnabend, [7.1.(1843/44 bzw. um/nach 1846?)][1]

H: 2 S.,1 S. Anschrift. Niedersächsisches Staatsarchiv, Wolfenbüttel. Hs Abt VI. 12 nr. 79. Nr. 80.
D: Anonym 1863, 196.

Ihr Brief, mein theurer Freund und College, ist von einem meinigen begleitet heute nach Paris[a] abgegangen.

In der Hofgesellschaft ist man sehr mit der Nachricht von einem grossen neuen lebendigen Thiere beschäftigt, das der bekannte Naturforscher Audebont[b] [2] nördlich vom Missouri 49° lat[c] fern vom fort Union soll erschossen haben 10 Fuss lang von Schnauze bis Ende des buschigen Schwanzes, Rehkopf mit Geweihen! kurze Vorderfüsse auf Hinterfüssen springend, eine Fettwulst um den[d] Bauch. Audebont[e] hat 5 auch zahm bei Indianern gefunden und sie gekauft um sie nach England zu schicken – alles aus der Köllner Zeitung. Wäre nicht Audebonts[f] Name dabei, so hielte man es für einen Spaass! Eine Gerboa[g] Iaculus[3] riesenhaft mit Geweihen, was gegen alle Naturgeseze. Schreiben Sie mir, theurer Freund, ob Sie irgend wo anders etwas davon gelesen, aus England?[4]

Wenn man den König[5] anregen soll Kochs[6] [7] fossile Knochen für 1500 – 2000 Thaler zu kaufen, so ist es gut an Ausgaben des Vaters zu erinnern. Ich erinnere mich an die Felle[h] von Picot Lamarre[8] waren es 4000 Reichsthaler? an Mineralien Sammlung von Tamnau[9] 18,000 Reichsthaler eine von Bergmann[10] 10,000 Reichsthaler. Ich bin an beiden lezteren Käufen völlig unschuldig[11], aber wie immer nicht hinderlich gewesen. Es [s]chien mir zu viel Geld für eine partie des Mus[eums] da andere so leiden. Darf ich |2| dem König sagen dass unter seiner Regierung, ausser den Reisen, bisher noch kein einziger einmaliger Ankauf für irgend einen Theil der naturhistor[ischen] Sammlungen geschehen ist, ich erinnere mich keines Ankaufs von 500–1000 Reichsthalern. Sie belehren mich wohl.

Mit alter Anhänglichkeit
Ihr
AlHumboldt.
Sonnabend Nacht

[*Am Briefumschlag, Anschrift*:] Sr Hochwohlgeboren
Herrn Geh[eimen] Rath u[nd] Professor
Lichtenstein,
Französische Str. 33
[*Poststempel*:] St. P. R. I. [Stadtpost] 7/1 [7.1.1844?]

---

a Peru *D*
b Audibert *D*
c 49. Breitengrade *D*
d an dem *D*
e Audibert *D*
f Audibert *D*
g Jerboa *D*
h Fälle *D*

[*Von unbekannter Hand, mit Bleistift:*] XX XXII
George Ed. Schmidt
Werder Gneiss
Graefe ~~Althaus~~
Reuter Helferich[12]

1 Der Brief wurde lt. Poststempel an einem 7.1. auf die Post gegeben. 1843 fiel der 7.1. auf einen Sonnabend, 1844 auf einen Sonntag. In diesen Jahren wohnte Lichtenstein in der Französischen Str. 33 (vgl. Allgemeiner Wohnungsanzeiger für Berlin, Charlottenburg und Umgebung auf das Jahr 1844. Berlin 1844, 272). Da der Brief aber auch „Kochs Knochen“ erwähnt (d.i. Albert Carl Koch und seine „Seeschlange“?), ist eine spätere Datierung – etwa um 1846/1847 – auch möglich. Koch entdeckte bzw. konstruierte seine „Seeschlange“ erst 1845 (vgl. Koch 1845), tourte aber bereits in den 40er Jahren mit Skeletten von Riesentieren durch die USA. 1846 zeigte er das „Seeschlangen“-Skelett auch in Berlin. Die „riesige ‚Seeschlange‘ wurde auf 1847 auf *Lichtensteins* Betreiben vom preussischen Staat angekauft, der dem Besitzer auf Lebenszeit eine Jahresrente von 1000 Thallern bewilligte.“ (Naumann/Lichtenstein 1954, 71).

2 Der US-amerikanische Ornithologe John James Audubon.

3 Jerboa: Springmäuse; *Jaculus*: Gattung Wüstenspringmäuse. Bereits am 20.1.1825 hatte Lichtenstein in der preußischen Akademie der Wissenschaften „Über die Springmäuse oder die Arten der Gattung Dipus“ gelesen (vgl. Lichtenstein 1825 und 1828).

4 In der *Nürnberger Zeitung* heißt es dazu 1843: „Entdeckung eines neuen vierfüßigen Thieres. Der berühmte Naturforscher Audubon theilt in einem vom 20. Juni [1843] datirten und 110 engl. Meilen oberhalb Fort Union (Nordamerika) unter dem 49. Breitengrade geschriebenen Briefe mit freudigem Entzücken, wie er sich ausdrückt, die Entdeckung eines Vierfüßlers mit, welches ein werthvolles Hausthier zu werden geeignet ist. Er hatte während eines Sturmes in einem Walde Zuflucht gesucht und sah plötzlich zwei große Thiere, die er nie gesehen noch beschrieben gefunden hatte, mit einander spielen. Sie glichen etwa dem Känguruh. Sein Gefährte schoß eines der beiden Thiere; das andere entfloh.“ (Anonym 1843). Der sogenannte Ke-ko-ka-ki, nach der Beschreibung in den Zeitungen ein büffelgroßes, känguruhartiges Tier fand sich Ende 1843 in US-amerikanischen Zeitungen und wurde auch in Europa bekannt (vgl. *The Literary Gazette*, 30.12.1843, 858–859 [Discovery of a new quadruped]; *The Eclectic Magazine of Foreign Literature, Science, and Art*, April 1844, 429 [Science and arts. Discovery of a new quadruped.]). Der britische *Zoologist*, der den Brief Audubons wiedergiebt, vermutete einen Hoax (vgl. A New Quadruped 1844, 429). Für die Hinweise danke ich herzlich Carsten Eckert.

5 Friedrich Wilhelm IV. von Preußen.

6 *Der Druck hat die Fußnote*: Der hier erwähnte Koch ist der bekannte Dr. Albert Koch, welcher im Jahr 1845 in Alabama die fossilen Reste des Hydrarchos entdeckt.

7 Wohl Albert Carl Koch, der in Missouri Entdeckungen von eozänen Großsäugern machte, u. a. „Hydrarchos harlani“, einen aus mehreren Skeletteilen zusammengesetzter Wolpertinger, mit dem er in den USA und Europa auf Tournee ging. Zu dieser „Seeschlange“, die sich u. a. als Urwal *Zeuglodon* entpuppte, wurde 1846–1848 ein intensiver wissenschaftlicher Disput geführt. In Berlin wurde das Skelett 1846 im Akademiegebäude aufgestellt (vgl. Neumann/Mauersberger 1990). Für die Hinweise danke ich Carsten Eckert herzlich. Zu Koch vgl. auch Naumann/Lichtenstein 1954, 36–37, 38–39, 61, 62. Im Zusammenhang mit Koch übte Stresemann heftige Kritik an Lichtensteins Umgang mit Erwerbungen: „Viele Objekte, die das Berliner Zoologische Museum vor 1850 erwarb, sind damals mangelhaft oder gar falsch etikettiert worden. Diesem Übelstand, durch Lichtensteins Oberflächlichkeit verschuldet, lässt sich durch Benutzung des Archivs des Zoologischen Museums, also durch das Studium einschlägiger Briefe und Eingangsverzeichnisse, in vielen Fällen noch nachträglich abhelfen.“ (unveröffentlichtes Manuskript Stresemanns, ca. 1955, zit. n. Haffer/Rutschke/Wunderlich 2004, 328).

8 Christophe-Augustin Lamare-Picquot.

9 Der deutsche Mineraloge, Sammler und Botaniker Friedrich Tamnau. Die Sammlung wurde auf Empfehlung Humboldts erworben und im Februar 1841 dem heutigen Museum für Naturkunde übergeben (vgl. Humboldt 2013a, 175 und 461 f.; Hoppe 2004). Als wichtige Teilsammlung besteht die „des Banquier *Tamnau*, aus 17000 Nummern", „die Species nach den Fundorten geordnet, [und] besonders reich an nordamerikanischen Mineralien." (Pistor 1890, 31).

10 Gottlieb Wilhelm Bergemann.

11 Zur Rolle Humboldts bei den Ankäufen der Sammlungen vgl. Hoppe 2004.

12 Funktion und Zuordnung der nicht von Humboldt oder Lichtenstein stammenden Liste ist unklar.

76 Humboldt an Lichtenstein
[Berlin, 7.4.1844?][1]

H: 1/2 S., Staatsbibliothek zu Berlin, Handschriftenabteilung; Nachl. Alexander von Humboldt, Autogr. I, 1096

Ich habe, theurer Freund, die Briefe von Herrn v[on] Kittliz[2], aber bisher keine Kupferstiche weder für den König noch für mich erhalten. Es stand auf dem Briefe „mit 3 Exempl[aren]") aber es ist nichts davon abgegeben oder nachgeschikt worden.

Ihr

AlHumboldt
Ostertag

[*Anschrift*:]
AlHumboldt

Sr Hochwohlgeboren
Herrn Geh[eimen] Rath Professor
Lichtenstein

1 1844 fiel der Ostersonntag auf den 7. April.

2 Heinrich von Kittlitz.

77 Humboldt an Lichtenstein
[Berlin,] Montag, [8.4.1844]

H: 1 S., 1 S. Anschrift. Niedersächsisches Staatsarchiv, Wolfenbüttel. Hs Abt VI. 12 nr. 79. Nr. 83.

[*von Lichtensteins Hand*:] Journ[al] N°. 135. Praes[entatum] d[en] 9ten April 1844[1].

Ich werde gern die Kupfertafeln unseres leider! etwas confusen Herrn v[on] Kittlitz[2] erwarten. Was Gould[3] und die Zahlung betrift, so müssen Sie ja, theurer Freund, unmittelbar das Werk einschikken den Preis erwähnen und sich erbieten

„dem Verf[asser] das Geld zukommen zu lassen,"
auch die Vermuthung ausdrükken, dass (da die vorigen Werke Gould's aus der Bibl[iothek] des verstorbenen Königs[4] nach Befehl des jezigen[5] der Kön[iglichen] öffentl[ichen][a] Bibl[iothek] zugehören) Sr Maj[estät] wenn Allerh[öchst] D[ieselbe] Sich an dem Anblik wird erfreuet haben, das Exemplar Herrn Pertz[6] übergeben[b] lassen werde. Sie sind ganz berechtigt, dies in Verbindung mit dem Zwecke der Subscr[iption] (als durch mich Ihnen aufgetragen) zu sezen. Der König sieht immer am liebsten, wenn man ihn frei erinnert an das, was er ursprünglich gewollt. Mit inniger Freundschaft

Ihr

AlHumboldt

Montags

[*Anschrift*:] Sr Hochwohlgeboren
Herrn Geh[eimen] Rath u[nd] Professor
Lichtenstein

Al Humboldt

1 Der 9. April 1844 war ein Dienstag.
2 Heinrich von Kittlitz.
3 John Gould. Zu Goulds Werk und zum „Besuch des weltberühmten Mr. Gould" bei Johann Friedrich Naumann im August 1843 vgl. Naumann/Lichtenstein 1954, 47, 52–53.
4 Friedrich Wilhelm III. von Preußen, 1840 gestorben.
5 FriedrichWilhelm IV. von Preußen.
6 Georg Heinrich Pertz, Historiker und Bibliothekar in Berlin.

78 Humboldt an Lichtenstein
O. O., [nach dem 9.4.1844?]

H: 1 S., 1 S. Anschrift. Niedersächsisches Staatsarchiv, Wolfenbüttel. Hs Abt VI. 12 nr. 79. Nr. 78.

Alles was Sie theurester Freund, von dem wunderbaren talentvollen Herrn v. Kittliz[1] erfahren, habe ich seit 15 J[ahren] ebenfalls gelitten. Wie viel habe ich mich für ihn bewegt, ihm den kaiserl[ichen] Vorschuss ich glaube 10 000 Papierrubel, verschaft. Wenn nicht andere für ihn handeln so wird auch jezt nichts aus der Herausgabe werden. Er vernichtet die Platten, wenn sie fertig sind, um sie in ewigem Kreislauf wieder zu beginnen. Die Subscription besonders bei geizigen Prinzen und Prinzessinnen ist ein lästiges Geschäft. Ich verstehe aus Ihrem Briefe, dass jetzt 150 Reichsthaler nöthig sind, ich werde bei dem König für

200 Reichsthaler einkommen

---

a öffentl. *erg. Humboldt*
b (1) werd (2) übergeben *Humboldt*

als ein einfaches Geschenk und Graf Stollberg[2], der der Vormund von Kitzliz ist, soll den Brief abgeben. Des Königs Namen muss er dann auf die Subscriptionsliste sezen. Sollte Ihnen dieser einfache Vorschlag theurer College, nicht gefallen, so schreiben Sie mir gütigst bald nach Potsdam

Ihr

in Eile

AHt

Der König hat die Platten gesehen.

[*Anschrift*:] Sr. Hochwohlgeboren
Herrn Geh. Rath Lichtenstein.

1 Heinrich von Kittlitz, Teilnehmer der Lütkeschen Weltumseglung 1826–1829. Seine Reisebeschreibung erschien erst 1858 (vgl. Kittlitz 1858).

2 Anton Graf Stolberg-Werningerode, preußischer Minister.

79 Humboldt an Lichtenstein
[Berlin, 1844?]

H: 1 S. Niedersächsisches Staatsarchiv, Wolfenbüttel. Hs Abt VI. 12 nr 79, Nr. 3.

Es ist gerade auch die ganze äussere Erscheinung des jungen freundlichen Mannes[1] die mir sehr, sehr gefallen. Im Gespräch habe ich ihn ebenfalls sehr angenehm gefunden, ruhig, besonnen und in allem zu Hause. Reden Sie ja dem Prinzen[2] ab nicht vorher nach Constant[inopel] u[nd] Jerusalem zu gehen. Wenn man etwas grosses vor hat, muss man es gleich beginnen.

Ihr

AHt

1 Werner Hoffmeister, Neffe Lichtenstein, Arzt Prinz Waldemars. Im Brief geht es um die Vorbereitung der Indienreise 1844–1845 (vgl. Hoffmeister 1847).

2 Prinz Waldemar von Preußen. Humboldt schrieb in seiner „Vorrede“ zum Buch *Zur Erinnerung an die Reise des Prinzen Waldemar von Preußen nach Indien in den Jahren 1844–1846* über seine Beziehung zum Prinzen (Waldemar von Preußen 1853, Bd. 1, I–V).

Abb. 24: „Wenn man etwas grosses vor hat, muss man es gleich beginnen“. Mineraliensaal des Museums für Naturkunde zu Berlin mit einem Zitat aus dem Humboldt-Lichtenstein-Briefwechsel, vgl. Humboldts Brief an Lichtenstein, vielleicht 1844, Brief Nr. 79 (Aufnahme Juli 2022).

80 Humboldt an Lichtenstein
[Berlin,] Sonnabend, [1844?]

H: 1 S. Niedersächsisches Staatsarchiv, Wolfenbüttel. Hs Abt VI. 12 nr. 79. Nr. 77.

[*von Lichtenstein Hand*:] N°.15

Mein theurer, immer liebenswürdiger Freund und College! Die Königin[1] nun getröstet, dass des Löw[enstimm][2] kleines drei-Perlen Kästchen ohne Nachtheil von Ihnen Ihr cedirt wird, wird den Schaz den mir G. Rose[3] übergeben durch mich erhalten. Wollen Sie die Freude vergrössern so schenken Sie eine Muschel dazu und senden Sie mir gelegentlich damit ich sie in Ihrem Namen übergebe.

Liebevoll u[nd] anhänglichst
Ihr
AlHumboldt

Sonnabend.

1 Elisabeth Ludovika von Bayern, Königin von Preußen.
2 Der Edelsteinhändler Wilhelm Johann von Löwenstimm in St. Petersburg.
3 Der Chemiker und Mineraloge Gustav Rose.

81 Humboldt an Lichtenstein
[Berlin, 1844]

H: 1 S. Niedersächsisches Staatsarchiv, Wolfenbüttel, Nr. 4. Hs Abt VI. 12 nr. 79.

Da de Prinz Wilhelm[1] die baare vermehrte Ausgabe etwas scheuen könnte, so dächte ich Sie schrieben ihm, es sei am besten, nach meinem Rathe, dass Sie vom König für die scient[ifische] Exped[ition] gleich

2500 Reichsthaler

vorläufig baar forderten: davon würden aber 500 Reichsthaler gleich in Dr Hofm.[2] Händen bleiben, pour s'équiper, für Papier, Gläser[,] Thermometer, Fangapparate.

AH.

1 Der später König Wilhelm I. von Preußen.
2 Werner Hoffmeister.

82 Humboldt an Lichtenstein
Potsdam, Freitag, [5.7.1844]

H: Berlin, Zoologisches Museum, Archiv. Akte Löwenstimm.

[*Von unbekannter Hand, mit Bleistift*:] Praes[entatum] 6 Juli 44
[*Von Lichtensteins Hand*:] Journ[al] N°. 225.
Präs[entatum] de[n] 6ten Juli 1844.
[*Von unbekannter Hand, mit Bleistift*:] Ins Journal
Zu Löwenstimm[1]

Der König[2], immer sehr geneigt Ihnen für den schönen Garten[3], der ihm die heitersten Eindrükke gelassen, den schwarzen Tiger zu schencken, bittet Sie in der Stadt Rom[4] den russ[ischen] Commerzienrath Loewenstimm, der sich auch auf einer Visiten Carte
Bourgeois Notable de S[a] M[ajesté]
Impériale
nennt (also Bürger des Kaisers!) einige Augenblikke zu schenken. Der Mann hat eine Sammlung von Perlenmuscheln die er, wie es scheint, nicht[a] für Geld, sondern für einen Orden vertauschen möchte. Er wohnt in der Stadt Rom. Sie schreiben mir wohl theurer Freund, ob, was er dem Museum schencken will, von Werth ist? Da ich gegen alle solche Ordensverleihungen bin, so werde ich durch Ihre Güte erfahren, was zu thun ist, ob man ihm eine Medaille anbieten solle. Mit alter Anhänglichkeit,
Ihr

AlHumboldt.
Potsdam, Freitags[5]

1 Wilhelm Johann von Löwenstimm.
2 Friedrich Wilhelm IV. von Preußen.
3 Der am 1.8.1844 offiziell eröffnete Zoologische Garten in Berlin.
4 Wohl das Hotel Ville de Rome (Römischer Hof) in Berlin, Unter den Linden 10.
5 Der 5.7.1844 war ein Freitag, der 8.7. ein Montag.

83 Humboldt an Lichtenstein
Potsdam, Montag, [8.7.1844]

H: 1 S.,1 S. Anschrift. Niedersächsisches Staatsarchiv, Wolfenbüttel, Nr. 5. Hs Abt VI.12 nr 79.

[*von Lichtensteins Hand:*] Journ[al] No. 227
Praes[entatum] den 8n Juli 1844.

Da es mir schien, theurer Geh[eimer] Rath, als wollten Sie noch einmal die Austerbank der „Löwenstimme"[1] sondiren so muss ich Sie in Kenntniss von der Veleität[2] des Königs[3] sezen,

a (1) f (2) nicht *Humboldt*

„zu thun wie der Kaiser". Ich habe also heute heimlich Meyendorf[4] fragen müssen was der Leibbürger für einen Orden besizt. Das Project wäre dann nur ein[5] 8–10 Muscheln zu nehmen. Vielleicht hätte die Königin[6] gern 1–2 auf der Toilette? Sollte der Mann nicht den eingewachsenen Diamanten in eisenhaltigem Itabarit od[er] weissem Itacolumit geben? Sollte er mit dem Orden ohne anderes Geschenk da er so reich ist sich begnügen. Geben Sie uns Rath, theurer College, denn der König fürchtet das reine abschlagen und meint für einen Russ[ischen] Commerzien Rath könne man schon etwas thun.

Dankbarst
Ihr

AlHumboldt.

Potsdam Montag

[*Anschrift*:] Sr. Hochwohlgeboren
Herrn Geh[eimen] Medicinal Rath
und Professor Dr Lichtenstein,
in
Berlin
[*Poststempel*:] Potsdam 8/7 [8.7.] 10–11 [Uhr]
[*Zustellungsstempel*:] N 8/7 4 [Nachmittag, 8.7., 4 Uhr]

1 Der Edelsteinhändler Löwenstimm aus St. Petersburg, der sich durch reiche Schenkungen auch um die mineralogischen Sammlungen verdient zu machen suchte.
2 Velleität: kraftloses Wünschen.
3 Friedrich Wilhelm IV. von Preußen.
4 Peter Freiherr von Meyendorff, seit 1839 russischer Gesandter in Berlin.
5 Ein: etwa, ungefähr.
6 Elisabeth Ludovika von Bayern.

84 Humboldt an Lichtenstein
Berlin, 23.8.1844

H: 2 S. Niedersächsisches Staatsarchiv, Wolfenbüttel, Nr. 18. Hs Abt VI. 12 nr. 79.

In zärtlichem Interesse für die Reise des Ceylonischen Naturforschers[1] melde ich Ihnen theurer Freund, das[s] Prinzessin Wilhelm[2] mir auf den Vorschlag Geld vom König[3] zu fordern nicht geantwortet, dass ich aber bestimmt weiss durch den Hofstaats Secretär Schulz[4], der König habe für den jungen Prinzen[5] 7–8000 Reichsthaler so eben baar auszahlen lassen. Dadurch erklärt sich die genereuse Äusserung[a] nichts nehmen zu wollen, alles selbst zu tragen. Dieu a donné aux Princes la parole, pour dissimuler leurs pensées[6]. Ich beschwöre Sie also jezt um so fester 800–1000 Reichsthaler zur Ausrüstung für Ihren Neffen[7] (Bücher, Instrumente[,] viele Thermometer, Microscop, Papier..) zu fordern. Ohne eine reich[l]iche

a Äusserung | d *gestrichen* | nichts *Humboldt*

Ausrüstung wird er[a] auf Regenwürmer reducirt bleiben.[8] Ich hoffe, theurer College, dass diese Zeilen Sie noch in Berlin finden. Ich habe den König bitten müssen |2| mir zu erlauben wegen Vollendung des ersten Theiles meines Kosmos[9] der im September erscheint, Ihn nicht nach Königsberg begleiten zu müssen.[10] Das ist der patente officelle Grund, der wahre des nicht Gehens war ein politischer, der Ihrem Scharfsinn nicht entgeht.

Ihr

AlHumboldt

Berlin den
23 Aug[ust]
1844

1 Werner Hoffmeister, 1844 in Ceylon und Indien.
2 Prinzessin Marianne von Preußen, auch Prinzessin Wilhelm, geb. Maria Anna Amalie von Hessen-Homburg,
3 Friedrich Wilhelm IV. von Preußen.
4 Johannes Schulze?
5 Nicht ermittelt.
6 Frz.: Gott hat den Prinzen das Wort gegeben, damit sie ihre Gedanken verschleiern.
7 Werner Hoffmeister.
8 Eine Anspielung auf Hoffmeisters Dissertation über Regenwürmer und die Nachfolgearbeit, mit der sich Hoffmeister aktuell beschäftigte (Hoffmeister 1842 und 1845).
9 Der 1. Band des *Kosmos* erschien 1845.
10 Zur Feier des 300jährigen Gründung der Universität Königsberg Ende August 1844.

85 Humboldt an Lichtenstein
[Berlin, um 1845?]

H: 1 S., 1 S. Anschrift. Niedersächsisches Staatsarchiv, Wolfenbüttel. Hs Abt VI. 12 nr. 79. Nr. 69.
D: Anonym 1864, 194.

Ich bin bestimmt Sie, theurer Freund, mit meinen Bitten zu quälen. Der Hofmarschall von Meyerink[1] verlangt von mir ihm
die Liste der litterarisch ausgezeichneten Fremden
zu schikken, welche der König[2] zu dem Balle im Schlosse am 20 sten einladen könne. Er sagt litterarische Notabilitäten, also Professoren der Universitäten alles nicht berlinische. Hätten Sie die Gewogenheit mir eine solche Liste bis morgen Abend zu schikken, und die nothwendigen zu unterstreichen, auch wenn Sie es wissen, einige Wohnungen dazu.[b] Es ist ein schweres Problem aber Sie helfen uns wohl etwas. Mit alter Verehrung

Ihr

AlHumboldt.

a (1) aber (2) er *Humboldt*
b dazu *erg. Humboldt*

[*Am Briefumschlag, Anschrift*:] Sr Hochwohlgeboren
Herrn Geh[eimen] Rath
Dr. Lichtenstein

citissime
AlHumboldt

1 Wohl Wilhelm Ludwig von Meyerinck, Hofmarschall des Kronprinzen, des spätereren Königs Friedrich Wilhelm IV., bis 1845 Hofmarschall, 1849 Oberhofmarschall. Vgl. Karl August Varnhagen von Ense über die Englandreise Friedrich Wilhelms IV. 1842: „Humboldt klagt über das Knieen [des Königs] in England, aber auch der Geheime Kabinettsrath Müller sagt, er habe es kaum aushalten können. Humboldt erzählt scherzend, über das Knieen wären die Stimmen getheilt geblieben, manche sehr dafür, einige heftig dawieder, allein manche Stimme dürfe nicht gelten, z.B. die des Hofmarschalls von Meyerinck, denn der sei Parthei, er habe sich nämlich dabei die Hosen über dem Knie aufgesprengt!" (Tagebuch, 17.2.1842, in: Varnhagen 1861–1870, Bd. 2, 22–23).

2 Friedrich Wilhelm IV. von Preußen.

86 Humboldt an Lichtenstein
[Berlin,] Montag, [März 1846]

H: 3 S. Niedersächsisches Staatsarchiv, Wolfenbüttel. Hs Abt VI. 12. nr. 79. Nr. 57.

Ehe ich, mein theurer Freund, Ihnen über den armen, wie ich glaube sehr unschuldig verdächtigten Appert[1] schreibe, muss ich in Ihren Busen den Schmerz ergiessen, den auch mir der Tod, die freiwillige Hinopferung des liebenswürdigen, talentvollen, so mannichfach ausgebildeten Hofmeister[2] verursacht hat. Selten hat mich ein Verlust so bewegt. Ein zu weit getriebenes Pflichtgefühl hat den edeln jungen Mann in das Schlachtgewühl dem eiteln jungen Prinzen folgen lassen. Alles was ich von dem eingeernteten Kriegsruhme habe bis zum Ekel wiederholt habe hören müssen, ist mir durch Hofmeister's Tod verbittert worden. Nur ein viertägiger Aufenthalt mit dem König[3] in Potsdam hat mich gehindert den Erguss meiner Trauer mit der Ihrigen zu vermischen. Wie viele Hofnungen konnte man auf diesen von Ihnen so treflich ausgebildeten, nun durch Erfahrung gereiften jungen[a] Mann sezen.

Ob mich Apperts Lage rührt. Es ist unverzeihlich wie man mit ihm verfährt. Seit 14 Tagen verfolge ich den König nicht bloss |2| mit der freundlichen Antwort die er ihm auf eine so anständige Zueignung schuldig ist, die ich erbitte und die nicht erfolgt[4], sondern auch mit Forderung der Herausgabe einer Anzahl von Briefen die Salvandy[5], Guizot[6] und Fain[7] der Secretar von Louis Philippe[8] in älterer Zeit an Appert gerichtet hatten. Sie waren mit meinem Briefe in Bodelschwingh's[9] Hände gelegt!! Als ich gestern um 9 Uhr mit dem König von Potsdam zurükkam, ging ich selbst zu Bodelschwingh um ihm das Harte dieses Benehmens vorzuwerfen. Mit Mühe habe ich ihm die Briefe abgepresst (und um 11 Uhr gestern habe ich sie an Appert gesandt, „Man wisse nichts bestimmtes gegen ihn vorzubringen. Gr[af] Arnim[10] habe nicht geantwortet. Vor kurzem habe er (Bodelschwingh) Kamtz!![11] wieder aufgefordert

a jungen *erg. Humboldt*

Notizen zu schaffen." Von Bod[elschwingh] ging ich gestern zu Graf Arnim der seit einigen Tagen von Paris angekommen ist. „Er habe, sagt er nichts unvortheilhaftes über ihn erfahren, man habe sich nur gewundert, dass er in Sanssouci und am Rhein mit so viel Auszeichnung aufgenommen worden sei." In |3| dieser Verwunderung liegt nichts schimpfliches vielleicht nur Nichtachtung seiner Vorschläge oder ein vages Gerücht über pecuniäre Geldverirrung. Dem M[ar]quis de Dalmatie[12] habe ich vor 3 Wochen zugesezt sich eine Antwort von Guizot zu verschaffen, die allen diesen unwürdigen heimlichen Polizeigerüchten ein Ende mache ... Der M[ar]quis war sehr kalt dabei. Die Antwort war: il m'a deplu, je crois que c'est un devot[13]. Sie sehen mein theurer Freund, dass ich nicht unthätig bin, dass ich mich in dieser Sache um so mehr aufgeregt fühle, als ich Zeuge von der übertriebenen Zärtlichkeit gewesen bin deren Gegenstand dieser jezt so tief gekränkte Mann ist. Diese Zärtlichkeit war weit grösser noch als Appert[a] sie in seinem Besuche beschrieben.[14] Ich werde morgen zum 4–5 ten Male schriftlich auf eine Antwort des Königs dringen. Möchte der Mann doch nach Baiern gehen ehe seine Souvenirs[15] erscheinen. Sie werden sehen, dass über diese die Censur erst ihre kleine Rache ausüben wird.

Mit innigster Freundschaft und in trüber Stimmung über alles, was ich erlebe

Ihr

AHumboldt

Montag Abend

Die bot[anische] Zeitung ist mir wegen der treflichen Abhandlung über die Himalaya Coniferen[16] eine grosse Freude gewesen. Sie besizen gewiss andere Materialien genug um ein Buch zusammensezen zu können, das dem edeln unglüklichen jungen Mann ein Denkmal werden könne.

1 Der französische Schriftsteller und Reisende Benjamin Nicolas Marie Appert, der die Gefängnisse in Deutschland besuchte. In Humboldts Adressbuch findet er sich zweifach verzeichnet mit: „Schumannstr. n 1. Du Conseil Royal des Prisons de France, Inspecteur des Manufactures" und mit „membre de la Soc[iété] Royale des Prisons ~~Schumannstr. n 1~~ Friedr[ich]str. 133" (Humboldt 2017, 12). Vgl. auch den Brief Humboldts an Friedrich Wilhelm IV. vom 10.3.1846: „Der Professor Lichtenstein schreibt mir, dass er [Appert] ihm von sehr achtbaren Freunden aus dem südlichen Frankreich empfohlen worden sei und dass diese Geld, das er ihm hier vorgeschossen, richtig bezahlt haben." (Humboldt 2013a, 321).

2 Lichtensteins Neffe Werner Hoffmeister, Arzt des Prinzen Waldemar von Preußen, den er nach Indien begleitetete, wo er auf britischer Seite im ersten Sikh-Krieg am 21. Dezember 1845 in der Schlacht von Ferozeshah fiel. Humboldt sprach später in seiner „Vorrede" zur *Reise des Prinzen Waldemar von Preußen nach Indien* vom „wissenschaftlich sehr begabten Dr. Werner Hoffmeister", der „als Arzt und Naturforscher, aber in der Schlacht gegen die Sikhs bei Ferozeschah, kaum 26 Jahre alt, neben dem Prinzen getödtet, ein freiwilliges Opfer zarten Pflichtgefühls" geworden sei (Waldemar von Preußen 1853, Bd. 1, III).

3 Friedrich Wilhelm IV. von Preußen.

4 Vgl. den Brief Humboldts an Friedrich Wilhelm IV. vom 10.3.1846 (in Humboldt 2013a, 312).

5 Der französische Politiker und Publizist Narcisse-Achille Comte de Salvandy.

6 François Guizot.

7 Agathon Jean François Baron de Fain, ab 1830 erster Kabinettssekretär von König Louis Philippe.

a (1) er (2) Appert *Humboldt*

[8] Louis Philippe, 1830–1848 König von Frankreich.
[9] Der preußische Innenminister Ernst Albert Karl Wilhelm Ludwig von Bodelschwingh, seit 1842 Finanzminister, seit 1844 Kabinettsminister, der (so Barclay 1995, 197) „heimliche Ministerpräsident".
[10] Der preußische Staatsmann Adolf-Heinrich Graf von Arnim-Boitzenburg, 1842–1845 Innenminister.
[11] Der preußische Jurist Karl Albert von Kamptz.
[12] Napoléon-Hector Soult, Marquis (ab 1851 Duc) de Dalmatie, französischer Offizier, Diplomat und Politiker, ab 1844 Gesandter in Berlin.
[13] Frz. Er hat mir mißfallen, ich glaube, er ist ein Frömmler.
[14] Vgl. Appert 1845. Mit handschriftlicher Widmung in Humboldts Exemplar vom 5.3.1846 (Stevens 1863, 23, Nr. 264).
[15] Appert 1846. Das Buch befand sich ebenfalls in Humboldts Bibliothek (vgl. Stevens 1863, 23, Nr. 265).
[16] Hoffmeister 1846. Die Abhandlung ist als Brief Hoffmeisters aus Simla (Indien) vom 15.10.1845 gestaltet (vgl. Klotzsch/Garcke 1862).

87 Humboldt an Lichtenstein
Potsdam, Freitag, [1848 oder später]

H: 1 S. Niedersächsisches Landesarchiv, Standort Wolfenbüttel, 298 N Nr. 359, Nr. 79.
D: Anonym 1864, 196.
TD: Schmuck 2020, 96–97.

König und Königinn[1] schwelgen noch, mein Theurer in Ihrem Gould[2], der unter meiner Aufsicht übrigens gehörig geschont worden ist und nun an Duvinage[3] geschikt wird. Die Königin lässt Sie bitten, mein theurer Freund, mir zu schreiben ob ihr rothköpfiger getollter Papaguey, der taubenartige, im Gould und unter welchem heidnischen Namen abgebildet ist.[4] Wäre er abgebildet, so wünschte der König dass ihm das Heft geliehen würde.

Eine ganz andere Bitte der Belehrung füge ich hinzu;[a] Welcher[b] von den drei so ungeheure Erdnester- (Erdhaufen, mounds-[5]) bauender generibus[6]

Leipoa[7] Vol. V. tab. 78.
Talegalla[8] Vol. V. tab. 77.
Megapodius[9] Vol. V. tab. 79.

bereitet sich die mit kleinen Steinen mosaikartig gepflasterten Wege?

Mit[c] alter Freundschaft

Ihr
AlHumboldt

Potsd[am] Freitags

[1] Friedrich Wilhelm IV. von Preußen und Elisabeth Ludovika von Preußen, geb. Prinzessin von Bayern.
[2] Das Werk des britischen Ornithologen und Tiermalers John Gould (Gould 1840–1848).
[3] Charles Duvinage, Bibliothekar Friedrich Wilhelms IV. (vgl. du Vinage 2005).

[a] hinzu; | 1) welcher *gestrichen* | Welcher *Humboldt*
[b] Welcher *erg. Humboldt*
[c] Wege? | 2) Nicht wohl das genus Apteryx *gestrichen* | Mit *Humboldt* [*Apteryx: Kiwi. Anm. d. Hg.*]

[4] Ein Rosakakadu. Vgl. den folgenden Brief Lichtensteins von 1848 oder später (Brief Nr. 88).

[5] Mound: engl. Hügel, Erdhügel.

[6] Genus: Gattung.

[7] Bei Gould *Leipoa ocellata* (Gould 1840–1848, Bd.5, Tafel 79). Gattung *Leipoa*: das südostaustralische Thermometerhuhn baut bis zu 1,5 m hohe Bruthügel, in denen durch Sonneneinstrahlung und Verrottungswärme die Eier erbrütet werden.

[8] Bei Gould *Talegalla lathami* (Gould 1840–1848, Bd.5, Tafel 78). Die Arten der Talegalla-Großfußhühner (Gattung *Talegalla*), überwiegend in Neuguinea beheimatet, bauen ebenfalls große Bruthügel.

[9] Bei Gould *Megapodius tumulus* (Gould 1840–1848, Bd.5, Tafel 80). Gattung *Megapodius*: eine Gattung von Großfußhühnern aus Südostasien, Australien und Ozeanien.

88 Lichtenstein an Humboldt
[Berlin, 1848 oder später][1]

H: 7 S. Staatsbibliothek zu Berlin. Handschriftenabteilung; Nachl. Alexander von Humboldt, gr. Kasten 13, Nr. 64a.
TD: Schmuck 2020, 97.

Ew Excellenz,
verfehle ich nicht, auf die mir vorgelegten Fragen sogleich zu antworten. Der schöne Papagei Ihrer Maj[estät] der Königin[2] ist bereits von Le Vaillant[3] in der Hist[oire] Nat[urelle] des Perroquets[4], also vor etwa 35 Jahren, als eine der damals[a] neuesten Entdeckungen dieser Art unter dem Namen: Le Rosalbin abgebildet und darauf als[b] Psitt. Éos[5] (Aurora) in die systematischen Verzeichnisse eingeführt. Gould hat ihn ebenfalls wieder abgebildet.[6] Er steht in der[c] 20ten Lieferung, die ich eben in unserer Bibliothek nachgesehen habe. Die Abbildung ist sehr getreu, doch die Stellung etwas affectirt. Einen Namen der Eingeborenen für diesen Vogel scheint er nicht zu kennen, da er ihn sonst, wie bei den übrigen Tafeln gewiß angegeben haben würde. Mit wie vielem Recht Sie mir aber heute diesen Vogel durch das epitheton „taubenartig“ kenntlich machen, ergibt sich aus Goulds Angabe, daß diese Kakatu Art (dahin rechnet er sie, meines Erachtens nicht ganz treffend) nicht allein stets in großen Flügen in der Luft erscheint, mit ihren gewaltigen[d] Schwenkungen in der Luft den Reisenden stets das Wechselspiel der angenehmen Farben des Kopfes, Rückens und Bauches darbietend, sondern |2| daß die Colonisten im nördlichen und östlichen Australien, denn nur dort ist sie bis jetzt angetroffen[7], sie[e] auch nach und nach so gezähmt haben, daß sie gar nicht mehr in Käfichten, sondern zahlreich[f] in Schlägen auf den Höfen gehalten werden und sich ihr Futter, (also ganz wie die Tauben), aus den Häusern und den Händen der Bewohner täglich holen.[8] Ob sie sich

[a] damals *erg. Lichtenstein*

[b] (1) unter (2) als *Lichtenstein*

[c] (1) ins (2) in der *Lichtenstein*

[d] gewaltigen *erg. Lichtenstein*

[e] (1) ihn (2) sie *Lichtenstein*

[f] zahlreich *erg. Lichtenstein*

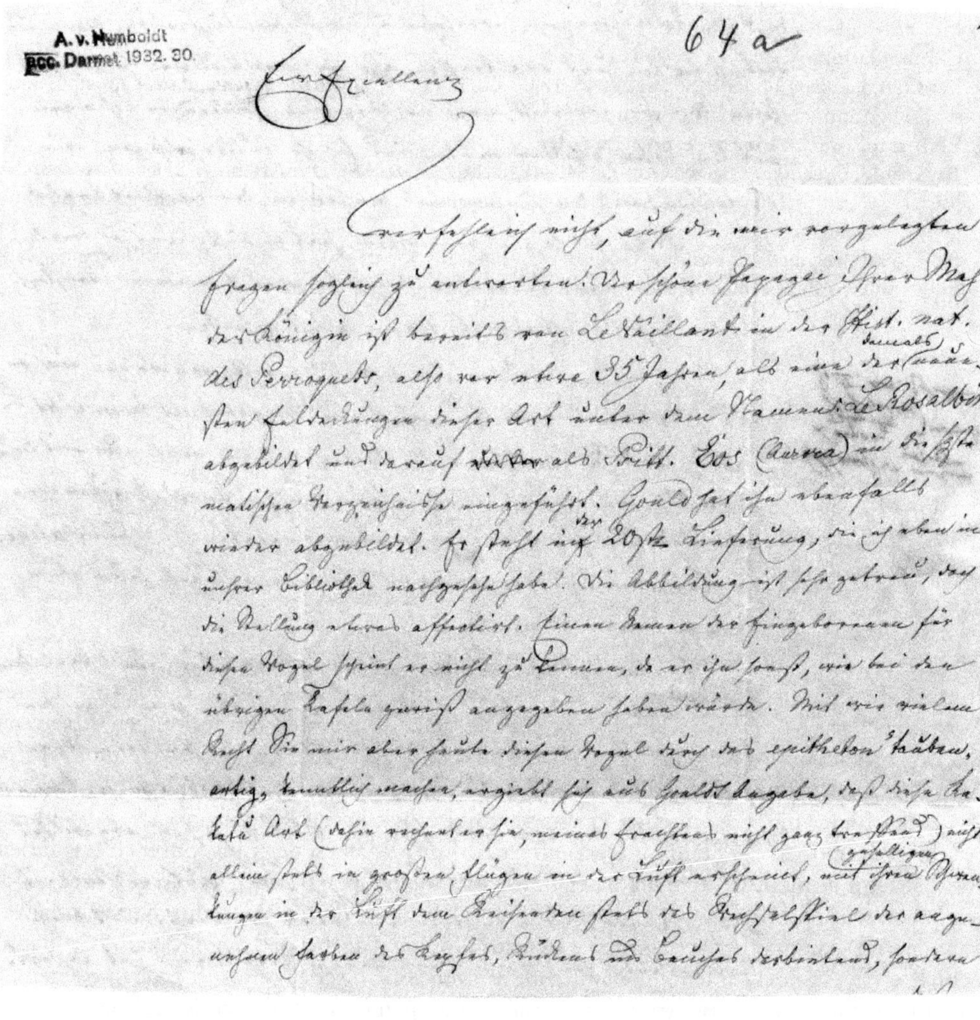

Abb. 25: Brief (Brieffragment) Lichtensteins an Humboldt , 1848 oder später, (Brief Nr. 88, s. S. 171), Staatsbibliothek zu Berlin. Handschriftenabteilung, Nachlaß Alexander von Humboldts.

so auch vermehren, sagt er nicht. Doch, ich werde das Heft mit erster Gelegenheit, da das Format für einen Transport auf der Post sich nicht eignet, Ihnen selbst zusenden.

Der Vogel welcher die [mounds][a] macht, von welchen auch in der Schlußlieferung die Rede ist, heißt *Megapodius tumulus*[b] und steht in der VI[ten] Lieferung. Die beiden anderen, welche

[a] moulds *Lichtenstein, ändert Hg.*

[b] In lateinischen Buchstaben.

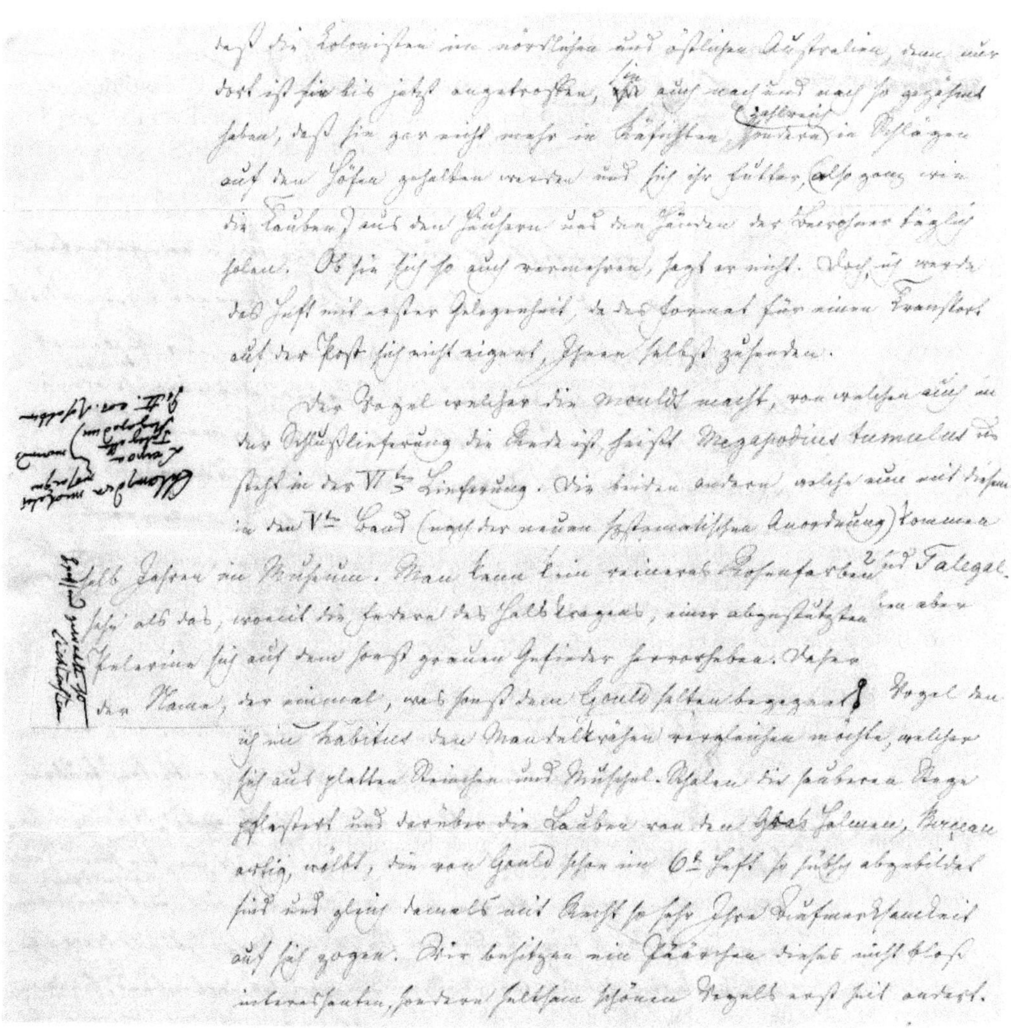

Abb. 26: Brief (Brieffragment) Lichtensteins an Humboldt, 1848 oder später (Brief Nr. 88), von Humboldt zerschnitten und zusammengeklebt, links mit Humboldts Anmerkungen. mit Humboldts Anmerkungen. Staatsbibliothek zu Berlin. Handschriftenabteilung, Nachlaß Alexander von Humboldts.

nun mit diesen in den V^ten^ Band (nach der neuen systematischen Anordnung) kommen sollen und auch ihre Eier zum Brüten begraben (!) sind *Talegalla Lathami*[a] und *Leipoa acellata*[b]; deren Hügel haben aber viel geringere Dimension.[c]

---

a In lateinischen Buchstaben.

b In lateinischen Buchstaben.

c *Anmerkung Humboldts am Rand*: Chlamydera nuchalis mosaique Leipoa Talegalla Megapodius} mounds Psitt[acus] eos Rosalbin

Endlich ist es *Chlamydera nuchalis*[a] [9], ein Vogel den ich im *Habitus*[b] den Mandelkrähen[10] vergleichen möchte, welcher sich aus glatten Steinchen und Muschel-Schalen die sauberen Stege pflastert und darüber die Lauben von den Gras Halmen, Berçeauartig[11], wölbt, die von Gould schon im 6ten Heft so hübsch abgebildet sind und gleich damals mit Recht so sehr Ihre Aufmerksamkeit auf sich zogen. Wir besitzen ein Päärchen dieses nicht bloß interessanten, sondern seltsam schönen Vogels erst seit andert- | *Fragment der 3. Seite* | halb Jahren im Museum. Man kann kein reineres Rosenfarben sehn als das, womit die Farben des Halskragens, einer abgestutzten Pelerine [gleich,] sich auf dem sonst grauen Gefieder hervorheben. Daher der Flaum, der einmal, was sonst dem Gould selten begegnet,[c] | *Fragmentende* |

1 Zum Verständnis der editorischen Anmerkungen: Der Brief Lichtensteins ist ein von Humboldt zerschnittenes und in Teilen wieder zusammengeklebtes Textfragment mit Randnotizen Humboldts.

2 Elisabeth Ludovika von Preußen.

3 François Levaillant.

4 Levaillant 1801–1805. Das Buch ist das erste Werk, das sich ausschließlich mit Papageien beschäftigt (vgl. Finsch 1867/1868, Bd. 1, 16).

5 Es handelt sich um den in Australien beheimateten Rosakakadu (*Eolophus roseicapilla*), frz. cacatoès rosalbin [*Psittacus eos* Kuhl, 1820], angeblich erstmals 1843 im Londoner Zoo gehalten. Bereits Karl Ruß zählt ihn zu den beliebtesten und verbreitendsten Papageienarten in Europa (Ruß 1887, 135–138). Lichtenstein verwendet hier auch Heinrich Kuhls Bezeichnung „Psittacus eos“ (Kuhl 1820, 11 und 88) aus dessen *Conspectus psittacorum* (Bonn 1820), einem frühen Referenzwerk der Papageienkunde.

6 Bei Gould: „Cacatua Eos“ oder „Rose-breasted Cockatoo“ (Gould 1840–1848, Bd. 5, Tafel 4).

7 Diese Verbreitungsangabe, denn bereits Gould spricht von Arealausdehnung, ist heute bereits historisch.

8 Gould schreibt dazu: „The Rose-breasted Cockatoo possesses considerable power of wing, and like the house-pigeon of this country, frequently passes in flocks over the plains with a long sweeping flight, the group at one minute displaying their beautiful silvery grey backs to the gaze of the spectator, and at the next by a simultaneous change of position bringing their rich breasts into view, the effect of which is so beautiful to behold, that it is a source of regret to me that my readers cannotparticipate in the pleasure I have derived from the sight. [...] I have seen it as tame in Australia as the ordinary denizens of the farm-yard, enjoying perfect liberty, and coming round the door to receive food in company with the pigeons and poultry, amongst which it mingled on terms of intimate friendship.“ (Gould 1840–1848, Bd. 5, Text zu Tafel 4 [ohne Seitenangabe]).

9 Laubenvogel. Eine in Neuguinea und Australien beheimatete Familie der Sperlingsvögel, bei denen die Männchen Lauben als Balzplätze bauen.

10 Anderer Name für Blauracken (*Coracias garrulus*).

11 Berçeau: Gewölbe, Laube.

a In lateinischen Buchstaben.

b In lateinischen Buchstaben.

c *Anmerkung Humboldts am Rand*: passend gewählt so Lichtenstein

Abb. 27: Rosakakadu (*Eolophus roseicapilla*, aus Forshaw/Cooper 2002/2003, Bd. 1).

89 Humboldt an Lichtenstein
Potsdam, 29.10.1849[1]

H: Archiv der Berlin-Brandenburgischen Akademie der Wissenschaften (ABBAW), NL A. v. Humboldt, Nr. 85.

[*Von Lichtensteins Hand*:] Pr[aesentatum] 30/10 [18]49
D^{r}HL

[*Von Lichtensteins Hand*:] Ich hatte Herrn v. Humboldt eine Stein Masse geschickt, die aus der Luft gefallen sein sollte. Die Vermutung erwies sich nachher als irrig.
Lichtenstein.

[*Anmerkungen von Lichtensteins Hand*:]		[*Brieftext Humboldts*:]
		Der König[2] der morgen kommt, wird Ihnen, theurer Freund und College, so dankbar sein, als ich es bin für die so wundersame und unendlich interessante Mittheilung. Der junge Mann[3] hat mich sogar mit einem Plättchen der mit vielen
	mit vielen kleinen	kleinen Löchern besezten Masse aus denen eine
	Substanz entwichen	gasartige Substanz entwichen ist, beschenkt.
	schaumartige	Alles was man bisher von solchen schaumartigen Substanzen gewusst Neue[4] Gehler B^d VI S. 2007[5] könnte das grösste Mistrauen erregen. Sollte die weisse Masse nicht eher kieselsauer als
kalkartig	ein kleines Stück	kalkartig sein? Ich wage nicht ein kleines S[t]ück zu reizen od[er] mit Säuren zu berühren. Darf ich Sie gehorsamst bitten, ehe eine vollständige
	chem. (chemische)	chem[ische] Analyse gemacht wird, mir zu schreiben was nach vorläufiger Untersuchung Weiss[6] u[nd] Gustav Rose[7] von den Bestandtheilen glauben. Das Fortbrennen mit Lichtentbindung auf der Erde bei aufsteigender Dampfsäule
	des blossen Lichts	ist von aller Erscheinung der bloss heissfallenden Meteorsteine sehr verschieden.

Montags

Ihr dankbarster
AHt

Auch Ihre schöne Culinare[a] Erläuterung hat mich sehr erfreut. Der König[b] hat sie in seine Papiere gelegt.

---

[a] Lesart unsicher.

[b] *Lichtenstein wiederholt am Rand*: König

1 Der 29.10.1849 war ein Montag. Die Adresse lt. Stargardt-Katalog: „S[eine]r Hochwohlgeboren / dem Herrn Geh Rath Dr Lichtenstein / in / Berlin / Universität".
2 Friedrich Wilhelm IV. von Preußen.
3 Wohl ein Mitarbeiter Lichtensteins.
4 Gemeint ist die zweite (nach der ersten von 1787–1795), komplett überarbeitete Neuausgabe des *Physikalischen Wörterbuchs* von 1825–1845.
5 Gehler 1825–1845. Im Bd. 6 von 1837 findet sich das umfangreiche Lemma „Meteorstein" (Teilbd. 3, 2084–2152; auf S. 2007 finden sich innerhalb des Lemma „Meteorologie" Angaben zum Wassergehalt der Luft).
6 Der Mineraloge Christian Samuel Weiss.
7 Der Berliner Mineraloge Gustav Rose.

90 Humboldt an Lichtenstein
[Berlin,] Donnerstag, [möglicherweise Dezember 1849][1]

H: Berlin, Museum für Naturkunde, Historische Arbeitsstelle.

[*Von unbekannter Hand, mit Bleistift:*] L.[ichtenstein] / Zu der Acte von Gould[2].

Sie sehen, theurester Freund und College, dass der Monarch[3] aber nicht für die öffentl[iche][a] Bibliothek, nicht für den kleinen Prinzen[4], sondern für Sich die Vögel von Gould[5] kaufen will. Sie haben also wohl die Güte ihm ein Exemplar zu senden und das Geld durch den Geh[eimen] Käm[merer] Kienast[6] zu fordern. Der König ist nun aber sehr eilig mit dem Geschenke[7] ein nur anständiges, d.h. wohlfeiles. Ich dächte da die Zeit drängt Sie liessen ihm zwei naturhistor[ische] od[er] Jagd Werke ebenfalls durch Kienast brevi manu[8] vorlegen und erböten sich eines später recht elegant mit Namens Zug des Königs od[er] kleinen Prinzen binden zu lassen. Aber Weihnachten rükt heran. Mit alter Anhänglichkeit

Ihr

Al Humboldt

Donnerstags.

1 Vgl. auch den folgenden Brief von möglicherweise Dezember 1849 (Brief Nr. 91).
2 John Gould.
3 Wohl Friedrich Wilhelm IV. von Preußen.
4 Nicht ermittelt.
5 Möglicherweise das siebenbändige Werk des britischen Ornithologen John Gould: *The Birds of Australia* (Gould 1840–1848). Humboldt besaß Goulds *Introduction to the Birds of Australia* (Gould 1848; vgl. Stevens 1967, Nr. 3557, 259, mit Goulds Widmung: „His Excellency the Baron Humboldt, with the kind regards of the author. Berlin, Jan. 9th, 1850.") Die Bände befanden sich in der Königlichen Bibliothek zu Berlin (Signatur: 2"Lo 7714-1 bis Lo 7714-7) und gelten als Kriegsverlust.
6 Johann Friedrich Wilhelm Kienast, Geheimer Kämmerer des preußischen Königs, 1833 von Friedrich Wilhelm III. mit dem Rothen Adlerorden 4. Klasse ausgezeichnet, am 11.6.1840 Teilnehmer beim Begräbniszug Friedrich Wilhelms III.

a öffentl. *erg. Humboldt*

7 Das Weihnachtsgeschenk war wohl für Friedrich Wilhelms IV. Gemahlin Elisabeth bestimmt, die sich seit der Kindheit für Vögel, insbesondere für Papageien und Kakadus interessierte. Die Zinkgussplastik „Mädchen mit Papagei" von Heinrich Berges in Potsdam (Marlygarten) war ebenfalls ein Geschenk Friedrich Wilhelms IV. an Elisabeth und soll sie als Kind darstellen.

8 Ohne Umstände, kurzerhand.

91 Humboldt an Lichtenstein
[Berlin,] Dienstag, [möglicherweise Dezember 1849][1]

H: 1 S., Anschrift. Niedersächsisches Landesarchiv, Standort Wolfenbüttel, 298 N Nr. 359, Nr. 33.

Da ich leider! auch etwas responsabel für das bewusste Geschenk des Königs[2] geworden bin und Wei[h]nachten so nahe heranrükt, so frage ich an, mein Verehrter Freund, si Vous Vous êtes mis en règle vis à vis de Mr. Kienast[3]. Schreiben Sie mir mit drei Worten ob der König etwas ausgewählt?

Ihr

AlHumboldt

Dienstag
Abend.

[*Anschrift*:] Sr Hochwohlgeboren
Herrn Geh[eimen] Rath
D. Lichtenstein

1 In lateinischer Schrift. Zur Datierung vgl. den vorigen Brief.

2 Friedrich Wilhelm IV. von Preußen.

3 Johann Friedrich Wilhelm Kienast, Geheimer Kämmerer des Königs.

92 Humboldt an Lichtenstein
[Berlin?] Montag, [1851 oder bereits 1840?][1]

H: Sammlung der Alexander-von-Humboldt-Stiftung, Archiv der Berlin-Brandenburgischen Akademie der Wissenschaften.
TD: Stargardt-Katalog 628 (1983), 170.[2]

Ich habe überaus beklagt, dass ich letztens wieder die Freude verfehlt habe Sie, theuerster Herr Professor, zu empfangen und Ihnen den Ausdruk der innigen Hochachtung zu erneuern die ich Ihren Arbeiten so gerne zolle. Darf ich Sie bitten mit Herrn Fitzinger[3] übermorgen Mittwochs um neun Uhr bei mir zu frühstücken. Sie werden zugleich bei mir zwei sehr junge aber recht unterrichtete Engländer[4], Söhne des Unterstaats Sekretärs William Hamilton[5] eines

Freundes meines Bruders[6], der wichtige antiquarische Entdekkungen in Egypten gemacht, bei mir[7] finden. Ich werde Sie bitten diese jungen Leute auch einmal in das zoologische Museum einzuführen. Da ich Dr Fitzingers Wohnung nicht weiß haben Sie wohl die Güte ihn in meinem Namen zum Mittwoch einzuladen. Mit ausgezeichnetster Hochachtung

Euer Hochwohlgeboren
Montags, gehorsamster
A Humboldt

1 Das Datum 25.2.1851, ein Dienstag, ist als Eingangsdatum (Präsentatvermerk) angegeben (frdl. Mitt. von Silke Wagener-Fimpel, Niedersächsisches Landesarchiv, Abteilung Wolfenbüttel), was zur Angabe „Montags" im Brief und zum im Brief geplanten Frühstück bei Humboldt am Mittwoch passen würde. Allerdings befremdet dann im Entstehungsjahr 1851 Humboldts Bezeichnung „sehr junge Engländer" für William John Hamilton (geb. 1805) und Frederick William Hamilton (geb. 1815), die dann 46 bzw. 36 Jahre alt gewesen wären.

2 Der Teildruck im Stargardt-Katalog gibt den Brief nur stark verkürzt wieder: „… Darf ich Sie bitten … übermorgen Mittwochs um neun Uhr bei mir zu frühstücken. Sie werden zugleich bei mir zwei sehr junge aber recht unterrichtete Engländer, Söhne des Unterstaats Secretärs William *Hamilton* eines Freundes meines Bruders, der wichtige antiquarische Entdeckungen in Egypten gemacht, bei mir finden. Ich werde Sie bitten diese jungen Männer auch einmal in das zoologische Museum einzuführen …"

3 Der österreichische Zoologe Leopold Fitzinger, seit 1833 Dr. med. et chirurg. h.c. Als Kustos des zoologischen Hof-Kabinetts in Wien (seit 1844) war er ein Kollege Lichtensteins.

4 Der Geologe, Präsident der Royal Geographical Society und Politiker William John Hamilton (1805–1867) und der Offizier Frederick William Hamilton (1815–1890). Ihr Vater war William Richard Hamilton, englischer Diplomat, Präsident der Royal Geographical Society und Ägyptologe.

5 *Anmerkung im Teildruck*: Altertumsforscher, 1777–1859; sein ältester Sohn, William John H., ist als Geologe hervorgetreten.

6 Wilhelm von Humboldt.

7 Doppelung von „bei mir" im Original.

93 Humboldt an Lichtenstein
[Berlin,] Montag, [24.2.1851][1]

H: 4 S. Niedersächsisches Staatsarchiv, Wolfenbüttel. Hs Abt. VI. 12 nr. 79. Nr. 1.
D: Anonym 1864, 197–198.

Montag Nacht

[*Von Lichtensteins Hand:*] Pr[aesentatum] 25 Febr[uar 18]51
DHL

Ich eile, mein theurer Freund und College, Ihnen das ungemein interessante physiologische Werk von Alexander Braun[2] und den Brief des kenntnissvollen und liebenswürdigen Siebold[3]

zu restituiren. Die physiologische Schrift habe ich mir sogleich gekauft, weil sie[a] zu neuen Ansichten anregt, von[b] Feinheit und Sorgfalt der Beobachtung, von[c] grosser Belesenheit in der neueren Quellenlitteratur[d] und ausgezeichneter[e] Sprachausbildung zeugte.[f]

Ueber das, was die ersten Blätter enthalten[g] von der Verjüngung in der Natur, als der Hauptsache in der Lebensgeschichte der Organismen, über die Reife, in[h] der Jugend und Alter sich durchdringen, werde ich nicht hadern, da diese Vorliebe für das Wort Verjüngung; das durch eine[i] spielende Symbolik der Sprache gerechtfertigt wird, keinen Einfluss auf die folgende[j] Ideenreihe hat. Zu meiner Verwunderung sehe ich[k], dass diese Vorliebe mit einem Buche zusammenhängt, das Lehre der Anaphytose oder Verjüngung der Pflanzen von Schultz 1813[4] heisst. Zu meiner Beruhigung sagen Sie mir, dass dies nicht unser blut- und milchiger[l] Schultz Schulzenstein[5] sei!! Der organische Prozess des Werdens scheint mir viel befriedigender durch das Wort Entwickelung ausgedrükt, das frühere und spätere Zustände bezeichnet, ein Fortschreiten von Jugend zum[m] Alter, aber[n] keinesweges bei allen vielgestalteten Organismen eine nothwendige Zerstöhrung des früher Entwickelten.
|2|
Ob die Blätter d. h. die appendicularen Systeme Wellen sind, ob die Blattstellung als Wellenberge und Wellenthäler (S. 120) betrachtet werden soll, ist wieder eine Symbolik die mir[o] wenig aufklärt,[p] aber bald gelangen wir auf festen Boden, auf den Kern des ganzen Buches, die Zellen, die 2/3 davon[q] (S. 129–347) ausfüllen und worin viele feine und gewiss auch neue[r] Beobachtungen enthalten sind. Es ist hier der Eingang in die Dunkelwelt der Pfützen die Welt der[s] einzelligen Algen, von Protococcus[6], Palmoglöa[t] [7], der Diatomeen[8] der beweglichen Wimpern und Flimmerzellen in der wir Herrn von Flotow[9], Kützing[10] (über Verwandlung der Infusorien in Algen!) Nägeli[11][,] Nees v[on] Esenbeck[12], unseren Siebold (Diss[ertatio] de finibus inter regnum animale et vegetabile 1814[13]) so lange haben hadern sehen, da einer immer die Beobachtung des andern für falsch erklärte. Vernachlässigung der systematischen Bestimmung der Species hat viel Schuld an diesem Streite, da Alex[ander] Braun selbst erinnert

a sie *erg. Humboldt*
b (1) für (2) von *Humboldt*
c von *erg. Humboldt*
d Zellenliteratur *D*
e (1) grosser (2) ausgezeichneter *Humboldt*
f zeugt *D*
g enthalten *erg. Humboldt*
h Reife, | gesagt wird, *gestrichen* | in *Humboldt*
i (1) einige (2) eine *Humboldt*
j (1) voll (2) folgende *Humboldt*
k ich, *erg. Humboldt*
l (1) ist hier nicht mehr als in dem (2) sagen Sie mir, dass dies nicht unser *Humboldt*
m (1) und (2) zum *Humboldt*
n aber *erg. Humboldt*
o nur *D*
p (1) erklärt, (2) aufklärt, *Humboldt*
q (1) des ganzen Buches (2) davon *Humboldt*
r (1) neue (2) neue *Humboldt, aus Gründen der Lesbarkeit*
s der *str. Humboldt*
t Palmaglöa *D*

dass Kützing eine Sp[e]c[ies] von Palmogloea[a] als 6, ein Pediastrum[14] als 4 Species beschreibt (S. 349 und 352). Dass ich nicht die tadele die so glüklich, wie Alex[ander] Braun, in diese Dunkelwelt eindringen davor[b] brauche ich mich wohl nicht bei Ihnen zu vertheidigen. Ueber die wichtigen Materien der Befruchtungsschläuche,*[c] das Ovulum, das man mit den Knospen an den Blatträndern des Bryophyllum verglichen hat, über Natur der Spiralgefässe, die Holzbündel etc. enthält die Schrift fast[d] nichts. Die Vorliebe ist auf die Sprossbildung (S. 23–55) sehr scharfsinnig behandelt, und auf die Zellen gerichtet immer mit Bezug auf[e] die untersten Organismen so dass wo[f] so viel vortrefliches von den Bastarden der Phanerogamen[15] gesagt ist (S. 333–342) alles von der sogenannten Bastarderzeugung der Farren und Moose (S. 329) ausgeht.[g]

|3|

So grosser Anerkennung werth, als diese pflanzenphysiologische Schrift auch ist, so kann ich dieselbe[h] nicht für einen Beweis an[i] [j] Meisterschaft von dem halten was (wie Sie wissen) ich für das Nothwendigste (ich sage keineswegs für das Studium der Botanik im Ganzen) sondern nur[k] für die Vorträge in einer Hochschule halte. Da ich mich von meinem 18ten bis 35sten Jahre, wie meine Schriften beweisen, vorzugsweise praktisch mit Botanik beschäftigt und stets mit den ausgezeichnetsten Botanikern unter meinen Zeitgenossen in engstem Verkehr gestanden bin, so habe ich 6 Richtungen unterschieden nach denen die Wissenschaft mit ausschliessender[l] Vorliebe getrieben wird:

a) die physiologische, bald auf den so mannichfaltigen Wunderbau der Cryptogamen, bald auf den der Phanerogamen (Palmen, Gräser[,] Liliaceen, Nympheaceen) eingeschränkt; bald, was am fruchtbarsten ist beides umfassend, weil beide Theile[m] sich befruchten; Mohl[16].

b) die Systematische, durch Reisen in Gegenden, wo alle Gestaltungen (Typen) am mannichfaltigsten ausgebildet[n] sind, durch Besuch grosser Gärten, durch Leben[o] in grossen Herbarien und Bücher Kenntniss gestärkt; Bestimmung der Pflanzenfamilien, ihrer Verwandschaft; Jussieu[17].

c) die pflanzengeographische, räumliche Verbreitung horizontal und senkrecht, nur nicht nach[p] den spielenden Ideen von Pflanzen Provinzen und Reichen an die sogar Menschennamen auf eine lustige Weise geknüpft werden;

---

a Palmaglöa *D*
b (1) br (2) davon *Humboldt*
c *Von Humboldt an den Rand geschrieben*: *Ich nehme aus: die Betrachtungen über Bildung von Keimbläschen und Keimsäcken S. 295–299
d fast *erg. Humboldt*
e (1) Vorliebe für (2) Bezug auf *Humboldt*
f (1) sowohl (2) wo *Humboldt*
g (1) ausgeht, aber so (2) ausgeht. *Humboldt*
h (1) diese (2) dieselbe *Humboldt*
i (1) in der (2) an *Humboldt*
j von *D*
k nur *erg. Humboldt*
l ausschließlicher *D*
m (1) Richtungen (2) Theile *Humboldt*
n ausgebildet *erg. Humboldt*
o Lesen *D*
p nach *erg. Humboldt*

d) die fossile, Reihung verschiedener auf einander folgender Floren im Zusammenhange von Gebirgsformationen in Altersfolge, ein wichtiger Theil der Geschichte des Organismus, selbst Fruchtbringend für Morphologie
|4|
e) Richtung nach dem Nuzen; pharmaceutische Produkte für die Industrie (Färbung, Gewebe) in steter Zurükführung der chemischen Beschaffenheit und der Medicinal Kräfte auf den Zusammenhang mit gewissen natürlichen Familien Einfluss der Gestaltung auf chemische und physische Eigenschaften
f) agronomische Richtung, Einfluß der Meteorologie[a] (des Klima's) und der Mischung[b] des Bodens; Ersaz der chemischen Bestandtheile der Culturpflanzen durch künstliche Mittel; Agriculturchemie
Diese 6 Richtungen führn zusammen zur Begründung derselben Wissenschaft. Sie können nie alle[c] von einem vertreten werden. Sie stehen alle in Abhängigkeit von einander. Fünf dieser Richtungen aber[d] bedürfen der[e] systematischen. Ohne Benennung (Einreihung in die bestimmte Pflanzenfamilie, ohne[f] Bestimmung des genus, der Species) kann nichts fest gehalten werden, was nach den andern Richtungen beobachtet aufgefunden[g] worden ist. Die Bedürfnisse für die Hochschule sind zuerst die höhere Auffassung der Wissenschaft nach dem geistigen inneren Zusammenhange aller ihrer Theile; dann Befriedigung specieller materieller[h] Bedürfnisse des geselligen Lebens. Robert Brown hat ein glänzendes Beispiel gegeben, wie die feinste und umfassendste Systematische Kenntniss der natürlichen Familien und der Species mit tiefem physiologischem Wissen verbunden sein kann. Die trefliche Arbeit von Adolphe Brongniart[i] [18] in den Richtungen, die ich mit d und e bezeichnet habe, hat ihn nicht gehindert sehr fest in der systematischen Botanik zu sein. In der physiologischen Schrift von Alexander Braun zeigt sich, an mehren Stellen eine lobenswerthe Sorgfalt in Unterscheidung der Species.
Ich habe Ihnen, mein theurer Freund, die Grundsäze entwickelt, die mich in meinen Urtheilen leiten[j] ohne nahen persönlichen Umgang, wie ich ihn mit Dr Klotzsch[19] habe, den ich (wie Sir William Hooker[20]) jezt nach Kunth's u[nd] Endlicher's Tode[21] für den gelehrtesten Systematiker in Deutschland halte kann man nur sicher nach publicirten Schriften urtheilen, aber weil sie in einer Richtung fehlen od[er] mir[k] unbekannt sind, wäre es albern, einem talentvollen Manne abzusprechen, dass er keine Stärken [in] dieser[l] Richtung besize.

AlHumboldt

---

a der Meteorologie *erg. Humboldt*
b und der Mischung *erg. Humboldt*
c alle *erg. Humboldt*
d aber *erg. Humboldt*
e des *D*
f ohne *erg. Humboldt*
g aufgefunden *erg. Humboldt am Rand*
h materieller *erg. Humboldt am Rand*
i Adolf Brogniard *D*
j leiten *erg. Humboldt*
k nur *D*
l (1) einer gewissen (2) dieser *Humboldt*

[1] Der 25.2.1851 war ein Dienstag. Alle Unterstreichungen stammen von Humboldt.
[2] Braun 1851. Humboldt erwab, wie auch aus dem Brief hervorgeht, anschließend das Buch (vgl. Stevens 1863, 93).
[3] Karl Theodor Ernst von Siebold.
[4] Schultz-Schultzenstein 1843.
[5] Der Mediziner und Botaniker Carl Heinrich Schultz-Schultzenstein, seit 1825 außerordentlicher und seit 1833 ordentlicher Professor in Berlin. Seine Untersuchungen über Milchsäfte der Pflanzen, beginnend mit seiner Dissertation, sowie über Blut (Schultz-Schultzenstein 1822a und 1822b) gaben Humboldt Anlass zu seiner Anmerkung. Humboldt besaß mehrere Bücher von Schultz (vgl. Stevens 1863, 674).
[6] Gattung einzelliger Grünalgen.
[7] *Palmogloea*, eine Grünalge.
[8] Kieselalgen.
[9] Der preußische Botaniker Julius von Flotow.
[10] Der deutsche Algologe Friedrich Traugott Kützing.
[11] Der Schweizer Botaniker Carl Wilhelm von Nägeli.
[12] Christian Gottfried Daniel Nees von Esenbeck.
[13] Siebold 1844.
[14] *Pediastrum*: eine Gattung koloniebildender Grünalgen, von Franz Julius Ferdinand Meyen erstmals 1829 in *Beobachtungen über einige niedere Algenformen* beschrieben.
[15] Phanerogamen: Blütenpflanzen, im Gegensatz zu den sich „verborgen" fortpflanzenden Kryptogamen.
[16] Hugo von Mohl.
[17] Französische Botanikerfamilie. Ziel ihrer wissenschaftlichen Arbeit war u. a. die Erarbeitung eines natürlichen Systems der Pflanzen (vgl. Stevens 1994).
[18] Der Pariser Botaniker Adolphe Brongniart war arbeitete sowohl paläobotanisch, pflanzenphysiologisch als auch zur Systematik der Pflanzen.
[19] Der Botaniker Johann Friedrich Klotzsch.
[20] Der britische Botaniker Sir William Jackson Hooker.
[21] Karl Sigismund Kunth starb am 22. März 1850, Stephan L. Endlicher mit erst 44 Jahren am 28. März 1849, der eine, Kunth, durch Selbstmord nach langer, quälender Krankheit, der andere durch eine akute, bösartige Infektion im Kopf (vgl. Lack 2009, 91 und Unger/Endlicher 1899, 169–184).

94 Humboldt an Lichtenstein
[Berlin,] Dienstag, [8.4.1851]

H: 1 S. Niedersächsisches Landesarchiv, Standort Wolfenbüttel, 298 N Nr. 359, Nr. 75.
D: Anonym 1864, 196.

[*von Lichtensteins Hand*:] N°.16

[*von Lichtensteins Hand*:] Pr[aesentatum] 9/4 [18]51
DHL

Die Nothwendigkeit in die Akademie einen Mann zu berufen, der Kunth[1] in mehr ausschliesslicher beschreibender, systematischer Richtung ersezen kann, ist wiederum recht schön in Mohls[a] [2] Brief, den ich heute morgen erst empfangen ausgedrükt. Ich denke dieser

[a] (1) Mihls (2) Mohls *Humboldt*

Brief wird Sie, mein edler Freund, in Ihrer glüklichen Idee bekräftigen, unmittelbar nach Alexander Brauns[3] nicht zu bezweifelnder Wahl, Klotzsch[4] vorzuschlagen. Ich werde eifrigst mich dafür bewegen.

Mit alter Anhänglichkeit

Ihr
AlHumboldt
Dienstags.

Helfen Sie ja mir Donnerstags mit dem malayischen Kawi-Mann, Buschmann[5].

1 Der Botaniker Karl Sigismund Kunth war am 22. März 1850 gestorben. Vgl. den Brief Humboldts an Lichtenstein, 24.2.1851 (Brief Nr. 93).
2 Der Botaniker Hugo von Mohl.
3 Der Botaniker Alexander Braun.
4 Johann Friedrich Klotzsch wurde im selben Jahr Mitglied der Königlich-Preußischen Akademie der Wissenschaften.
5 Eduard Buschmann, ehemals Mitarbeiter Wilhelm von Humboldts, gab dessen Buch *Über die Kawi-Sprache auf der Insel Jawa* (Humboldt, W. v. 1836–1839) heraus. Buschmann wurde am Donnerstag, dem 10.4.1851 zum ordentlichen Mitglied der Berliner Akademie der Wissenschaften gewählt. Diese Wahl war ein besonderes Anliegen Humboldts, ein Dankbarkeitsakt gegenüber dem Helfer bei der Herausgabe von Wilhelm von Humboldts Werken. Gegenüber Lichtenstein bezeichnete Humboldt Buschmann als „genau, scharfsinnig und dem Ruhme des Verewigten mit ganzem Herzen ergeben" (Bruhns 1872, Bd. 2, 226).

95 Humboldt an Lichtenstein
[Berlin], Sonnabend, [3.5.1851]

H: Koninklijk Huisarchief, Den Haag, Nr. 278.
TD: Humboldt 1997, 116 (Fußnote 4 zu Brief 47).

[*von Lichtensteins Hand*:] J[ournal] Nr. 142. Pr[aesentatum] 3/5 [18]51.
DHL

Ich werde bald die Freude haben den guten und kentnissvollen Valenciennes[1] bei mir zu logiren[2] und komme bittend, theurer Freund und College, mich an Sie zu wenden, dass Sie, wie sonst Sich seiner recht annehmen. Ich weiß, dass Sie diese Bitte gern erfüllen. Er kommt von dem Agricultur Minister[3] gesendet in dem Glauben, durch Verpflanzung in der Seine Zander angeln zu können. Sie werden den unzüngigen ἄγλοσσος[4] wohl bei Ihrer herrlichen Localkenntniss wohl mit den Berliner Montmorencys der Fische[5] in Verbindung sezen.

Mit dankbarer Freundschaft

Ihr
AHumboldt
Sonnabend

[1] Der Ichthyologe Achille Valenciennes.
[2] In Humboldts Wohnung in der Oranienburger Str. 67, wo er seit 1842 wohnte.
[3] Eugène Schneider.
[4] Humboldt bezeichnete Valenciennes, da er kein Deutsch sprach, ironisch als „französischer Barbar ἄγλοσσος [zungenlos].“ (Humboldt 1997, 116).
[5] Hier sind wohl die führenden Fischexperten in Berlin gemeint.

96 Humboldt an Lichtenstein
[Berlin,] Sonnabend, [24.5.1851]

H: 1 S., 1 S. Anschrift. H: Niedersächsisches Landesarchiv, Standort Wolfenbüttel, 298 N Nr. 359, Nr. 36.

[*von Lichtensteins Hand*:] J[ournal] Nr. 176. Pr[aesentatum] 24/5 [18]51.
DHL

Ich kann keine Worte finden, um Ihnen, theurer College, innigst genug zu danken für die aufopfernde Sorgfalt mit der Sie meinen vieljährigen Freund Valenciennes[1] behandelt haben. Ihre intelligente zuvorkommende Freundlichkeit die mir schon oft gerühmt war, hat sich wieder auf das herrlichste erwiesen.

Sie wollten die Zahl der Billete wissen, um die Frau von Bülow[2] mit Ihrem Stamme fleht. Ich schäme[a] mich Ihnen zu sagen, dass sie um sieben Billete bittet auf jeden Fall eine böse und lästige Zahl.

Ihr

dankbarer
AlHumboldt
Sonnabend früh

[*Anschrift*:] Sr. Hochwohlgeboren
Herrn Geh[eimen] Rath Dr Lichtenstein.

AlHumboldt

[1] Achille Valenciennes hielt sich im Mai 1851 in Berlin auf; vgl. Humboldt 2011, 211–218.
[2] Gabriele von Bülow.

[a] (1) fleh (2) schäme *Humboldt*

97 Humboldt an Lichtenstein
Berlin, 13.8.1851

H: Berlin, Zoologisches Museum, Berlin, Akte Valenciennes.

Hier, mein theurer Freund und College, ein kleines Geschenk (8 seltene Fische!) von dem Reisenden Herr[n] Lewy[1] einst Prof der Physik in Bogotá an Valenciennes[2] von diesem an Sie und mich. Es ist einer [= ein] angenehmer Beitrag für das Königl[iche] Museum, denn die Alpenfische[3] die ich zuerst zwischen 8500[a] und 9000 Fuß Höhe gefunden (meine Eremophilus Mutisii[4], Astroblepus Grixalvii[5], Pimelodus Cyclopum[6], Poecilia bogotensis[7]) sind gewiß in unseren Sammlungen sehr selten. Ich lege Ihnen den letzten Brief von Valenciennes bei, den Sie mir gelegentlich zurükgeben. Sonderbar daß von den ministeriellen Dankadressen an Sie u. Augustin[8] durch die hiesige Gesandtschaft nichts gekommen ist.

Mit alter Anhänglichkeit

Ihr
AHumboldt

B[erlin], den 13 Aug[ust]
1851

Sollte von der Akademie für den 2ten Botaniker Dr Klotzsch[9] denn nicht auch etwas Manna möglich sein. Ich glaube es sind wegen der Nichtwieder-Besezung der Linkschen[10] Stelle bei der medicin[ischen] Facultät ja ein Paar tausend Thaler vacant geworden. Johannes Schulz[e][11] meint, es könnten wenn die Akad[emie] bei dem Minister Raumer[12] darauf antrüge nicht an 200 Taler jährlich zurükgegeben werden!

1 Der dänische Physiker und Chemiker Bergnart (Bernhard) Carl Lewy, seit 1847 Professor in Bogotá.

2 Achille Valenciennes.

3 Hochgebirgsfische, d. h. hier: Andenfische.

4 Der von Humboldt beschriebene Schmerlenwels *Eremophilus mutisii* Humboldt, 1805 (span. Capitán) aus Kolumbien (vgl. die Abb. in Humboldt 1811–1833, Tafel 6).

5 Der Kletterwels *Astroblepus grixalvii* Humboldt, 1805 vom Río Magdalena in Kolumbien.

6 Der von Humboldt beschriebene Kletterwels *Pimelodus* [Pimelodes] *cyclopum*, (span. Preñadilla) heute *Astroblepus cyclopus* (Humboldt, 1805) aus Ecuador (vgl. die Abb. in Humboldt 1811–1833, Tafel 7).

7 Der von Humboldt und Valenciennes 1821 beschriebene Echte Salmler aus dem Einzugsgebiet des Río Magdalena in Kolumbien, heute *Grundulus bogotensis* (Humboldt/Valenciennes 1821). Diese vier hier erwähnten und von Humboldt erstbeschriebenen neotropischen Fischarten sind ein wiederkehrendes Thema mehrerer Briefwechsel (vgl. Humboldt 2015, 20–21, 44–45, 224–225).

8 Friedrich Ludwig Augustin?

9 Johann Friedrich Klotzsch, Botaniker in Berlin. Humboldt hatte sich bereits für seine Wahl in die Akademie eingesetzt. Vgl. die Briefe Humboldts an Lichtenstein, 24.2.1851 (Brief Nr. 93) und 8.4.1851 (Brief Nr. 94).

a (1) 6000 (2) 8500 *Humboldt*

10 Der Botaniker Heinrich Friedrich Link war am 1. Januar 1851 in Berlin gestorben.
11 Johannes Karl Hartwig Schulze, Beamter im preußischen Kultusministerium.
12 Karl Otto von Raumer, 1850–1858 preußischer Kultusminister.

98 Humboldt an Lichtenstein [Berlin,] Sonnabend, [13.3.1852]

H: Museum für Naturkunde, Berlin, HBSB, Zool. Mus, S I, Humboldt, A.v., Bl. 63.

[*Von Lichtensteins Hand*:] J[ournal] Nr. 111

[*Von Humboldts Hand*:] Sonnabends
[*Von Lichtensteins Hand*:] Pr[aesentatum] 13/3 [18]52
DHL

Ich sende Ihnen hier, theurester Freund, und College, das abgeformte Weltei[1] aus Madagascar das grosse Freude in Charlottenburg erregt hat und mir Valenciennes[2] (für Ihr Museum bin ich gewiss) über A[a]chen mit Courier Gelegenheit schickt. Er hat mir seit dem Staatsstreich[3] übrigens nie geschrieben, eben so wenig als Arago[4]. Der Gen[eral] Sebastiani hat sich berühmt gemacht, weil er, als Warschau eingenommen wurde, es mit den Worten der Kammer anzeigte: la Paix règne à Varsovie[5] – ein Frieden des stillen Friedhofes. Ich habe das Zitat der Comptes rendus[6] beigelegt wo allein von diesen subfossilen[7] Eiern die Rede ist.

Mit inniger Anhänglichkeit

Ihr
AlHumboldt

Richard Owen[8] schreibt an mich ich solle ihm zu der Wohnung verhelfen, die ihm die viele Eier legende Königin[9], in Kew, im Hause des verstorbenen Königs v. Han[n]over[10] gegeben. Der blinde König[11] streitet das Recht der Krone

1 Den Abguß des Eies eines madegassischen Riesenstraußes (vgl. den folgenden Brief Humboldts an Lichtenstein, März 1852, Brief Nr. 99). Während die außergewöhnlich großen Eier (mit einem Volumen zwischen ca. 5–10 l und einem Gewicht zwischen 6–12 kg) bereits 1850 entdeckt wurden – drei Exemplare gelangten von Madagaskar nach Paris zu Isidore Geoffroy-Saint-Hilaire –, wurden fossile Reste des Vogels selbst erst in den 60er Jahren bekannt.
2 Achille Valenciennes.
3 Der Staatsstreich Louis Napoléon Bonapartes (Napoléons III.) am 2. Dezember 1851.
4 François Arago.
5 Frz. Der Frieden herrscht in Warschau. – Das von Humboldt wiederholt bemühte berüchtigte Zitat Horace-François Sébastianis bezieht sich auf die Eroberung Warschaus durch russische Truppen unter Ivan F. Paskevič im Aufstand 1831. Sébastianis Ausspruch vor der französischen Kammer löste im bereits eroberten Warschau erneut tagelange Unruhen aus. Marquis von Posas „Ruhe eines Kirchhofs" aus Schillers *Don Carlos* (3. Akt, 10. Auftritt) wird im Folgenden von Humboldt paraphrasierend wiedergegeben.
6 Geoffroy Saint-Hilaire 1851.

[7] Elefantenvögel lebten wahrscheinlich noch zu historischen Zeiten auf Madagaskar (daher der Begriff „subfossil"), der genaue Zeitraum ihrer Ausrottung ist aber umstritten.
[8] Der englische Paläontologe und Anatom Richard Owen.
[9] Königin Victoria. Bis 1852 hatte sie sieben Kinder geboren.
[10] Ernst August I., König von Hannover, verstorben am 18. November 1851.
[11] Ernst August I. hatte 1794 in der Schlacht sein linkes Auge verloren.

99 Humboldt an Lichtenstein
[Berlin, März 1852]

H: 1 S. Niedersächsisches Landesarchiv, Standort Wolfenbüttel, 298 N Nr. 359, Nr. 34.
D: Anonym 1864, 198–199.
TD: Stresemann 1960, 87.

Empfangen Sie, theurer Freund und College, mit dem Penzischen[a] [1] Briefe, den Ausdruck meiner herzlichsten Wünsche für Ihre südliche Reise.[2] Möge der Anblik einer erwachenden, milden Natur Sie und Ihre vortrefliche Gattin[3], nach so vielen tiefen Leiden einmal wieder fröhlicher stimmen. Sie wissen dass ich zu denen gehöre, die die wärmste Ueberzeugung von dem Vielen Guten, Neuen und Wissenschaftlich-Wichtigen habe, das wir Ihrer geistigen Thätigkeit in Deutschland verdanken und dass Ihren Namen als Reisender, als Gelehrter, als Dirigent einer grossen Anstalt – und als Mensch einen bleibenden Ruhm erhalten wird.

AHt

[*Am Rand*:] In der Spiekerschen Zeitung[4] steht beim Ei:[b] Euphornis[5]: es ist der Grosse Vogel Aepornis[6].

[1] Ernst von Pentz, preußischer Generalkonsul in Ägypten?
[2] Lichtensteins Italienreise 1852, die ihn nach Triest, zur Adelsberger Grotte und nach Venedig führte.
[3] Henriette Victoire Lichtenstein.
[4] Die von Samuel Heinrich Spiker herausgegebenen *Berlinischen Nachrichten von Staats- und gelehrten Sachen* („Spenersche Zeitung").
[5] In der Sitzung der Gesellschaft Naturforschender Freunde vom 16.3.1852 vermerkt das Protokoll: „Herr *Lichtenstein* berichtete von dem durch Herrn v. *Humboldt* dem zoologischen Museum übersandten Gipsabguß von dem Ei eines Riesenvogels der Vorwelt ... (*Euphornis*), das aus dem Alluvium von Madagascar nach Paris gebracht worden ist. Es hat eine Längenachse von beinahe 13 Zoll [und eine Querachse der eines Hühnereies gemäß]." (Sitzungsberichte der Gesellschaft Naturforschender Freunde zu Berlin 1839–1859. Berlin 1912, 105).
[6] *Aepyornis*: ausgestorbener madagassischer Riesenstrauß (Elefantenvogel), 1851 von Isidore Geoffroy Saint-Hilaire beschrieben; vgl. den Brief Humboldts an Lichtenstein, 13.3.1852 (Brief Nr. 98) und Hildebrandt 2012, 281.

[a] S'schen *D*
[b] (1) ist ha (2) Euphornis *Humboldt*

100 Humboldt an Lichtenstein
Berlin, 9.10.1852

H: Berlin, Zoologisches Museum, Archiv. Abt.I: Fontanier, Franz. Consul in Santa Martha. 3) H. an Lichtenstein.

[*Von Lichtensteins Hand*:] J[ournal] N. 374
Pr[aesentatum] 10./10. [18]52.
DHL.

Die zahlreichen Anlagen, mein theurer Freund und College, werden Ihnen beweisen, warum ich mich lieber an Sie, als an H[errn] von Olfers[1] wende, den Bunsen[2] auch für den Director Ihrer Sammlung hält! Es sind Insecten angekommen, Geschenke von Herrn Fontanier[3] (zuerst als naturaliste du Jardin des Plantes nach Erzeroum und Tiflis gesandt, dann Consul in Bassora, Singapour, Bavaria, Danzig (1850 jetzt in Santa Martha[4]) an Ihr Museum. Ich habe gern die geforderten 3 Taler 11 Groschen gezahlt, kann aber von Potsdam aus nicht leicht die „Kiste, enthaltend 2 Schachteln mit Insecten" abholen und von der Douane öffnen lassen. Darf ich hoffen, daß Sie erwogentlichst dies besorgen lassen, damit die Insecten unmittelbar zu Ihnen kommen. Ich lege deshalb die Adresse an mich bei und hoffe, in meinem Geschäftsunverstande, daß so die kleine Sendung gesichert sei. Möge, da Sie gewiß schon viele Insecten aus diesem nordwestlichen Theile von Südamerika haben, das Ganze der Kosten werth sein, die Ihnen erregt werden. Ich hatte Herrn Fontanier keine Aufträge gegeben, er wusste, als er von Danzig abberufen wurde, nicht einmal, ob er, als Legitimist und Orleanist seines Handwerks (dann Napoleonist) von der Republik würde wieder angestellt werden; eine goldene Medaille, die ihm der König[5] in Danzig, dem weltklugen Manne, für Seine *Voyages en Orient*[6] geschenkt, scheinen viel Zärtlichkeit erregt zu haben.

Mit alter, inniger Freundschaft
Ew. Hochwohlgeboren gehorsamster
A. Humboldt.

Berlin, den 9. Oct. 1852.

Ich höre so eben zu meinem Schrecken von meinen Leuten, daß troz meines Befehls, die 3 Reichsthaler 11 G[roschen] nicht hier bezahlt worden sind. Der Briefträger wollte sie erst annehmen, wenn die Kiste entzaubert wird. Werde ich an Bunsen schreiben müssen, oder könnten Sie nicht durch zwei Zeilen an Hebeler[7] die unangenehme Sache rectificiren.

1 Ignaz von Olfers.
2 Christian Carl Josias von Bunsen; zur Bedeutung Bunsens vgl. Humboldts Briefwechsel mit Bunsen (Humboldt 2006) und Barclay 1995, 120–151.
3 Victor Fontanier, französischer Konsul in Santa Martha, Kolumbien.
4 In Kolumbien.
5 Friedrich Wilhelm IV. von Preußen.
6 Wohl Fontanier 1829–1834.
7 Bernhard Hebeler, Generalkonsul in London.

101 Humboldt an Lichtenstein
[Berlin,] Freitag, [wohl nach März 1853][1]

H: 1 S. Niedersächsisches Landesarchiv, Standort Wolfenbüttel, 298 N Nr. 359, Nr. 37.

Herr Möllhausen,[2] dem ich mich gern nüzlich machen möchte, war wieder bei mir. Er drängt zunächst auf Urlaub von der Landwehr und da er schon 1. Jahr über seinen Urlaub ausgeblieben[3], so glaube ich dass meine Bitte bei dem Landwehr Commando (20. Reg[iment]) ohne Erfolg sein wird. Ich kann nicht handeln ohne Ihren Rath, theurer Freund; wäre es Ihnen möglich, mir Ihren Besuch eines Morgens zu schenken, wenn Sie wollen von 10–2 Uhr. Ich thue blind was Sie wünschen. Freundschaftlichst

Ihr

AlHumboldt
Freitags

1 Zur Datierung: Im März 1853 sucht Möllhausen zum ersten Mal Humboldt in dessen Wohnung in der Berliner Oranienburger Str. 67 auf (vgl. Graf 1991, 102). Der Kontakt war durch Lichtenstein hergestellt worden: „Der muthigste Entschluss, mit vermehrten Kenntnissen und vermehrter künstlerischer Ausbildung, wenn gleich mit sehr beschränkten Mitteln, eine zweite Excursion nach dem Westen der nordamerikanischen Freistaaten zu wagen, stand bei Herrn *Möllhausen* fest. Meinem innigen und vieljährigen Freunde, dem Geh. Medicinalrath und Professor *Lichtenstein*, verdanke ich die Bekanntschaft des jungen Reisenden. Wie sollte ich, vielleicht der älteste unter den Reisenden dieses Jahrhunderts, der ich mich in frühester Jugend von ähnlicher, unbestimmter Wanderungslust gedrängt fühlte, nicht Interesse für den mir so warm Empfohlenen gewonnen haben? Die Huld des hochherzigen, jedem aufkeimenden Talente gern hülfreichen *Monarchen* [Friedrich Wilhelm IV. von Preußen] gestattete es, dass *Balduin Möllhausen* seine sehr ausgezeichnete, physiognomisch wahren Reiseskizzen aus dem Leben der Indianer Ihm persönlich vorlegen durfte.“ (Humboldt im Vorwort zu: Möllhausen 1858, vii. Hervorhebungen von Humboldt; vgl. auch Humboldt 2004, 548–549).

2 Balduin Möllhausen.

3 Möllhausen hatte im Herbst 1849 (oder im Februar 1850) Preußen in Richtung USA verlassen, um einer Einberufung zur Landwehr zuvorzukommen. Als er 1853 zurückkehrte, wurde „eine polizeiliche Untersuchung gegen ihn eingeleitet und er musste sich am 1. April 1853 rechtfertigen.“ (Graf 1991, 58).

102 Humboldt an Lichtenstein
[Berlin,] Dienstag, [5.4.1853]

H: 1 S. Niedersächsisches Staatsarchiv, Wolfenbüttel. Hs Abt VI. 12 nr. 79. Nr. 87.

[*von Lichtensteins Hand*:] Pr[aesentatum] 5/4 [18]53
DHL

Da Sie Sich auf eine so unaussprechlich liebenswürdige Weise des kräftigen Möllhausen[1] annehmen, theurer Freund, so ist es Ihnen angenehm zu hören, dass als ich den König[2] um die 30 Friedr[ich] d'or gestern anging die in den ersten Tagen gezahlt werden sollen, er ganz von selbst den Wunsch geäussert hat ihn vor der Rothhäuthen-Wanderung[3] noch zu sehen. Das Selbst Sehen lässt immer Erinnerungen zurük. Ich habe den jungen Mann auf morgen, Mittwochs[4] nach Charlottenburg zwischen 9[u] u[nd] 10[u] bestellen müssen.[5]

Meine 30 Reichsthaler lege ich vorläufig bei u[nd] vermehre sie bis 50 Reichsthaler wenn die 300 Reichsthaler schwierig zusammen kommen sollten.[6] Ich wünsche wie er selbst dass er sich schon [am] 20st[en] dieses Monats einschiffen könne.[7]

Freundschaftlichst

Ihr
AlHumboldt
Dienstags

1 Balduin Möllhausen.

2 Friedrich Wilhelm IV. von Preußen.

3 Möllhausens 2. Nordamerikareise von Mai 1853 bis August 1854.

4 Mittwoch, 6. April 1853.

5 Die von Humboldt vermittelte Privataudienz beim König fand wohl tatsächlich am 6. April 1853 statt. Möllhausen schrieb: „[...] Alexander von Humboldt wurde im wahren Sinne des Wortes mein Wohltäther, ich bekam durch ihn einen verlängerten Urlaub, sogar eine Privataudienz beim König, die Anstellungsberechtigung im Vaterlande, und Mittel zu weiteren Reisen [...]." (Brief an Charles Rau, 6.6.1853, in Graf 1991, 341, s.a. 104). Die Tochter von Humboldts Sekretär Johann Seifert, Caroline, wurde 1855 Möllhausens Frau (vgl. auch Humboldt 2004, 548–549; Humboldt 2019, Bd. 7, 324. Ein Unterstützungsbrief Humboldts für Caroline an Alexander Mendelssohn vom 24.1.1854 findet sich in: Humboldt 2011, 261). Möllhausen widmete anschließend Friedrich Wilhelm IV. sein *Tagebuch einer Reise vom Mississippi nach den Küsten der Südsee* (vgl. Möllhausen 1858, o.p.).

6 Möllhausen schätzte die Kosten seiner 2. Nordamerikareise auf 262 Taler, eine Quittung Lichtensteins für Möllhausen über 100 Taler, Berlin, 18.4.1853, ist erhalten, Friedrich Wilhelm IV. gab ein Geldgeschenk (vgl. Graf 1991, 104, 332–336; Humboldt 2004, 548–549).

7 Möllhausen verließ Berlin am 18. April 1853, schiffte sich in Hamburg ein und erreichte New York am 3. Mai.

103 Humboldt an Lichtenstein
[Berlin,] Freitag, [April 1853?]

H: 1 S., 1 S. Anschrift. Niedersächsisches Staatsarchiv, Wolfenbüttel. Hs Abt VI. 12 nr. 79. Nr. 32.

Ich habe, mein Theurer, eben G[eheimen] K[abinetts] Rath Illaire[1] und General Schöler[2] gesehen: beide von den besten Gesinnungen für Möllhausen[3], beklagen[a] kein Anstellungsgesuch für ihn bekommen zu haben, das sie dem König vorlegen[b] könnten. War das Gesuch in Ihrem Namen?[4] Wollten Sie nicht freundlichst Erkundigung einholen, wie und an wen das Gesuch muss abgegeben worden sein; ob es nicht, dem Datum nach bei Illaire eingeschrieben ist, das hier bleibt während ich morgen nach Potsdam gehe.

a beklagen | sich *gestrichen* |, kein *Humboldt*

b (1) vorgeleg (2) vorlegen *Humboldt*

Mit alter Anhänglichkeit
Ihr
AlHumboldt

Freitags

[*Anschrift*:] Sr Hochwohlgeboren
Herrn Geh[eimen] Rath u[nd] Prof[essor]
Lichtenstein

AlHumboldt

1 Ernst Emil Illaire, seit 1844 geheimer Kabinettsrat Friedrich Wilhelms IV.

2 Friedrich Ludwig von Schoeler, 1848–1857 Vorsteher der Abteilung für die persönlichen Angelegenheiten im preußischen Kriegsministerium.

3 Balduin Möllhausen. Humboldt setzte sich beim König für eine Anstellung im Staatsdienst ein (vgl. Graf 1991, 113).

4 Ein Gesuch Lichtensteins an Friedrich Wilhelm IV., Berlin, 11.4.1853, persönlich für eine Anstellung Möllhausens bei der „Eisenbahn oder einem anderen technischen Betriebe" ist abgedruckt in Graf 1991, 335–336 (dort finden sich auch Briefe Möllhausens an Lichtenstein und die Subskriptionsliste Lichtensteins für Möllhausens 2. Amerikareise 1853, die Humboldt an erster Stelle mit 30 Talern zeichnete). Lichtensteins Bemühungen gingen noch weiter: er machte Möllhausens Reiseergebnisse bekannt, „in der geographischen Gesellschaft sind oft Vorträge Möllhausens von Lichtenstein verlesen", schrieb Humboldt am 24.1.1854 an Alexander Mendelssohn (Humboldt 2011, 261).

104 Humboldt an Lichtenstein
[Berlin,] Sonntag, [wohl Ende Mai 1853]

H: 1 S., 1 S. Anschrift. Niedersächsisches Landesarchiv, Standort Wolfenbüttel, 298 N Nr. 359, Nr. 35.

Ich habe gestern vor der Abreise nach Potsdam den König[1] von Ihrer Petition der Anstellungsfähigkeit für den braven Möllhausen[2] gesprochen. Sie war noch nicht vorgetragen; aber der König hat mir befohlen an General Schöler[3] zu schreiben, dass er sie gern bewillige. Ich habe es eben jezt an Schöler gemeldet. Es ist ein gutes Werk mehr, mein theurer Freund, das Sie gethan. Mit freundschaftlichster Anhänglichkeit

Ihr

treuester
AlHumboldt

Sontag Nacht

Herrn Hugo Koch[4], dem dramatischen Abgesandten, habe ich selbst eine Empfehlung nach Manilla[5] gegeben und ihm noch Nachts 1 Uhr (in der Nacht vor dem Morgen der Abreise) durch die grosse Güte des span[ischen] Gesandten Marqués de Benalúa[6] Empfehl[ungen] an den Capitan general verschaft.

[*Anschrift:*] Sr. Hochwohlgeboren
dem Herrn Geh[eimen] Rath u[nd] Professor
Lichtenstein

AlHumboldt

1 Friedrich Wilhelm IV. von Preußen.
2 Am 27. Mai 1853 schrieb Lichtenstein einen Empfehlungsbrief für Balduin Möllhausen an den preußischen Handelsminister August von der Heydt; möglicherweise ist dieses Schreiben gemeint (vgl. Graf 1991, 320–321).
3 Friedrich Ludwig von Schoeler.
4 Wohl der Philippinenreisende Hugo Koch, der auf der Insel Negros eine Zuckerrohrplantage gründete.
5 Manila.
6 Don Gaspar de Aguilera y Contreras, erster Marqués de Benalúa, von 1848 bis Dezember 1853 spanischer Gesandter in Berlin.

105 Humboldt an Lichtenstein
Potsdam, Freitag, [15.7.1853]

H: 1 S. Niedersächsiches Staatsarchiv, Wolfenbüttel. Hs Abt VI. 12 nr. 79. Nr. 64. Dazu 1 S. Anschrift.
D: Anonym 1863, 84.

Potsdam, Freitags

[*Von Lichtensteins Hand:*] J[ournal] Nr. 238
Pr[aesentatum] 16/7 [18]53
DHL

Da die Gräfin Schlieffen[1] die beiden Jagdtieger leider nach Sanssouci geschenkt hat, wo sie bei dem sehr beschäftigten, vortrefflichen Sello[2] un embarras de plus[3] sind, so bin ich über das Vaterland gequält. Ist es denn dieselbe Species als der Guépard Felis jubata[4] aus Indien? Graf Schlieffen[5] versichert die seinigen seien afrikanisch, aus Kordofan[6]. Ist der welchen Sie im Zool[ogischen] Garten besizen denn auch afrikanisch? Wusste man denn schon früher dass Fel[is] jubata wie der Löwe afrikanisch und asiatisch zugleich sei. Belehren Sie mich, theurer College, mit einer Zeile.

Vom Cap[itän] Butasof[7] der die Karte vom Aral See aufgenommen habe ich die Antwort dass die dasigen grossen Tiger, ganz denen aus Bengalen gleich (nach den Fellen die wir aus dem Altai mitgebracht [),] aber ganze Winter auch wenn der nördliche Theil des Aral Sees gefroren ist, dort in 47° Br[eite] leben. Die Tiger haben lezten Winter bei 22° R. unter Null in Aralskoi Krepost in einer Nacht 2 Kirghizen und 5 Pferde gefressen. Die Tiger leben in Sibirien bis in die Breite von Hamburg (bei Barnaul am Fuss des Altai).[8] Es giebt Racen die (wie der macedonische Löwe) eine strengere Winterkälte als[a] die unsrige erträgt. Warum nicht noch jezt Tiger in der Hasenheide![9]

Mit alter Liebe u[nd] Verehrung

Ihr
AlHumboldt

[*Am Briefumschlag, Anschrift:*] Sr. Hochwohlgeboren
Herrn Geh[eimen] Rath Prof[essor] Lichtenstein
in
Berlin
Universität
AlHumboldt

[*Poststempel:*] 1[5]/7 [15.7.1853] 8A.–7M. POTSDAM
[*Zustellungsstempel:*] 16/7 [16.7.1853] 7–9 Vm [7.00–9.00 Uhr vormittag]

1 Um welche Gräfin von Schlieffen es sich handelt, bleibt unklar. Da Wilhelm von Schlieffen erst 1858 heiratete, könnte seine Mutter Sophia von Schlieffen gemeint sein.
2 Ein Hofgärtner aus der Potsdamer Gärtnerdynastie Sello(w).
3 Frz. etwa: ein Problem mehr.
4 Alter Name für den Gepard (*Acinonyx jubatus*), der auch in Südwestasien vorkam bzw. – heute nur noch im Iran mit wenigen Dutzenden Tieren – vorkommt.
5 Wohl Wilhelm Graf von Schlieffen, ein Orient- und Afrikareisender. Briefe Lichtensteins (5.08.1853; 7.12.1854) und Humboldts (6.1.1856) an Schlieffen befinden sich in der Staatsbibliothek zu Berlin (Handschriftenabteilung; Slg. Darmstaedter; Signatur: Slg. Darmstaedter Afrika 1804: Lichtenstein, Martin Karl Heinrich, Blatt 56–59; bzw. Nachl. Alexander von Humboldt; Signatur: Nachl. Alexander von Humboldt, kl. Kasten 1a, Nr. 25, Blatt 1–3).
6 Kurdufan.
7 Aleksej Ivanovič Butakov.
8 Vgl. den Brief Humboldts vom 28.3.1854 (Brief Nr. 109).
9 Vgl. ähnliche Überlegungen in: Humboldt 1843, Bd. 3, 96–102.

106 Humboldt an Lichtenstein
Potsdam, Sonntag, [25.7.1853]

H: 1 S. Niedersächsisches Staatsarchiv, Wolfenbüttel. Hs Abt VI. 12 nr. 79. Nr. 38.

[*von Lichtensteins Hand:*] J [ournal] Nr. 249. Pr[aesentatum] 25/7 [18]53
DHL

Ich hatte, mein theurer Freund und College, noch gestern Nacht dem braven Löwenstimm[1] der so unermüdlich im Geben als andere im Fordern[b] ist[c] den Dank des Königs für die

a Winterkälte | [*1 unleserliches Wort*] *gestrichen* | als *Humboldt*
b (1) Empf (2) Fordern *Humboldt*
c (1) sind (2) ist *Humboldt*

schönen Geschenke an unsere Sammlungen schriftlich aufs wärmste ausgedrükt. Der König wird das herrliche Riesen-Malachitstück[2] sehr gern sehen, ehe es in das Cabinett kommt. Er wünscht es Dienstag od[er] Mittwochs zu sehen, ich bitte Sie daher, es ja nicht an mich, sondern unmittelbar an den König in Sanssouci adressiren zu lassen, von wo dann, ebenso eingepakt, es die Kammerdiener an Sie, theurer Freund, zurüksenden sollen. Ich habe Ihnen noch herzlich zu danken für die so gründliche u[nd] befriedigende Auskunft die Sie mir über den Afrikanischen Guepard freundlichst gegeben haben.

Ihr
AlHumboldt
Potsd[am], Sontag Nacht

1 Der Juwelenhändler Wilhelm Johann von Löwenstimm.
2 Ein solches großes Malachitstück wird in Olfers' Brief an Humboldt erwähnt (vgl. Humboldt 1913, 47).

107 Lichtenstein an Humboldt
[Berlin, 12.2.1854 oder kurz davor][1]

H: Berlin Zooligsches Museum (Lichtenstein). Lichtenstein für A.v. Humboldt II/1854.

H. v. Humboldt verlangte die Zahlen der Vögel Arten im Museum nach den einzelnen Ordnungen zu wissen. Sie wurden ihm nach dem anliegenden Auszug aus dem Katalog mitgetheilt und dabei wurde bemerkt, daß wir ungefähr 2/3 der bekannten Arten besitzen, deren Zahl also 6000 wäre.

Angenommen uns fehle aus jeder Ordnung verhältnißmäßig gleich viel, so wäre dann die Hälfte aller Vögel in der Ordnung der Singvögel, nämlich 3000 n

der	5te	Theil in den	Klettervögeln	"	1200 n.
"	1te	" "	in Raubvögeln	"	400 n.
"	20te	" "	Hü[h]nern	"	300 n.
"	10te	" "	Sumpfvögeln	"	600 n.
"	12te	" "	Schwimmvögeln	"	500 n.
					6000 n.

Oder in Procent-Sätzen:
Von 700 Vögeln sind Singvögel 50

Raubvögel	7	Kletter-Vögel	20
Hü[h]ner	5.	Sumpfvögel	10
		Schwimmvögel	8.
	12		88
		100.	

1 Der Text ist ein Konzept Lichtensteins für den folgenden Brief an Humboldt, 12.2.1854 (Brief 108). Die Frage nach der Artenzahl und -verteilung von Vögeln ist ein altes Erkenntnisinteresse bereits von Illiger (vgl. Illiger 1816).

108 Lichtenstein an Humboldt
[Berlin,] 12.2.1854

H: Staatsbibliothek zu Berlin. Handschriftenabteilung; Nachl. Alexander von Humboldt, gr. Kasten 2, Mappe 4, Nr. 10.

Ew Excellenz
gütiger Erlaubniß folgend, lege ich Ihnen hier die Ziffern vor, in welchen sich die größeren Ordnungen der Vögel in unserm Museum zu einander verhalten. Da wir ungefähr zwei Drittheile der gut bekannten Arten besitzen werden, so würde man, ziemlich genau stimmend mit anderweitigen Berechnungen, annehmen können, daß die Singvögel die Hälfte aller Vögel Arten enthalten

nemlich	– – –		3000 » –
die Raubvögel	den 14ten Theil	–	430 » –
die Klettervögel	den 5ten Theil	–	1200 » –
die Hüner	den 20ten Theil	–	270 » –
die Sumpfvögel	den 10ten Theil	–	600 » –
und die Schwimmvögel	den 12ten Theil	–	500 » –
			6000 Arten

bzw in Procent-Sätzen:
Unter hundert Vögeln sind 50 Singvögel
20 Klettervögel
7 Raubvögel
5 Hüner
10 Sumpfvögel
8 Schwimmvögel |1v|

Es läßt sich wohl annehmen, daß uns aus jeder Ordnung nach Verhältniß gleichviel fehlt und so wäre denn, da die Gesammtzahl der Arten sich doch fürs Erste nur sehr approximativ bestimmen läßt, durch unsern Catalog zum erstenmal ein gewisses, in bestimmten Zahlen gefundenes Verhältniß der Ordnungen zu einander ermittelt, das der Wahrheit näherführen wird.

In bekannter Verehrung
12 Febr[uar] 1854. Lichtenstein

|2r| [*In fremder Handschrift*:]

Die ornithologische Sammlung des königlichen Museums enthält:

1.) An	Raubvögeln	289	Arten	in	995	Exemplaren
2.) »	Singvögeln	2148	»	»	7301	»
3.) »	Klettervögeln	796	»	»	2406	»
4.) »	Hühnervögeln	184	»	»	606	»
5.) »	Sumpfvögeln	340	»	»	1273	»
6.) »	Schwimmvögeln	313	»	»	1179	»
	Zusammen:	4070	»	»	13760	»

Berlin, den 4.ten Februar 1854. [*Von Lichtensteins Hand*:] Lichtenstein

|2v| [*In Humboldts Handschrift*:] Vögel Species Lichtenstein 1854.

109 Humboldt an Lichtenstein
[Berlin,] Dienstag, [28.3.1854]

H: 1 S. Niedersächsisches Landesarchiv, Standort Wolfenbüttel, 298 N Nr. 359, Nr. 67.
D: Anonym 1863, 84.

Dienstag früh
[*von Lichtensteins Hand:*] Pr[aesentatum] 28/3 [18]54.
DHL

Mein theurer innigst[a] verehrter Freund!

Ich habe den noch immer wegen der herumziehen[den] Rose leidenden König[1] gestern nicht sehen können, (er wird wohl noch 5–6 Tage geschohnt werden müssen), aber ich habe von der Königin[2], die Ihren Unfall[3] nicht kannte, den sehr dringenden Auftrag erhalten, Ihnen zu sagen, wie innigen Antheil Sie[b] an demselben nimmt, „weil Sie der liebenswürdigste, immer freundlichste, überall hülfreichste unter den Gelehrten (ich seze hinzu, mich uneingerechnet![c]) wären."

Dixi.

Mit unverbrüchlich treuer Anhänglichkeit
Ihr
AHumboldt

Vielleicht erheitert es Sie einen alten Brief von Jussuf[4] und einen neuen vom Löwenjäger Gerard[5] zu lesen. Vom Aral See schreibt mir Capitän Butakow:[d] [6] Vous me demandez où passent l'hiver nos tigres? Je réponds, dans les Roseaux, l'Aral étant gelé. Ils m'ont mangé l'hiver passé (le Therm. étant –20° Réaum.) 2 Kirghizes et 5 cheveaux.[7]

1 Friedrich Wilhelm IV. von Preußen.
2 Elisabeth Ludovika von Preußen, geb. Prinzessin von Bayern.
3 [*Im Druck mit Fußnote versehen:*] * Der Professor L. hatte durch einen unglücklichen Fall den Fuß gebrochen.
4 Joseph Vantini, genannt Youssouf (Jussuf), General in französischen Diensten in Algerien (vgl. Jussuf 1863).
5 Der französische Offizier in Algerien und Löwenjäger Cécile-Jules-Basile Gérard (vgl. einen Brief Gérards an Humboldt, Paris, 10.2.1854, in: *Westermann's Jahrbuch der Illustrirten Deutschen Monatshefte* 14 [April 1863-September 1863], Braunschweig 1863, 85–86; außerdem Humboldt 1997, 136, 179, 180 und Humboldt 2019, Bd. 9, 433–434.
6 Aleksej Ivanovič Butakov.
7 Frz. Sie fragen mich, wo unsere Tiger den Winter verbringen? Ich antworte: im Schilfröhricht; der Aralsee ist gefroren. Sie haben mir den vergangenen Winter (das Thermometer hat –20° Réaumur) 2 Kirgisen und 5 Pferde gefressen." [*Im Druck folgt die Anmerkung Humboldts zu Butakov, die Antwort Butakovs, ein Brief des Löwenjägers Jules Gérard an Humboldt, Paris, 10.2.1854, und Gérards „Physiologie des Löwen und des Panthers"* Vgl. Anonym 1863, 84–82 und Humboldt 2019, Bd. 9, 423–427.]

a meist *D*
b sie *D*
c mit Uneigennüzigkeit *D*
d Butasow *D*

110 Humboldt an Lichtenstein
Berlin, 28.11.1854

H: Berlin, Zoologisches Museum, Archiv., Abt.I: v.Hammer.

Pr[aesentatum] 29./11. [18]54.
DHL.

Ich weiß nicht, womit ich es verschulde, daß ohne alle vorige Anfrage, ob man einschicken soll, ich, der Ueberbelastete, das Original Spinnenwerk des berühmten Herrmann[1] in Strassburg durch die Post erhalte. Ich verstehe weder den Brief noch die Unterschrift des Mannes aus Creilsheim. Das Paket ist wahrscheinlich zurückzusenden? Ich flehe, daß Sie, theurer Freund und College, sich in dieser Noth meiner annehmen und vielleicht in meinem Namen annehmen, da mir weder die Sache (Ankauf der Originale?) noch die Veranlassung klar sind.

Mit alter Verehrung und Freundschaft
Ew. Hochwohlgeboren
gehorsamster
Al. Humboldt.

B[erlin], 28. Nov. 1854.

[1] Das vom Straßburger Naturforscher Johann (Jean) Hermann fertiggestellte Werk seines 1793 an Typhus verstorbenen Sohnes Johann Friedrich Hermann über Milben (Hermann 1804).

111 Humboldt an Lichtenstein
[Berlin,] Freitag, [30.3.1855]

H: 1S. Niedersächsisches Landesarchiv, Standort Wolfenbüttel, 298 N Nr. 359, Nr. 66.

[*Von Lichtensteins Hand*:] Pr[aesentatum] 30/3 [18]55.
DHL

Der König[1], mein theurer College, hat grosse, grosse Erleichterung darin gefunden, dass Sie ihm zu den Namen geholfen haben, die er so lange in seinem so conservativen Gedächtniss suchte. Er erinnert sich auf das lebhafteste des Vaters[2] des jezigen Froriep.[3] Dass lezterer für 1½ Millionen Reichstaler in Potsd[am] einen Krystallpalast mit Pflanzengarten[,] erheiternden Springbrunnen, Concerten, Papagayen und Reisvögeln[4] bauen will, in dem die Kranken die verschiedenen Klimate von Nizza, Madera u[nd] Cairo finden und die Reisekosten ersparen wissen Sie wohl.[5] Der Antrag kam wirklich an den König und er schrieb mir, dass er sich bereits 30 Jahre mit dieser leicht ausführbaren Idee trage!![6] Ihr freundlicher Brief hat aber wieder bei dem König eine andere Unsicherheit angeregt. Da ich aus Ursachen (fregant ilia Choroebo)[7] vor Menschen die gern das Andenken edler u[nd] geistreicher Menschen beflecken, heraushob, dass Schleiermacher[8] mit zu denen gehörte die nicht unter Hieronymus[9] in Halle dienen wollten, hat mir es der König abgeläugnet u[nd] behauptet, er sei, vor wie nach, ruhig Prediger in Berlin gewesen. Sagen Sie mir, theurer Freund darüber ein Wort! Ihre chronologische Anordnung aller Universitäts Lehrer ist überaus scharfsinnig und ein ungeheures opus, zu bequemstem Gebrauche. Ich bin sehr erfreut dass Sie mich in der Schaar nicht vergessen haben. Es war ein Glanzpunkt meines Lebens. Mit freundschaftlichster Verehrung

Ihr

AlHumboldt
Freitags

[*An den Rand geschrieben*:] Möllhausen[10] lebt sehr verständig einsam, arbeitsam, vom König persönlich ausgezeichnet behandelt, von Flottwell[11] eingeladen. Ohne Sie und Ihre Entdeckung von ihm u[nd] kräftiges Patrocinium wäre er nicht, wohin Sie ihn gebracht.

1 Friedrich Wilhelm IV. von Preußen.
2 Ludwig Friedrich von Froriep.
3 Robert Friedrich Froriep.
4 Reisfinken (*Padda oryzivora*), traditionelle Käfigvögel aus SO-Asien.
5 Humboldt macht sich über Frorieps Projekt auch in einem Brief an Karl August von Varnhagen von Ense, Potsdam 4.7.1854, „[i]m Zeitalter der Krystallpaläste", lustig: „Die weimarischen Phantasiespiele sind mehr heiterer Art; Beherrschung der Klimate durch Krystallpaläste, die zugleich Wirthshäuser sind, Nicos und Madera unnöthig machen, und ja nur 1 ½ Millionen Thaler Kapital erfordern, eine Anlage in der öden Potsdamer Kasernenstadt. Und das ausgebrütet in dem Hirn eines kenntnißvollen Mannes, Froriep." (Humboldt 1860, 283).
6 Über den Verbleib dieses Scheibens ist bisher nichts bekannt geworden.
7 Ähnlich schrieb Humboldt in einem Brief an Carl Gustav Carus am 4.1.1856: „fregant ilia Choroebo. Der Choroeber giebt es überall und deren Kummer ist ein grosser Theil meiner Freude." (zit. in: Schwarz 2009, 22 und Fußnote 121). Humboldt hat auf „Choroebo" wiederholt in Briefen angespielt, wenn von Neid und Missgunst die Rede war. Sehr wahrscheinlich hatte er dabei ein Zitat im Blick, das er in verschiedenen Varianten aus dem Gedächtnis frei zitierte und dabei auch den Namen verwechselte: „Pastores hedera crescentem ornate poetam, Arcades, invidia rupantur ut ilia Codro" („Schmücket, arkadische Hirten, den wachsenden Dichter mit Efeu, dass dem Kodrus vor Neid die Eingeweide zerbersten."), Vergil, 7. Ekloge, v. 25–26; vgl. dazu Humboldt 2007, 153.
8 Friedrich Schleiermacher.
9 Jérôme („Hieronymus") Bonaparte, von 1807 bis 1813 König des Königreichs Westphalen, zu dem seit 1807 auch Halle an der Saale gehörte.
10 Nach seiner zweiten Amerikareise wurde Balduin Möllhausen Ende Dezember 1854/1855 zum Kustos der Bibliotheken in den königlichen Schlössern in und um Potsdam ernannt (vgl. Graf 1991, 351), er lebte in der Lindenstraße 24 in Berlin (Ingo Schwarz: Adressbuch Alexander von Humboldts, 76v).
10 Eduard Heinrich von Flottwell, preußischer Staatsmann.

112 Humboldt an Lichtenstein
[Berlin,] Sonnabend, [31.3.1855]

H: 1 S. Niedersächsisches Staatsarchiv, Wolfenbüttel. Hs Abt VI. 12 nr. 79. Nr. 76.

[*von Lichtensteins Hand*:] N°.14

[*von Lichtensteins Hand*:] Pr[aesentatum] 31/3 [18]55[1]
DHL

Ich komme schon wieder, wo ich mit so viel Freundlichkeit empfangen werde. Ich möchte dem so fleissigen Junghuhn[2] gern einen zweiten Dienst leisten und die Anlage veröffentlichen in Lord Spiker's Zeitung[3], aber ich bin so unwissend zu[a] ignoriren ob Hasskerl[4] od[er] Hosskerl der Name eines holl[ändischen] Naturforschers ist, der nach Peru geschikt war? Die Notiz über den edelgesinnten Schleiermacher[5] werde ich triumphirend vor den verläumdenden Choroeben[6] benuzen.

Mit dankbarer Freundschaft

Ihr
AlHumboldt
Sonnabend.

Eben sehe ich dass ein[b] Hasskarl ja der deutsche Uebersezer von Junghun's Java ist das 1852 in Arnoldscher Buchh[andlung] erschien[7] u[nd] doch wurde er schon 1854 von Lima abgeholt.

1 Da Humboldt den Brief mit „Sonnabend“ bezeichnet, Lichtenstein ihn mit „31.3.1855“, demselben Tag, datiert, benötigte dieser nur wenige Stunden zwischen Schreiber und Empfänger.

2 Der Botaniker Franz Wilhelm Junghuhn, 1835–1848 auf Java und kurz nach der Begegnung mit Humboldt, am 30. August 1855 erneut nach Java aufbrechend. Humboldt besaß in seiner Bibliothek im Jahr 1859 sieben Werke Junghuhns (Stevens 1863, Nr. 5046–5051).

3 Berlinische Nachrichten von Staats- und gelehrten Sachen. Vgl. den „Auszug eines Briefes des Dr. Junghuhn, Verf. des großen Werkes über die Vulcane von Java, an Herrn Alexander v. Humboldt. (Leiden, im März 1855)“ (wiederabgedruckt in Humboldt 2007, Dok. 110). Einige Zeit später, am 21. August 1855, ermöglichte Humboldt Junghuhns Teilnahme an einem Abendessen mit König Friedrich Wilhelm IV. in Sanssouci.

4 Der deutsche Botaniker Justus Karl Haßkarl, seit 1852 in Peru und seit Dezember 1854 bis 1865 erneut auf Java (vgl. Humboldt 2007, 380).

5 Der Theologe Friedrich Schleiermacher (vgl. den vorigen Brief, 30.3.1855, Brief Nr. 111).

6 Humboldtisch für Neider, s. Vergil, 7. Ekloge und den vorigen Brief Humboldts.

7 Junghuhn 1852–1854. Humboldt besprach das Werk kurz und lobend im *Kosmos* (vgl. Humboldt 1845–1862, Bd. 4, 323–324)

a unwissend | dabei *gestrichen* |zu *Humboldt*

b ein *erg. Humboldt*

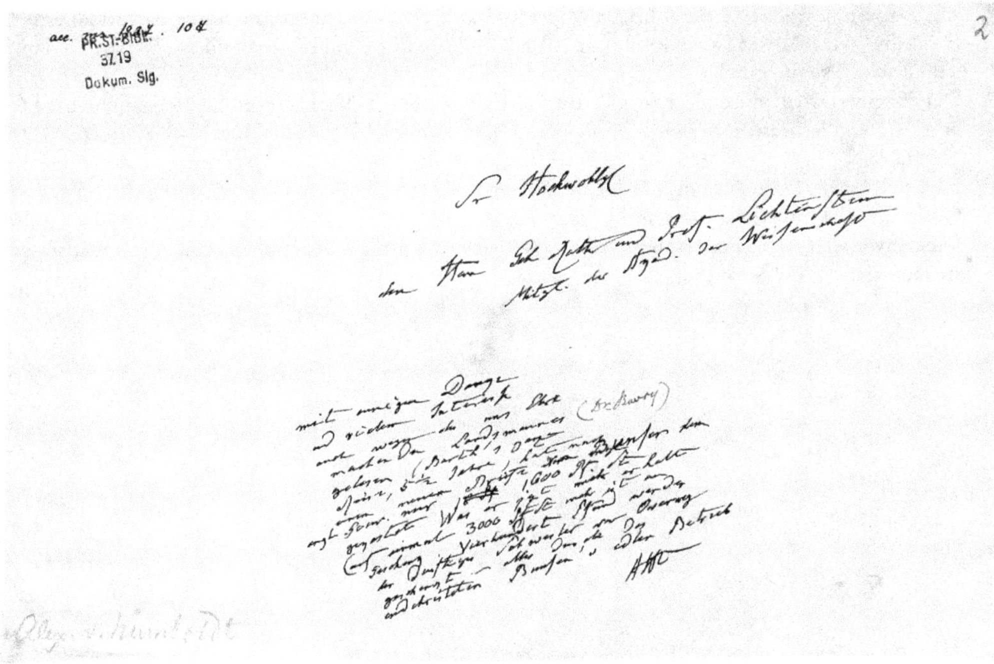

Abb. 28: Brief Humboldts an Lichtenstein, nach dem 16.10.1855 (Brief Nr. 113), der letzte bislang bekannte Brief Humboldts an Lichtenstein.

113 Humboldt an Lichtenstein
[Berlin?, nach dem 16.10.1855][1]

H: Staatsbibliothek zu Berlin. Handschriftenabteilung; Nachl. Alexander von Humboldt (Sammlung Darmstaedter) / Nachl. Alexander von Humboldt, kl. Kasten 1b.

Sr Hochwohlg
Dem Herrn Geh Rath und Prof. Lichtenstein
Mitgl[ied] der Akad. der Wissenschaften

mit innigem Danke und vielem Interesse auch wegen des uns Ehre machenden Landsmannes (Dr. Buvry)[a] [2]gelesen (Barth's[3] ganze Reise, 5 ½ Jahre, hat nach einem Briefe von Bunsen[4] dem engl. Gouv. nur[b] 1600 Pf[und] St[erling] gekostet. Was er jetzt mehr erhält (auf einmal 3000 Pf[und] St[erling] mehr ist ein Geschenk. Vierhundert Pfund werden der [be]dürftigen Schwester von Overweg[5] geschenkt – alles dies als des endchristeten Bunsen's edler Betrieb.
AHt

[a] (Dr. Buvry) *erg. Lichtenstein*
[b] nur | 16 Pf. *str. Humboldt* | 1600

1 Zur Datierung vgl. den Brief Christian Carl Josias von Bunsens an Humboldt, Charlottenberg bei Heidelberg, 16.10.1855 (vgl. Humboldt 2010, 227–228). Für den Hinweis und die Datierung danke ich Ulrich Päßler herzlich.

2 Der Berliner Afrikareisende Leopold Buvry. Er wird einen Nachruf auf Lichtenstein schreiben, von dem ein Separatdruck sich auch in Humboldts Bibliothek befand (Buvry 1858; Stevens 1863, Nr. 1604).

3 Heinrich Barth, 1849–1855 in Nord- und Westafrika.

4 Christian Carl Josias von Bunsen.

5 Die Schwester des Afrikaforschers Adolf Overweg, der am 27. September 1852 am Tschadsee gestorben war.

Anhang

1 Brief Lichtensteins an Adelbert von Chamisso
[Berlin,] 4.3.1815

H: Staatsbibliothek zu Berlin. Handschriftenabteilung; Nachl. Adelbert von Chamisso; Signatur: Nachl. Adelbert von Chamisso, K. 29, Nr. 11, Blatt 1–2.

Ein Bekannter des Prinzen von Neuwied[1] ist hier angekommen und wünscht im Auftrage desselben Ihre Bekanntschaft, um womöglich mit Ihnen abzuschließen. Er kommt morgen früh um 9 Uhr zu mir, wo ich Sie denn auch zur Konferenz erwarte. Ich habe Hr. Ruthe[2] zwar schon gebeten, Sie zu mir zu bestellen, schicke Ihnen aber doch zu aller Sicherheit auch diese schriftliche Einladung

Herzlichst ergeben

Ihr
Lichtenstein

Sonnabend Morgen
4. März XV.

[*Umschlag*:] Herrn
von Chamisso
Jägerstraße 18.

1 Prinz Maximilian zu Wied-Neuwied. Er verließ Deutschland im Mai 1815 und bereiste 1815–1817 Brasilien; Chamisso kam auf Julius Eduard Hitzigs und Lichtensteins Vermittlung als Reisebegleiter in Vorschlag. Als Chamisso die Kosten für die Reise nicht aufbringen konnte, engagierte sich Lichtenstein im Mai 1815 (s. folgendes Empfehlungsschreiben) für Chamissos Teilnahme an der russischen Weltumseglung unter Otto von Kotzebue.

2 Johann Friedrich Ruthe, seit 1811 Student in Berlin, u.a. bei Lichtenstein, später Botaniker, Entomologe und Lehrer. An der Kloedenschen Gewerbeschule in Berlin unterrichtete er auch Theodor Fontane.

2 Empfehlungsschreiben Lichtensteins an August von Kotzebue [in der Handschrift Adelbert von Chamissos][1] Berlin, 22.5.1815

H: Staatsbibliothek zu Berlin. Handschriftenabteilung; Nachl. Adelbert von Chamisso; Signatur: Nachl. Adelbert von Chamisso, K. 1, Nr. 6, Blatt 1–2.
D: MacKinney 2017, 349–350.

Eu[er] Hochwohlgeboren

erhalten mit diesem Schreiben zugleich einen Brief von Herrn Hitzi[2] in welchem derselbe ihnen in der Person des Herrn von Chamisso einen Begleiter für ihren Herr Sohn[3] auf dessen großer Seereise vorschlägt. Auf die Bitte des Herrn von Chamisso ihnen einige Worte zu seiner Empfehlung als Naturforscher zu sagen, kann ich nicht anders, als der strengsten Wahrheit gemäß bezeugen, daß ich ihn für ganz besonders würdig halte, an einer solchen Unternehmung Theil zu nehmen. Seit vier Jahren setzt er wenn auch nicht ganz unter meiner Leitung, doch unter meinen Augen seine früh angefangenen Natur wissenschaftlichen Studien fort [,] bei welchen er seit lange[m] den Wunsch, einmal eine Reise in ferne Welttheile zu unternehmen, hegte und nährte. Jetzt ist er in seiner Ausbildung zu seiner Reife gediehen, die die Ausführung dieses Wunsches nicht nur ihm, sondern allen seinen Freunden als nothwendig für sein eigenes Glück und als der Wissenschaft Nutzen bringend erscheinen lassen muss. Sein Wissen in der Botanik und Zoologie ist nicht nur umfassend, sondern in den mehrsten Abtheilungen bis zu bedeutender Tiefe ergründend. Wie in den übrigen Fächern seine Ausbildung gleichen Schritt gehalten, werden ihnen seine andern Lehrer[a], die zugleich seine Freunde geworden bezeugen. Schon über die 30 hinaus verbindet er ein durchaus gesetztes und beruhigtes Wesen mit der Anspruchslosigkeit eines eben in die Welt tretenden Jünglings. Sein Körper ist abgehärtet durch frühe Uebung in Feldzügen und auf Reisen, sein Geist gestählt durch wunderliches oft hartes Schiksal. Er sucht keinen Lohn noch Geldgewinn aber aus eigenem Mittel kann er nur die Kosten seiner |2| nothwendigsten Ausrüstung bestreiten. Professor Schwägrichen[4] kennt ihn persönlich und schreibt mir, dass er ihm ein lieber Gefährte sein würde, im Fall er selbst noch die Reise mitmachen [könnte,][5] und [dass] unserm Ch[amisso] sein Wunsch gelingen sollte.

Können Sie nach diesem allen etwas dazu beitragen, daß der Wandersüchtige seinen Wunsch erreiche, so erwerben Sie sich ein Verdienst um ihn und hoffentlich auch um die Wissenschaft und vernehmen noch den Dank und die Hochachtung mit
welchen ich bin

Eu[er] Hochwohlgeboren

aufrichtigst ergebener
H. Lichtenstein

Berlin 22 May 1815.

[a] Leerer *ersetzt Hg.*

1 Wohl ein Entwurf. Zum Hintergrund und zum Empfehlungsbrief von Hitzig vgl. Federhofer 2012, 14–15.
2 Julius Eduard Hitzig.
3 Otto von Kotzebue.
4 Der Leipziger Botaniker Christian Friedrich Schwägrichen. Briefe Schwägrichens an Chamisso von 1822 sind erhalten.
5 Schwägrichen plante lange Zeit eine Amerikareise, die aber nie zustande kam. Stattdessen unterstützte er seinen Schüler, den Botaniker und Zoologen Eduard Friedrich Poeppig, der 1822–1832 in Amerika (Nordamerika, Kuba, Peru, Chile, Brasilien) arbeitete und forschte und der auch mit Humboldt bekannt war (vgl. Schmuck 2011).

3 Brief Lichtensteins an Adelbert von Chamisso
Berlin, 3.7.1818

H: Staatsbibliothek zu Berlin. Handschriftenabteilung; Nachl. Adelbert von Chamisso; Signatur: Nachl. Adelbert von Chamisso, K. 29, Nr. 11, Blatt 3–4.
D: MacKinney 2017, 355–356.

Willkommen in Europa mein bester Chamisso! Dreimal willkommen, da Sie mit reichem Segen zurückkehren, und Ihre Sammlungen uns zuwenden wollen. Unser Ministerium der auswärtigen Angelegenheiten hat Sorge getragen, dass Sie bei dem Pr[eußischen] Konsul in Cronstadt[1] gute Aufnahme finden und ihn zu Ihrem Dienst officiell auffordern können.[2] Nöthigenfalls soll er Ihnen auch Geld zahlen. Was den Eingang Ihrer Sachen ins Preussische betrifft, so gebe ich Ihnen mein Wort, dass Ihre Kisten nicht eher als im Museum und nicht anders als[a] in Ihrer Gegenwart geöffnet werden sollen. Denn so geschieht es bei allen Sendungen an uns und nie wird etwas an der Grenze oder im Packhof visitirt, was an uns adressirt ist. Ich würde es daher sehr passend finden, wenn Sie Ihre Sachen sobald als möglich von Cr[onstadt] durch den Konsul expedirten, denn ehe sie von Stettin den Schlangenweg auf kleinen Flüssen und Kanälen zu uns zurückgelegt, vergehn andert- |2| halb Monate, kommen sie nun zu spät im Jahr, so frieren sie am Ende gar ein und verderben während des Liegens. Einen andern als den Wassertransport kann ich aber[b] für solche Sachen nicht anrathen. Addressiren Sie alles an das Zoologische Museum, es bleibt deshalb doch Ihr Eigenthum, und wir kriegen damit noch keine Fischgräte, die Sie uns nicht geben wollen. Für gute Aufnahme wird inzwischen von uns gesorgt [,] doch ist das kaum nöthig, da Alles mit offenen Armen auf Sie wartet. Daß Sie ferner noch reisen wollen, ist sehr schön von Ihnen. Wenn Sie uns erst gehörig gebeichtet haben, können Sie auch gleich wieder nach den Molucken und Philippinen, wohin es bald gute Gelegenheit geben wird. Lassen Sie sich nur nicht von den Russen festhalten oder zuviel von Ihren Sammlungen abzwacken.

Wir leben alle und sind wohl und gesund. Meinen Hausstand finden Sie durch einige Nachkom- |3| menschaft vergrössert, sonst nicht verändert. Heinrich v[on] I.[3] ist noch immer bei mir. Ostern geht er zur Universität. Ihr Herbarium ist in gutem Stand. Der bot[anische] Garten, für den Otto[4] 1816 in England gewesen, wächst ungeheuer. Das Museum auch

a und nicht anders als *erg. Lichtenstein*
b aber *erg. Lichtenstein*

ziemlich, doch das werden Sie Alles schon sehen. Leben Sie wohl und lassen Sie mich bald etwas wissen. Es grüßen alle Itzenplitze[a] Erman[5], Rudolphi[6], Link[7], Klug[8] (jetzt Director der entomologischen Parthie im Mus[eum]), Weiss[9], Eisenhardt[10], v. Schlec[hten]dal[11] und viele Andre, die mir eben nicht wieder [ein]fallen. Von ganzem Herzen und unverändert

Ihr
Lichtenstein

Berlin 3 Jul[i] 1818.

Ich wollte Ihnen schon nach Kopenhagen schreiben, aber das Ministerium[12] wurde nicht fertig.

[*Umschlag*:] An
Herrn Adelbert von Chamisso
Naturforscher an Bord des russischen
Schiffes Rurik, Capt. von Kotzebue
gegenwärtig zu
Cronstadt.

1 Georg Wilhelm Hasselmann, Vizekonsul im russischen Kronstadt (russ. Kronštadt). Er wird noch am 4.12.1829 in der *Allgemeinen Handlungs-Zeitung* als Vizekonsul in Kronstadt geführt.

2 Chamisso hatte bereits in einem Brief an Hitzig vom 16.6.1818 seine Sorgen und Wünsche geäußert: „Ich will in den ersten Tagen des Septbr., die günstigste Zeit, mich in Cronstadt für Stettin wieder einschiffen und mit mir nehmen, was ich von meinen Sammlungen behalten werde – und das muß und wird ein großer Theil sein – gegen 20 Kisten große und kleine. – Eine Anmeldung und kräftige Empfehlung an den preußischen Consul in Cronstadt könnte mir sehr nützlich werden, an die Gesandtschaft in Petersburg vielleicht nur angenehm. In Cronstadt muß ich mich aus- und einschiffen, eine Niederlage für meine Kisten haben usw. – meiner Sammlungen endliches Ziel – meine Pflanzen ausgenommen – ist das Berliner Museum – sollte sich das Departement für solche nicht interessiren. Ich kenne die preußischen Douanen-Einrichtungen nicht, sollten bei Ankunft in einem preußischen Hafen meine wohl verpichten und verwahrten Kisten geöffnet werden müssen – würde ich alles verlieren können. Könnte dem nicht vorgebeugt werden? […] Lichtenstein sei mir besonders gegrüßt. – Die Universität von Berlin war, ist und bleibt doch mein Vaterland – so war es mir auf der ganzen Reise.“ (Chamisso 1842, Bd. 6, 61 und 62). Lichtenstein gab hier nicht nur Rat, sondern kümmerte sich aktiv um die Behebung dieser Schwierigkeiten, wie die Dankesworte Chamissos zeigen (Chamisso 1842, Bd. 6, 68).

3 Heinrich August Friedrich von Itzenplitz.

4 Wohl der Inspektor des Botanischen Gartens in Berlin, Christoph Friedrich Otto. Briefe Ottos an Chamisso aus den Jahren 1823/1824 sind in der Staatsbibliothek zu Berlin erhalten.

5 Paul Erman.

6 Der Naturforscher Karl Asmund Rudolphi.

7 Der Botaniker Heinrich Friedrich Link.

8 Der Entomologe Johann Christoph Friedrich Klug.

9 Der Mineraloge Christian Samuel Weiss.

10 Der Botaniker Karl Wilhelm Eysenhardt.

11 Der Botaniker Diederich Franz Leonhard Schlechtendal.

12 Das 1808/1810 geschaffene preußische Ministerium für auswärtige Angelegenheiten.

a alle Itzenplitze *erg. Lichtenstein*

4 Brief Lichtensteins an Adelbert von Chamisso [Berlin,] 2.10.1822

H: Staatsbibliothek zu Berlin. Handschriftenabteilung; Nachl. Adelbert von Chamisso; Signatur: Nachl. Adelbert von Chamisso, K. 29, Nr. 11, Blatt 6–7.

Sie könnten mir eine rechte Gefälligkeit erweisen, lieber Freund, wenn Sie mir Pallas Zoogr. Asiat. Ross.[1] auf ein paar Tage leihen wollten. Ich gebrauche es nothwendig zur Bestimmung der Eversmannschen Sachen[2], die gestern angekommen sind und sehr interessant ausfallen. Rudolphi[3], den ich darum gebeten, kann sein Exemplar gerade jetzt nicht entbehren und ich möchte doch gern sobald wie möglich mit der Arbeit fertig werden, um sie sogleich der Reisebeschreibung mit anzuhängen. Sie werden sich freuen, wenn Sie einmal kommen und die Sachen sehen

Von Herzen ergeben

2 Oct. 1822. Ihr Lichtenstein

[*Umschlag*:] Herrn Doctor
von Chamisso
Hochwohlgeboren
Lindenstraße N°. 30.[4]

1 Peter Simon Pallas und Pallas 1811/1831. Seine *Zoographia Rosso-Asiatica*, für die Pallas 40 Jahre lang Material sammelte, hat eine „so komplizierte und tragische“ Editionsgeschichte, „wie sie eine gelehrte Publikation nur haben kann.“ Karl Ernst von Baer selbst hat diese Geschichte dargestellt und sich für die Herausgabe eingesetzt (Wendland 1992, 391 und 394).

2 Der Forschungsreisende und Naturforscher Eduard Friedrich Eversmann, seit 1816 in Slatoust im Ural. Er unternahm 1820 gemeinsam mit Christian Heinrich Pander und Georg von Meyendorff eine Reise von Orenburg nach Buchara, von wo er Naturalien an die Universität Berlin schickte. Lichtenstein schrieb einen zoologischen Beitrag und das Vorwort zur Reisebeschreibung Eversmanns (Eversmann 1823).

3 Carl Asmund Rudolphi.

4 Chamisso wohnte nach dem Brand seines Hauses in Berlin-Schöneberg am 4. Juli 1822 kurzfristig in der Lindenstraße, bevor er in die Friedrichstr. 235 zog.

5 Brief Lichtensteins an Adelbert von Chamisso Berlin, 22.10.1822

H: Staatsbibliothek zu Berlin. Handschriftenabteilung; Nachl. Adelbert von Chamisso; Signatur: Nachl. Adelbert von Chamisso, K. 29, Nr. 11, Blatt 5.

Wir haben einige Mollusken bekommen, die wo nicht Salpen,[1] doch nahe Verwandte derselben sind. Da Sie die Sippschaft kennen, so bitte ich Sie, gelegentlich mit heran zu kommen und Ihr Gutachten darüber zu geben.

Von Herzen ergeben

Ihr
Lichtenstein

B[erlin] 22 Oct. 1822.

[*Umschlag*:] Herrn Doctor
A. von Chamisso
Hochwohlgeboren
Lindenstraße 30.

1 Im Meer lebende Manteltiere, deren Generationswechsel Chamisso drei Jahre zuvor beschrieben hatte.

6 Brief Lichtensteins an Adelbert von Chamisso [Berlin,] 11.7.1834

H: Staatsbibliothek zu Berlin. Handschriftenabteilung; Nachl. Adelbert von Chamisso; Signatur: Nachl. Adelbert von Chamisso, K. 29, Nr. 11, Blatt 8.

Ich war diesen Morgen bei Ihnen, mein hochgeschätzter Freund, um Sie zu einer näheren Untersuchung der Selloschen[1] Pflanzen-Kisten einzuladen, die wir morgen vornehmen sollten. Nun aber ist Kollege Kunth[2] morgen verhindert und kann sich nicht eher abmüssigen, als nächsten Dienstag[a], weshalb ich Sie dann bitte, sich an diesem Tage um 10 Uhr bei mir einzufinden, wo wir dann so viel von der Sache vorzunehmen haben, als nöthig sein mag, um dem Ministerium und Herrn von Olfers[3] ein visum repertum[4] vorlegen zu können.

Auf das Freundschaftlichste
ergeben
Lichtenstein

11. Jul. 1834.

1 Der Forschungsreisende Friedrich Sellow, 1831 in Brasilien gestorben. Vgl. die Briefe Humboldts an Lichtenstein von nach 1831 und vom 10.11.1834 (Briefe Nr. 26 und 34).
2 Carl Sigismund Kunth.
3 Ignaz von Olfers.
4 Eig. ein ärztlicher Wund- oder Totenbericht.

a Dingstag *ersetzt Hg.*

7 Brief Lichtensteins an Adelbert von Chamisso [Berlin,] 17.7.1834

H: Staatsbibliothek zu Berlin. Handschriftenabteilung; Nachl. Adelbert von Chamisso; Signatur: Nachl. Adelbert von Chamisso, K. 29, Nr. 11, Blatt 9.

Meinem hochzuehrenden Herrn Collegen übersende ich hierbei den Entwurf eines Protokolles über die mit der[a] Sellosche[1] Pflanzen Sendung neulich vorgenommene[n] Untersuchung mit der Bitte Ihre etwanigen Bemerkungen oder Aendrungen hinzufügen und dann die Schrift unterzeichnen zu wollen.

Lichtenstein

17/7 [18]34

1 Friedrich Sellow (s. den vorigen Brief Nr. 6).

8 Brief Lichtensteins an Adelbert von Chamisso [Berlin,] 14.9.1834

H: Staatsbibliothek zu Berlin. Handschriftenabteilung; Nachl. Adelbert von Chamisso; Signatur: Nachl. Adelbert von Chamisso, K. 29, Nr. 11, Blatt 10–11.

Mein hochgeschätzter Freund!

Erlauben Sie mir eine Anfrage.

Sie haben uns von Ihrer Welt-Umseglung ein schönes See-Otter Fell[1] mitgebracht, das wir sorgfältig hüten und bis jetzt glücklich im schönsten Zustand bewahrt haben. Sie nannten mir damals den Preis, ich meine es waren 100 Rubel. Können Sie mir das mit ein Paar Worten hierunter bestätigen, so verpflichten Sie mich, mehr noch, wenn Sie zugleich folgende Nebenfragen beantworten.

Wo geschah der Kauf?

Gab es dort mehr dieser Waare?

Was kosten schlechtere Bälge?

Was haben Sie über das Vorkommen der See Otter in der Berings-Straße usw. erkundet? |2|

Ich habe das von unserm Freund Erman[2] dem Museum geschenkte ganze[b] Exemplar mit seiner Erlaubnis abbilden lassen und gebe eine Beschreibung dazu in meinen: Darstellungen usw.[3] Bei der Gelegenheit habe ich auch Ihr viel schöneres Exemplar der Behaarung nach beschrieben und möchte die kleine Arbeit mit den obigen Notizen ausschmücken.

In herzlicher Ergebenheit

Ihr H. Lichtenstein Dr.

14/9 [18]34.

---

a mit der *erg. Lichtenstein*

b ganze *erg. Lichtenstein*

[*Umschlag*:] Herrn Doctor von Chamisso
Hochwohlgeboren
Gr. Friedrichstr. 235.
frei

[1] *Enhydra lutris*, eine nordpazifische Otterart (bei Lichtenstein: *Enydris marina*; vgl. Lichtenstein 1827–1834, Atlas, Tafel 49 und 50). Die Gattung *Enydris* wurde von Lichtenstein aufgestellt.

[2] Georg Adolf Erman.

[3] Lichtenstein 1827–1834.

Dokumente

Dokument 1
Brief Wilhelm von Humboldts an Lichtenstein
Berlin, 21.12.1823

H: Museum für Naturkunde, Berlin, Historische Arbeitsstelle.

[*Von Lichtensteins Hand?*] J[ournal] Nr. 674
praes[entatum] 23 December 1823.

[*Von unbekannter Hand, mit Bleistift:*] W. v. Humboldt

Ich habe bei meiner vor zwei Tagen erfolgten Rückkunft hierher einen Brief meines Bruders[1] gefunden, der mich veranlasst, diese Zeilen an Ew. Wohlgeboren zu richten. Er trägt mir auf, Ihnen seinen innigsten Dank für Ihren zoologischen Catalogus abzustatten, der, wie er mir schreibt, die interessantesten Bemerkungen u. Beobachtungen enthält, u. bittet Ew. Wohlgeboren herzlich im Namen Cuviers[2], dieses für das Museum [*2 Wörter nicht lesbar*] und das [*2 Wörter tw. nicht lesbar*]nen Fischen in Spiritus zu übersenden. Könnte ich Ew. Wohlgeboren zu der Unternehmung behilflich sein, so werde ich mit dem größten Vergnügen dazu mitwirken.

Genehmigen Ew. Wohlgeboren indes die Versicherung meiner ausgezeichneten Hochachtung u. Ergebenheit.

Humboldt

Berlin, den 21. Dec[ember] 1823.

[*Dem Brief ist ein Zettel beigelegt mit einer Aufschrift wohl von Lichtensteins Hand:*]
de Berlin
La Marène. Salmo
Marana gmel. pag. 1381. no 213.
bloch. tab. 27.[3]

---

salmo maronula bl tab 28 fig 3.[4]

[1] Alexander von Humboldt.

[2] Georges Cuvier.

[3] Die Tafel XXVII von Marcus Elieser Blochs *Oeconomischer Naturgeschichte der Fische Deutschlands* zeigt die große Maräne, Salmo Maraena (Bloch 1782–1795, Bd. 1, 172 und Atlas, Bd. 1, Taf. 27).

[4] Die Tafel XVIII, Fig. 3, von Blochs Fischwerk zeigt die kleine Maräne, Salmo Maraenula (Bloch 1782–1795, Bd. 1, 176 und Atlas, Bd. 1, Taf. 28).

Dokument 2
Brief Wilhelm von Humboldts an Lichtenstein (Abschrift)[1]
Berlin, 8.2.1824

H: 1 S., Museum für Naturkunde, Berlin, Historische Arbeitsstelle.

[*Von Lichtensteins Hand*?] J[ournal] Nr. 105
praes[entatum] 9 Februar 1824.

Der Courier nach Paris geht erst morgen, ich habe aber schon heute das von Euer Wohlgeboren erhaltene Paquet dem Geheimen Legationsrathe Philippsborn[2] zugeschickt, und hoffe, daß die Mitsendung[3] keine Schwierigkeit finden wird. Ich werde mit Euer Wohlgeboren Erlaubniss Ihr gütiges Schreiben an mich meinem Bruder[4] vorlegen und sowohl er, als Herr Cuvier[5], werden Euer Wohlgeboren für Ihre gütige Bemühung sehr dankbar sein und sich der Hoffnung freuen, auch noch die anderen Fische durch Sie zu erhalten.

Empfangen Euer Wohlgeboren die Versicherung meiner ausgezeichneten Hochachtung

Humboldt

Berlin, den 8ten Februar 1824.

1 Der Brieftext ist von Schreiberhand, nur die Unterschrift stammt von Wilhelm von Humboldt.
2 Johann Carl Heinrich von Philipsborn, Geheimer Legationsrat im preußischen Außenministerium.
3 Die von Alexander von Humboldt und Cuvier gewünschten Fische; vgl. den vorhergehenden Brief Wilhelms von Humboldt an Lichtenstein, 21.12.1823 (Dokumente, Dok. 1).
4 Alexander von Humboldt.
5 Georges Cuvier.

Dokument 3
Alexander von Humboldt an Herzog Carl zu Mecklenburg[1]
Berlin, 23.5.1828

H: Niedersächsisches Landesarchiv, Standort Wolfenbüttel, 298 N Nr. 359, Nr. 48.
D1: Anonym 1863, 544–545.
D2: Allgemeine Preußische Staats-Zeitung Nr. 168 (1828), Beilage Blatt 2v.
D3: Humboldt 2019, Bd. 4, 948–949.

Durchlauchtigster Herzog,[a]
Gnädigster Herr!

Ew: Hoheit haben den Gefühlen,[b] welche mich beim Empfang des ehrenvollen Schreibens vom 18ten dieses Monats[2] und der mir bestimmten Denkmünze[c d 3] erfüllten, durch Ihren Namen dergestalt erhöht, daß ich wagen darf, den Ausdruk der tiefsten Dankbarkeit, zu der mich die Gesammtheit der Geber[4] verpflichtet, Ihnen vor allen darzubringen. |2| Geistigen Bestrebungen des Menschen kann kein würdigerer Lohn zu Theil werden, als das Bewußtsein, bei den Edelsten und Gebildetsten des Vaterlandes ein lebendiges Interesse erregt zu haben. Diesen Lohn habe ich viele Monate hindurch genossen, als ich die Geseze[e] der physischen Weltordnung und das Zusammenwirken der Naturkräfte öffentlich zu entwikkeln suchte, und ihn selbst, in dem lezten[f] meiner Vorträge, als das erfreulichste Ereigniss meines vielbewegten Lebens bezeichnet.

Die Versammlung, vor der ich zu sprechen das Glük hatte, wollte meinen dankbaren Erinnerungen eine noch längere Dauer geben und als hätte die Größe des Gegenstandes meine eigene Schwäche verborgen, hat sie mir ein großartiges |3| Zeichen ihres Wohlwollens verliehen, indem sie durch dasselbe zugleich ihre begeisterte Liebe für die Wissenschaften und für das freie Aufstreben geistiger Cultur, unter dem wohlthätigen Einflusse eines erhabenen Herrschers, beurkundet.

Nur als Unterpfand dieser Gesinnungen, dieser Liebe für die Wissenschaften, deren rege Fortschritte der Ruhm unseres Zeitalters sind, darf ich die edle Gabe empfangen, und nicht bloß in meinem Namen, sondern zugleich im Namen aller, die sich mit mir des hohen Berufs würdig machen möchten, den Geist der Natur aufzufassen, wo er sich unter der Dekke der Erscheinungen verhüllt, lege ich |4| hier die Huldigung ehrerbietiger Dankbarkeit nieder.

---

a [*Erläuterung im Druck vor dem Brieftext*:] An den Herzog Carl von Mecklenburg gerichtet nach Vollendung der vor der Akademie gehaltenen Vorträge Humboldt's [*Vor der Anrede*:] Berlin, den 23. Mai 1828. *D1*

b die Gefühle *D1*

c Denkmünzen *D1*

d [*D1 hat die Fußnote*:] **) Die Zuhörer Humboldt's hatten ihm zu Ehren eine Denkmünze schlagen lassen, welche auf der einen Seite das Bild Humboldt's, auf der anderen Helios auf dem Sonnenwagen und die Thierkreiszeichen mit der Umschrift: *Illustrans totum radiis splendentibus orbem* [dt. den gesamten Erdkreis mit leuchtenden Strahlen erhellend] trägt.

e Gesetze *D1*

f letzten *D1*

Ich verharre ehrfurchtsvoll,

Eurer Hoheit

ganz gehorsamster
Alexander von Humboldt

Berlin,
dem 23sten Mai
1828.

1 Herzog Carl Friedrich August zu Mecklenburg-Strelitz, Stiefbruder der Königin Luise von Preußen und preußischer General.

2 Herzog Carl und acht weitere Unterzeichner (s. Anm. 4) an Humboldt, Berlin, 18.5.1828. In: *Allgemeine Preußische Staats-Zeitung* Nr. 168 (1828), Beilage Blatt 2.

3 Zur Medaille s. Nelken 1980, 103.

4 Herzog Carl Friedrich August von Mecklenburg-Strelitz; der Oberzeremonienmeister Georg Carl von Buch; der preußische Generalleutnant und Generaladjutant des Königs Job von Witzleben; Leopold von Buch, Konrad Levezow; Christian Daniel Rauch; Friedrich Tieck; Hinrich Lichtenstein und Carl Friedrich Schinkel.

Dokument 4
Rede Alexander von Humboldts zur Eröffnung der Naturforscher-Tagung in Berlin 1828

D1: Humboldt 1828.[1]
D2: Hmboldt 2019, Bd. 4, 950–952.

Rede, gehalten bei der Eröffnung der Versammlung deutscher Naturforscher und Ärzte in Berlin am 18ten September 1828.

|3| Wenn es mir durch Ihre ehrenvolle Wahl vergönnt ist, diese Versammlung zu eröffnen, so habe ich zuerst eine Pflicht der Dankbarkeit zu erfüllen. Die Auszeichnung, welche dem zu Theil geworden, der noch nie Ihren denkwürdigen Vereinen beiwohnen konnte, ist nicht der Lohn wissenschaftlicher Bestrebungen, einzelner schwacher Versuche, in dem Drange der Erscheinungen das Beharrende aufzufinden, aus den schwindelnden Tiefen der Natur das dämmernde Licht der Erkenntniss zu schöpfen. Ein zarteres Gefühl hat Ihre Aufmerksamkeit auf mich geleitet. Sie haben aussprechen wollen, dass ich in vieljähriger Abwesenheit, selbst in einem fernen Welttheile, nach gleichen Zwecken mit Ihnen hinarbeitend, Ihrem Andenken nicht fremd geworden bin. Sie haben meine Rückkunft gleichsam begrüssen wollen, um durch die heiligen Bande des Dankgefühls mich länger und inniger an das gemeinsame Vaterland zu fesseln.

Was aber kann das Bild dieses gemeinsamen Vaterlandes erfreulicher vor die Seele stellen, als die Versammlung, die wir heute zum ersten Male in unseren Mauern empfangen. Von dem heitern Neckar-Lande, wo Kepler und Schiller geboren wurden, bis zu dem letzten Saume der baltischen Ebenen; von diesen bis gegen den Ausfluss des Rheins, wo, unter dem wohlthätigen Einflusse des Welthandels, seit Jahrhunderten, die Schätze einer exotischen Natur gesammelt und erforscht wurden, sind, von gleichem Eifer beseelt, von einem ernsten |4| Gedanken geleitet, Freunde der Natur zu diesem Vereine zusammengeströmt. Überall, wo die deutsche Sprache ertönt, und ihr sinniger Bau auf den Geist und das Gemüth der Völker einwirkt; von dem hohen Alpengebirge Europa's, bis jenseits der Weichsel, wo, im Lande des Copernicus, die Sternkunde sich wieder zu neuem Glanz erhoben sieht; überall in dem weiten Gebiete deutscher Nation, nennen wir unser jedes Bestreben, dem geheimen Wirken der Naturkräfte nachzuspüren, sei es in den weiten Himmels-Räumen, dem höchsten Problem der Mechanik, oder in dem Innern des starren Erdkörpers, oder in dem zartgewebten Netze organischer Gebilde.

Von edlen Fürsten beschirmt, hat dieser Verein alljährig an Interesse und Umfang zugenommen. Jede Entfernung, welche Verschiedenheit der Religion und bürgerlichen Verfassung erzeugen könnten, ist hier aufgehoben. Deutschland offenbart sich gleichsam in seiner geistigen Einheit; und, wie Erkenntniss des Wahren und Ausübung der Pflicht der höchste Zweck der Sittlichkeit sind; so schwächt jenes Gefühl der Einheit keine der Banden, welche jedem von uns Religion, Verfassung und Gesetze der Heimath theuer machen. Eben dies gesonderte Leben der deutschen Nation, dieser Wetteifer geistiger Bestrebungen, riefen (so lehrt es die ruhmvolle Geschichte des Vaterlandes) die schönsten Blüthen der Humanität, Wissenschaft und Kunst, hervor.

Die Gesellschaft deutscher Naturforscher und Ärzte hat, seit ihrer letzten Versammlung, da sie in München eine so gastliche Aufnahme fand[2], durch die schmeichelhafte Theilnahme benachbarter Staaten und Akademien, sich eines besondern Glanzes zu erfreuen gehabt. Stammverwandte Nationen haben den alten Bund erneuern wollen zwischen Deutschland und dem gothisch-scandinavischen Norden. Eine solche Theilnahme verdient um so mehr unsre Anerkennung, als sie der Masse von |5| Thatsachen und Meinungen, welche hier in einen allgemeinen, fruchtbringenden Verkehr gesetzt werden, einen unerwarteten Zuwachs gewährt. Auch ruft sie in das Gedächtntiss der Naturkundigen erhebende Erinnerungen zurück. Noch nicht durch ein halbes Jahrhundert von uns getrennt, erscheint Linné, in der Kühnheit seiner Unternehmungen, wie durch das, was er vollendet, angeregt und geherrscht hat, als eine der großen Gestalten eins früheren Zeitalters.[3] Sein Ruhm, so glänzend er ist, hat dennoch Europa nicht undankbar gegen Scheele's[4] und Bergman's[5] Verdienste gemacht. Die Reihe dieser gefeierten Namen ist nicht geschlossen geblieben; aber in der Furcht, edle Bescheidenheit zu verletzen, darf ich hier nicht von dem Lichte reden, welches noch jetzt in reichstem Masse von dem Norden ausgeht; nicht der Entdeckungen erwähnen, welche die innere chemische Natur der Stoffe (im numerischen Verhältniss ihrer Elemente) oder das wirbelnde Strömen der electro-magnetischen Kräfte enthüllen. Mögen die trefflichen Männer, welche durch keine Beschwerden von Land- und Seereisen abgehalten wurden, aus Schweden, Norwegen, Dänemark, Holland, England und Polen unserm Vereine zuzueilen, andern Fremden, für kommende Jahre, die Bahn bezeichnen, damit wechselweise jeder Theil des deutschen Vaterlandes den belebenden Einfluss wissenschaftlicher Mittheilung aus den verschiedensten Ländern von Europa geniesse.

Wenn ich aber, im Angesichte dieser Versammlung den Ausdruck meiner persönlichen Gefühle zurückhalten muss; so sei es mir wenigstens gestattet, die Patriarchen vaterländischen Ruhmes zu nennen, welche die Sorge für ihr der Nation theures Leben von uns entfernt hält: *Goethe*, den die grössten Schöpfungen dichterischer Phantasie nicht abgehalten haben, den Forscherblick in alle Tiefen des Naturlebens zu tauchen, und der jetzt, in ländlicher Abgeschiedenheit, um seinen fürst- |6| lichen Freund, wie Deutschland um eine seiner herrlichsten Zierden, trauert;[6] *Olbers*, der zwei Weltkörper da entdeckt hat, wo er sie zu suchen gelehrt;[7] den größten Anatomen unseres Zeitalters, *Sömmering*, der mit gleichem Eifer die Wunder des organischen Baues, wie der Sonnenfackeln und Sonnenflecken (Verdichtungen und Öffnungen im wallenden Lichtmeere) durchspäht;[8] *Blumenbach*, auch mein Lehrer, der durch seine Werke und das belebende Wort überall die Liebe zur vergleichenden Anatomie, Physiologie und gesammten Naturkunde angefacht, und wie ein heiliges Feuer, länger als ein halbes Jahrhundert, sorgsam gepflegt hat.[9] Konnte ich der Versuchung widerstehen, da die Gegenwart solcher Männer uns nicht vergönnt ist, wenigstens durch Namen, welche die Nachwelt wiedersagen wird, meine Rede zu schmücken?

Diese Betrachtungen über den geistigen Reichthum des Vaterlandes, und die davon unabhängige fortschreitende Entwickelung unsers Instituts, leiten unwillkührlich auf die Hindernisse, die ein grösserer Umfang (die anwachsende Zahl der Mitarbeiter) der Ausführung eines ernsten wissenschaftlichen Unternehmens scheinbar entgegenstellen. Der Hauptzweck des Vereins (Sie haben es selbst an ihrem Stiftungstage ausgesprochen) bestehet nicht, wie in andern Akademieen, die eine geschlossene Einheit bilden, in gegenseitiger Mittheilung von Abhandlungen, in zahlreichen Vorlesungen, die alle zum Drucke bestimmt, nach mehr als Jahresfrist in eignen Sammlungen erscheinen. Der Hauptzweck dieser Gesellschaft ist die persönliche Annäherung derer, welche dasselbe Feld der Wissenschaften bearbeiten; die mündliche und darum mehr anregende Auswechslung von Ideen, sie mögen sich als Thatsachen, Meinungen oder Zweifel darstellen; die Gründung freundschaftlicher Verhältnisse, welche den Wissenschaften Licht, dem Leben heitre Anmuth, den Sitten Duldsamkeit und Milde gewähren. |7|

Bei einem Stamme, der sich zur schönsten geistigen Individualität erhoben hatte, und dessen Nachkommen, wie aus dem Schiffbruche der Völker gerettet, wir noch heute unsre bangen Wünsche weihen, in der Blüthezeit des hellenischen Alterthums, offenbarte sich am kräftigsten der Unterschied zwischen Wort und Schrift. Nicht die Schwierigkeit des Ideenverkehrs allein, nicht die Entbehrung einer deutschen Kunst, die den Gedanken, wie auf Flügeln durch den Raum verbreitet und ihm lange Dauer verheisst, geboten damals den Freunden der Philosophie und Naturkunde, Hellas, oder die dorischen und ionischen Kolonien in Gross-Griechenland und Klein-Asien, auf langen Reisen zu durchwandern. Das alte Geschlecht kannte den Werth des lebendigen Wortes, den begeisternden Einfluss, welchen durch ihre Nähe hohe Meisterschaft ausübt, und die aufhellende Macht des Gesprächs, wenn es unvorbereitet, frei und schonend zugleich, das Gewebe wissenschaftlicher Meinungen und Zweifel durchläuft. Entschleierung der Wahrheit ist ohne Divergenz der Meinungen nicht denkbar, weil die Wahrheit nicht ihrem ganzen Umfang, auf einmal, und von allen zugleich, erkannt wird. Jeder Schritt, der den Naturforscher seinem Ziele zu nähern scheint, führt ihn an den Eingang neuer Labyrinthe. Die Masse der Zweifel wird nicht gemindert, sie verbreitet sich nur, wie ein beweglicher Nebelduft, über andre und andre Gebiete. Wer golden die Zeit nennt, wo Verschiedenheit der Ansichten, oder wie man sich wohl auszudrücken pflegt, der Zwist der Gelehrten, geschlichtet sein wird, hat von den Bedürfnissen der Wissenschaft, von ihrem rastlosen Fortschreiten, eben so wenig einen klaren Begriff, als derjenige, welcher, in träger Selbstzufriedenheit, sich rühmt, in der Geognosie, Chemie oder Physiologie, seit mehreren Jahrzehenden, dieselben Meinungen zu vertheidigen.

Die Gründer dieser Gesellschaft haben, in wahrem und tiefem Gefühle der Einheit der Natur, alle Zweige des physikalischen Wissens (des |8| beschreibenden, messenden und experimentirenden) innigst mit einander vereinigt. Die Benennungen Naturforscher und Ärzte sind daher hier fast synonym. Durch irdische Bande an den Typus niederer Gebilde gekettet, vollendet der Mensch die Reihe höherer Organisationen. In seinem physiologischen und pathologischen Zustand bietet er kaum eine eigene Klasse von Erscheinungen dar. Was sich auf diesen hohen Zweck des ärztlichen Studiums bezieht, und sich zu allgemeinen naturwissenschaftlichen Ansichten erhebt, gehört vorzugsweise für diesen Verein. So wichtig es ist, nicht das Band zu lösen, welches die gleichmässige Erforschung der organischen und unorganischen Natur umfasst; so werden dennoch der zunehmende Umfang und die allmählige Entwickelung dieses Instituts die Nothwendigkeit fühlen lassen, ausser den gemeinschaftlichen öffentlichen Versammlungen, denen diese Halle bestimmt ist, auch sectionsweise ausführliche Vorträge über einzelne Disciplinen zu halten. Nur in solchen engeren Kreisen, nur unter Männern, welche Gleichheit der Studien zu einander hinzieht, sind mündliche Discussionen möglich. Ohne diese Art der Erörterung, ohne Ansicht der gesammelten, oft schwer zu bestimmenden und darum streitigen Naturkörper, würde der freimüthige Verkehr Wahrheit suchender Männer eines belebenden Princips beraubt sein.

Unter den Anstalten, welche in dieser Stadt zur Aufnahme der Gesellschaft getroffen worden sind, hat man vorzüglich auf die Möglichkeit einer solchen Absonderung in Sectionen Rücksicht genommen. Die Hoffnung, dass diese Vorkehrungen sich Ihres Beifalls erfreuen werden, legt mir die Pflicht auf, hier in Erinnerung zu bringen, dass, obgleich Ihr Vertrauen zweien Reisenden zugleich die Geschäftsführung übertragen hat, doch nur einem allein, meinem edlen Freunde, Herrn *Lichtenstein*, das Verdienst sorgsamer Vorsicht und rastloser Thätigkeit zukommt. Den wissenschaftlichen Geist achtend, der die Gesellschaft deutscher Naturforscher und |9| Ärzte beseelt, und die Nützlichkeit ihres Bestehens anerkennend, ist das Königliche Ministerium des Unterrichts, seit vielen Monaten, jedem unserer Wünsche mit der aufopferndsten Bereitwilligkeit zuvorgekommen.

In der Nähe der Versammlungsorte, welche auf diese Weise für ihre allgemeinen und besondern Arbeiten vorbereitet worden, erheben sich die Museen, welche der Zergliederungskunst, der Zoologie, der Oryktognosie und der Gebirgskunde gewidmet sind. Sie liefern dem Naturforscher einen reichen Stoff der Beobachtung und vielfache Gegenstände kritischer Discussionen. Der grössere Theil dieser wohlgeordneten Sammlungen zählt, wie die Universität zu Berlin, noch nicht zwei Decennien;[10] die ältesten, zu welchen der botanische Garten (einer der reichsten in Europa) gehört, sind in dieser Periode nicht bloss vermehrt, sondern gänzlich umgeschaffen worden. Der frohe und lehrreiche Genuss, den solche Institute gewähren, erinnert mit tiefem Dankgefühle, dass sie das Werk des erhabenen Monarchen[11] sind, der, geräuschlos, in einfacher Grösse, jedes Jahr diese Königsstadt mit neuen Schätzen der Natur und der Kunst ausschmückt, und, was einen noch höheren Werth hat, als diese Schätze selbst, was dem preussischen Volke jugendliche Kraft und inneres Leben und gemüthvolle Anhänglichkeit an das alte Herrscherhaus giebt, der sich huldreich jedem Talente zuneigt, und freier Ausbildung des Geistes vertrauensvoll seinen königlichen Schutz verleiht.

1 Der Wiedergabe liegt das Exemplar aus Goethes Bibliothek zugrunde. Die Anmerkungen stammen vom Herausgeber.

2 Die 6. Versammlung deutscher Naturforscher und Ärzte unter der Leitung von Ignaz Döllinger und Carl Friedrich Philipp von Martius 1827 in München.

3 Der schwedische Naturfoscher Carl von Linné war 1778 gestorben.

4 Der schwedische Chemiker Carl Wilhelm Scheele aus Stralsund.

5 Der schwedische Chemiker und Mineraloge Torbern Olof Bergman.

6 Großherzog Carl August von Sachsen-Weimar-Eisenach war am 14. Juni 1828 auf der Rückreise von Berlin in Torgau gestorben, Goethe zog sich daraufhin nach Dornburg zurück. Humboldt war der letzte, mit dem Carl August am Tag seines Todes Gespräche über naturwissenschaftliche Fragen führte, die den Großherzog sehr interessierten.

7 Der Astronom Heinrich Wilhelm Olbers, der 1802 den Asteroiden Pallas und 1807 Vesta entdeckte.

8 Samuel Thomas von Soemmerring.

Johann Friedrich Blumenbach, seit 1776 außerordentlicher Professor, seit 1778 ordentlicher Professor in Göttingen, wo Humboldt 1789 bei ihm studiert hatte.

10 Die Universität Berlin war 1810 gegründet worden.

11 Friedrich Wilhelm III. von Preußen.

Dokument 5
Brief Ignaz von Olfers' an Alexander von Humboldt[1]
[Zürich, vor dem 10.11.1834]

H: Berlin, Zoologisches Museum, Archiv, Akte: Olfers.

Ew. Excellenz haben mich gewiß mit Ihrer gewohnten Güte entschuldigt, wenn ich auf das frühere freundliche Schreiben nicht gleich antwortete. Die beste Antwort war wohl, gleich zu thun, was Sie in Beziehung auf die Sellosche Angelegenheit[2] wünscht, und das habe ich denn auch gleich gethan. Indessen lag dem Ganzen ein Sonderbares Vorurtheil des Herrn v. Altenstein[3] zu Grunde, als wenn es zur Regulierung der Geldangelegenheit und zur Schätzung der materiellen Leistungen Sello's nöthig sei, die noch dort aufbewahrten Kisten zu öffnen und zu verificieren. Hoffentlich wird diese Seite der Angelegenheit meines verstorbenen Freundes nun endlich ganz ins Reine gebracht sein. Ich wünschte, daß ich mit dem, was ich zu besorgen übernommen, auch schon so weit wäre, und daß ich wenigstens nur bald einmal nach Berlin kommen könnte, um die nöthigen Einleitungen dafür zu treffen. Eine gute Gelegenheit bietet mir das Amtsjubiläum meines Schwiegervaters[4] dar, welches zu Anfang des nächsten Jahres zwar ganz im Stillen, gefeiert werden soll. Ich habe den Minister Ancillon[5] um Erlaubniß gebeten, hiefür mit den Meinigen nach Berlin kommen zu dürfen, und wünsche auch in der zuvor genannten Hinsicht, daß er es mir nicht abschlagen möge. Können Sie mir dazu in irgendeiner Weise behülflich sein, so würde ich es dankbar zu den vielen mir schon erwiesenen Gefälligkeiten rechnen. Herr Agassiz[6] ist noch nicht aus England zurück. Soviel ich von Seinen Bekannten höre, hat er dort eine sehr reiche Ausbeute für sein Werk gemacht, dem man gewiß seiner Vortrefflichkeit wegen den besten Fortgang wünschen muß. Eine neue Hülfe hat er für seine Arbeiten in seiner Frau, einer Schwester des Botanikers Braun[7] in Carlsruhe, gefunden; Sie zeichnet und lithographiert sehr artig.

Der Astronom Horner[8], den ich hier zu meinen liebsten Freunden rechne, ist leider dem Tode nahe, und ganz ohne Hoffnung, er läßt hier in jeder Hinsicht eine große Lücke.

Es ist Ihnen vielleicht nicht bekannt, daß Ebel[9] hier viele Versuche über den Magnetismus gemacht, aber da er, wie es scheint, noch zu keinem Resultat gekommen war, nie etwas von seiner Notation gezeigt hat. Vorhanden sind sie noch, und möchten vielleicht noch manches Brauchbare enthalten, da Ebel ein sehr genauer Beobachter war.

Mit der hiesigen Universität geht es zwar langsam, aber doch vorwärts; sie hat wenigstens in der kurzen Zeit sich schon fast ganz von dem politischen Wust frei gemacht, den sie eigentlich zu nähren berufen war, und sich einem rein wissenschaftlichen Streben zugewendet. Mit Bern, wo ohnehin nicht viel Sinn als für das fruges consumere[10] vorhanden ist, und wohin man nun alle Tollen aus der ganzen Schweiz eingeladen hat, wird es schon viel schwerer etwas ordentliches werden.

Mit aufrichtiger Verehrung und Ergebenheit
Ihr
gehorsamster Diener
Olfers.

1 Der Brief Ignaz von Olfers' ist eine Anlage von Humboldts Brief an Lichtenstein, 10.11.1834 (Brief Nr. 34).
2 Friedrich Sellow, 1831 in Brasilien ertrunken. Vgl. dazu den Brief Humboldts an Olfers vom 2.11.1832: „Sello's, des Brasilianers kinderreiche Familie ist in drückenden Verhältnissen, aus denen sie gezogen werden kann […]." (Humboldt 1913, Brief Nr. 1, 1).
3 Karl Freiherr vom Stein zum Altenstein.
4 Friedrich August von Staegemann.
5 Johann Peter Friedrich von Ancillon.
6 Louis Agassiz.
7 Cecilie (Cécile) Braun, Schwester Alexander Brauns.
8 Der Schweizer Astronom Johann Kaspar Horner starb am 3. November 1834 in Zürich.
9 Johann Gottfried Ebel, bereits 1830 in Zürich verstorben.
10 Unvollständiges Zitat aus Horaz Ep. I, 2, 27: Fruges consumere nati (dt. Geboren, die Früchte zu verzehren).

Dokument 6
Brief Ignaz von Olfers' an Alexander von Humboldt[1]
[Berlin], Sonnabend, 14.12.1839

H: 2 S. Niedersächsisches Staatsarchiv, Wolfenbüttel. Hs Abt VI. 12 nr. 79. Nr. 51.

Ich weiss nicht anders, als das[s] Dr Klotzsch[2] alles zurück erhalten hat, und denke daher, es liegt ein Missverständniss zum Grunde. Ich vermuthe, dass Dr Klotzsch, den ich lang nicht gesehen habe, mich in diesen Tagen besuchen wird. Dann muss sich alles aufklären. Ohnehin war, so viel ich mich erinnere nicht viel eigentlich botanisches in den Papieren enthalten.

Darf ich wohl bitten mir nur auf wenige Augenblicke Meyers Paläontologie[3] anzuvertrauen? Ich möchte wenn es immer möglich ist, am Donnerstage der Akademie etwas über fossile Delphinreste, deren Zeichnung Sie bei mir gesehen haben, vorlegen, und gern vermeiden, Gesagtes zu wiederholen.

Sonnabend 14/12 [18]39.

Mit herzlicher Ergebenheit
Olfers

1 Der Brief von Olfers ist einem Brief Humboldts an Lichtenstein, 14.12.1839, (Brief Nr. 55) beigelegt.
2 Johann Friedrich Klotzsch.
3 Wohl Meyer 1832. Delphine finden auf den Seiten 99, 154 und 443 Erwähnung.

Dokument 7
Alexander von Humboldt: Rede bei der Aufstellung der Büste des Geheimen Medizinalrates Professor Dr. Lichtenstein in dem Zoologischen Museum, am 26. April 1852 (Manuskript)[1]
[Berlin, 26.4.1852]

H: Berlin, Archiv der Berlin-Brandenburgischen Akademie der Wissenschaften, NL Humboldt, A. v., Nr. 5.

Die stille und einfache Feier, zu der wir uns hier bei Einweihung eines kleinen Denkmals versammeln, würde von ihrem eigenthümlichen Character verlieren, wenn ich versuchte durch den Schmuck der Rede den Ausdruck des Gefühls zu beleben, welches[a] die Freunde und Verehrer eines edeln, vielseitig begabten[b] Mannes heute hier versammelt hat[c]. Den Vorzug, das Wort[d] zu nehmen, verdanke ich nicht meinem Uralter,[e] nicht der Gemeinschaft allein, die mir mit ihm geworden ist in der Akademie der Wissenschaften, auf der Universität[f], in der auch ich einmal zu lehren versucht habe, oder durch gleiche Bestrebungen als Reisender. Ich verdanke den Vorzug der Freundschaft und innigen Achtung[g] die ich dem leider! heute[h] von uns Entfernten seit meiner Rückkehr in das deutsche Vaterland gewidmet habe. Martin Heinrich Karl Lichtenstein, dessen classisch gebildeter Vater[2] auch mir, als Jüngling, aufmunterndes Wohlwollen bezeigte, war im Jahre 1780 zu Hamburg geboren und erhielt (was die Feier des heutigen Tages bezeichnet) im Jahre 1802[i], also in demselben Jahre in dem er seine denkwürdige südafrikanische Reise antrat, die medicinische Doctorwürde. Ein Erdraum, in welchem die mannichfaltigsten und dabei[j] auch die mächtigsten und gefürchtetsten Thiergestalten[k] wundersam und mehr, als in irgend einem anderen zusammengedrängt sind, bot dem jungen, lebensfrischen, sorgsam vorbereiteten Naturforscher[l] ein herrliches und damals noch minder ausgebeutetes Feld der Bearbeitung[m] dar. Neben der Form und den specif[ischen] Kennzeichen,[n] der Lebensweise und den Sitten der grösseren Thiere wurden auch die kleinen Organismen wissenschaftlich[o] beobachtet, ja[p] schäzbare entomologische und botanische

---

[a] (1) der Gefühle zu beleben, welche (2) des Gefühls zu beleben, welches *Humboldt*

[b] (1) eines viel- und hochbegabten (2) eines edeln, vielseitig begabten *Humboldt*

[c] (1) in den Raume geführt haben (2) heute hier versammelt hat *Humboldt*

[d] Vorzug, | der mir geworden ist, hier *gestrichen* | das Wort *Humboldt*

[e] (1) hohen Alter, (2) Uralter *Humboldt*

[f] (1) an der Univ hiesigen Hochschule (2) auf der Universität *Humboldt*

[g] (1) der innigen Freundschaft und unerschütterlichen Achtung (2) der Freundschaft und innigen Achtung *Humboldt*

[h] heute *erg. Humboldt*

[i] (1) 1802 (2) im Jahr 1802 *Humboldt*

[j] (1) damit (2) dabei *Humboldt*

[k] Thiergestalten *erg. Humboldt*

[l] (1) Zoologen (2) Naturforscher *Humboldt*

[m] Feld der | Untersuchung und fleißigen *gestrichen* | Bearbeitung *Humboldt*

[n] den specif[ischen] Kennzeichen, *erg. Humboldt*

[o] sorgfältig (2) wissenschaftlich *Humboldt*

[p] (1) und (2) ja *Humboldt*

Abb. 29: Lichtenstein-Büste, Museum für Naturkunde, Berlin (Aufnahme 2022).

Sammlungen heimgebracht[a]. Für ein erregbares Gemüth hat der unmittelbare Contact mit der freien und dazu noch mit der[b] mächtigen Natur einen Werth, der nicht nach der Zahl der neuentdeckten oder aufbewahrten[c] Gegenstände geschätzt werden muss; es wohnt inne diesem[d] Verkehr eine treibende[e] Kraft, die den ganzen Menschen, ihm fast unbewusst, durchdringt, im[f] Lehren sich auf die Hörenden reflectirt so dass mitgetheilt wird, da wo[g] Empfänglichkeit ist, mehr als Unterricht, eine[h] innere daurende Belebung.

---

[a] (1) mitgeb (2) heimgebracht *Humboldt*

[b] (1) einer (2) der *Humboldt*

[c] oder aufbewahrten *erg. Humboldt*

[d] (1) es habe immer solche (2) es wohnt immer diesem *Humboldt*

[e] (1) belebende (2) treibende *Humboldt*

[f] (1) Kraft, die den ganzen Menschen, ihm unbewusst, durchdringt, und im (2) Kraft, die ihm unbewusst, den Menschen durchdringt, und im (3) Kraft, die den ganzen Menschen, ihm fast unbewusst, durchdringt, im *Humboldt*

[g] (1) dass mitgetheilt wird, überall wo (2) dass mitgetheilt wird, da wo *Humboldt*

[h] (1) die (2) eine *Humboldt*

Zum Ordentlichen Professor der Zoologie auf dieser Hochschule ernannt fünf Jahre nach seiner Landung in Holland [am 5.6.1806], nur ein Jahr nach seiner Ankunft in Berlin, wurde Lichtenstein bei dem Tode des scharfsinnigen und[a] verdienstvollen Illigers[3] 1813[b] Director des zoologischen Museums das aus der Kunstkammer bloss an Corallen reich damals nicht einen solchen Namen verdiente. Der[c] Gründer des Berl[iner] zool[ogischen] Mus[eums] muss Licht[enstein] genannt werden wenn[d] man die ältesten Zustände mit dem Folgenden vergleicht. Die Sammlungen, welche dies Räume schmücken, sind[e] ausgezeichnet nicht bloss durch Seltenheit[f] und Fülle der Gegenstände, die mit eingeschränkten[g] Mitteln haben müssen erworben werden, sie sind es eben[h] so sehr durch eine[i] vortrefliche systematische und geographische Anordnung |2| durch[j] die so seltene,[k] naturgetreue[l] Praeparation der aufgestellten Thierarten[m], einen Vorzug[n] [der dem][o] vieljährigen Fleiss und dem erfinderischen[p] technischen Kunstgeschick des Inspectors Rammelsberg[4] verdankt wird.
Die bewunderswürdig[q] vielfältige Thätigkeit dessen, den wir hier feiern wird[r] bezeugt durch die anspruchslose[s] lehrreiche, auch für die Form-[t] und Sittenverschiedenheit der Völkerstämme wichtige Beschreibung seiner[u] Cap-Reise, durch eine Reihe schöner[v] zoologischer Abhandlungen in den Schriften der Akademie, durch die Sorgfalt die er 40 Jahre diesen dem freiesten Gebrauch geöffneten Sammlungen und seinem Lehramte an der Universität gewidmet hat. Ich würde Tadel verdienen wenn ich eines anderen Instituts das er unter den schwierigsten Verhältnissen ins Leben gerufen und für dessen Entwickelung und Erhaltung er mit so ausdauernder Anstrengung gekämpft, hier nicht erwähnte. In innigem Zusammenhange

---

a und *erg. Humbold*
b (1) 1812 (2) 1813 *Humboldt*
c das aus der Kunstkammer bloss an Corallen reich damals nicht einen solchen Namen verdiente. Der *erg. Humboldt*
d (1) dessen Gründer man ihn nennen kann wenn (2) Gründer des Berl[iner] zool[ogischen] Mus[eums] muss Licht[enstein] genannt werden wenn *Humboldt*
e (1) diese (2) der Schmuck dieser Räume sind (2) diese Räume schmücken, sind *Humboldt*
f durch | die *gestrichen* | Seltenheit *Humboldt*
g (1) so mässigen (2) eingeschränkten Mitteln *Humboldt*
h (1) Mitteln haben erworben werden müssen, sondern eben (2) Mitteln haben müssen erworben werden, sie sind es eben *Humboldt*
i (1) die (2) eine *Humboldt*
j (1) und (2) durch *Humboldt*
k bewundernswürdige *erg. und gestrichen, Humboldt*
l technische *erg. und gestrichen, Humboldt*
m (1) Gegenstände (2) Thierarten *Humboldt*
n einen Vorzug *erg. Humboldt*
o dem der *Humboldt, ändert Hg.*
p (1) sinnigen (2) erfinderischen *Humboldt*
q (1) bewundernswürdige (2) bewundernswürdig *Humboldt*
r wird *erg. Humboldt*
s (1) anziehend (2) anspruchslose *Humboldt*
t (1) Verschi (2) Form- *Humboldt*
u (1) der (2) seiner *Humboldt*
v schöner *erg. Humboldt*

mit den Zwecken des Museums bietet[a] der zoologische Garten, der dieser Hauptstadt fehlte durch seine kleine Thierwelt und seine geschmackvollen und anmuthigen Pflanzungen[b] dem[c] Naturforscher Stoff zur Beobachtung, allen selbst den ärmern[d] Volksklassen erheiternde[e] Belehrung dar.

Das anspruchslose Denkmal das wir heute einweihen ist das gelungene Werk eines sinnigen Künstlers, Albert Wolff[5], dem sein von unserem grossen Meister[6] geehrtes Talent eine glänzende Zukunft verheisst. Möge es bleiben[f] und für späte Zeiten eine dankbare Erinnerung an den sein, der selbst noch so[g] kräftig, aber nicht ungeprüft von harten, tief erschütternden Schlägen des Schiksals, auf ein reiches, rühmlich angewandtes, Vielen-hülfreiches Leben zurükblikt. Durch die persönliche Huld zweier Könige geehrt, hat er immer mässig, zuvorkommend[h] und milde in den weitesten Lebenskreisen eines[i] liebevollsten Vertrauens genossen. Durch die Ehre die unbestritten dem[j] Einzelnen gezollt wird erneuert und belebt sich das Gefühl der ernsten Würde des Studiums[k] der Natur. Es erhöht und veredelt in erregbaren Gemüthern und bei glüklichen Anlagen die[l] geistige Existenz des Menschen; es übt, wo es im stillen Frieden des Inneren gepflegt wird, einen wohlthätigen Einfluss aus[m] auf die[n] Erweiterung u[nd] Verschönerung der[o] freien Gedankenwelt.

bei der Einweihung
der Büste von
Lichtenstein
AlHumboldt

---

[a] (1) hat noch ein anderes Institut ins Leben gerufen das gerade hier wegen seines Zusammenhanges mit den Zwecken dieses zoologischen Museums hier eine besondere Erwähnung fordert gebührt bietet (2) Ich würde Tadel verdienen wenn ich eines anderen Instituts das er unter den schwierigsten Verhältnissen ins Leben gerufen und für dessen Entwickelung und Erhaltung er mit so ausdauernder Anstrengung gekämpft, hier nicht erwähnte. In innigem Zusammenhange mit den Zwecken des Museums bietet *Humboldt*

[b] (1) Gart (2) Pflanzungen *Humboldt*

[c] (1) allen (2) den *Humboldt*

[d] selbst den ärmern *erg. Humboldt*

[e] (1) freudige (2) erheiternde *Humboldt*

[f] es | für eine späte Zukunft *gestrichen* | bleiben *Humboldt*

[g] so *erg. Humboldt*

[h] zuvorkommend *erg. Humboldt*

[i] eines *erg. Humboldt*

[j] unbestritten dem *erg. Humboldt*

[k] (1) das ein tiefes Studium (2) des Studiums *Humboldt*

[l] (1) In empfänglichen Gemüthern erhöht und veredelt dasselbe die (2) Es erhöht und veredelt in erregbaren Gemüthern und bei glüklichen Anlagen die *Humboldt*

[m] (1) wo alles einen Einfluss üben kann (2) es übt, wo es im stillen Frieden des Inneren gepflegt wird, einen wohlthätigen Einfluss aus *Humboldt*

[n] die *erg. Humboldt*

[o] (1) einer (2) der *Humboldt*

[1] Ein Brief Humboldts an Wilhelm Peters, den Kustos am Zoologischen Museum und späteren Nachfolger Lichtensteins, zeigt den Abgrund zwischen ehrender Rede und dem, was Humboldt wohl tatsächlich gedacht hat: „Ich bin verdammt, einige Worte bei der Aufstellung der Büste des guten Lichtenstein am 26. Apr. im zool. Museum zu sagen: ob es die 25 jähr. Feier für den akademischen oder für den Thierdienst ist? Von ihnen werde ich erfahren, was ich sagen und nicht sagen soll; worauf ich anspielen muß von eigener Arbeit, ob das Kabinett von Rudolphi gestiftet ist, wann dieser starb, wann Licht[enstein] von der Reise zurückkam. Haben Sie die Freundlichkeit, theurer Peters, mich morgen um 12 Uhr, wenn Sie können, zu besuchen u. schreiben Sie mir die Jahr'szahlen auf. Antilopen sind ja Lichtensteins beste Arbeit, aber es ist ja wohl besser, unica nicht zu nennen und beim allgemeinen Pathos zu bleiben." (unveröffentlichter Brief, zit. n. Jahn 1981b, 40). Von Peters stammt also das Konzept der Rede. Rudolphi, der 1832 starb, ist in der Rede nicht erwähnt, vielleicht liegt eine Verwechslung mit Illiger vor?

[2] Der Zoologe, Theologe, Orientalist und Bibliothekar Anton August Heinrich Lichtenstein.

[3] Der Zoologe und Entomologe Johann Karl Wilhelm Illiger, seit 1810 in Berlin.

[4] August Rammelsberg, Inspektor im zoologischen Museum in Berlin.

[5] Der Bildhauer Albert Wolff.

[6] Christian Daniel Rauch.

Dokument 8
Rede bei der Aufstellung der Büste des Geh. Medicinalrathes Professor Dr. Lichtenstein in dem Zoologischen Museum am 26. April 1852 gehalten von Alexander von Humboldt (Druck).

D1: Humboldt 1852.[1]
D2: Allgemeine Zeitung Nr. 127 (Donnerstag, 6. Mai 1852), 2025 (Beilage).[2]
D3: Humboldt 2019, Bd. 7, 87–89.

Die stille und einfache Feier, zu der wir uns hier bei Einweihung eines kleinen Denkmals versammeln, würde von ihrem eigenthümlichen Charakter verlieren, wenn ich versuchte durch den Schmuck der Rede den Ausdruck des Gefühls zu beleben, welches die Freunde und Verehrer eines edeln, vielseitig begabten Mannes heute hier vereinigt hat. Den Vorzug, das Wort zu nehmen, verdanke ich nicht meinem Uralter; nicht der Gemeinschaft allein, die mir mit ihm geworden ist in der Akademie der Wissenschaften, auf der Universität, an welcher auch ich einmal zu lehren versucht habe, oder durch gleiche Bestrebungen als Reisenden. Ich verdanke den Vorzug der Freundschaft und innigen Achtung, welche ich dem leider! heute von uns Entfernten seit meiner ersten Rückkehr in das deutsche Vaterland gewidmet habe. *Martin Heinrich Karl Lichtenstein*, dessen classisch gebildeter Vater auch mir, als Jüngling, aufmunterndes Wohlwollen bezeigte, war im Jahr 1780 in Hamburg geboren, und erhielt (was die Feier des heutigen Tages bezeichnet) im Jahr 1802, also in demselben Jahre, in welchem er seine denkwürdige süd-afrikanische Reise antrat, die medicinische Doktorwürde. Ein Erdraum, in welchem die mannigfaltigsten, und dabei auch die mächtigsten und gefürchtetsten Thiergestalten wundersam, und mehr als in irgend einem anderen zusammengedrängt sind, bot dem jungen, lebensfrischen, sorgsam vorbereiteten Naturforscher ein herrliches und |4| damals noch minder ausgebeutetes Feld der Bearbeitung dar. Neben der

Form und den specifischen Kennzeichen, neben der Lebensweise und den Sitten der grösseren Thiere wurden von ihm auch die kleineren Organismen wissenschaftlich beobachtet, ja schätzbare *entomologische* und botanische Sammlungen heimgebracht. Für ein erregbares Gemüth hat der unmittelbare Contakt mit der freien und dazu noch mit einer so mächtigen Natur einen Werth, welcher nicht allein nach der Zahl der neuentdeckten oder aufbewahrten Gegenstände geschätzt werden darf; es wohnt diesem Verkehr inne eine treibende kraft, die den ganzen Menschen (ihm selbst fast unbewusst), durchdringt; im Lehrer sich auf die Hörenden reflectirt: so dass mitgetheilt wird, da wo Empfänglichkeit ist, mehr als Unterricht, eine innere, dauernde Belebung.

Zum ordentlichen Professor der Zoologie an dieser Hochschule befördert, schon fünf Jahre nach seiner Landung in Holland [am 5.6.1806], und nur ein Jahr nach seiner Ankunft in Berlin, wurde *Lichtenstein* später, bei dem Tode des scharfsinnigen und verdienstvollen *Illiger's*[3] 1813 Director des *zoologischen Museums*: einer Anstalt, die damals bloss reich an den einst in der kunstkammer aufbewahrten Corallen, keineswegs einen solchen Namen verdiente. Der Gründer des Berliner zoologischen Museums darf *Lichtenstein* genannt werden, wenn man die ältesten Zustände mit den folgenden vergleicht. Die Sammlungen, welche diese Räume schmücken, sind aber ausgezeichnet nicht bloss durch Seltenheit und Fülle der Gegenstände, die grossentheils mit eingeschränkten Mitteln erworben wurden und unter denen die entomologischen, von einem tiefen Kenner, meinem vieljährigen Freunde, dem Geh. Ober-Medicinal-Rath *Klug*[4] geordnet, einen europäischen Ruf haben: sie sind es eben so sehr durch die systematische und geographische Übersicht, die sie gewähr- |5| ren; durch die trefliche, naturgetreue Präparation der aufgestellten Thierarten: einen Vorzug, welcher dem unermüdlichen Fleisse und dem erfinderischen technischen Kunstgeschick des Inspectors Rammelsberg[5] verdankt wird.

Die bewunderungswürdig vielseitige Thätigkeit dessen, den wir hier feiern, wird bezeugt durch die anspruchslose, lehrreiche, auch für die Form- und Sitten-Verschiedenheit der Völkerstämme wichtige Beschreibung seiner Cap-Reise; durch eine Reihe schöner zoologischer Abhandlungen in den Schriften der Akademie; durch die Sorgfalt, die er vierzig Jahre lang diesen, dem freiesten Gebrauche geöffneten Sammlungen und seinem Lehramte an der Universität gewidmet hat. Ich würde Tadel verdienen, wenn ich eines anderen Instituts, das er unter den schwierigsten Verhältnissen ins Leben gerufen, und für dessen Entwickelung und Erhaltung er mit so ausdauernder Anstrengung gekämpft, hier nicht erwähnte. In innigem Zusammenhange mit den Zwecken des Museums, bietet der *zoologische Garten*, der dieser Hauptstadt bisher fehlte, durch seine kleine Thierwelt, wie durch seine geschmackvollen und anmuthigen Pflanzungen dem Naturforscher Stoff zur Beobachtung, Allen, und (was am meisten erfreuet), selbst den ärmeren Volksclassen, eine erheiternde Belehrung dar.

Das anspruchslose Denkmal, welches wir einweihen, ist das gelungene Werk eines sinnigen Künstlers, *Albert Wolff*[6], dem sein, *von unserem grossen Meister*[7] geehrtes Talent eine glänzende Zukunft verheisst. Möge es bleibend, und für spätere Zeiten eine dankbare Erinnerung an den sein, der, selbst noch so kräftig, aber nicht ungeprüft von harten, tief erschütternden Schlägen des Schicksals, auf ein reiches, rühmlich angewandtes, Vielen hülfreiches Leben zurückblickt! Durch die persönliche Huld zweier Könige geehrt, |6| hat er, immer mäßig, zuvorkommend und milde, in den weitesten Lebenskreisen eines liebevollen Vertrauens genossen. Durch die Ehre, welche unbestritten dem Einzelnen gezollt wird, erneuert und belebt sich das Gefühl von der ernsten Würde des *Studiums der Natur*. Es erhöht und veredelt in erregbaren Gemüthern und bei glücklichen Anlagen die geistige Existenz des Menschen;

es offenbart, wo es im stillen Frieden des Inneren gepflegt wird, seinen wohlthätigen Einfluss auf Erweiterung und Verschönerung der freien Gedankenwelt.

Bericht über die Aufstellung der Büste des Geh. Medizinalrathes *Lichtenstein.*

Der von Lichtensteins Verehrern und Freunden häufig ausgesprochene Wunsch, ein bleibendes Denkmal von ihm zu besitzen und den Nachkommen zu hinterlassen, hatten Se. Durchlaucht den Fürsten Boguslaw von Radziwill[8], Se. Excellenz den Herrn Geheimenrath Alexander von Humboldt, den Kammerherrn Leopold von Buch[9], Grafen von Itzenplitz[10], Generalmajor Encke[11], Banquier W. Brose[12] und die Professoren der Universität und Mitglieder der Akademie der Wissenschaften C. Ritter[13], J. Müller[14], A. Böckh[15], E. Mitscherlich[16] und J. F. Encke[17] bewogen, zusammenzutreten und an Hiesige und Auswärtige eine Aufforderung zu vertheilen, durch gemeinschaftliche Beiträge eine Marmorbüste von Lichtenstein bei Gelegenheit seines Doctorjubiläums am 26. April 1852 anfertigen zu lassen und sie im zoologischen Museum aufzustellen, welches Lichtenstein's Schöpfung ist und durch seinen wissenschaftlichen Werth, Schönheit und Reichthum zu den ersten Sammlungen Europa's gehört.

Diese Aufforderung hat den günstigsten Erfolg gehabt. Ihre Königlichen Hoheiten der Prinz von Preussen[18], Prinz Carl, Prinz Albrecht, Prinz Adalbert[19], Prinz Friedrich, Prinz Georg, Prinz Friedrich Carl und der Erbgrossherzog von Weimar[20] haben die Gnade gehabt, sich dabei zu betheiligen. Wenngleich das ganze Unternehmen nur im Stillen vorbereitet wurde und sonach eine grosse Anzahl von Freunden von Lichtenstein davon nicht in Kenntniss gesetzt worden ist, so beträgt doch für Berlin bis zum 26. April die Anzahl der Theilnehmer 220, worunter Ihre Excellenzen die Herren Minister von Raumer[21] und von Bodelschwingh[22] und viele der höchsten Beamten. Von auswärts haben die Universitäten Jena, Breslau, Bonn, Marburg, Giessen, Göttingen, Heidelberg, Rostock, Greiswalde, die Städte Mainz und Braunschweig, sowie vorzüglich Lichtenstein's Vaterstadt Hamburg, zusammen 158 Unterschriften ergeben, wobei noch von 7 Orten die Subscriptionsbogen nicht eingegangen sind.

Die Büste ist von dem ausgezeichneten Künstler Herrn Wolff modellirt, unter Mitwirkung unseres grossen Rauch, und wenngleich die Ausführung in Marmor am Tage des Jubiläums noch nicht ganz beendigt war, so konnte doch ein sehr gelungener Gyps-Abguss im zoologischen Museum aufgestellt werden, um bis zur Vollendung der Marmorbüste ihre Stelle zu vertreten. |8|

Am 26. April um 12 Uhr versammelte sich, ohne dass besondere Einladungen ergangen wahren, da die Abwesenheit von Lichtenstein eine eigentliche Feier hinderte, eine Anzahl von Theilnehmern und Freunden, um bei der Aufstellung gegenwärtig zu sein, wobei die Universität durch Se. Magnificenz den Herrn Rektor und die Dekane und die Akademie der Wissenschaften durch ihre Secretare vertreten war, sowie auch der Herr Oberbürgermeister Krausnick[23] und viele höhere Beamte durch ihre Anwesenheit den Antheil der andern Kreise der Gesellschaft bezeugten. Auf den allgemein ausgesprochenen Wunsch hatte Se. Exc. der Herr Geheimerath Alexander von Humboldt es gütigst übernommen, durch die vorstehende Rede der einfachen Feierlichkeit ihre eigentliche Bestimmung zu geben.

Hierauf wurde der Versammlung das von der medicinischen Facultät der Universität Göttingen (an der Stelle der aufgehobenen Universität Helmstädt[24]) erneuerte Doctordiplom, ein Glückwunschschreiben Sr. Excellenz des Herrn Ministers von Raumer, ein gedrucktes

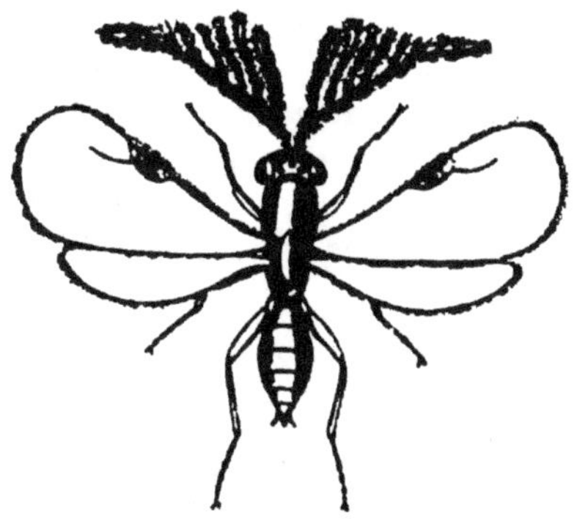

Dendrocerus Lichtensteinii

Abb. 30: Die parasitoide Wespe *Dendrocerus Lichtensteinii* (aus: Ratzeburg 1844–1852, Bd. 3, Titelblatt).

Gratulationsdiplom der medicinischen Fakultät von Jena mit zwei Begleitungsschreiben und eine von Herrn Prof. Dr. Ratzeburg[25] auf Veranlassung des heutigen Tages herausgegebene Abhandlung: *die Ichneumonen der Forstinsekten*[26] vorgelegt, in welcher eine neue Gattung *Dendrocerus* mit der einzigen Species *Lichtensteinii*[27] eingeführt wird.

Zum Schlusse wurde ein Rechenschaftsbericht über den sehr günstigen Erfolg des Unternehmens gegeben, in welchem besonders auch die Theilnahme des gesammten Deutschlands dankend anerkannt wurde. Es darf wohl ausgesprochen werden, dass diese stille Feier bei allen Anwesenden einen befriedigenden Eindruck hervorgebracht hat.

Berlin den 26. April 1852.

Da es mir nicht möglich sein wird, den verehrten Gönnern und Freunden, welche mir bei der 50sten Wiederkehr meines Promotions-Tages Beweise einer wohlwollenden Theilnahme gegeben haben, alsbald mündlich oder schriftlich den, jedem Einzelnen dafür gebührenden Dank abzustatten, so bleibt mir vorläufig nur dieser öffentliche Weg, Ihre Freundlichkeit mit der Erklärung zu erwiedern, dass mich bei der Rückkehr von meiner Ferien-Reise,[28] die Nachrichten von dem, was zu meiner Ehre zugleich, wie zu meiner Beschämung, veranstaltet worden, auf das Tiefste bewegt haben. Die jugendliche That, wenn sie über Verdienst gepriesen ward, kann ausgleichen und vergelten in späteren Erweisen, dem Greise bleibt nichts als ein dankbar gerührtes Hinnehmen in stiller Wehmuth, beim Rückblick auf das, was er vollbracht, verglichen mit dem, was er einst gewollt. Das Zuviel mag ihm dann ein Maastab sein nicht seines Verdienstes, sondern der Gunst, die ihn von frühauf getragen, gehoben und geleitet hat seine ganze Bahn hindurch. In diesem Sinne werden sowohl die ehrenden Worte aus dem Munde des Mannes, den Deutschland mit Stolz von aller Welt an die Spitze der Wissenschaft gestellt sieht, wie die hochverehrten und geliebten Namen, die sich dem gemeinsamen schriftlichen Glückwunsch anreihten, mir diesen Rückblick nicht nr erleichtern, sondern ihn

zu einem wahrhaft erquicklichen und erhebenden machen. Denn ich werde die Reihe dieser Namen nicht lesen und wieder lesen, ohne bei jedem derselben an eine mir gewordene Gunst, an empfangene Belehrung und Anregung, an gemeinsames Wirken, an die Freuden vertrauter Freundschaft, wäre es auch nur an froh-gesellig verlebte glückliche Stunden erinnert zu werden. Diese Erinnerungen sollen mir die Tage der sinkenden Kraft erheitern, und gesellt zu den Bildern der heimgegangenen Lieben, den Übergang leicht machen.
Berlin, den 11. Mai.

Lichtenstein.

1 Der Wiedergabe liegt das Exemplar der Herzogin-Anna-Amalia-Bibliothek, Weimar, zugrunde. Dieser Separatdruck enthält anschließend einen Bericht über die Feier und ein kurzes Dankesschreiben Lichtensteins, datiert mit 11.5.1852. Die Anmerkungen stammen vom Herausgeber.

2 In der Beilage zur *Allgemeinen Zeitung* wurde Humboldts Rede unter dem Titel „A. v. Humboldt bei Lichtensteins Jubelfeier" eingeleitet mit den Worten: „Das Amtsjubelfest des ordentlichen Professors der Berliner Universität und Mitglieds der königl. Akademie der Wissenschaften, geheimen Medicinalraths Dr. *Lichtenstein*, wurde am 26. April in Abwesenheit des Jubilars, welcher damit einer öffentlichen Feier ausweichen wollte, durch Aufstellung seiner Büste in der zoologischen Sammlung begangen." Anschließend folgte Humboldts Rede (zur Feier vgl. auch *Allgemeine Zeitung* Nr. 120, 29.4.1852, 1908 und Humboldt 2019, Bd. 7, 87–89).

3 Johann Karl Wilhelm Illiger starb am 10. Mai 1813 in Berlin.

4 Johann Christoph Friedrich Klug.

5 August Karl Rammelsberg, seit 1811 Präparator am zoologischen Museum.

6 Albert Wolff.

7 Christian Daniel Rauch.

8 Boguslaw Fürst von Radziwiłł.

9 Der Geologe Leopold von Buch.

10 Heinrich Friedrich August Graf von Itzenplitz?

11 August Encke, seit 1852 preußischer Generalmajor.

12 Aus der Berliner Banquierfamilie Brose.

13 Der Geograph Carl Ritter.

14 Der Physiologe Johannes Müller.

15 Der Philologe August Boeckh.

16 Der Chemiker und Mineraloge Eilhard Mitscherlich.

17 Der Astronom Johann Franz Encke.

18 Friedrich Prinz von Preußen?

19 Prinz Adalbert von Preußen.

20 Großherzog Carl Friedrich von Sachsen-Weimar-Eisenach.

21 Der preußischer Kultusminister Karl Otto von Raumer.

22 Ernst Albert Karl Wilhelm Ludwig von Bodelschwingh?

23 Heinrich Wilhelm Krausnick, 1834–1848 und 1850–1862 Oberbürgermeister von Berlin.

24 Die Universität Helmstedt war 1810 unter Jérôme Bonaparte, König von Westphalen, aufgehoben worden.

25 Der Forstentomologe Julius Theodor Christian Ratzeburg.

26 Ratzeburg 1844–1852, Bd. 3. Das Titelblatt dieses Bandes trägt eine Abbildung von *Dendrocerus Lichtensteinii* (s. Abb. 27) und die Widmung: „Dem Herrn Martin Hinrich Carl Lichtenstein, Dr. der Medizin und der Philosophie, […] zu seinem funfzigjaehrigen Doctor-Jubilaeum am 26. April 1852 in herzlicher Ergebenheit gewidmet von dem Verfasser." (Ratzeburg 1844–1852, Bd. 3, [III]). Die Vorrede, in der Lichtenstein mit „Hochgeerehrtester Herr Geheimerath!" angesprochen wird,

entwickelt ausgehend von der Biologie parasitoider Schlupfwespen („Ichneumonen") und auf Anregung Humboldts Überlegungen zur Berechnung von (weltweiten) Artenzahlen von Pflanzen und Insekten. Ratzeburg, der sich dabei als „einer Ihrer [sc. Lichtensteins] ältesten Schüler" (V) bezeichnete, widmete diesem auch sein Buch *Die Waldverderber und ihre Feinde* (Berlin 1842).

27 Heute *Dendrocerus halidayi*, Fam. Megaspilidae, bereits 1829 von John Curtis beschrieben, abgebildet und nach dem irischen Entomologen Alexander Henry Haliday benannt.

28 Aus Italien, gemeinsam mit seiner Frau Victoire.

Dokument 9
Martin Hinrich Lichtenstein: [Geldsammlung für Balduin Möllhausens zweite Amerikareise]
Berlin, 2.4.1853

H: Humboldt-Universität zu Berlin, Museum für Naturkunde, Historische Bild- und Schriftgutsammlung. Bestand Zool. Mus., Signatur: SI, Möllhausen B. H. Bl. 8.
TD: Graf 1991, 334–335
D: Humboldt 2004, 548–549

Herr *Möllhausen*, den die Herren, welchen dieses Blatt vorgelegt wird, seit seiner Rückkehr aus Amerika näher kennen gelernt haben, hat die Absicht, noch einmal dahin zu reisen, theils um seine dortigen Angelegenheiten zu ordnen, theils um die gemachten Erfahrungen und erworbenen Kenntnisse auf abermaligen Reisen in die entfernteren westlichen Gegenden Nord-Amerika's für das Sammeln von Naturalien nützlich zu machen. Er hat sich zu diesem Zweck in den hiesigen königlichen Sammlungen vorbereitet und mit den zum Gelingen des Unternehmens erforderlichen Fertigkeiten und Verfahrungs-Arten bekannt gemacht.

Da er sich aber, wie den Herren bekannt ist, ganz von den Mitteln zur Ausführung dieses Unternehmens entblößt findet, so tritt der Zeitpunkt ein, für welchen wir uns schon früher zu einer gemeinsamen Hülfe verabredet hatten. Was uns damals für den Gedanken einnahm, war die Bescheidenheit seiner Ansprüche bei der entschiedenen Tüchtigkeit zu einem solchen Unternehmen.

Um den Umfang jener Ansprüche noch näher ermessen zu können, habe ich ihn veranlaßt, die Kosten der Reise noch näher anzugeben und darüber den anliegenden Bericht von ihm zu empfangen, aus welchem überall ein Beschränken auf das Nothwendigste hervorgeht.[1]

Da Hoffnung vorhanden ist, dass Seine Majestät[2], welche von den Schicksalen und dem Charakter des Mannes Kenntniß zu nehmen geruht hat, ihn mit einem Reise-Geschenk beglücken werden, so bliebe für die Personen, deren Gunst er sich erworben hat, das Zusammenbringen des an der Summe von 262 rt [Reichstalern] noch fehlenden, eine gewiß nicht zu schwierige Aufgabe. Es ist aber zu wünschen, dass die schließlich sich ergebende einigermaßen seine Wünsche übersteigt, da für unvorhergesehene Fälle ihm doch auch etwas übrig bleiben muß.

Berlin, den 2ten April 1853.

H. Lichtenstein

[Unterschriften:]
Alexander v Humboldt 30 Thaler gezahlt 5/4
Lichtenstein 10 rt dot[iert]
Müller[4] 10 R d[o]t[iert]
Olfers[6] 10 rt dot[iert]
G. Parthey[8] 10 rt gezahlt 7 Apr[il] 53
A. Mendelssohn[9] 10 rt bezahlt

Ewald[3] 10 Rth. gez[ahlt] 9/4
[?][a] 5 rt
G. Reimer[5] 5 rt bez[ahlt]
C. Ritter[7] 10 rt gezahlt

Schroener[10] habe ich mir erlaubt, meine Theilnahme durch Ausstattung des Herrn Möllhausen mit Instrumenten, Büchern & Reiseutensilien zu bethätigen.

1 Am 31.3.1853 legte Möllhausen Lichtenstein eine Aufstellung für „die Kosten der Reise von hier in die Felsengebirge von Nord-Amerika nebst der dazugehörigen Ausrüstung" vor, die von einer Gesamtsumme von 262 Talern ausging. Darin nicht eingerechnet war die Anschaffung eines „Buffalopferds nebst Sattel", die Möllhausen mit 75 Talern veranschlagte (vgl. Graf 1991, 332–333). Am 2.4.1853 schrieb Lichtenstein auch an Minister von Raumer und am 11.4. an König Friedrich Wilhelm IV., um für Möllhausen Unterstützung zu bekommen (Graf 1991, 333–336).
2 Friedrich Wilhelm IV.
3 Der Geologe Julius Ewald.
4 Wohl Johannes P. Müller, Direktor der Anatomischen Sammlung.
5 Wohl der Verleger Georg Ernst Reimer.
6 Ignaz von Olfers, seit 1839 Generaldirektor der Königlichen Museen.
7 Carl Ritter.
8 Der Kunsthistoriker Gustav Parthey.
9 Alexander Mendelssohn.
10 Der Geheime Regierungsrat Johann Ferdinand August Schröner.

Dokument 10
Anonyme Einleitung zu den gedruckten Briefen Humboldts an Lichtenstein 1863

D: Anonym 1863, 82–84.

Ungedruckte Correspondenz Alexander von Humboldt's.

Es kann gewagt erscheinen, in einer Zeit, in welcher der durch die Herausgabe der Varnhagen'schen Tagebücher[1] angeregte Streit noch in frischer Erinnerung ist, mit einer noch ungedruckten Sammlung Humboldt'scher Briefe hervorzutreten: denn die Vermuthung liegt nahe, es werde in solchen Mittheilungen nicht an Aeußerungen über bekannte und geachtete Personen fehlen, wie sie in dem erwähnten Briefwechsel Humboldt's mit Varnhagen von Ense[2] auch manchen Verehrer des berühmten Gelehrten verletzt haben, als habe er hinter dem Schein der Humanität und Freundlichkeit ein gereiztes und vergrilltes Gemüth verborgen,

a Stocky *TD*

welches das Bittere, was öffentlich sich nicht sagen ließ, in vertraulichen Mittheilungen ausschüttete. |83|

Aber grade dies Vorurtheil, welches von einer der wissenschaftlichen Richtung Humboldt's feindlichen Seite mit einer gewissen Schadenfreude gehegt und ausgebreitet ist, bietet eine hinreichend gerechtfertigte Veranlassung dar, durch die Herausgabe einer Reihe ungedruckter Briefe Humboldt's, welche er während einer langjährigen Freundschaft dem Professor und geh. Medicinalrath Dr. M. H. K. Lichtenstein zu Berlin geschrieben hat, zu zeigen, mit welch unbefangenem heitern Sinn und rückhaltloser Offenheit Humboldt sich seinen Freunden mittheilte, gegen welche er ein völliges Vertrauen in Betreff ihres Wissens und ihres Charakters hatte.

Der Inhalt der aus dem Nachlaß des Professors Lichtenstein in den Besitz des Eigenthümers gekommenen Sammlung von etwa hundert[3] Briefen Humboldt's, welche zwischen den Jahren 1825 und 1854 geschrieben sind, ist freilich meistens ein so sehr auf persönliche Angelegenheiten beschränkter, daß er nur um Humboldt's willen für einen größeren Leserkreis Interesse haben kann; doch fehlt es auch nicht an Briefen, die allgemein verständlich sind und zur Mittheilung für einen größern Leserkreis geeignet erscheinen. Von der Wärme und Innigkeit des Verhältnisses zwischen Humboldt und Lichtenstein gibt namentlich auch die Rede Zeugniß, welche Humboldt selbst am 26. April 1852 bei der Aufstellung von Lichtenstein's Büste im zoologischen Museum in Berlin hielt und in welcher er seines Freundes Verdienste um die Naturwissenschaft in das hellste Licht stellte.[4] Ein Verhältniß, wie das zwischen diesen beiden gleichstrebenden Männern, macht es bei dem fortdauernden persönlichen Verkehr an demselben Orte erklärlich, daß die Correspondenz oft nur aus kurzen, fragmentarischen Andeutungen besteht; außerdem hatte Humboldt die Gewohnheit, bei solchen Briefen nur den Wochentag anzugeben, und es findet sich öfter die Bemerkung der Kältegrade, welche an dem betreffenden Tage herrschten, als daß ein bestimmtes Datum angegeben wäre. Ein großer Theil der frühen Briefe bezieht sich auf die Herausgabe der Werke Wilhelm von Humboldt's; andere enthalten kurze Notizen über die Angelegenheiten der Universität und Akademie der Wissenschaften; in andern verlangt Humboldt auf die bescheidenste Weise Auskunft und Belehrung über wissenschaftliche, meist zoologische Gegenstände, entweder im eigenen Interesse oder zur gewissenhaftesten Beantwortung der Fragen, welche von Seiten des Königs oder im Hofkreise angeregt waren. Viele der vorhandenen Briefe sind ferner geschrieben im Interesse von jungen Gelehrten und Reisenden, welche dem König empfohlen waren und deren Angelegenheiten Humboldt mit uneigennützigem Eifer besorgte und ihre Unternehmungen auch selbst durch freigebige Beiträge unterstützte. Wenn es auch hin und wieder nicht an Bemerkungen fehlt, worin Humboldt ein scharfes Urtheil über einzelne in Rede stehende Personen ausspricht, so ist doch das Urtheil nie ungerecht oder unbegründet und trifft meistens die aufdringliche Art eitler und einseitig gebildeter Gelehrter, welche mit ihrer neuen Weisheit glänzen und die Verdienste anderer herabsetzen wollten. Den tüchtigen und gründlich durchgebildeten Gelehrten wendet Humboldt dagegen immer seine herzliche Theilnahme zu und sucht zum Besten der Universität und Akademie der Wissenschaften ohne alle Rücksicht auf politische Ansichten neue Kräfte heranzuziehen und ihnen einen passenden Wirkungskreis zu verschaffen.

Man muß bei der Unzahl von Anfragen und Anforderungen, welche aus den ihn umgebenden Kreisen an Humboldt gerichtet waren, bewundern, daß er nicht öfter ungeduldig und verdrießlich geworden ist, sondern auch in den unbedeutendsten Kleinigkeiten sich freundlich und gefällig erzeigte; denn er sollte immer bereit sein, mit seinem ausgebreiteten Wissen nicht nur alle naturwissenschaftlichen, geographischen und physikalischen Fragen zu beantworten, die etwa vorkamen, sondern auch Billets zu den Sitzungen der Akademie besorgen, unter den in Berlin anwesenden Gelehrten und Koryphäen der Wissenschaft diejenigen auswählen, die sich dazu eigneten, vom König zur Tafel gezogen zu werden; er sollte Hauslehrer anschaffen und zwar von solcher Vollkommenheit, wie sie in der Welt nicht zu finden waren; verdorbene Schmetterlingssammlungen wieder herstellen und dergleichen mehr.

Mit welcher unermüdlichen Gefälligkeit Humboldt sich allen diesen kleinen Diensten, die mit seiner Stellung zusammenhingen, unterzog, zeigen die Briefe, die er in Fällen |84| der eigenen Unzulänglichkeit an den Professor Lichtenstein schreibt und in denen er um Entschuldigung für die dem Freunde auferlegte Mühe bittet, auch dieselbe zu vergüten sucht durch wissenschaftliche Mittheilungen oder interessante Briefe anderer Gelehrten, welche er im Original oder Abschrift zugleich mit dem seinigen sendet.

Es finden sich grade unter diesen an Humboldt geschriebenen Briefen einige, die von allgemeinstem Interesse sind und deren Herausgabe auch sonst unbedenklich erscheint. Der Eigenthümer der Briefsammlung hat daher auch keinen Grund gefunden, dem Herausgeber der Westermann'schen Monatshefte die Mittheilung einer Auswahl aus den Briefen Alexander von Humboldt's zu verweigern, glaubt vielmehr dadurch nicht nur den Verehrern des großen Mannes einen Dienst zu erweisen, sondern auch ungerechten und irrigen Ansichten über Humboldt wirksam entgegen zu treten.

Wegen des aphoristischen Charakters der Briefe ist es zweckmäßig befunden, einzelne Gruppen aus der Correspondenz herauszugreifen, da es kaum möglich erscheint, eine streng chronologische Ordnung festzuhalten. Die erste Abtheilung soll nur einiges auf die Physiologie des Löwen Bezügliches bringen, was Humboldt seinem Freunde Lichtenstein in der liebenswürdigsten Weise zu seiner Unterhaltung übermittelte. Später wird eine Auswahl von Briefen Humboldt's aus früherer Zeit folgen.[5]

1 Varnhagen 1861–1870.

2 Humboldt 1860. Das Buch *Briefe von Alexander von Humboldt an Varnhagen von Ense aus den Jahren 1827 bis 1858* hatte einen solchen Skandal ausgelöst, dass die Herausgeberin, die Schriftstellerin Ludmilla Assing, sich gezwungen sah – steckbrieflich verfolgt und in Abwesenheit zu acht Monaten Gefängnis verurteilt –, nach Italien ins Exil zu gehen.

3 Tatsächlich wurden von diesen Briefen nur 34 veröffentlicht (vgl. Anonym 1863 und 1864).

4 Humboldt 1852. Vgl. Dokumente, Dok. 7 und 8.

5 Der Einleitung folgen 34 Briefe Humboldts (Anonym 1863 und 1864).

Dokument 11
Nachricht August Karl Rammelsbergs über Lichtensteins Tod auf See 1857[1]
Berlin, 7.9.1857

H: 2 S. Museum für Naturkunde Berlin, Historische Arbeitsstelle, Akte Lichtenstein.

Berlin, d. 7 September 1857 J. Nr. 272

An den Bürgermeister Herrn Dr. Frister[2] Hochwohlgeboren zu Lübeck

Ew. w[ohlgeboren] habe ich die traurige Anzeige zu machen daß der Herr Geh. Med. Rath Dr Lichtenstein am 3. d. Mts. [dieses Monats] auf der Rückreise von Stockholm nach Lübeck[a] ganz in der Nähe von Kiel auf dem Dampfboot durch Schlagfluß verstorben ist.

Der Selige ist bereits am Sonnabend d. 5. Sept. in Kiel feierlichst beerdigt. Seine hinterbliebene Gattin[b] [3] aber, welche mit ihm gereist ist, [ist] gestern[c] Nachmittag hier [in Berlin] eingetroffen, um nach Regulirung ihrer Angelegenheiten wieder nach dem Harz zu ihrer Tochter[4] abzugehen[d].

Es sind nun während der Abwesenheit des verstorbenen Hrn Geh Rath Lichtenstein nach von ihm[e] hinterlassenen Ordr[es] zeitweise Berichte an denselben über den Gang der Geschäfte bei den unter[f] seiner Leitung gestandenen, Instituten abgesandt worden und zwar an |1v| Ew. Hochwohlgeboren geehrter Adresse; es werden[g] sich deren zwei in Ihren Händen befinden, der erste unterm[h] 27., der[i] andere unterm 31. v. Mts. [vorigen Monats] abgeschickt.[j] Da nur der letzte[k] Brief Einlagen in Familien Sachen enthält, welche[l] von seinen hinterbliebenen Wittwe[m] begehrt werden, so habe ich[n] Ew. Hochwohlgeboren mit[o] der Bitte belästigen wollen, die bei Ihnen für den Verstorbenen eingegangenen Sachen baldgefälligst unfrankirt an die Adresse des König. Zool. Mus. einsenden[p] zu wollen.

Indem ich Ew. Hochwohlgeboren im Voraus für Ihre gehabte Mühe verbindlichst danke, zeichne ich mit der größten Hochachtung und ganz ergebenst

(in [*1 unleserliches Wort*] gez[eichnet]) Rammelsberg

---

[a] (1) Kiel (2) Lübeck *Rammelsberg*
[b] (1) Frau Gemahlin (2) hinterbliebene Gattin *Rammelsberg*
[c] (1) und sich au bereits (2) gestern *Rammelsberg*
[d] (1) mit (2) abzugehen *Rammelsberg*
[e] (1) Ord (2) von ihm *Rammelsberg*
[f] (1) von (2) unter *Rammelsberg*
[g] (1) und zwar (2) es werden *Rammelsberg*
[h] (1) vom (2) unterm *Rammelsberg*
[i] (1) v. Mt. [Monate] (2) , der *Rammelsberg*
[j] (1) abgefasst expedirt (2) abgeschickt. *Rammelsberg*
[k] (1) letztere (2) letzte *Rammelsberg*
[l] (1) so (2) welche *Rammelsberg*
[m] (1) Frau (2) Wittwe *Rammelsberg*
[n] ich *erg. Rammelsberg*
[o] (1) ich (2) mit *Rammelsberg*
[p] (1) unfrankirt (2) einsenden *Rammelsberg*

1 Das Schriftstück ist ein Briefentwurf des Präparators am zoologischen Museum, August Karl Rammelsbergs. Humboldt schreibt am 5. Juli 1857 – dem Tag von Lichtensteins Begräbnis – aus Potsdam an Eduard Buschmann: „Lichtensteins Tod hat mich überrascht und betrübt." (Biblioteka Jagiellońska Kraków; Nachl. Alexander von Humboldt; Signatur: Nachlass Alexander von Humboldt Bd. 14/2 Bl. 563–564 ; vgl. auch Abb. 18).

2 Bernhard Heinrich Frister, seit 1833 Bürgermeister von Lübeck.

3 Henriette Victoire Lichtenstein.

4 Johanna Marie Henriette Lichtenstein, verh. Hoffmeister, lebte mit ihrem Mann, dem Pastor August Hoffmeister, seit 1855 in Wienrode bei Blankenburg.

Verzeichnisse

Abkürzungen, Symbole und Einheiten

Abkürzungen

Ab.	Abend
Abb.	Abbildung
Abt.	Abteilung
ADB	Allgemeine Deutsche Biographie
AHt	Alexander von Humboldt (in Briefunterschriften)
Al.	Alexander (in Briefunterschriften)
Anm.	Anmerkung
Bd.	Band
Bde.	Bände
betr.	betreff
bot.	botanisch
britt.	britisch
bzw.	beziehungsweise
C	Celsius
Cap. cap.	caput, Kapitel; Kapitän
Cte	comte, Graf
D	Druck
D.	Doktor
d.	des, der, den
d. Ä.	der Ältere
d.h.	das heißt
DHL	Dr. Hinrich Lichtenstein
d.i.	das ist
Diss.	dissertatio, Dissertation
d.M.	des Monats
Dok.	Dokument
Dr.	Doktor
engl.	englisch
erg.	ergänzt
et. al.	Et alii, und andere
etc.	et cetera
Ew.	Euer
Ex.	Exemplar(e)
F.	Fürst
fol.	folio
frz.	französisch
G.	Groschen
Geh.	Geheimer
Gen.	General
Gr.	Graf
G.R.	Geheimer Rat
h	heure, Stunde
h.c.	honoris causa, ehrenhalber
Hg. Hgg.	Herausgeber
Hr.	Herr
Hrn.	Herrn
Hs	Handschrift
i.Pr.	in Preußen
it.	Italienisch
J.	Journal
Käm.	Kämmerer
lat.	lateinisch; latitude, Breitengrad
Lib.	Liber, Buch
m	Meter
Mad.	Madame
med.	medizinisch, medicinae
Mr.	Monsieur
Mss. MSS.	Manuskript
MWV	Mendelssohn Werke Verzeichnis
n.	numéro, Nummer
Nachl.	Nachlaß
No.	Nummer
N.O.	Nordost
Nr. nr.	Nummer
NW	Nordwest
od.	oder
o.p.	ohne Paginierung
p. pag.	page, Seite
pers.	persönlich(e)
Pf.	Pfund
pp.	pages, Seiten
Pr.	Prinz; Praesentatum
praes.	Praesentatum, gegenwärtig, vorgelegt
Prof.	Professor
R.	Rat, Rath
R.	Reichstaler
Reg.	Regiment

rt, Rth.	Reichstaler
S.	Seite(n)
s.	siehe
s.a.	siehe auch
Sept.	September
S.O.	Südost
Spec.	Species (Art, Arten)
Sr.	Seiner
St.	Sterling; Sankt, Saint
Str.	Straße
str.	streicht
T.	Teil
tab.	tabula, Tafel, Tabelle
TD	Teildruck
TH	Teilhandschrift
U	Uhr
u u.	und
usw.	und so weiter
v.	von
vgl.	vergleiche
Vm.	Vormittag
Vo., vol.	volume, Band
WA	Weimarer Ausgabe (Goethes Werke. Herausgegeben im Auftrage der Großherzogin Sophie von Sachsen-Weimar)
z.B.	zum Beispiel

Symbole

[]	Eingriff des Herausgebers
[...]	Auslassung
|	Markierung der Seiten- bzw. Blattzählung
°	Grad
}	mehrere Wörter zusammenfassende Klammer

Einheiten

Fuß	pariser Fuß (pied), 32,48 cm; preußischer Fuß, 31,38 cm
Seemeile	nautische Meile, 1852,0 m

Quellen- und Literaturverzeichnis

A New Quadruped 1844
Anonym: A New Quadruped [Extract of a Letter from Mr. Audubon]. In: The Zoologist, a Popular Miscellany of Natural History 2 (1844), 429.

Alexander 1838
Alexander, James Edward: Report of an Expedition of Discovery, through the countries of the Great Namáquas, Boschmans, and the Hill Dámaras, in South Africa. In: The Journal of the Royal Geographical Society of London 8 (1838), 1–28.

Andress 2012
Andress, Reinhard: Ein kurzer Brief Alexander von Humboldts an den Hofmarschall. In: HiN – Humboldt im Netz. Internationale Zeitschrift für Humboldt-Studien XIII, 25 (2012), 5–10.

Anonym 1811/12
Anonym: Bücher-Recensionen. I. Reisen im südlichen Afrika in den Jahren 1803, 1804, 1805 und 1806, von Hinrich Lichtenstein. In: Allgemeine Geographische Ephemeriden. Hrsg. von F. J. Bertuch, 35 (1811), 313–329 und 38 (1812), 200–210.

Anonym 1843
Anonym: Miszellen. Entdeckung eines neuen vierfüßigen Thieres. In: Nürnberger Kurier Nr. 365, Jg. 169, 31.12.1843, [ohne Seitenangabe].

Anonym 1852
Anonym: Aipyornis maximus. In: Das Ausland. Ein Tagblatt für Kunde des geistigen und sittlichen Lebens der Völker Nr. 37, 12.2.1852, 148.

Anonym 1853
Anonym: Gigantic Eggs. In: The Working Man's Friend and Family Instructor Bd. 3, Nr. 74, 26.2.1853, 352.

Anonym 1858
Anonym: [Nachruf auf Lichtenstein]. In: Naumannia, Zeitschrift für die Ornithologie, vorzugsweise Europas 8 (1858), 87–90.

Anonym 1863
Anonym: Ungedruckte Correspondenz Alexander von Humboldt's. In: Westermann's Jahrbuch der Illustrirten Deutschen Monatshefte 14 (1863), 82–92, 544–548.

Anonym 1864
Anonym: Ungedruckte Correspondenz Alexander von Humboldt's (Schluß). In: Westermann's Jahrbuch der Illustrirten Deutschen Monatshefte 15 (1864), 192–199.

Appert 1845
Appert, Benjamin: Voyage en Prusse, dédié au roi Frédéric Guillaume IV. Berlin 1845.

Appert 1846
Appert, Benjamin: Dix ans à la cour du Louis Philippe roi et souvenirs du tems de l'empire et de la restauration, 3 Bde. Berlin, Paris 1846.

Babbage 1997
Babbage, Charles: Passagen aus einem Philosophenleben. Berlin 1997.

Baker 2007
Baker, Marian: Ludwig Krebs, a Naturalist's Observations of the Sixth Fronteir War (1834–5). In: Military History Journal 14 (2007) (online: http://samilitaryhistory.org/vol142mb.html).

Baldamus 1858
Baldamus, August Carl Eduard: [Nekrolog auf Hinrich Lichtenstein]. In: Naumannia 8 (1858), 87–90.

Barclay 1995
Barclay, David E.: Anarchie und guter Wille. Friedrich Wilhelm IV. und die preußische Monarchie. Berlin 1995.

Bartlitz 2001
Bartlitz, Eveline: „… Herrn Maria v. Weber habe auch meine Aufwartung gemacht …" – Wie der Tierpräparator Friedrich Beyer aus Berlin zum Besuch einer Preciosa-Aufführung in Dresden kam. In: Weberiana 11 (2001), 115–118.

Bauer 2003
Bauer, Aaron M.: Early German Herpetological Observations and Explorations in Southern Africa, With Special Reference to the Zoological Museum of Berlin. In: Bonner zoologische Beiträge 52 (2003), 193–214.

Bauer/Adler 2001
Bauer, Aaron M.; Adler, Kraig: The Dating and Correct Citation of A. F. A. Wiegmann's „Amphibien" Section of Meyen's Reise um die Erde, with a Bibliography of Wiegmann's Herpetological Publications. In: Archives of Natural History 28 (2001) 3, 313–26.

Beck 1959/1961
Beck, Hanno: Alexander von Humboldt, 2 Bde. Wiesbaden 1959/1961.

Becker 1987
Becker, Peter: The Pathfinders. The Saga of Exploration in Southern Africa. Harmondsworth 1987.

Biermann 1985
Biermann, Kurt-R.: Goethe in vertraulichen Briefen Alexander von Humboldts. In: Goethe-Jahrbuch 121 (1985), 11–33.

Bloch 1782–1795
Bloch, Marcus Elieser: Oeconomische Naturgeschichte der Fische Deutschlands, 4 Bde. in mehreren Teilen und 3 Atlasbände. Berlin 1782–1795.

Boeckh 1859
Boeckh, August: Etwas über Wilhelm von Humboldt, gesprochen in der öffentlichen Sitzung der Königlich Preussischen Akademie der Wissenschaften zur Feier des Leibnizischen Jahrestages am 9. Juli 1835. In: August Boeck's Gesammelte kleine Schriften, Bd. 2. Leipzig 1859, 211–215.

Böhme 2021
Böhme, Katrin: Das große Ganze. Christian Gottfried Ehrenberg und die Gesellschaft Naturforschender Freunde zu Berlin. In: HiN – Humboldt im Netz / Internationale Zeitschrift für Humboldt-Studien XXII 42 (2021), 155–169 (https://publishup.uni-potsdam.de/frontdoor/index/index/docId/51522).

Bolling 1976
Bolling, Rolf: Das Leben und das Werk Christian Gottfried Ehrenbergs. Erweiterter Festvortrag zur 100. Wiederkehr seines Todestages am 26. Juni 1976. In: Veröffentlichungen zur Delitzscher Geschichte 8 (1976), 9–70.

Bölsche 1917
Bölsche, Wilhelm: Neue Welten. Die Eroberung der Erde in Darstellungen großer Naturforscher. Berlin 1917 [mit Hinrich Lichtenstein: Jagden und Menschen im alten Südafrika, 67–134, mit einer Einleitung von Wilhelm Bölsche, 71–77].

Börne 2000
Börne, Ludwig: Berliner Briefe. Hrsg. von Willi Jasper. Berlin 2000.

Braun 1851
Braun, Alexander: Betrachtungen über die Erscheinung der Verjüngung in der Natur, insbesondere in der Lebens- und Bildungsgeschichte der Pflanze. Leipzig 1851.

Buch 1827
Buch, Leopold von: Ueber die Verbreitung großer Alpengeschiebe. In: Annalen der Physik und Chemie 9 (1827), 575–588.

Buch 1870
Buch, Leopold von: Ueber die Ursachen der Verbreitung großer Alpengeschiebe. Vorgelesen den 31sten October 1811. In: Leopold von Buch: Gesammelte Schriften Bd. 2, Berlin 1870, 597–623.

Buchner-Fuhs 2001
Buchner-Fuhs, Jutta: Gebändigte Wildheit im Stadtraum. Zur Geschichte der Zoologischen Gärten im 19. Jahrhundert. In: Natur – Kultur. Volkskundliche Perspektiven auf Mensch und Umwelt. Hrsg. von Brednich, Rolf Wilhelm; Schneider, Annette; Werner, Ute. Münster, New York, München Berlin 2001, 291–303.

Buckland 1836/1837
Buckland, William: Geology and Mineralogy Considered with Reference to Natural Theology. 2 Bde, London 1836/1837.

Busch/Görbert 2013
Busch, Anna; Görbert, Johannes: „Schlemiel kom̃t wieder." Unveröffentlichte Briefe von Adelbert von Chamisso vom Ende seiner Weltreise. In: Zeitschrift für Germanistik (NF) 23/1 (2013), 134–142.

Buvry 1858
Buvry, Leopold: Nachruf an den Herrn Geheimen Medizinal-Rath, Prof. Dr. Heinrich Carl Lichtenstein. In: Zeitschrift für Acclimatisation 1 (1858), 78–81.

Chamisso 1842
Chamisso, Adelbert von: Werke, 6 Bde. 2. Aufl. Leipzig 1842.

Chamisso 2013
Chamisso, Adelbert von: Peter Schlemiel's Schicksale. Faksimile-Ausgabe der Handschrift. Mit diplomatischer Transkription von Katrin Dennerlein. Hrsg. von der Chamisso-Gesellschaft. Bliesdorf, Cunersdorf [2013].

Chansigaud 2009
Chansigaud, Valérie: The History of Ornithology. Aus dem Französischen von Joseph Muise. London, Cape Town, Sydney, Auckland 2009.

Clemen 1917
Clemen, Otto: Briefe von Alexander v. Humboldt in Mitau. In: Dr. A. Petermann's Mitteilungen aus Justus Perthes' Geographischer Anstalt 63 (2017), 150–151.

Cuvier/Valenciennes 1828–1849
Cuvier, Georges; Valenciennes, Achille: Histoire naturelles des poissons, 22 Bde. Paris 1828–1849.

Damaschun u. a. 2010
Damaschun, Ferdinand; Hackethal, Sabine; Landsberg, Hannelore; Leinfelder, Reinhold (Hrsg.): Klasse, Ordnung, Art. 200 Jahre Museum für Naturkunde. Berlin 2010.

Daszkiewicz 2013

Daszkiewicz, Piotr: Feliks Jarocki (1790–1865), directeur du cabinet d'histoire naturelle de Varsovie et ami de Frédéric Chopin – en quête de souvenirs sur son séjour en France. In: Annales – Académie Polonaise des Sciences, Centre Scientifique à Paris 13 (2013), 187–201.

De Bruyn 2010

De Bruyn, Günter: Die Zeit der schweren Not. Schicksale aus dem Kulturleben Berlins 1807 bis 1815. Frankfurt/Main 2010.

De Mist 1954

De Mist, Augusta Uitenhage: Diary of a Journey to the Cape of Good Hope and the Interior of Africa in 1802 and 1803. Capetown 1954.

Demidoff 1840–1842

Demidoff, Anatole de: Voyage dans la Russie méridionale et la Crimée, par la Hongrie, la Valachie et la Moldavie, exécuté en 1837. 4 Bde., Paris 1840–1842.

Deppe 1863

Deppe, Wilhelm: Lichtenstein's Preis-Verzeichniss mexicanischer Vögel etc. vom Jahre 1830. In: Journal für Ornithologie 11 (1863), 54–60.

Dittrich u. a. 2001

Dittrich, Lothar; Engelhardt, Dietrich von; Rieke-Müller, Annelore (Hrsg.): Die Kulturgeschichte des Zoos. Berlin 2001.

Dohle 2016

Dohle, Wolfgang: Adelbert von Chamisso und seine Entdeckung des Generationswechsels bei den Salpen. In: Phantastik und Skepsis. Adelbert von Chamissos Lebens- und Schreibwelten. Hrsg. von Berbig, Roland; Erhart, Walter; Sproll, Monika; Weber, Jutta. (Chamisso-Studien; 1). Göttingen 2016, 175–198.

Du Vinage 2005

Du Vinage, Renate: Bibliothekar der Könige Friedrich Wilhelm IV und Wilhelm I. Die Lebensgeschichte von Charles Duvinage (1804–1871). Norderstedt 2005.

Eckert 2010

Eckert, Carsten: Blüten, Kerfe und Brasiliens Schätze – Graf von Hoffmannsegg als Museumsgründer. In: Damaschun u. a. 2010, 112–115.

Eichwald 1838

Eichwald, Karl Eduard von: Faunae Caspii maris primitiae. In: Bulletin de la societé Imperiale des naturalistes de Moscou 2 (1838), 125–174.

Eichwald 1841

Eichwald, Karl Eduard von: Fauna caspio-caucasia nonnullis observationibus novis. St. Petersburg 1841.

Eschenburg 1812

Eschenburg, Johann Joachim: Entwurf einer Geschichte des Collegii Carolini in Braunschweig. Berlin, Stettin 1812.

Eversmann 1823

Eversmann, Eduard: Reise von Orenburg nach Buchara von Eduard Eversmann nebst einem Wortverzeichnis aus der Afgahnischen Sprache begleitet von einem naturhistorischen Anhange und einer Vorrede von H. Lichtenstein Dr. Berlin 1823.

Faber 1982

Faber, Paul Lawrence: The Emergence of Ornithology as a Scientific Discipline: 1760–1850. Dordrecht, Boston, London 1982.

Federhofer 2012
Federhofer, Marie-Theres: Chamisso und die Wale mit dem lateinischen Originaltext der Walschrift Chamissos und dessen Übersetzung, Anmerkungen und weiteren Materialien. Norderstedt 2012.

Ffolliatt/Liversage 1971
Ffolliatt, Pamela; Liversage, Richard: Ludwig Krebs, Cape naturalist to the King of Prussia 1792–1844. Cape Town 1971.

Finsch 1867/1868
Finsch, Otto: Die Papageien, monographisch bearbeitet, 2 Bde. 1867/1868.

Fisch 1991
Fisch, Jörg: Geschichte Südafrikas. München 1991.

Fischer/Kornemann 2014
Fischer, Axel; Kornemann, Matthias (Hrsg.): Integer vitae. Die Zeltersche Liedertafel als kulturgeschichtliches Phänomen (Berliner Klassik. Eine Großstadtkultur um 1800; 20). Hannover 2014.

Fontane 1997
Fontane, Theodor: Wanderungen durch die Mark Brandenburg, 8 Bde. [Große Brandenburger Ausgabe]. Berlin 1997.

Fontanier 1834
Fontanier, Victor: Voyage en Orient entrepris par ordre du gouvernement français de l'année 1821 à l'année 1829 et de 1830 à 1833. 3 Bde., 1829–1834.

Forshaw/Cooper 2002/2003
Forshaw, Joseph M.; Cooper, William T.: Australische Papageien, 2 Bde. Bretten 2002/2003.

Gandert 1986
Gandert, Klaus-Dietrich: Vom Prinzenpalais zur Humboldt-Universität. Die historische Entwicklung des Universitätsgebäudes in Berlin mit seinen Gartenanlagen und Denkmälern. Berlin 1986.

Gandert 2004
Gandert, Klaus-Dietrich: Vom Prinzenpalais zur Humboldt-Universität. Die historische Entwicklung des Universitätsgebäudes in Berlin mit seinen Gartenanlagen und Denkmälern. Berlin 2004.

Gauß 1839
Gauß, Carl Friedrich: Allgemeine Theorie des Erdmagnetismus. In: Resultate aus den Beobachtungen des magnetischen Vereins im Jahre 1838. Hrsg. von Carl Friedrich Gauß und Wilhelm Weber. Leipzig 1839, 1–57.

Gebhardt 2006
Gebhardt, Ludwig: Die Ornithologen Mitteleuropas. 1747 bemerkenswerte Biographien vom Mittelalter bis zum Ende des 20. Jahrhunderts, Bd. 1–4. Wiebelsheim 2006.

Gehler 1825–1845
Gehler, Johann Samuel Traugott: Physikalisches Wörterbuch, neu bearbeitet von Brandes, Gmelin, Horner, Muncke, Pfaff, 11 Bde. in mehreren Teilbänden und Tafelband. Leipzig 1825–1845.

Geoffroy Saint-Hilaire 1851
Geoffroy Saint-Hilaire, Isidore: Note sur des ossements et des œufs trouvés à Madagascar, dans des alluvions modernes, et provenant d'un Oiseau gigantesque. In: Comptes rendus 27.1.1851, 32 (1851) Nr. 4, 101–107.

Glenn 2009
Glenn, Ian: Levaillant's Bird Books and the Origins of a Genre. In: Aternation 16,2 (2009), 91–101.

Glen/Germishuizen 2010
Glen, H.F.; Germishuizen, Gerrit: Botanical Exploration of Southern Africa, edition 2 (Strelitzia; 26). Pretoria 2010.

Glückselig 1847
Glückselig, Legis: Franz Wilhelm Sieber. Ein biographischer Denkstein. Wien 1847.

Goethe 1993
Goethe, Johann Wolfgang von: Sämtliche Werke Bd. 13, Teil 1–2: Die Jahre 1820–1826. Hrsg. von Werner Oechslin, Norbert Miller, Hans J. Becker, Gerhard H. Müller, John Neubauer, Irmtraut Schmid und Irmela Schneider (Münchner Ausgabe). München 1993.

Goethe/Sternberg 1866
Goethe, Johann Wolfgang von; Sternberg, Kaspar Graf von: Briefwechsel (1820–1832). Hrsg. von Francis Thomas Bratranek. Wien 1866.

Goethe/Zelter 1987
Goethe, Johann Wolfgang von; Zelter, Carl Friedrich: Briefwechsel zwischen Goethe und Zelter, 3 Bde. Hrsg. von Max Hecker. Frankfurt/Main 1987.

Gould 1840–1848
Gould, John: The Birds of Australia, 7 Bde. London 1840–1848.

Gould 1848
Gould, John: Introduction to the Birds of Australia. London 1848.

Graf 1991
Graf, Andreas: Der Tod der Wölfe. Das abenteuerliche und das bürgerliche Leben des Romanschriftstellers und Amerikareisenden Balduin Möllhausen (1825–1905). Berlin 1991.

Grogan 2019
Grogan, Patrick: „Nothing but love for natural history and my desire to help your museum"? Ludwig Kreb's transcontinental collecting partnership with Hinrich Lichtenstein. In: Science, Africa and Europe. Processing Information and Creating Knowledge. Hrsg. von Lengwiler, Martin; Penn, Nigel; Harries, Patrick. Albingdon, Oxon, New York 2019, 66–85.

Gunn/Codd 1981
Gunn, Mary; Codd, L. E.: Botanical Exploration of Southern Africa. An illustrated history of early botanical literature on the Cape flora, biographical accounts of the leading plant collectors and their activities in southern Africa from the days of the East India Company until modern times. Cape Town 1981.

Gutzkow 1961
Gutzkow, Karl: Berliner Erinnerungen und Erlebnisse. Hrsg. von Paul Friedländer. Berlin 1961.

Gutzkow 1971
Gutzkow, Karl: Unter dem schwarzen Bären. Erlebtes 1811–1848. Berlin 1971.

Gutzkow 2018
Gutzkow, Karl: Kleine autobiographische Schriften und Memorabilien. Hrsg. von Wolfgang Rasch (= Gutzkows Werke und Briefe, Bd. 3). Münster in Westfalen 2018.

Haffer 1996
Haffer, Jürgen: Vogelarten im Werk von Christian Ludwig Brehm (1787–1864). In: Anzeiger des Vereins Thüringer Ornithologen 3 (1996), 1–31.

Haffer 1997
Haffer, Jürgen (Hrsg.): „We Must Lead the Way on New Paths" – The Work and Correspondence of Hartert, Stresemann, Ernst Mayr – International Ornithologists. Ornithologen-Briefe des 20. Jahrhunderts. With contributions by Ernst Mayr (= Ökologie der Vögel; 19). Ludwigsburg 1997.

Haffer/Rutschke/Wunderlich 2004
Haffer, Jürgen; Rutschke, Erich; Wunderlich, Klaus: Erwin Stresemann (1889–1972) – Leben und Werk eines Pioniers der wissenschaftlichen Ornithologie. 2., korr. Auflage. Halle/Saale, Stuttgart 2004 (Acta historica Leopoldina; 34).

Hagemann 2007
Hagemann, Albrecht: Kleine Geschichte Südafrikas. München 2007.

Heilborn 1929
Heilborn, Adolf: Zoo Berlin 1841–1929. Zur Geschichte des Zoologischen Gartens zu Berlin. Berlin 1929.

Heine 1954
Heine, Heinrich: Briefe aus Berlin. Hrsg. von Walther Victor. Berlin 1954.

Heine 1961–1964
Heine, Heinrich: Werke und Briefe, 10 Bde. Berlin 1961–1964.

Hemprich/Ehrenberg 1828
Hemprich, Wilhelm; Ehrenberg, Christian Gottfried: Naturgeschichtliche Reisen durch Nord-Afrika und West-Asien in den Jahren 1820 bis 1825, historischer Theil. Mit Charten und Ansichten [Reisen in Aegypten, Libyen, Nubien und Dongala, erster Band, erste Abtheilung]. Berlin 1828.

Henze 2011
Henze, Dietmar: Enzyklopädie der Entdecker und Erforscher der Erde, 6 Bde. Darmstadt 2011.

Hermann 1804
Hermann, Jean-Frédéric: Mémoire aptérologique. Publié par Fréderic-Louis Hammer. Strasbourg 1804.

Hey'l 2007
Hey'l, Bettina: Das Ganze der Natur und die Differenzierung des Wissens. Alexander von Humboldt als Schriftsteller (Quellen und Forschungen zur Literaturgeschichte; 47/281). Berlin, New York 2007.

Hildebrandt 1929
Hildebrandt, Hugo: Christian Ludwig Brehm als Ornithologe. In: Mitteilungen aus dem Osterlande 20 (1929), 23–54.

Hildebrandt 2012
Hildebrandt, Gerhard: Der Briefwechsel zwischen A.C.E. Baldamus und M.H.C. Lichtenstein in den Jahren 1845–1852. In: Ökologie der Vögel/Ecology of Birds 34 (2012), 267-285.

Hintrager 1952
Hintrager, Oskar: Geschichte von Südafrika. München 1952.

Hoffmann 1968
Hoffmann, E. T. A.: Briefwechsel, Bd. 2. Gesammelt und erläutert von Hans von Müller und Friedrich Schnapp. Hrsg. von Friedrich Schnapp. München 1968.

Hoffmann 1986
Hoffmann, Hans: Carl Maria von Weber. Biographie eines realistischen Romantikers. Düsseldorf 1986.

Hoffmann 2003
Hoffmann, Ernst Theodor Amadeus: Frühe Prosa, Briefe, Tagebücher, Libretti, Juristische Schriftwerke 1794–1813 [Sämtliche Werke; 1]. Hrsg. von Gerhard Allroggen, Friedhelm Auhuber, Hartmut Mangold, Jörg Petzel und Hartmut Steinecke. Frankfurt/Main 2003.

Hoffmeister 1842
Hoffmeister, Werner: De Vermibus quibusdam ad genus lumbricorum pertinentibus. Berlin 1842.

Hoffmeister 1845
Hoffmeister, Werner: Die bis jetzt bekannten Arten aus der Familie der Regenwürmer. Als Grundlage zu einer Monographie dieser Familie. Braunschweig 1845.

Hoffmeister 1846
Hoffmeister, Werner: Ueber die geographische Verbreitung der Coniferen am Himalayah. Aus einem Schreiben des Dr. W. Hoffmeister an Hrn. v. Humboldt. In: Botanische Zeitung 4 (1846) 11, Sp. 177–185.

Hoffmeister 1847
Hoffmeister, Werner: Briefe aus Indien. Von Dr. W. Hoffmeister, Arzt im Gefolge Sr. Königl. Hoheit des Prinzen Waldemar von Preussen. Nach dessen nachgelassenen Briefen und Tagebüchern herausgegeben von Dr. A. Hoffmeister. Mit einer Vorrede von C. Ritter und sieben topographischen Karten. Braunschweig 1847.

Holtei 1992
Holtei, Karl von: Ausgewählte Werke, Bd. 1. Hrsg. von Jürgen Hein und Henk J. Koning. Würzburg1992.

Holtz 2015
Holtz, Bärbel: Gustav Adolph von Tzschoppe – ein Lebensbild. In: Historiker und Archivar im Dienste Preußens. Festschrift für Jürgen Kloosterhuis. Hrsg. von Kraus, Hans-Christof; Kroll, Frank-Lothar. Berlin 2015, 117–140.

Homeyer 1881
Homeyer, Eugen Ferdinand von: Ornithologische Briefe. Blätter der Erinnerung an seine Freunde. Berlin 1881.

Hoppe 2004
Hoppe, Günter: Friedrich Tamnau (1802–1879) – Mineraloge, Mineralsammler und Mäzen. In: Mitteilungen des Museums für Naturkunde zu Berlin, Geowissenschaftliche Reihe 7 (2004), 45–59.

Hübscher 1958
Hübscher, Arthur: Schopenhauer und Chamisso. In: Schopenhauer-Jahrbuch 39 (1958), 176–178.

Humboldt 1811–1833
Humboldt, Alexander von: Recueil d'observations de zoologie et d'anatomie comparée, faites dans l'Océan Atlantique, dans l'interieur du Nouveau Continent et dans la mer du sud pendant les années 1799, 1800, 1801, 1802 et 1803, par Al. de Humboldt et A. Bonpland, 2 Bde. (Voyage de Humboldt et de Bonpland. Deuxième Partie). Paris 1811–1833.

Humboldt 1826
Humboldt, Alexander von: Bericht über die Naturhistorischen Reisen der Herren Ehrenberg und Hemprich. In: Abhandlungen der Königlichen Akademie der Wissenschaften zu Berlin (1826), 111–134.

Humboldt 1828
Humboldt, Alexander von: Rede, gehalten bei der Eröffnung der Versammlung deutscher Naturforscher und Ärzte in Berlin am 18ten September 1828. Berlin 1828.

Humboldt 1836–1839
Humboldt, Alexander von: Examen critique de l'histoire de la géographie du nouveau continent et des progrès de l'astronomie nautique aux quinzième et seizième siècles, 5 Bde. Paris 1836–1839.

Humboldt 1836/1837
Humboldt, Alexander von: Kritische Untersuchungen über die historische Entwickelung der geographischen Kenntnisse von der Neuen Welt und die Fortschritte der nautischen Astronomie in dem 15ten und 16ten Jahrhundert. Dt. von Julius Ludwig Ideler. 2 Bde., Berlin 1836/1837.

Humboldt 1838
Humboldt, Alexander von: Ueber die Schwankungen der Goldproduktion mit Rücksicht auf staatswirthschaftliche Probleme. In: Deutsche Vierteljahrs Schrift 1 (1838) IV, 1–40.

Humboldt 1843
Humboldt, Alexander von: Asie centrale. Recherches sur les chaines de montagnes et la climatologie comparée; par A. de Humboldt, 3 Bde. Paris 1843.

Humboldt 1844
Humboldt, Alexander von: Central-Asien. Untersuchungen über die Gebirgsketten und die vergleichende Klimatologie, 2 Bde. Dt. von Wilhelm Mahlmann. Berlin 1844.

Humboldt 1845–1862
Humboldt, Alexander von: Kosmos. Entwurf einer physischen Weltbeschreibung, 5 Bde. Stuttgart, Tübingen 1845–1862.

Humboldt 1852
Humboldt, Alexander von: Rede bei der Aufstellung der Büste des Geh. Medicinalrathes Professor Dr. Lichtenstein in dem Zoologischen Museum am 26. April 1852. Berlin 1852.

Humboldt 1860
Humboldt, Alexander von: Briefe von Alexander von Humboldt an Varnhagen von Ense aus den Jahren 1827 bis 1858. Nebst Auszügen aus Varnhagen's Tagebüchern, und Briefen von Varnhagen und Andern an Humboldt. 2. Aufl. Leipzig 1860.

Humboldt 1913
Humboldt, Alexander von: Briefe Alexander von Humboldt's an Ignaz v. Olfers. Generaldirektor der kgl. Museen in Berlin. Hrsg. von Dr. E. W. M. v. Olfers, Königsberg. Nürnberg, Leipzig [1913].

Humboldt 1928
Humboldt, Alexander von: Alexander von Humboldt und das Preußische Königshaus. Briefe aus den Jahren 1835–1857. Hrsg. von Conrad Müller. Leipzig 1928.

Humboldt 1987
Humboldt, Alexander von: Briefwechsel zwischen Alexander von Humboldt und C. G. Jacob Jacobi. Hrsg. von Herbert Pieper (Beiträge zur Alexander-von-Humboldt-Forschung; 11). Berlin 1987.

Humboldt 1993
Humboldt, Alexander von: Über das Universum. Die Kosmosvorträge 1827/28 in der Berliner Singakademie. Hrsg. von Jürgen Hamel und Klaus-Harro Tiemann in Zusammenarbeit mit Martin Pape. Frankfurt/Main 1993.

Humboldt 1997
Humboldt, Alexander von: Briefwechsel zwischen Alexander von Humboldt und Emil du Bois-Reymond. Hrsg. von Ingo Schwarz und Klaus Wenig (Beiträge zu Alexander-von-Humboldt-Forschung; 22). Berlin 1997.

Humboldt 2004
Alexander von Humboldt und die Vereinigten Staaten von Amerika – Briefwechsel. Hrsg. von Ingo Schwarz (Beiträge zur Alexander-von-Humboldt-Forschung; 19). Berlin 2004.

Humboldt 2006
Humboldt, Alexander von: Briefe von Alexander von Humboldt an Christian Carl Josias Bunsen. Neu ediert von Ingo Schwarz. Berlin 2006.

Humboldt 2007
Alexander von Humboldt – Samuel Heinrich Spiker: Briefwechsel. Hrsg. von Ingo Schwarz unter Mitarbeit von Eberhard Knobloch (Beiträge zur Alexander-von-Humboldt-Forschung; 27). Berlin 2007.

Humboldt 2009a
Humboldt, Alexander von: Briefe aus Russland 1829. Hrsg. von Eberhard Knobloch, Ingo Schwarz und Christian Suckow. Mit einem einleitenden Essay von Ottmar Ette (Beiträge zur Alexander-von-Humboldt-Forschung; 30). Berlin 2009.

Humboldt 2009b
Alexander von Humboldt – Johann Friedrich und Johann Georg von Cotta: Briefwechsel. Hrsg. von Ulrike Leitner unter Mitarbeit von Eberhard Knobloch (Beiträge zur Alexander-von-Humboldt-Forschung; 29). Berlin 2009.

Humboldt 2009c
Humboldt, Alexander von: Das große Lesebuch. Hrsg. von Oliver Lubrich. Frankfurt/Main 2009.

Humboldt 2010
Alexander von Humboldt – Carl Ritter: Briefwechsel. Hrsg. von Ulrich Päßler unter Mitarbeit von Eberhard Knobloch (Beiträge zur Alexander-von-Humboldt-Forschung; 32). Berlin 2010.

Humboldt 2011
Alexander von Humboldt – Familie Mendelssohn: Briefwechsel. Hrsg. von Sebastian Panwitz und Ingo Schwarz unter Mitarbeit von Eberhard Knobloch (Beiträge zu Alexander-von-Humboldt-Forschung; 34). Berlin 2011.

Humboldt 2013a
Alexander von Humboldt – Friedrich Wilhelm IV.: Briefwechsel. Hrsg. von Ulrike Leitner unter Mitarbeit von Eberhard Knobloch. Mit einer einleitenden Studie von Bärbel Holtz (Beiträge zur Alexander-von-Humboldt-Forschung; 39). Berlin 2013.

Humboldt 2013b
Alexander von Humboldt – Johann Franz Encke: Briefwechsel. Hrsg. von Oliver Schwarz und Ingo Schwarz unter Mitarbeit von Eberhard Knobloch (Beiträge zur Alexander-von-Humboldt-Forschung; 37). Berlin 2013.

Humboldt 2015
Alexander von Humboldt – Jean-Baptiste Boussingault: Briefwechsel. Hrsg. von Ulrich Päßler und Thomas Schmuck unter Mitarbeit von Eberhard Knobloch (Beiträge zur Alexander-von-Humboldt-Forschung; 41). Berlin 2015.

Humboldt 2017
Humboldt, Alexander von: Adressbuch. Hrsg. von Ingo Schwarz. Version 0.1. Berlin 2017 (urn:nbn:de:kobv:b4-opus4-27406).

Humboldt 2019
Humboldt, Alexander von: Sämtliche Schriften, 10 Bde. (Berner Ausgabe). Hrsg. von Oliver Lubrich und Thomas Nehrlich unter Mitarbeit von Sarah Bärtschi und Michael Strobl. München 2019.

Humboldt, W. v. 1836–1839
Humboldt, Wilhelm von: Über die Kawi-Sprache auf der Insel Java nebst einer Einleitung über die Verschiedenheit des menschlichen Sprachbaues und ihren Einfluss auf die geistige Entwickelung des Menschengeschlechts, 3 Bde. Berlin 1836 (Bd. 1) [mit einem Vorwort von Alexander von Humboldt.]; 1838 (Bd. 2); 1839 (Bd. 3).

Humboldt, W. v. 1841–1852
Humboldt, Wilhelm von: Gesammelte Werke, 7 Bde. Hrsg. von Carl Heinrich Brandes. Berlin 1841 (Bd. 1–2), 1843 (Bd. 3–4), 1846 (Bd. 5), 1848 (Bd. 6), 1852 (Bd. 7).

Humboldt/Cancrin 1869
Humboldt, Alexander von; Cancrin, Georg von: Im Ural und Altai – Briefwechsel zwischen Alexander von Humboldt und Graf Georg von Cancrin aus den Jahren 1827–1832. Leipzig 1869.

Humboldt/Kohlrausch 2019
Humboldt, Alexander von; Kohlrausch, Henriette: Die Kosmos-Vorlesungen an der Berliner Sing-Akademie. Hrsg. von Christian Kassung und Christian Thomas. Frankfurt/Main 2019.

Humboldt/Lichtenstein 1829
Humboldt, Alexander von; Lichtenstein, Martin Hinrich: Amtlicher Bericht über die Versammlung deutscher Naturforscher und Ärzte zu Berlin im September 1828, erstattet von den damaligen Geschäftsführern A. v. Humboldt und H. Lichtenstein. Nebst einer lithographirten Sammlung eigenhändiger Namenszüge der Theilnehmer. Berlin 1829.

Humboldt/Remak 1916
Humboldt, Alexander von; Remak, Robert: Briefe Alexander von Humboldts an Dr. Robert Remak 1839–1855. Mitgeteilt von Ludwig Geiger. In: Jahrbuch für jüdische Geschichte und Literatur 19 (1916), 112–134.

Humboldt/Valenciennes 1821
Humboldt, Alexander von; Valenciennes, Achille: Recherches sur les poissons fluviatiles de l'Amérique Équinoxiale. In: Voyage de Humboldt et Bonpland, Deuxième partie Bd 2, Observations de Zoologie et d'Anatomie comparée, Paris 1821, 145–216, Pls. 45–52.

Illiger 1800
Illiger, Johann Karl Wilhelm: Versuch einer systematischen vollständigen Terminologie für das Thierreich und Pflanzenreich. Helmstedt 1800.

Immer/Glaubrecht 2012
Immer, Nikolas; Glaubrecht, Matthias: Peter Schlemihl als Naturforscher. Das zehnte Kapitel von Chamissos Märchenerzählung in editionsphilologischer und wissenschaftshistorischer Perspektive. In: editio 26 (2012), 123–144.

Jahn 1972
Jahn, Ilse: Über die Einwirkung Alexander von Humboldts auf die Entwicklung der Naturwissenschaften an der Berliner Universität. In: Wissenschaftliche Zeitschrift der Humboldt-Universität 21,2 (1972), 131–144.

Jahn 1981a
Jahn, Ilse: Alexander von Humboldt über den Wert von sogenannten Doubletten und Typusexemplaren. In: Neue Museumskunde. Theorie und Praxis der Museumsarbeit 24,1 (1981), 19, 40.

Jahn 1981b
Jahn, Ilse: Anekdotisches über eine „Museumsrede“ Alexander v. Humboldts. In: Neue Museumskunde. Theorie und Praxis der Museumsarbeit 24,1 (1981), 40.

Jahn 1990
Jahn, Ilse: Über die Taxonomie der „Rasse“ nach dem Briefwechsel zwischen Pastor Christian Ludwig Brehm (1787–1864) und dem Zoologen Hinrich Martin Lichtenstein (1780–1857). In: Die Natur des Menschen. Probleme der physischen Anthropologie und Rassenkunde (1750–1850). Hrsg. von Gunter Mann. 1990 (Soemmerring-Forschungen; 6), 417–426.

Jahn 2000
Jahn, Ilse (Hrsg.): Geschichte der Biologie. Theorien, Methoden, Institutionen, Kurzbiografien. 3., neubearbeitete und erweitere Auflage. Heidelberg, Berlin 2000.

Jahn 2003
Jahn, Ilse: Alexander von Humboldt und die Beziehungen zwischen Pariser und Berliner Zoologen. In: Alexander von Humboldt in Berlin. Sein Einfluß auf die Entwicklung der Wissenschaften. Hrsg. von Hamel, Jürgen; Knobloch, Eberhard; Pieper, Herbert. Augsburg 2003 (Algorismus; 41), 133–146.

Jahn 2012
Jahn, Ilse: Die Beziehungen Karl Ernst von Baers zu Berliner Zoologen während seines Wirkens in Königsberg (1818–1834) [Wiederabdruck von 1993]. Mit einer Einleitung von Thomas Schmuck. In: HiN – Humboldt im Netz / Internationale Zeitschrift für Humboldt-Studien XIII 24 (2012), 102–107.

Junghuhn 1852–1854
Junghuhn, Franz: Java. Seine Gestalt, Pflanzendecke und innere Bauart. Nach der zweiten, verbesserten Auflage des holländischen Originals in's Deutsche übertragen von J. K. Hasskarl, 3 Bde. Leipzig 1852–1854.

Jussuf 1863
Jussuf [Joseph Vantini]: Aufzeichnung über die Natur des Löwen in Afrika (Von General Jussuf selbst dictirt). In: Westermann's Jahrbuch der Illustrirten Deutschen Monatshefte 14, April 1863–September 1863. Braunschweig 1863, 84–85.

Kirsche 1977
Kirsche, Walter: Christian Gottfried Ehrenberg zum 100. Todestag. Ein Beitrag zur Geschichte der mikroskopischen Hirnforschung. In: Sitzungsberichte der Akademie der Wissenschaften der DDR 9 (1977), 1–60.

Kittlitz 1858
Kittlitz, Heinrich von: Denkwürdigkeiten einer Reise nach dem russischen Amerika, nach Mikronesien und durch Kamtschatka, 2 Bde. Gotha 1858.

Klös 1981
Klös, Heinz-Georg: Professor Dr. med. Dr. phil. h. c. Martin Hinrich Lichtenstein. In: Bongo 5 (1981), 87–88.

Klös u. a. 1994
Klös, Heinz-Georg; Frädrich, Hans; Klös, Ursula: Die Arche Noah an der Spree. 150 Jahre Zoologischer Garten Berlin. Eine tiergärtnerische Kulturgeschichte von 1844–1994. Berlin 1994.

Klotzsch/Garcke 1862
Klotzsch, Friedrich; Garcke, August: Die botanischen Ergebnisse der Reise Seiner Königl. Hoheit des Prinzen Waldemar von Preußen in den Jahren 1845 und 1846. Durch Dr. Werner Hoffmeister, auf Ceylon, dem Himalaya und an den Grenzen von Tibet gesammelte Pflanzen beschrieben von Dr. Fr. Klotzsch und Dr. Aug. Garcke. Mit 1000 lithographischen Tafeln. Berlin 1862.

Maier-Wolthausen 2019
Maier-Wolthausen, Clemens: Hauptstadt der Tiere. Die Geschichte des ältesten deutschen Zoos. Hrsg. von Andreas Knieriem. Berlin 2019.

Koch 1845
Koch, Albert Carl: Description of the Hydrarchos Harlani (Koch), a Gigantic Fossil Reptile lately discovered by the Author, in the State of Alabama, March, 1845. 2. Aufl. New York 1845.

Köhler/Richter 1954
Köhler, Ruth; Richter, Wolfgang (Hrsg.): Berliner Leben 1806–1847. Erinnerungen und Berichte. Berlin 1854.

Koner 1846
Koner, Wilhelm David: Verzeichniss im Jahre 1845 in Berlin lebender Schriftsteller und ihrer Werke. Berlin 1846.

König 2011
König, Viola: Einleitung [zu: Friedrich Heinrich von Kittlitz, Denkwürdigkeiten einer Reise nach dem russischen Amerika, nach Mikronesien und durch Kamtschatka]. In: Deutsche im Nordpazifik. Beiträge zur Entdeckung und Erforschung des nordpazifischen Raumes – Friedrich Heinrich von Kittlitz, Denkwürdigkeiten einer Reise nach dem russischen Amerika, nach Mikronesien und durch Kamtschatka, Bd. 1. Hrsg. von König, Viola. Hildesheim, Zürich, New York 2011, V–XIV.

Korneffel 2020
Korneffel, Peter: Community – Das Medaillon. In: Wilhelm und Alexander von Humboldt – Berliner Kosmos. Hrsg. von Spies, Paul; Tintemann, Ute; Mende, Jan. Köln, Berlin 2020, 166–169.

Kuhl 1820
Kuhl, Heinrich: Conspectus Psittacorum cum specierum definitionibus, novarum descriptionibus, synonymis et circa patriam singularum naturalem adversariis, adjecto indice museorum, ubi earum artificiosae exuviae servantur. In: Nova Acta Physico-Medica Academiae Caesareae Leopoldino-Carolinae Naturae Curiosorum 10 (1820), 1–104.

Kretschmann 2006
Kretschmann, Carsten: Räume öffnen sich. Naturhistorische Museen im Deutschland des 19. Jahrhunderts. Berlin 2006.

Lack 1987
Lack, Hans W.: Botanik und Zoologie. In: Wissenschaften in Berlin [Sonderdruck]. Hrsg. von Buddensieg, Tilmann; Düwell, Kurt; Sembach, Klaus-Jürgen. Berlin 1987, 2–8.

Lack 2009
Lack, H. Walter: Alexander von Humboldt und die botanische Erforschung Amerikas. München, Berlin, London, New York 2009.

Landsberg 1993
Landsberg, Hannelore: Hermann Burmeister und seine Beziehungen zum Zoologischen Museum Berlin. In: Meer und Museum 9 [Hermann Burmeister. Ein bedeutender Naturwissenschaftler des 19. Jahrhunderts] (1993), 49–51.

Landsberg 1994
Landsberg, Hannelore: Das erste Zootier des Museums – ein Mandrill? Die Gründung des Zoologischen Gartens und dessen Bedeutung für die Sammlungen des Zoologischen Museums der Universität Berlin. In: Bongo 24 (1994), 85–106.

Landsberg 2010
Landsberg, Hannelore: Vom „Hottentottenarzt“ zum Museums- und Zoodirektor – Hinrich Lichtenstein. In: Damaschun u. a. 2010, 118–121.

Laue 1895
Laue, Max: Christian Gottfried Ehrenberg. Ein Vertreter deutscher Naturforschung im neunzehnten Jahrhundert, 1795–1876. Nach seinen Reiseberichten, seinem Briefwechsel mit A. v. Humboldt, v. Chamisso, Darwin, v. Martius u. a. Familienaufzeichnungen, sowie anderm handschriftlichen Material. Berlin 1895.

Ledebur 1861
Ledebur, Karl von: Tonkünstler-Lexicon Berlin's von den ältesten Zeiten bis auf die Gegenwart. Berlin 1861.

Levaillant 1801–1805
Levaillant, François: Histoire naturelle des perroquets, 2 Bde. Paris 1801–1805.

Lichtenstein 1806

Lichtenstein, Hinrich: Nachrichten von Teneriffa. Ein Fragment aus dem Tagebuche des Hrn. Dr. Lichtenstein auf der Reise von Amsterdam nach dem Vorgebirge der guten Hofnung 1802. Vorbericht von dem Hrn. Hofrath Bruns in Helmstädt. In: Allgemeine Geographische Ephemeriden 19 (1806), 37–58.

Lichtenstein 1807

Lichtenstein, Hinrich: Ueber die Beetjuanas. Als Nachtrag und Berichtigung zu Barrows Auszug aus Trüters Tagebuch einer Reise zu den Buschwanas. In: Allgemeine Geographische Ephemeriden 23 (1807) 1, 3–63.

Lichtenstein 1808

Lichtenstein, Hinrich: Bemerkungen über die Sprachen der südafricanischen wilden Völkerstämme nebst einem kleinen Wörterverzeichnisse aus den gebräuchlichsten Dialecten der Hottentotten und Kaffern. In: Allgemeines Archiv für Ethnographie und Linguistik 1 (1808), 259–331.

Lichtenstein 1810a

Lichtenstein, Hinrich: Geschichte der Entdeckung des Vorgebirges der guten Hofnung. In: Vaterländisches Museum 4 (1810), 369–415.

Lichtenstein 1810b

Lichtenstein, Hinrich: Beobachtung einer Blattern-Epidemie unter den Wilden des südlichen Africa, nebst Nachrichten über die Einführung und Ausbreitung der Schutzblattern-Impfung am Vorgebirge der guten Hoffnung. In: Journal der practischen Arzneykunde und Wundarzneykunde, herausgegeben von C. W. Hufeland und K. Himly 31 [24] (1810) [=Journal der practischen Heilkunde herausgegeben von C. W. Hufeland und K. Himly 4 (1810) 7], 1–27.

Lichtenstein 1811–1812

Lichtenstein, Hinrich: Reisen im südlichen Africa in den Jahren 1803, 1804, 1805 und 1806. 2 Bde, Berlin 1811–1812 [Neuauflage: 2 Bde, Stuttgart 1967, mit einer Einführung von Wahrhold Drascher; = Quellen und Forschungen zur Geschichte der Geographie und der Reisen; 4, hg. von Hanno Beck].

Lichtenstein 1812/1815

Lichtenstein, Henry: Travels in Southern Africa in the Years 1803, 1804, 1805 and 1806. Translated from the original German by Anne Plumptre, 2 Bde. London 1812/1815.

Lichtenstein 1813/15

Lichtenstein, Hinrich: Reizen in het zuidelijk gedeelte van Afrika in de jaren 1803, 1804, 1805 & 1806, uit het hoogduitsch vertaald door Willem Goede, 2 Bde. Dordrecht 1813/15.

Lichtenstein 1814

Lichtenstein, Hinrich: Die Gattung Antilope. In: Magazin der Gesellschaft naturforschender Freunde 6 (1814), 144–182.

Lichtenstein 1816

Lichtenstein, Hinrich: Das Zoologische Museum der Universität zu Berlin. Berlin 1816 [108 S. mit Faltkarte].

Lichtenstein 1818a

Lichtenstein, Hinrich: Das Zoologische Museum der Universität zu Berlin. Zweite Ausgabe. Berlin 1818 [120 S.].

Lichtenstein 1818b

Lichtenstein, Hinrich: Verzeichniß von ausgestopften Säugthieren und Vögeln, welche am 12ten October 1818 u. folg. Tage im zoologischen Museum der königl. Universität zu Berlin dem Meistbietenden öffentlich verkauft werden sollen. In: Isis (1818), Sp. 1105.

Lichtenstein 1818c
Lichtenstein, Hinrich: Ehrendenkmal des Herrn J. C. W. Illiger. In: Abhandlungen der Königlichen Preußischen Akademie der Wissenschaften zu Berlin 1814–1815, (1818), 48–64.

Lichtenstein 1819
Lichtenstein, Hinrich: Preis-Verzeichnisse der Säugethier- und Vögel-Dubletten des Zoologischen Museums der Universität zu Berlin. Berlin 1819.

Lichtenstein 1820/1822
Lichtenstein, Hinrich: Die Gattung Dendrocolaptes. In: Abhandlungen der physikalischen Klasse der Königlich-Preussischen Akademie der Wissenschaften 5 (1820), 197–210 und 7 (1822), 255–266.

Lichtenstein 1823
Lichtenstein, Hinrich: Verzeichniss der Doubletten des zoologischen Museums der Königl. Universität zu Berlin nebst Beschreibung vieler bisher unbekannter Arten von Säugethieren. Vögeln, Amphibien und Fischen herausgegeben von H. Lichtenstein. Berlin 1823.

Lichtenstein 1825a
Lichtenstein, Hinrich: Über die weissen Robben; Über äussere Backentaschen an Nagethieren; Über die ägyptische Stachelmaus. In: Abhandlungen der Königlichen Akademie der Wissenschaften zu Berlin (1825), 1–12; 13–20; 21–24.

Lichtenstein 1825b
Lichtenstein, Hinrich: Über die Springmäuse oder die sämtlichen bis jetzt bekannten Arten der Gattung Dipus. In: Abhandlungen der Königlichen Akademie der Wissenschaften zu Berlin (1825), 133–161.

Lichtenstein 1825c
Lichtenstein, Hinrich: Tod des Dr. Hemprich in Afrika. In: Hertha 3 (1825), 127–131.

Lichtenstein 1826
Lichtenstein, Hinrich: Ueber die Antilopen des nördlichen Africa, besonders in Beziehung auf die Kenntniss, welche die Alten davon gehabt haben. In: Abhandlungen der Königlichen Akademie der Wissenschaften (1826), 195–240.

Lichtenstein 1827–1834
Lichtenstein, Hinrich: Darstellung neuer oder wenig bekannter Säugethiere in Abbildungen und Beschreibungen von fünf und sechzig Arten auf funfzig colorirten Steindrucktafeln nach den Originalen des Zoologischen Museums der Universität zu Berlin. Berlin 1827–1834.

Lichtenstein 1830
Lichtenstein, Hinrich: Lithographirte Abbildungen merkwürdiger Thiere aus den berühmtesten in Berlin bekannten Menagerien. Nach dem Leben gemalt von C. L. Müller nebst erläuternden Bemerkungen von Dr. H. Lichtenstein, Königl. Geheimen Medicinal Rath und Professor, 1. und 2. Lieferung. Berlin 1830.

Lichtenstein 1835
Lichtenstein, Hinrich: Die Stamm-Tafel der bürgerlichen Familie Lichtenstein nebst historischen Nachrichten über einige Glieder derselben. Als Manuscript für die Glieder der Familie. Berlin 1835.

Lichtenstein 1836a
Lichtenstein, Hinrich: Über die Gattung Mephitis. In: Abhandlungen der Königlichen Preußischen Akademie der Wissenschaften zu Berlin (1833/1836), 249[459]–313.

Lichtenstein 1836b
Lichtenstein, Heinrich: Einige Wahrnehmungen an leben Cephalopoden. In: Archiv für Naturgeschichte 2 (1836), 120–128.

Lichtenstein 1838
Lichtenstein, Hinrich: Beitrag zur ornithologischen Fauna von Californien nebst Bemerkungen über die Artkennzeichen der Pelicane und über einige Vögel von den Sandwich-Inseln. In: Abhandlungen der Königlich Preussischen Akademie der Wissenschaften zu Berlin (1838), 417–451.

Lichtenstein 1842
Lichtenstein, Hinrich: Verzeichniss einer Sammlung von Säugethieren und Vögeln aus dem Kaffernlande, nebst einer Käfer-Sammlung, welche am 14ten März 1842 durch den Königl. gerichtlichen Auctions-Commissarius Rauch öffentlich meistbietend verkauft werden sollen. Berlin 1842.

Lichtenstein 1843
[Lichtenstein, Hinrich:] Zur Geschichte der Sing-Akademie in Berlin. Nebst einer Nachricht über das Fest am funfzigsten Jahrestage ihrer Stiftung und einem alphabetischen Verzeichniss aller Personen, die ihr als Mitglieder angehört haben. Berlin 1843.

Lichtenstein 1856a
Lichtenstein, Hinrich: Über einige Nordamerikanische Hirsch-Arten. In: Abhandlungen der Königlichen Preußischen Akademie der Wissenschaften zu Berlin (1856), 269–285.

Lichtenstein 1856b
Lichtenstein, Hinrich: Johannes Centurius Graf v. Hoffmansegg [!]. In: Dresdner Album. Hrsg. von Elfriede von Mühlenfels., Bd. 1. Berlin 1856, 24–44.

Lichtenstein 1928/1930
Lichtenstein, Hinrich: Travels in Southern Africa in the Years 1803, 1804, 1805 and 1806, 2 Bde. Capetown 1928/1930.

Lichtenstein 1973
Lichtenstein, Hinrich: Foundation of the Cape. About the Bechuanas. Being a History of the Discovery and Colonisation of Southern Africa – Fragment of an Unpublished Manuscript Written circa 1811, and A Translation of Ueber der Beetjuanas Originally Published in 1807. Translated, edited and with a biographical introduction by O. H. Spohr. Cape Town 1973.

Lichtenstein 1978
Lichtenstein, Peter: Berichte, Dokumente, Briefe und anderes aus einer 300 Jahre alten Familie [Privatdruck. O.O. 1978, 251 S.].

Lichtenstein 1982
Lichtenstein, Peter: Genealogie der Familien Lichtenstein aus Hamburg. Zusammengestellt von Peter Lichtenstein [Privatdruck. O. O. 1982, 129 S.].

Lichtenstein 1985
Lichtenstein, Peter: Peter: Berichte, Dokumente, Briefe und anderes aus einer 300 Jahre alten Familie, Teil 2 [Privatdruck. O.O. 1985, 170 S.].

Lichtenstein/Klug 1823
Lichtenstein, Hinrich; Klug, Friedrich: Zweites Preisverzeichniß der Doubletten des zoologischen Museums der königl. Universität zu Berlin. In: Beylage zu Isis (1821) 1, 1–14.

Lichtenstein/Peters 1854
Lichtenstein, Hinrich; Peters, Wilhelm: Über neue merkwürdige Säugethiere des Königlichen Zoologischen Museums. In: Abhandlungen der Königlichen Akademie der Wissenschaften in Berlin (1854), 82–99.

Lobatschewski 1899
Lobatschewski, Nikolai Iwanowitsch: Zwei geometrische Abhandlungen. Aus dem Russischen übersetzt, mit Anmerkungen und mit einer Biographie des Verfassers von Friedrich Engel, 2. Teil, Leipzig 1899.

Lischke 1976
Lischke, Jürgen: Christian Gottfried Ehrenberg als Teilnehmer an der Naturforscherversammlung in Jena 1936. In: Veröffentlichungen zur Delitzscher Geschichte 8 (1976), 71–82.

Lüder-Zschiesche 2001
Lüder-Zschiesche, Adelheid von: Carl-Maria-von Weber-Museum in Dresden-Hosterwitz. Hrsg. vom Stadtmuseum Dresden. Berlin 2001.

MacKinney 2017a
MacKinney, Anne: Chamisso and Lichtenstein: documents. In: IASL 42 (2017) 2, 348v366.

MacKinney 2017b
MacKinney, Anne: Objekte und Objektverzeichnisse in naturkundlicher Sammelpraxis. Das Beispiel des Berliner Zoologischen Museums von 1810 bis etwa 1850. In: Materielle Kultur in universitären und außeruniversitären Sammlungen. Beiträge zum Workshop der Koordinierungsstelle für wissenschaftliche Universitätssammlungen in Deutschland, 29. September bis 1. Oktober 2016, Humboldt-Universität zu Berlin. Hrsg. von Krihl, Antonia; Mackinney, Anne; Müller-Brem, Sabine u. a. Berlin 2017, 23–28 (https://edoc.hu-berlin.de/bitstream/handle/18452/19232/04_mackinney.pdf?sequence=1).

MacKinney 2021
MacKinney, Anne: Die Inszenierung naturforschender Gelehrsamkeit beim Sammeln: Christian Gottfried Ehrenbergs und Wilhelm Hemprichs nordafrikanische Forschungsreise (1820–1825). In: HiN – Humboldt im Netz / Internationale Zeitschrift für Humboldt-Studien XXII 42 (2021), 35–51 (https://www.hin-online.de/index.php/hin/article/view/315/627).

Maier-Wolthausen 2019
Maier-Wolthausen, Clemens: Hauptstadt der Tiere. Die Geschichte des ältesten deutschen Zoos. Hrsg. von Andreas Knieriem. Berlin 2019.

Mandt 1822
Mandt, Martin Wilhelm: Observationes in historiam naturalem et anatomiam comparatam in itinere Groenlandico factae. Dissertatio. Berlin 1822.

Marx 2022
Marx, Christoph: Südafrika. Geschichte und Gegenwart, 2., erweiterte und überarbeitete Auflage, Stuttgart 2022.

Mauersberger 1986
Mauersberger, Gottfried: Der Adler der Wolfsschlucht – Eine Randnotiz zum 200. Geburtstag von Carl Maria von Weber. In: Falke 33 (1986), 363.

Mauersberger 1988
Mauersberger, Gottfried: Über Lichtensteinsche Vogelnamen und ihre Typen. Notizen über Typen der Vogelsammlung des Zoologischen Museums Berlin IV. In: Mitteilungen aus dem Zoologischen Museum in Berlin – Annalen für Ornithologie 64, Supplement 12 (1988), 129–148.

Mauersberger 1994
Mauersberger, Gottfried: Der Gründer des Zoologischen Gartens, Martin Hinrich Lichtenstein (1780–1857). Eine biographische Skizze. In: Bongo 23 (1994), 3–34.

Meyer 1832
Meyer, Hermann von: Palaeologica zur Geschichte der Erde und ihrer Geschöpfe. Frankfurt/Main 1832.

Moheit 2003
Moheit, Ulrike: Spazieren in Alexander von Humboldts Berlin. Berlin 2003.

Möller 1993
Möller, Rudolf: Christian Ludwig Brehms Persönlichkeit und Umwelt – ein Versuch. In: Anzeiger des Vereins Thüringer Ornithologen 2 (1993), 47–52.

Möller 1994/1995
Möller, Rudolf: Ch. L. Brehm im Spiegel seiner Briefe an H. D. F. Zander, Teil 1–2. In: Anzeiger des Vereins Thüringer Ornithologen 2 (1994), 117–124 und 2 (1995), 207–213.

Möllhausen 1858
Möllhausen, Balduin: Tagebuch einer Reise vom Mississippi nach den Küsten der Südsee. Eingeführt von Alexander von Humboldt. Leipzig 1858.

Moltrecht 1995
Moltrecht, Christel: Christian Gottfried Ehrenberg. Leben und Werk eines Delitzscher Naturforschers. Delitzsch 1995.

Moritz 2010
Moritz, Ulrich: Ein wundersamer Naturalist – Adelbert von Chamisso, Weltumsegler. In: Damaschun u. a. 2010, 126–129.

Moritz/Pufelska/Zischler 2010
Moritz, Ulrich; Pufelska, Agnieszka; Zischler, Hanns (Hrsg.): Vorstoß ins Innere. Streifzüge durch das Berliner Museum für Naturkunde. Berlin 2010.

Motschmann 2015
Motschmann, Uta (Hrsg.): Handbuch der Berliner Vereine und Gesellschaften 1786–1815. Berlin 2015.

Müffling 2003
Karl Freiherr von Müffling: Offizier – Kartograph – Politiker (1775–1851). Lebenserinnerungen und kleinere Schriften, bearbeitet und ergänzt von Hans-Joachim Behr (Veröffentlichungen aus den Archiven Preußischer Kulturbesitz; 56). Köln 2003.

Muggelberg 1969
Muggelberg, Heidi: Christian Ludwig Brehms Briefe an Martin Hinrich Carl Lichtenstein, 1822–1834. In: Mitteilungen aus dem Museum für Naturkunde in Berlin 45 (1969) 1, 187–209.

Muggelberg 1975/76
Muggelberg, Heidi: Leben und Wirken Johann Karl Wilhelm Illigers (1775–1813) als Entomologe, Wirbeltierforscher und Gründer des Zoologischen Museums der Humboldt-Universität zu Berlin, Teil 1–3. In: Mitteilungen aus dem Museum für Naturkunde in Berlin (Mitteilungen des zoologischen Museums zu Berlin) 51 (1975), 257–303 bzw. 52 (1976) 1, 137–174 bzw. 52 (1976) 2, 331–355.

Müller/Lichtenstein 1830
Müller, C. L.; Lichtenstein, Hinrich: Lithographische Abbildungen merkwürdiger Thiere aus den berühmtesten in Berlin bekannten Menagerien. Nach dem Leben gemalt von C. L. Müller, nebst erläuternden Bemerkungen von Dr. H. Lichtenstein, 1. und 2. Lieferung. Berlin 1830.

Murr 1801
Murr, Christoph Gottlieb von: Diplomatische Geschichte des portugiesischen berühmten Ritters Martin Behaims. Aus Originalkunden. Zweite, sehr vermehrte Ausgabe. Gotha 1801.

Näf-Gloor 2019
Näf-Gloor, Sandra: A Naturalist's Career. Hinrich Lichtenstein (1780–1857). In: Science, Africa and Europe. Processing Information and Creating Knowledge. Hrsg. von Lengwiler, Martin; Penn, Nigel; Harries, Patrick. Oxon, New York 2019, 47–65.

Naumann/Lichtenstein 1954
Naumann, Johann Friedrich; Lichtenstein, Hinrich: J. F. Naumanns Briefwechsel mit H. Lichtenstein 1818–1856. Hrsg. und erläutert von Erwin Stresemann und Peter Thomsen (Acta historica scientiarum naturalium et medicinalium; 11). Kopenhagen 1954.

Nelken 1980
Nelken, Halina: Alexander von Humboldt – Bildnisse u. Künstler. Eine dokumentierte Ikonographie. Berlin 1980.

Neumann/Mauersberger 1990
Neumann, Joachim; Mauersberger, Gottfried: Albert und Louis Koch und ihre nordamerikanischen Sammlungen. In: Mitteilungen des Zoologischen Museums, Suppl. Ann. Ornith. 14, Berlin 66 (1990), 95–111.

Nicolai u. a. 2009
Nicolai, Bernd; Neuhaus, Renate; Holz, Rüdiger: Ferdinand Heine sen. – „... er war ein Mann, Freunde zu gewinnen und Freunde zu behalten". In: Abhandlungen und Berichte aus dem Museum Heineanum, Sonderheft 8 (2009), 10–29.

Nicolin 1970
Nicolin, Günther (Hrsg.): Hegel in Berichten seiner Zeitgenossen. Hamburg 1970.

Nohr 2017
Nohr, Rolf F.: Johann Christian Ludwig Hellwig. „Ein dem Menschenwohl gewidmetes Leben" Leipzig 2017 (DOI: https://doi.org/10.25969/mediarep/13843).

Nostitz 1873
Nostitz, Pauline: Johann Wilhelm Helfer's Reisen in Vorderasien und Indien, 2 Bde [Vorwort von Ferdinand Hochstetter]. Leipzig 1873.

Ohl 2015
Ohl, Michael: Die Kunst der Benennung. Berlin 2015.

Oken 1829
Oken, Lorenz: Versammlung der Naturforscher und Aerzte zu Berlin, im September 1828. In: Isis 3–4 (1829), Sp. 217–450.

Olfers 1908/1914
Olfers, Hedwig von, geb. von Staegemann: 1799–1891. Ein Lebenslauf, aus Briefen zusammengestellt. 2 Bde. Hrsg. von Hedwig Abeken. Berlin 1908/1914.

Oppermann 1968
Oppermann, Hans: Vergessene Johanniter: Martin Hinrich Carl Lichtenstein (1780–1857) [Mit einem Brief Goethes an Lichtenstein, Weimar, 25.6.1829, WA 45, 298]. In: Das Johanneum. Magazin des Vereins der Ehemaligen Schüler der Gelehrtenschule Hamburg 71 (1968), 3–8.

Pallas 1811/1831
Pallas, Peter Simon: Zoographia rosso-asiatica sistens omnium animalium in extenso Imperio Rossico, et adjacentibus maribus observatorum recensionem, domicilia, mores et descriptiones, anatomen atque icones plurimorum, 3 Bde. St. Petersburg 1811/1831.

Parthey 1926
Parthey, Lili: Tagebücher aus der Berliner Biedermeierzeit. Hrsg. von Bernhard Lepsius. Berlin, Leipzig 1926.

Parthey 1955
Parthey, Gustav: Das Haus in der Brüderstrasse. Aus dem Leben einer berühmten Berliner Familie. Berlin o. J. [1955].

Päßler 2020
Päßler, Ulrich: Darstellen – Das Denkmal. In: Wilhelm und Alexander von Humboldt – Berliner Kosmos. Hrsg. von Spies, Paul; Tintemann, Ute; Mende, Jan. Köln, Berlin 2020, 152–155.

Peschel 1865
Peschel, Oscar: Geschichte der Erdkunde bis auf A. v. Humboldt und Carl Ritter. München 1865.

Pistor 1890
Pistor, Moritz (Hrsg.): Anstalten und Einrichtungen des öffentlichen Gesundheitswesens in Preussen. Festschrift zum X. internationalen medizinischen Kongress Berlin 1890. Berlin 1890.

Plinius 1827
Gaius Plinius Secundus: Gaii Plinii Secundi Historiae naturalis libri 37 cum selectis commentariis J. Harduini ac recentiorum interpretum novisque adnotationibus. Pars tertia continens zoologiam, Georgii Cuvier notis et excursibus illustratam, curante Jo. B. Fr. Steph. Ajasson de Grandsagne. Volumen tertium. Paris 1827.

Ratzeburg 1844–1852
Ratzeburg, Julius Theodor Christian: Die Ichneumonen der Forstinsecten in forstlicher und entomologischer Beziehung, 3 Bde. Berlin 1844–1852.

Ratzeburg 1872
Ratzeburg, Julius Theodor Christian: Forstwissenschaftliches Schriftsteller-Lexicon. Berlin 1872.

Rebmann/Bartlitz 2012
Rebmann, Martina; Bartlitz, Eveline: „Chérissime, ich habe soeben Ihr Klavier erhalten …" – Die Erwerbung eines Briefes von Frédéric Chopin für die Staatsbibliothek zu Berlin. In: Bibliotheksmagazin 2012, 27–31.

Rehfeld 2009
Rehfeld, Hans-Jürgen: „Ich arbeite immer an meinen Pflanzen …" – Adelbert von Chamisso in Kunersdorf. In: Salons und Musenhöfe. Neuständische Geselligkeit in Berlin und in der Mark Brandenburg um 1800. Hrsg. von Blänkner, Reinhard; de Bruyn, Wolfgang. Großburgwedel 2009, 185–192.

Reich/Knobloch/Roussanova 2016
Reich, Karin; Knobloch, Eberhard; Roussanova, Elena: Alexander von Humboldts Geniestreich. Hintergründe und Folgen eines Briefes an den Herzog von Sussex für die Erforschung des Erdmagnetismus. Berlin, Heidelberg 2016.

Remak 1858
Remak, Robert: Galvanotherapie der Nerven- und Muskelkrankheiten. Zum neunundachtzigsten Geburtstage Alexander von Humboldt's. Berlin 1858.

Rennell 1832
Rennell, James: Investigation of the Currents of the Atlantic Ocean and those which prevail between the Indian Ocean and the Atlantic. London 1832.

Rieke-Müller/Dittrich 1998
Rieke-Müller, Annelore; Dittrich, Lothar: Der Löwe brüllt nebenan. Die Gründung Zoologischer Gärten im deutschsprachigen Raum 1833–1869. Köln, Weimar, Wien 1998.

Rieke-Müller/Dittrich 1999
Rieke-Müller, Annelore; Dittrich, Lothar: Unterwegs mit wilden Tieren. Wandermenagerien zwischen Belehrung und Kommerz (Acta biohistorica; 5). Marburg/Lahn 1999.

Riha/Schmuck 2011
Riha, Ortrun; Schmuck, Thomas: „Das allgemeinste Gesetz" – Karl Ernst von Baer (1792–1876) und die großen Diskurse des 19. Jahrhunderts (Relationes; 5). Aachen 2011.

Ritter 1817/1818
Ritter, Carl: Die Erdkunde im Verhältniß zur Natur und zur Geschichte des Menschen oder allgemeine, vergleichende Geographie, als sichere Grundlage des Studiums und Unterrichts in physikalischen und historischen Wissenschaften, 2 Bde. Berlin 1817/1818.

Ritter 1822–1859
Ritter, Carl: Die Erdkunde im Verhaeltniß zur Natur und zur Geschichte des Menschen, oder allgemeine, vergleichende Geographie, als sichere Grundlage des Studiums und Unterrichts in physikalischen und historischen Wissenschaften, 21 Bde. 2., stark vermehrte und verbesserte Auflage, Berlin 1822–1859.

Rudorff 1938
Rudorff, Ernst: Aus den Tagen der Romantik. Bildnis einer deutschen Familie. Aus dem Nachlass herausgegeben von Elisabeth Rudorff. Leipzig 1938.

Ruppert 1958
Ruppert, Hans: Goethes Bibliothek. Katalog. Weimar 1958.

Ruß 1887
Ruß, Karl: Die sprechenden Papageien. Ein Hand- und Lehrbuch. 2. Aufl. Magdeburg 1887.

Schlegel/Hausmann 1996
Schlegel, Martin; Hausmann, Klaus (Hrsg.): Christian Gottfried Ehrenberg-Festschrift. Leipzig 1996.

Schmidt 1960
Schmidt, Arno: Fouqué und einige seiner Zeitgenossen. Biographischer Versuch. Obertshausen 1960.

Schmook 2008
Reinhard Schmook: Kunersdorf und die Frauen von Friedland. Kunersdorf 2008.

Schmuck 2009
Schmuck, Thomas: Baltische Genesis. Die Grundlegung der Embryologie im 19. Jahrhundert (Relationes; 2). Aachen 2009.

Schmuck 2011
Schmuck, Thomas: Eduard Friedrich Poeppig (1798–1868) als Botaniker und Sammler in Südamerika. In: Botanische Gärten und botanische Forschungsreisen. Hrsg. von Kästner, Ingrid; Kiefer, J. Aachen 2011, 301–333.

Schmuck 2020
Schmuck, Thomas: Austausch – Der Ornithologe. In: Wilhelm und Alexander von Humboldt – Berliner Kosmos. Hrsg. von Spies, Paul; Tintemann, Ute; Mende, Jan. Köln, Berlin 2020, 94–97.

Schneider 1999
Schneider, Jutta: 1. August 1844: Eröffnung des Zoologischen Gartens. In: Berlinische Monatsschrift (Luisenstädtischer Bildungsverein) 8 (1999), 89–93 (https://berlingeschichte.de/bms/bmstxt99/9908novc.htm).

Schubert 1897
Schubert, Gustav von: Heinrich Barth, der Bahnbrecher der deutschen Afrikaforschung. Berlin 1897.

Schultz-Schultzenstein 1822a
Schultz-Schultzenstein, Karl Heinrich: Der Lebensproceß im Blute. Berlin 1822.

Schultz-Schultzenstein 1822b
Schultz-Schultzenstein, Karl Heinrich: Ueber den Kreislauf des Saftes im Schöllkraute und in mehreren andern Pflanzen und über die Assimilation des rohen Nahrungsstoffes in den Pflanzen überhaupt. Mikroskopische Beobachtungen und Entdeckungen. Mit einer Vorrede des Herrn Professors Dr. Link und einer illum. Kupfertafel. Berlin 1822.

Schwarz 1996

Schwarz, Ingo: Zum Briefwechsel zwischen Alexander von Humboldt und August Corda. In: Alexander von Humboldt a české země/Alexander von Humboldt und die böhmischen Länder. Hrsg. von Hanno Beck, Jochen Bloss, Jiří Blucha/Humboldt klub České republiky/Humboldt-Klub der Tschechischen Republik. Praha 1996, 122–132.

Schwarz 2009

Schwarz, Ingo: Carl Gustav Carus und Alexander von Humboldt – Briefwechsel. In: HiN Internationale Zeitschrift für Humboldt-Studien X (2009) 18, 5–29.

Scurla 1973

Scurla, Herbert (Hrsg.): Zwischen Kap und Kilimandscharo. Reisen deutscher Forscher des 19. Jahrhunderts durch Südostafrika. Berlin 1973.

Steiner 1895

Steiner, Rudolf: Goethes Beziehungen zur Versammlung deutscher Naturforscher und Aerzte in Berlin 1828. Nach einem Actenstück seines Archivs. In: Goethe-Jahrbuch 16 (1895), 52–56.

Steinheimer 2008

Steinheimer, Frank D.: Martin Hinrich Carl Lichtenstein and his Ornithological Purchases at the Auction of William Bullock's Museum in 1819. In: Archives of Natural History 35 (April 2008) 1, 88–99.

Stevens 1863

Stevens, Henry: The Humboldt Library. A Catalogue of the Library of Alexander von Humboldt. London 1863.

Stresemann 1922

Stresemann, Erwin: Die Entwicklung der Vogelsammlung des Berliner Museums unter Illiger und Lichtenstein. In: Journal für Ornithologie 70 (1922), 498–503.

Stresemann 1931

Stresemann, Erwin: Drei Briefe von Christian Ludwig Brehm an Hinrich Lichtenstein. In: Journal für Ornithologie 79 (1931), 566–572.

Stresemann 1950

Stresemann, Erwin: Die brasilianischen Vogelsammlungen des Grafen von Hoffmannsegg aus den Jahren 1800–1812. In: Bonner zoologische Beiträge 1 (1950), 43–51 und 126–147.

Stresemann 1951

Stresemann, Erwin: Aus C. J. Temmincks Briefen an H. Lichtenstein. In: Ardea 39 (1951), 253–259.

Stresemann 1954

Stresemann, Erwin: Hemprich und Ehrenberg. Reisen zweier naturforschender Freunde im Orient geschildert in ihren Briefen aus den Jahren 1819–1826 (Abhandlungen der Deutschen Akademie der Wissenschaften zu Berlin; 1954/1). Berlin 1954.

Stresemann 1958

Stresemann, Erwin: Briefe von und über Eduard Eversmann aus den Jahren 1816–1822. In: Mitteilungen aus dem Museum für Naturkunde in Berlin. Zoologisches Museum und Institut für Spezielle Zoologie (Berlin) 34 (1958) 2, 221–243.

Stresemann 1960

Stresemann, Erwin: Hinrich Lichtenstein. Lebensbild des ersten Zoologen der Berliner Universität. In: Forschen und Wirken. Festschrift zur 150-Jahr-Feier der Humboldt-Universität 1810–1960, Bd. 1. Hrsg. von Göber, W.; Herneck, F. Berlin 1960, 73–96.

Stresemann 1996
Stresemann, Erwin: Die Entwicklung der Ornithologie von Aristoteles bis zur Gegenwart [Reprint von 1951]. Wiesbaden 1996.

Stuckenberg 1844
Stuckenberg, Johann Christian: Hydrographie des Russischen Reiches oder Geographisch-statistisch-technische Beschreibung seiner floss- und schiffbaren Flüsse und Seen, seiner Küsten, Inneren Meere, Häfen und Anfuhrten, 2 Bde. St. Petersburg 1844.

Tembrock 2000
Tembrock, Günter: Ornithologie in Berlin. In: Berliner ornithologischer Bericht 10 (2000), 110–115.

Tenorth 2020
Tenorth, Heinz Elmar: Universität – Das Gebäude. In: Wilhelm und Alexander von Humboldt – Berliner Kosmos. Hrsg. von Spies, Paul; Tintemann, Ute; Mende, Jan. Köln, Berlin 2020, 64–69.

Théodoridès 1965
Théodoridès, Jean: Une amitié de savants au siècle dernier. Alexander von Humboldt et Achille Valenciennes – Correspondance inédite. Paris 1965.

Thomsen/Stresemann 1953
Thomsen, Peter; Stresemann, Erwin: Briefe, gewechselt in den Jahren 1818 bis 1820 zwischen Heinrich Boie und Johann Friedrich Naumann. In: Journal für Ornithologie Bd. 94 (1953), 7–30.

Thomsen/Stresemann 1957
Thomsen, Peter; Stresemann, Erwin: Johann Friedrich Naumann, der Altmeister der deutschen Vogelkunde. Sein Leben und seine Werke. Leipzig 1957.

Ticknor 1876
Ticknor, George: The Life, Letters and Journals, 2 Bde. Hrsg. von George Stillman Hillard und Anna Eliot Ticknor. Boston 1876.

Tiedemann/Gmelin 1829
Tiedemann, Friedrich: Gmelin, Leopold: Amtlicher Bericht über die Versammlung deutscher Naturforscher und Ärzte in Heidelberg im September 1829 erstattet von den damaligen Geschäftsführern F. Tiedemann und L. Gmelin. Nebst einer lithographirten Sammlung eigenhändiger Namenszüge der Theilnehmer. Heidelberg 1829.

Unger/Endlicher 1899
Briefwechsel zwischen Franz Unger und Stephan Endlicher, herausgegeben und erläutert von G. Haberlandt. Berlin 1899.

Valenciennes/Cuvier 1828–1848
Valenciennes, Achille; Cuvier, Georges: L'histoire naturelle des poissons, 22 Bde. Paris 1828–1848.

Varnhagen 1861–1870
Varnhagen von Ense, Karl August: Tagebücher, 14 Bde. Leipzig 1861–1870.

Varnhagen 1987
Varnhagen von Ense, Karl August: Denkwürdigkeiten des eignen Lebens (Werke. Hrsg. von Konrad Feilchenfeldt; 1, 1785–1810). Frankfurt/Main 1987.

Venzke 1991
Venzke, Jörg-Friedrich: Adelbert von Chamissos naturkundliche Studien im Bereich der Beringsee während der Kotzebue-Expedition von 1816/17. In: Polarforschung 61 (1991/erschienen 1992) 179–182.

Wachsmuth 1949

Wachsmuth, Bruno: Die „geistige Mitbürgerschaft“ des Forschers Goethe. In: Goethe in Berlin. Mit Beiträgen von Adam Adrio, Hans Knudsen, Walter G. Oschileswki, Bruno Wachsmuth. Hrsg. von Moser, Fritz. Berlin 1949, 142–160.

Wagenitz 2015

Wagenitz, Gerhard: Carl Ludwig Willdenow (1765–1812) – einer der letzten Linneaner – und der Berliner Garten. In: Verhandlungen des Botanischen Vereins Berlin Brandenburg 148 (2015), 5–30.

Wagenitz/Lack 2012/2015

Wagenitz, Gerhard; Lack, Hans Walther: Carl Ludwig Willdenow (1765–1812), ein Botanikerleben in Briefen. In: Annals of the History and Philosophy of Biology 17 (2012/2015), 1–289.

Waldemar von Preußen 1853

Zur Erinnerung an die Reise des Prinzen Waldemar von Preußen nach Indien in den Jahren 1844–1846, 2 Bde. Mit einem Vorwort von Alexander von Humboldt. Berlin 1853.

Weber 1986

Weber, Carl Maria von: Mein vielgeliebter Mucks. Hundert Briefe Carl Maria von Webers an Caroline Brandt aus den Jahren 1814–1817, hg. von Eveline Bartlitz. Berlin 1986.

Weber/Lichtenstein 1900

Weber, Carl Maria von; Lichtenstein, Martin Hinrich: Briefe von Carl Maria von Weber an Hinrich Lichtenstein. Hrsg. von Ernst Rudorff. Braunschweig 1900.

Wendland 1992

Wendland, Folkwart: Peter Simon Pallas (1741–1811). Materialien einer Biographie, 2 Bde. (Veröffentlichungen der Historischen Kommission zu Berlin; 80). Berlin, New York 1992.

Werner 2000

Werner, Petra: Übereinstimmung oder Gegensatz? Zum widersprüchlichen Verhältnis zwischen A. v. Humboldt und F.W.J. Schelling. In: HiN – Humboldt im Netz / Internationale Zeitschrift für Humboldt-Studien I 1 (2000), 71–109.

Werner 2013

Werner, Petra: Naturwahrheit und ästhetische Umsetzung. Alexander von Humboldt im Briefwechsel mit bildenden Künstlern (Beiträge zur Alexander-von-Humboldt-Forschung; 38). Berlin 2013.

Wilhelmy-Dollinger 1989

Wilhelmy-Dollinger, Petra: Der Berliner Salon im 19. Jahrhundert (1780–1914) (Veröffentlichungen der Historischen Kommission zu Berlin; 73). Berlin 1989.

Wilhelmy-Dollinger 2000

Wilhelmy-Dollinger, Petra: Die Berliner Salons. Mit historisch-literarischen Spaziergängen. Berlin 2000.

Williams/Mauk 1939

Williams, Basil; Mauk, Marielies: Südafrika. Entdeckung und Besiedlung des schwarzen Kontinents durch den Europäer, 2 Bde. Dt. von Marielies Mauk. Berlin 1939.

Winau 1997

Winau, Rolf: Emil du Bois-Reymond, Leben und Werk. In: Festschrift zum 100. Todestag von Emil du Bois-Reymond (1818–1896), Berichte und Abhandlungen der Berlin-Brandenburgischen Akademie der Wissenschaften (vormals Preußische Akademie der Wissenschaften) 4 (1997), 149–160.

Wurzbach 1856–1891

Wurzbach, Constant von: Biographisches Lexikon des Kaiserthums Oesterreich, enthaltend die Lebensskizzen der denkwürdigen Personen, welche 1750 bis 1850 im Kaiserstaate und seinen Kronländern gelebt haben, 60 Bde. Wien 1856–1891.

Zedlitz 1834
Zedlitz, L. Freiherr von (Hrsg.): Neustes Conversations-Handbuch für Berlin und Potsdam zum täglichen Gebrauch der Einheimischen und Fremden aller Stände. Berlin 1834.

Ziemer 1994
Ziemer, Elisabeth: Heinrich Gustav Hotho 1802–fin1873. Ein Berliner Kunsthistoriker, Kunstkritiker und Philosoph. Berlin 1994.

Zischler/Hackethal/Eckert 2013
Zischler, Hanns; Hackethal, Sabine; Eckert, Carsten: Die Erkundung Brasiliens. Friedrich Sellows unvollendete Reise. Berlin 2013.

Personenverzeichnis

Auf Seitenverweise zu Alexander von Humboldt und Martin Hinrich Lichtenstein wurde im Personenverzeichnis wegen ihrer Häufigkeit abgesehen. Personenerwähnungen in den Anmerkungen wurden kursiv geschrieben.

Abbildungsverzeichnis

www.ingramcontent.com/pod-product-compliance
Lightning Source LLC
LaVergne TN
LVHW082053011026
849162LV00020B/1641